高等学校土木工程专业教材

土木工程结构抗风设计

韩　艳　罗　颖　胡　朋
李春光　董国朝　沈　炼　编著

人民交通出版社
北　京

内 容 提 要

本书为高等学校土木工程专业教材，主要介绍了土木工程结构抗风领域的相关知识。全书分为11章，其中，第1章简要介绍了自然风特性和工程结构抗风设计相关内容；第2、3章讲述了大气边界层风特性及风场的数值模拟；第4~9章讲述了风与土木工程结构相互作用下的风荷载及风致响应；第10、11章讲述了风洞试验与数值模拟等风工程研究方法。

本书可作为高等院校土木工程类专业本科生学习风工程知识、研究生从事风工程研究的参考书，同时可为从事工程抗风设计的工程技术人员提供参考。

图书在版编目(CIP)数据

土木工程结构抗风设计 / 韩艳，等编著. — 北京：人民交通出版社股份有限公司，2024.1

ISBN 978-7-114-18732-2

Ⅰ.①土… Ⅱ.①韩… Ⅲ.①土木工程—抗风结构—结构设计 Ⅳ.①TU352.2

中国国家版本馆CIP数据核字(2023)第065272号

高等学校土木工程专业教材

Tumu Gongcheng Jiegou Kangfeng Sheji

书　　名：土木工程结构抗风设计

著 作 者：韩　艳　罗　颖　胡　朋　李春光　董国朝　沈　炼

责任编辑：任雪莲　卢俊丽

责任校对：赵媛媛

责任印制：刘高彤

出版发行：人民交通出版社

地　　址：(100011)北京市朝阳区安定门外外馆斜街3号

网　　址：http://www.ccpcl.com.cn

销售电话：(010)59757973

总 经 销：人民交通出版社发行部

经　　销：各地新华书店

印　　刷：北京虎彩文化传播有限公司

开　　本：787×1092　1/16

印　　张：18

字　　数：420千

版　　次：2024年1月　第1版

印　　次：2024年1月　第1次印刷

书　　号：ISBN 978-7-114-18732-2

定　　价：59.00元

前 言

Preface

随着经济发展的需要和工程技术水平的提高，大跨桥梁、高层建筑等大型土木工程结构屡见不鲜。伴随着结构高度和跨度的提升，结构刚度下降，使得自然界中的风荷载成为结构设计的关键性荷载。2020年和2021年相继发生的虎门大桥涡振和赛格大厦晃动事件都引起了社会的热议，而引发这些事件的正是我们熟悉的风。为此，普及工程抗风设计的相关知识，增进土木工程从业人员对风工程研究领域的了解是非常有必要的。

长沙理工大学风工程与风环境研究中心（简称“研究中心”）近年来致力于风工程相关领域的研究，研究中心拥有大型风洞实验室，可用于科学研究和实验教学。研究中心的科研团队经过十余年研究积累，取得了一系列创新性研究成果。结合研究中心的研究成果，详细介绍风工程领域基础知识及研究进展，是写作本书的初衷。同时，希望本书能帮助土木工程专业本科生、研究生了解风工程领域相关内容，包括自然界的风场特性、风与结构的相互作用以及风工程研究方法等，为后续的工程设计或深入研究提供有益的参考。

本书共分为11章。第1章讲述自然界风及工程结构的风致破坏，引出风工程的研究意义及研究内容；第2章介绍与工程设计密切相关的大气边界层风特性及其数值模拟；第3章针对目前山区、跨峡谷桥梁不断涌现的情况，介绍研究中心在复杂地形风场特性方面的研究工作；第4～7章讲述桥梁风工程问题，包括风的静力和动力影响，其中涉及研究中心对桥梁在非均匀风场下的静风失稳、气动导数识别及颤振方面的研究；第8章讲述桥塔、灯柱、拉索等细长构件的风致振动研究；第9章介绍高层建筑的风致响应分析；第10、11章是对风洞试验、计算流体动力学等风工程研究方法的介绍。

具体编写分工如下:韩艳负责全书框架设计并编写第 5 章和第 6 章;罗颖编写第 1 章、第 2 章第 4 节、第 9 章;胡朋编写第 2 章第 1 ~ 3 节、第 4 章;李春光编写第 7 章、第 8 章和第 10 章;胡朋和沈炼联合编写第 3 章;胡朋和董国朝联合编写第 11 章;研究中心博士生李凯和周旭辉也参与了部分章节内容的编写。全书由韩艳统稿。

书中部分研究成果是在国家自然科学基金项目(项目号:51978087,51822803,51878080,51778073,51678079,51628802,51408061,51408496,51208067)资助下完成的。在编写过程中,大量引用了国内外公开发表的文献资料,在此一并向所有文献作者表示感谢。

由于编者水平有限,本书难免存在谬误之处,期待各位读者的批评和指正。

编　者

2023 年 9 月

目 录

Contents

第1章 绪 论

风作为一种自然现象，与人类的生产与生活密切相关。一方面，风作为一种清洁无公害的可再生能源，可以被人类利用，如风力发电；另一方面，它也可能带来各种各样的危害导致巨大的经济损失和人员伤亡。对于土木工程结构而言，风的作用也是工程设计中不可忽视的重要因素。为了使读者了解土木工程结构抗风的相关知识，本章将简要介绍风的一些基本概念、风灾、空气的力学特性及结构风致振动形式等内容。

1.1 自然界的风

1.1.1 风的概念

风是一种自然现象，表示空气相对于地球表面的运动，主要是由太阳对地球大气加热的不均匀性所导致的。

太阳作为光源，会向外辐射能量。对于太阳辐射，大气基本上是透明的，因此，除了部分能量被反射或辐射回空间外，绝大部分能量为地球所吸收，导致地球被加热。相应地，被加热的地球也向外辐射能量。太阳辐射能量集中在波长0.15~4m的范围，属于短波辐射，而地面辐射能量集中在波长1~30m的范围，属于长波辐射。因此，不同于太阳辐射的情况，大气将吸收地面辐射的热量，并通过大气辐射的形式将其中一部分能量返还给地面。

直观而言，由于太阳对地球大气加热存在时间和空间上的不均匀性，因此相同高度上的不同位置间存在气压差，导致了空气的流动，即形成风。风的形成如图1.1.1所示。

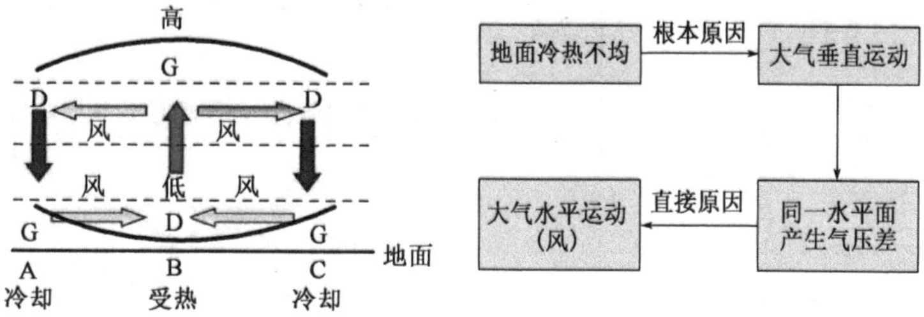

图1.1.1 风的形成

注：A、B、C分别表示不同的地面位置；D、G分别表示低气压和高气压。

通常而言，按照水平尺度的不同，气象学可以分为微尺度气象学、中尺度气象学和天气尺度气象学。其中，微尺度指特征尺度不大于20km、时间尺度小于1h的运动，天气尺度指特征尺度不小于500km、时间尺度大于2h的运动，中尺度介于微尺度与天气尺度之间。

1.1.2 风的描述

自然界的风是一个矢量,包括风速和风向。在气象预报中,常出现"北风4~6级"之类的表述。其中,北风指的就是风向,而4~6级就是根据风速评估的风力等级。

一般而言,风速越大,风力也就越大。根据风对地面物体造成的影响,可以将风进行分级,得到风力等级表。我国唐朝的李淳风在其所著的《观象玩占》中写下了如下文字:动叶十里,鸣条百里,摇枝二百里,落叶三百里,折小枝四百里,折大枝五百里,走石千里,拔大根三千里。他根据风对树的影响,对风力进行了划分。目前通用的是英国人弗朗西斯·蒲福(Francis Beaufort)拟定的风力等级表,其中风力分为0~12级,共13个等级。后来由于量测到的风速远远超过了12级,又在此基础上将风力扩充到18个等级,即0~17级。具体如表1.1.1所示。

风力等级表 表1.1.1

风力等级	名称	相当于空旷平地上标准高度10m处的风速(m/s)	海面海浪		海岸船只征象	陆地地面征象
			一般(m)	最高(m)		
0	静稳	0~0.2	—	—	静	静,烟直上
1	软风	0.3~1.5	0.1	0.1	平常渔船略觉摇动	烟能表示风向,但风向标不能转动
2	轻风	1.6~3.3	0.2	0.3	渔船张帆时,每小时可随风移行2~3km	人面感觉有风,树叶微响,风向标能转动
3	微风	3.4~5.4	0.6	1.0	渔船渐觉颠簸,每小时可随风移行5~6km	树叶及微枝摇动不息,旌旗展开
4	和风	5.5~7.9	1.0	1.5	渔船满帆时,可使船身倾向一侧	能吹起地面灰尘和纸张,树的小枝摇动
5	清劲风	8.0~10.7	2.0	2.5	渔船缩帆(即收去帆之一部)	有叶的小树摇摆,内陆的水面有小波
6	强风	10.8~13.8	3.0	4.0	渔船加倍缩帆,捕鱼须注意风险	大树枝摇动,电线呼呼有声,举伞困难
7	疾风	13.9~17.1	4.0	5.5	渔舟停泊港中,在海者下锚	全树摇动,迎风步行感觉不便
8	大风	17.2~20.7	5.5	7.5	进港的渔船皆停留不出	微枝折毁,人行向前感觉阻力甚大
9	烈风	20.8~24.4	7.0	10.0	汽船航行困难	建筑物有小损(烟囱顶部及平屋摇动)
10	狂风	24.5~28.4	9.0	12.5	汽船航行颇危险	陆上少见,见时可使树木拔起或使建筑物损坏严重

续上表

风力等级	名称	相当于空旷平地上标准高度 10m 处的风速(m/s)	海面海浪		海岸船只征象	陆地地面征象
			一般(m)	最高(m)		
11	暴风	28.5 ~ 32.6	11.5	16.0	汽船遇之极危险	陆上很少见,有则必有广泛损坏
12	飓风	32.7 ~ 36.9	14	—	海浪滔天	陆上绝少见,摧毁力极大
13	—	37.0 ~ 41.4	—	—	—	—
14	—	41.5 ~ 46.1	—	—	—	—
15	—	46.2 ~ 50.9	—	—	—	—
16	—	51.0 ~ 56.0	—	—	—	—
17	—	56.1 ~ 61.2	—	—	—	—

风速与风力等级之间的关系除了通过表 1.1.1 查找外,还可以用数学公式来表示。假定 N 表示风的级数,$\overline{V}_N$、$V_{N\max}$ 和 $V_{N\min}$ 分别表示 N 级风对应的平均风速、最大风速和最小风速,它们之间的关系如下:

$$\overline{V}_N = 0.1 + 0.824N^{1.505} \tag{1.1.1}$$

$$V_{N\max} = 0.2 + 0.824N^{1.505} + 0.5N^{0.56} \tag{1.1.2}$$

$$V_{N\min} = 0.824N^{1.505} - 0.5N^{0.56} \tag{1.1.3}$$

风向通常用 16 个方位表示,如图 1.1.2 所示。

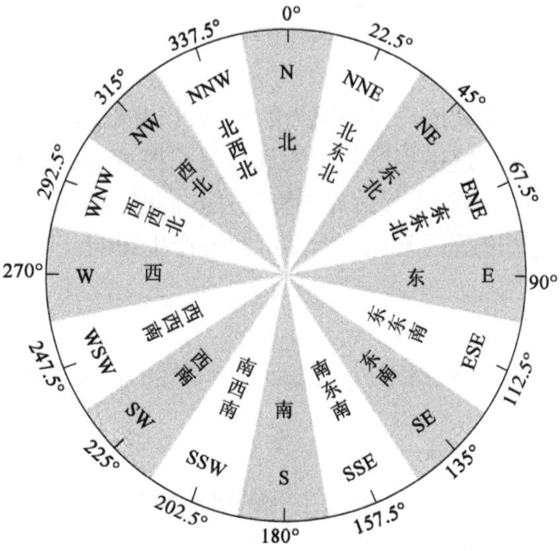

图 1.1.2　风向划分图

1.1.3 风的影响因素

根据风的形成过程，它的特性与以下因素有关：

(1)大气的受热特性

如前所述，大气不易吸收阳光辐射的能量，但容易吸收地面辐射的能量。换言之，尽管大气温度的来源是阳光，可是大气主要从地表辐射吸收热量。

(2)大气的压强与温度分布

大气压强指单位面积上的大气压力，其数值等于该单位面积往上延伸到大气上界的垂直空气柱的重力。因此，地面处的气压最大，气压随高度的增加而减小。将大气视为理想气体，有

$$pV = nRT \tag{1.1.4}$$

式中：p——理想气体的压强，Pa；

V——理想气体的体积，m^3；

n——气体物质的量，mol；

R——理想气体常数；

T——理想气体的绝对温度，K。

根据式(1.1.4)，当高度增加、气压减小时，大气温度也会相应降低。地表的大气受热后会膨胀上升，如果上升过程中气温总是高于同一高度的大气气温，气体就会一直上升，这种情况称为不稳定层结。反之，气温低于同一高度的大气气温，此时气体不再上升，我们将其称为稳定层结。特别地，当大气上升的绝热递减率等于大气气温沿高度分布的递减率时，这种情况属于中性层结。

(3)气压的水平梯度力

太阳对地球大气加热的不均匀导致同一高度的不同位置存在气压差，为了实现气压的平衡，空气会进行水平运动。

(4)地面摩擦力

靠近地表的大气底层会受到地面摩擦阻力的影响，该摩擦阻力随着高度的增加而减小，到达某一高度后便可忽略不计。这一高度称为大气边界层厚度，通常在几百米以上。绝大部分结构物均处于大气边界层内，因此大气边界层特性是我们的研究重点。

此外，地球自转、大气湿度等因素也会对风的轨迹产生影响。

1.1.4 风的类型

在上述因素的综合影响下，最终形成的风是复杂多样的。较为常见的风包括季风、热带气旋、台风、飓风、龙卷风等。

(1)季风

季风(monsoon)是指风向随季节有显著变化的风，如图1.1.3所示。由于海洋与陆地的比热容存在差异，在夏季时，陆地升温较快，形成低气压中心，风由海洋吹向陆地。冬季则相反，陆地降温较快，形成高气压中心，风由陆地吹向海洋。亚洲地区受季风影响显著，尤其是东亚和南亚地区。我国身处东亚地区，深受季风气候的影响。

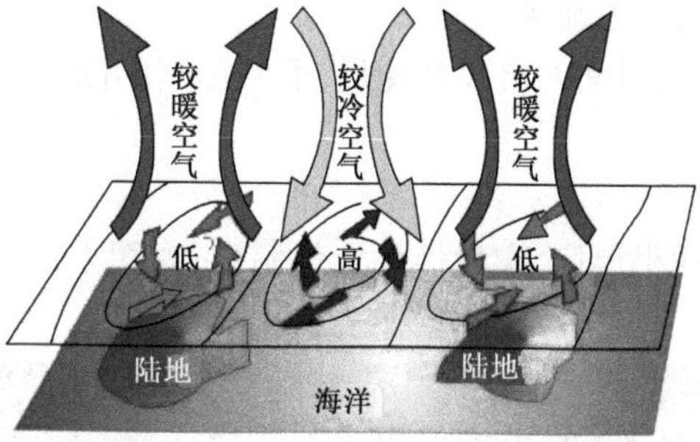

图1.1.3　季风形成图

(2)热带气旋

热带气旋(tropical cyclone)是指发生在热带或副热带洋面上的低气压或空气涡旋,常发生在夏秋两季,如图1.1.4所示。它的产生机理较为复杂,能量来源主要是高空水汽冷凝时释放的热量。在地球自转的影响下,热带气旋在北半球是逆时针旋转,在南半球则是顺时针旋转。

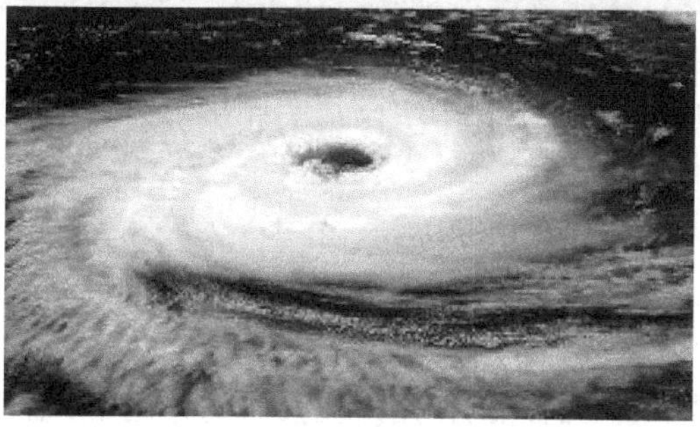

图1.1.4　热带气旋

根据《热带气旋等级》(GB/T 19201—2006),热带气旋按底层中心附近最大平均风速划分为表1.1.2所示的6个等级。

热带气旋等级划分表　　表1.1.2

热带气旋等级	底层中心附近最大平均风速(m/s)	底层中心附近最大风力(级)
热带低压(tropical depression,TD)	10.8~17.1	6~7
热带风暴(tropical storm,TS)	17.2~24.4	8~9
强热带风暴(severe tropical storm,STS)	24.5~32.6	10~11
台风(typhoon,TY)	32.7~41.4	12~13
强台风(severe typhoon,STY)	41.5~50.9	14~15
超强台风(super typhoon,SuperTY)	≥51.0	16或以上

(3)台风和飓风

台风(typhoon)和飓风(hurricane)均属于热带气旋的一种,它们均指风力达到12级或以上的热带气旋,只是生成的地域不同。产生于西北太平洋和南海一带的称为台风,发生在大西洋和北太平洋东部区域的则称为飓风。

为了区分不同地区、不同时间的台风和飓风,受其影响的国家和地区联合制定了一张命名表,然后按顺序循环使用。

(4)龙卷风

龙卷风(tornado)是一种小尺度、突发性的大气涡旋,如图1.1.5所示。其直径在300m左右,往往在强雷暴中形成。

图1.1.5　龙卷风

龙卷风主要发生在中纬度地区,其中美国最为频繁,我国部分省(区、市)也发生过龙卷风,主要集中在东部平原地区。

1.2　土木工程结构风灾

工程结构处在自然界中会受到风的作用。在强风的作用下,结构的可靠性甚至安全性都会受到影响,从而导致经济损失和人员伤亡。根据国内外统计资料,在所有自然灾害中,风灾造成的损失居灾害之首。下面是一些风灾案例,可以说明在工程结构设计中抗风内容的重要性。

1.2.1　桥梁结构

在风荷载作用下,桥梁的风致振动存在多种形式,如颤振、驰振、涡激振动、抖振等。其中,颤振和驰振属于发散振动,即振幅会越来越大,最终导致桥梁的毁坏。而涡激振动和抖振属于限幅振动,振幅会控制在一定范围内,通常不会对结构造成毁灭性的破坏。然而,它们会影响行车的舒适性甚至安全。因此,无论是发散振动还是限幅振动,桥梁设计人员都应该给予足够的重视。

如图1.2.1所示,1940年,美国华盛顿州的塔科马海峡桥在18m/s左右的风速下发生剧烈的风致振动,最终导致垮塌。该桥主跨853m,宽11.9m,垮塌时通车仅约4个月。其振动类型属于上述的颤振。这一桥梁垮塌事故让学者们意识到仅仅将风荷载视为静力荷载存在不足,还需要考虑风荷载的动力特性。同时,通过调查发现,从1818年起,包括塔科马海峡桥在内,至少有12座桥梁毁于强风,如表1.2.1所示。由此,桥梁抗风问题日益受到重视,并逐渐催生出桥梁风工程这一分支学科。

图 1.2.1 被风毁坏的塔科马海峡桥

毁于强风的桥梁 表 1.2.1

序号	桥名	所在地	跨径(m)	毁坏年份
1	柴伯尔修道院桥(Dryburgh Abbey Bridge)	苏格兰	79	1818
2	联合桥(Union Bridge)	英格兰	140	1821
3	纳索桥(Nassau Bridge)	德国	75	1834
4	布兰登桥(Brighton Chain Pier Bridge)	英格兰	80	1836
5	蒙特罗斯桥(Montrose Bridge)	苏格兰	130	1838
6	梅奈海峡桥(Menai Straits Bridge)	威尔士	180	1839
7	罗奇-伯纳德桥(Roche-Bernard Bridge)	法国	195	1852
8	惠灵桥(Wheeling Bridge)	美国	310	1854
9	尼亚加拉-刘易斯顿桥(Niagara-Lewiston Bridge)	美国	320	1864
10	泰河桥(Tay Bridge)	苏格兰	74	1874
11	尼亚加拉-克立夫顿桥(Niagara-Clifton Bridge)	美国	380	1889
12	塔科马海峡桥(Tacoma Narrows Bridge)	美国	853	1940

由于对塔科马海峡桥的颤振失稳破坏心有余悸,于是在后续的桥梁设计中增强了对颤振稳定性的研究,因此之后罕有桥梁再发生风毁事故。然而,涡激振动作为一类风致振动,在工程实际中却时有发生,包括巴西 Rio-Niterói 桥、英国 Kessock 斜拉桥、日本东京湾通道大桥、丹麦大带悬索桥、俄罗斯伏尔加河大桥等。

1997 年完工的日本东京湾通道大桥,其主桥全长 1630m,为十跨一联的钢箱梁连续梁桥,桥宽 22.9m,主跨 240m。1994 年 12 月,在风速 16 ~ 17m/s 的情况下,该桥发生了明显的涡激振动,最大振幅超过了 50cm。

丹麦大带悬索桥于 1998 年通车,为 535m + 1624m + 535m 的三跨钢箱梁悬索桥。在 1998 年 1 月至 6 月的观测期间,桥梁多次发生振动。图 1.2.2 为桥梁某次振动时,在同一位置不同时刻的桥面情况,圈中的车辆是静止不动的。根据圈中车辆的位置变化,可以看出桥梁的振幅较大。

图 1.2.2　发生涡激振动的大带悬索桥

俄罗斯伏尔加河大桥于 2009 年建成,全长 7.1km,主桥长 1.25km,为十跨连续钢箱梁结构,主跨 155m。2010 年 5 月 19 日晚,该桥发生波浪形振动,并伴有尖锐声;振幅达到 40cm,大桥不得不临时封闭。

1.2.2　高层建筑

对于高层建筑而言,风荷载的影响主要体现在围护结构的破坏及过大位移导致的人群舒适度问题,整体结构破坏的案例尚未见报道。

1926 年,飓风袭击美国迈阿密,Meyer-Kiser 大楼受到严重破坏,钢框架发生塑性变形。据住户报告,处于风暴中的大楼剧烈摇晃。图1.2.3为受到飓风破坏后的 Meyer-Kiser 大楼。

图 1.2.3　受到飓风袭击的 Meyer-Kiser 大楼

1999 年 9 月 16 日，9915 号台风“约克”侵袭香港，政府税务大楼、入境事务大楼及湾仔政府大楼共有 400 多块玻璃幕墙被吹落，导致室内大量文件被风吸走，如图 1.2.4 所示。

图 1.2.4　香港湾仔政府大楼玻璃幕墙破坏情况

2018 年 9 月，台风“山竹”登陆广东省，广州市包括万菱汇、环球都会广场以及在建的广发大厦等多栋高层建筑发生玻璃幕墙掉落事件。

1.2.3　大跨屋盖结构

大跨屋盖结构广泛应用于体育场馆、展览中心、航站楼、艺术剧院、车站及其他大型公共建筑等，容易发生风致破坏。

2010 年 12 月 10 日，在最大风力达到 10 级的风速下，北京首都机场 T3 航站楼西侧局部金属板被掀开。在强风影响下，北京首都机场延误航班 200 余架次。图 1.2.5 为受到强风破坏的首都机场 T3 航站楼。

图 1.2.5　受到强风破坏的北京首都机场 T3 航站楼

2018 年 8 月,德国曼海姆的一座火车站受到狂风袭击,火车站的屋顶被掀翻,屋顶的部分金属碎片直接落向铁轨,撞上停在铁轨上的数列火车。

1.2.4 低矮房屋

有不少文献针对建筑物的风致损失进行了研究。1989 年的飓风"雨果"让美国保险业支付了 30 亿美元的赔款,其中 58% 来源于房屋的破坏。1992 年的飓风"安德鲁"造成美国至少 6 万间房屋毁坏,在佛罗里达州造成 200 亿～300 亿美元的损失,在路易斯安那州造成的损失也在 10 亿美元以上。1994 年,9415 号台风袭击了我国浙江省,导致 80 多万间房屋倒塌或损坏,直接经济损失 108 亿元。2006 年,台风"桑美"侵袭我国,据不完全统计,浙江、福建、江西、湖北四省倒塌房屋 13.63 万间,直接经济损失 195.48 亿元。

1.2.5 细长结构

输电线塔、灯柱、斜拉索等细长构件趋于柔性,在风荷载作用下容易发生破坏和振动等情况。

在台风的肆虐下,输电线塔发生破坏的事故屡见不鲜。例如,1999 年 9 月登陆的 18 号台风造成日本九州地区 4 回输电线路的 15 基输电塔倒塌,3 回输电线路的 6 根导线发生断线。2002 年 10 月登陆的 21 号台风"海高斯"造成日本 10 基高压输电塔连续倒塌。在我国,2003 年在广东登陆的台风"杜鹃"造成 220kV、110kV、10kV 输电线路共 227 条次出现故障。2004 年,台风"云娜"在浙江登陆,其损坏的输电线路达到 3342km。除了台风,龙卷风也会对输电线塔造成重大破坏。例如,2003 年 4 月,广东河源遭遇龙卷风袭击,205 座高压输电线塔、440 条线杆被折断或者刮倒。2005 年 7 月,湖北黄冈受到龙卷风的侵袭,220kV 和 110kV 线路杆塔合计受损 22 基,其中 220kV 线路杆塔倒塌 3 基,110kV 线路杆塔倒塌 16 基,未倒塌的有 3 基。如图 1.2.6 所示。

图 1.2.6 台风(左)和龙卷风(右)毁坏的输电线塔

1988 年,日本学者 Hikami 在 Meiko-Nishi 大桥上观测到斜拉索风雨振现象,其最大振幅可达 0.55m。1995 年,建成不久的美国 Fred Hartman 大桥也发生了斜拉索风雨振。1996 年,荷兰的 Erasmus 大桥发生大幅度的风雨振,最大振幅达到 0.7m。在一次台风中,日本一座斜拉桥上的一根拉索发生剧烈振动,振幅预计超过 1.5m,实测风速为 18m/s,强烈的振动导致桥面边缘损坏,如图 1.2.7 所示。国内也发生过类似的风雨振情况,上海的杨浦大桥在 1997 年和

2001 年均被观测到了斜拉索的风雨振现象，南京长江二桥在通车前也出现过大幅度的斜拉索振动。

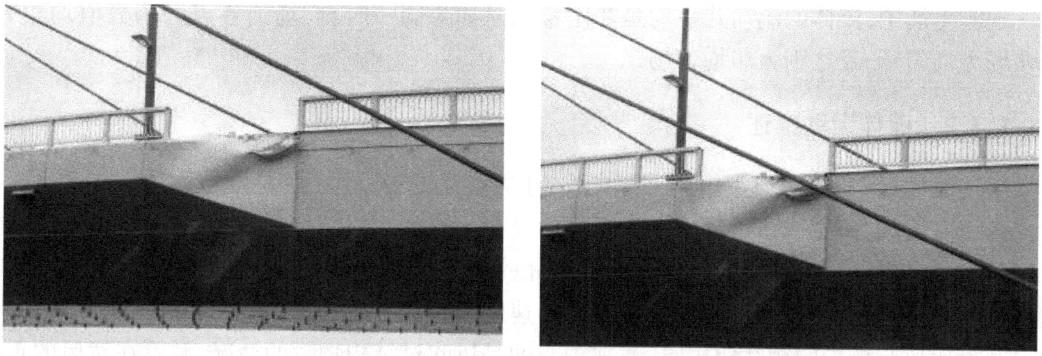

图 1.2.7 拉索剧烈振动导致桥面边缘损坏

1.3 空气的力学特性

1.3.1 流体的力学特性

自然界中物质存在的形式主要有三种：固体、液体和气体。其中，液体和气体统称为流体。相对于固体而言，流体基本不能承受拉力，具有易流动性。显然，空气是一种典型的流体。下面将对流体的基本特性进行简要说明。

(1)流体基本假设

流体由大量不断地做无规则热运动的分子所组成。严格而言，描述流体的物理量(如密度、压强、流速等)在时间和空间上均不连续。然而，在一般工程中，可以认为流体是由其本身质点连续无空隙地聚集在一起、完全填满所占空间的一种连续介质。这就是欧拉针对流体所提出的连续介质假说。基于该假说，与流体相关的物理量即可当作空间和时间的连续函数来处理。

(2)流体物理性质

流体具有黏性，即在运动状态下具有抵抗剪切变形的性质。同时，根据流体的易流动性，静止流体不能承受剪切力。描述流体黏性的物理量为动力黏度μ，其国际单位为 $N \cdot s/m^2$ 或 $Pa \cdot s$。μ 值越大，流体抵抗剪切变形的能力就越强。此外，流体的黏性还可以通过运动黏度 v 来衡量，其定义为动力黏度μ 与流体密度ρ 的比值，即 $v = \mu/\rho$。根据定义可知运动黏度 v 的国际单位为m^2/s。对于理想流体，不考虑其黏性，即假定 $\mu = 0$。

流体还具有压缩性，即由压强和温度变化而引起流体密度变化的性质。一般而言，液体的压缩性很小，气体的压缩性较大。然而，对处于低温、低压、低速条件下的气体而言，其流动速度远小于声速(马赫数小于 0.3)，此时气体的压缩性可以忽略，视为不可压缩流体。

(3)流场分类

假设在空间中的某个区域内定义标量函数或矢量函数，则将定义在该空间区域内的函数称为场。如果定义的是标量函数，则称其为标量场；相应地，对于矢量函数，则称其为矢量场。

流场则表示气流运动在某个区域的分布函数。在流场中的任何一点处,如果流体微团流过时的流动参数——速度、压力、温度、密度等不随时间变化,则称该场为定常场,反之则为非定常场。现实生活中,流体的流动几乎均是非定常的。如果同一时刻,场内各点的函数值均相等,则该场为均匀场,反之则为非均匀场。

1.3.2 流体运动描述

描述流体运动有两种不同的方法,一种是拉格朗日方法,另一种是欧拉方法。前者主要关注流体质点运动,研究流体运动状态随时间的变化,分析任意时刻流体质点的运动轨迹、速度、密度等。后者重点关注空间中某一固定位置处的流体状态,研究该位置处流体运动状态随时间的变化,分析任意时刻该空间位置处流体的速度、压力、密度等。

在分析风与结构的相互作用时,通常关心的是风吹过结构物时的情况,并不在意风的具体轨迹,因此往往采用欧拉方法描述流体运动。基于欧拉方法,描述特定空间的流体速度,即速度场。假定用 $\vec{V}$ 表示空间某点的风速,则有

$$\vec{V} = \vec{V}(x, y, z, t) \tag{1.3.1}$$

其中, x, y, z 表示点的位置, t 表示时间。根据式(1.3.1),某点的加速度可表示如下:

$$\frac{\mathrm{d}\vec{V}}{\mathrm{d}t} = \frac{\partial \vec{V}}{\partial t} + \frac{\partial \vec{V}}{\partial x}\frac{\mathrm{d}x}{\mathrm{d}t} + \frac{\partial \vec{V}}{\partial y}\frac{\mathrm{d}y}{\mathrm{d}t} + \frac{\partial \vec{V}}{\partial z}\frac{\mathrm{d}z}{\mathrm{d}t} \tag{1.3.2}$$

其中, $\frac{\partial \vec{V}}{\partial t}$ 表示时间变化引起的速度变化,反映了风场的非定常性;其他部分表示位置变化引起的速度变化,反映了风场的非均匀性。

1.3.3 空气动力学基本概念

空气动力学是流体力学的一个分支,主要研究物体在空气中运动时气流与物体的相互作用。空气动力学包含经典空气动力学、高超声速空气动力学、非定常空气动力学等内容,而经典空气动力学又包含不可压缩空气动力学和可压缩空气动力学。

对于土木工程结构而言,考虑气流与结构物的相互作用时,由于气流速度远小于声速,将气流视为不可压缩流体,同时考虑气动弹性问题,主要涉及不可压缩空气动力学和非定常空气动力学的内容。此外,由于结构物大多为钝体,因此主要研究钝体空气动力学。钝体是相对于流线体而言的,流线体前圆后尖、表面光滑、类似水滴。流体流经流线体时,基本不产生分离和尾流,因此受到的阻力较小;当流经钝体时,在其边界上会发生气流分离,并可能伴有气流再附和涡旋脱落等现象,气流受到的阻力较大。

空气动力学研究中,无量纲分析是一个重要的工具。显然,流体对物体的作用与物体的尺寸有关,可用物体的某一代表性长度作为研究的特征长度,用 l 表示。它可以是圆柱体的直径、桥梁的高度或宽度等。同时,还与流体流向物体的相对角度相关。该角度称为风攻角,用 α 表示。此外,影响因素还包括流体的密度 ρ、平均流速 U、流体动力黏度 μ、涡旋脱落频率或物体振动频率 ω 等。最后,考虑到声波是气流弹性压缩的一种纵波,在描述气流速度是否达到引起气体压缩的程度时,常以声速 c 为参考速度。综上所述,流体作用在物体上的力 F 可以表示为上述 7 个自变量的函数,即

$$F = f(l,\alpha,\rho,U,\mu,\omega,c) \tag{1.3.3}$$

经过量纲分析后，可以将具有几何相似的同类型物体所受的力 F 记为：

$$F = \frac{1}{2}\rho U^2 l^2 \cdot g(\alpha, Re, K, Ma) \tag{1.3.4}$$

式中：Re——雷诺(Reynolds)数；

K——斯托罗哈(Strouhal)数或无量纲频率；

Ma——马赫数；

g——α、Re、K 和 Ma 四个无量纲参数的函数。接下来对这 4 个无量纲参数进行简短的说明。

通常而言，风攻角 α 以流体速度指向物体下表面为正，如图 1.3.1 所示。

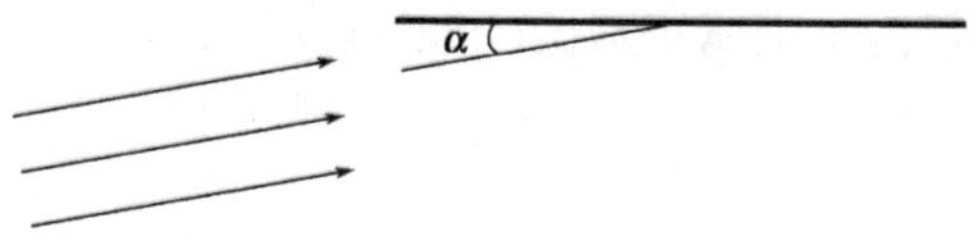

图 1.3.1 正风攻角表示

雷诺数 Re 的计算如下：

$$Re = \frac{\rho U^2}{\mu U/l} = \frac{Ul\rho}{\mu} = \frac{Ul}{v} \tag{1.3.5}$$

其中，ρU^2 和 $\mu U/l$ 分别近似代表惯性力和黏性力。空气在 15℃ 和一个标准大气压下的运动黏度 $v = 0.15\text{cm}^2/\text{s}$。对于特征长度为 1m 的物体而言，在 $U = 10\text{m/s}$ 的风速下，雷诺数约为 6.7×10^5。雷诺数代表了气流惯性力与黏性力之比。当雷诺数较小时，黏性效应较强，气流表现为层流，随着雷诺数的增大，惯性效应开始起主要作用，气流逐渐由层流过渡到湍流。

K 的计算如下：

$$K = \frac{\omega l}{U} \tag{1.3.6}$$

当 ω 表示涡旋脱落频率时，K 表示斯托罗哈数；当 ω 表示物体振动频率时，K 表示无量纲频率。

马赫数 Ma 计算如下：

$$Ma = \frac{U}{c} \tag{1.3.7}$$

当 $Ma > 1$ 时，气流为超声速流；当 $Ma < 1$ 时，气流为亚声速流，若 $Ma < 0.3$，则为亚声速不可压缩流。

1.4 风致振动

风作为一种流体，作用在结构上时，结构会发生变形和振动，相应地，结构的变形和振动会影响风的流动特性，这就是流固耦合现象。由于流固耦合的影响，风致振动较为复杂，在不同的作用机理下，将会产生不同的振动形式，包括驰振、颤振、抖振、涡激振动等。下面对这些振动形式进行简单的介绍。

1.4.1 驰振和颤振

在气流的作用下,结构发生振动,而结构的振动导致气流的流场改变,从而产生了附加的气动力。由于该气动力是结构自身运动所引起的,故将其称为自激力。自激力与结构的位移和速度有关,因此会导致额外的刚度和阻尼,即气动刚度和气动阻尼。通常而言,气动阻尼是正的,可以起到抑制结构振动的作用。然而,在某些情况下,结构振动产生的气动阻尼为负值,此时非但不能抑制结构振动,还会使结构的振动越发剧烈。若结构本身的阻尼和气动阻尼之和为负,即结构本身的能量耗散小于结构从气流中获取的能量,结构的振动将越来越显著,振幅不断增加,最终导致结构的失稳。

结构失稳的形式包括竖向振动失稳、扭转振动失稳以及弯扭耦合振动失稳等。其中,前一类称为驰振(galloping),而后两类则属于颤振(flutter)。

1.4.2 抖振

自然风属于随机过程,结构在风的作用下将发生随机振动,我们将其称为抖振(buffeting)。大体而言,抖振可以分为三类:自然风中的脉动成分引起的抖振、结构物自身尾流引起的抖振以及其他结构物特征湍流引起的抖振。其中,第一类占主导地位,通常所说的抖振分析也是针对该类抖振。

目前已经针对自然风中的脉动成分引起的抖振开展了大量研究,尤其是针对桥梁的抖振响应分析。对于结构物自身尾流引起的抖振,在一结构物处于另一结构物的卡门涡街(Karman vortex street)中时可能发生。例如,对于两个靠近的细长结构物,若上游物体尾流脱落的湍流频率与下游结构物的频率接近,下游的结构物就容易发生尾流抖振。因此,有学者认为尾流抖振实际上是一种顺风向共振。目前,针对尾流抖振现象还没有比较有效的解析模型。

1.4.3 涡激振动

当风作用在结构物上时,会在该结构物两侧背后产生交替的涡旋,形成所谓的卡门涡街。卡门涡街的存在使结构物表面的压力呈现周期性变化,从而导致结构物上产生一个周期性变化且方向与风向垂直的升力。根据产生机制,这种由交替涡流导致的与风向垂直的结构振动称为涡激振动(vortex-induced vibration)。

涡激振动基本上是伴随着涡旋的出现而产生的强迫振动,然而一旦振动增强,又会产生抑制振动的涡流,呈现出自激振动的特征。如果涡旋脱落的频率接近结构的固有频率,则会发生涡激振动。一般而言,只有当风速位于共振风速附近的某一特定范围内时,振动才会变得明显。

1.5 风工程研究意义及研究内容

通过上述描述可以看出,对于不同类型的结构物,包括桥梁、高层建筑、大跨屋盖结构、低矮房屋等,在风荷载作用下,均可能发生整体结构或者局部构件的破坏,从而危及结构安全和正常使用。因此,为了确保工程结构的安全可靠,在设计过程中考虑风荷载的影响意义重大。

在探究风特性、风与结构相互作用及结构风致响应等问题的过程中，结构风工程学科逐渐形成并发展。随着研究的深入，结构风工程涵盖的内容也越来越广泛。目前主要包含如下研究内容：

①边界层风特性与风环境；

②钝体空气动力学；

③大跨度桥梁抗风；

④高层与高耸结构抗风；

⑤大跨空间与悬吊结构抗风；

⑥低矮房屋结构抗风；

⑦计算风工程方法与应用；

⑧风洞试验技术；

⑨结构抗风设计标准；

⑩结构风灾风险分析与评估；

⑪风-车-桥耦合问题；

⑫行人风环境。

本书针对土木工程结构抗风问题，主要介绍边界层风特性、桥梁及结构抗风、风洞试验方法、计算流体力学方法等内容。

本章参考文献

[1] 陈政清. 桥梁风工程[M]. 北京：人民交通出版社，2005.

[2] SIMIU E, SCANLAN R H. Wind effects on structures-fundamentals and applications to design[M]. New York: John Wiley & Sons, Inc., 1996.

[3] 张相庭. 结构风工程：理论·规范·实践[M]. 北京：中国建筑工业出版社，2006.

[4] 黄本才，汪丛军. 结构抗风分析原理及应用[M]. 上海：同济大学出版社，2008.

[5] 葛耀君. 大跨度悬索桥抗风[M]. 北京：人民交通出版社，2011.

[6] 陆忠汉，陆长荣，王婉馨. 实用气象手册[M]. 上海：上海辞书出版社，1984.

[7] BATTISTA R C, MICHÈLE S P. Reduction of vortex-induced oscillations of Rio-Niterói bridge by dynamic control devices[J]. Journal of wind engineering and industrial aerodynamics, 2000, 84 (3): 273-288.

[8] FUJINO Y, YOSHIDA Y. Wind-induced vibration and control of trans-Tokyo bay crossing bridge[J]. Journal of structural engineering, 2002, 128(8): 1012-1025.

[9] LARSEN A, ESDAHL S, ANDERSEN J E, et al. Storebælt suspension bridge—vortex shedding excitation and mitigation by guide vanes[J]. Journal of wind engineering and industrial aerodynamics, 2000, 88 (2): 283-296.

[10] 孟可斋. 伏尔加河大桥离奇晃动事件[C]//中国公路学会养护与管理分会. 养护与管理论文集. 2015: 66-68.

[11] 上海科学技术情报研究所. 国外高层建筑抗风译文集[C]. 上海：上海科学技术文献出版社，1979.

[12] 李正农，罗叠峰，史文海，等. 沿海高层建筑玻璃幕墙风致应力现场实测研究[J]. 中国科学：技术科学，2011，41(11)：1439-1448.

[13] KEITH E L, ROSE J D. Hurricane Andrew-Structural performance of buildings in south Florida[J]. Journal of

performance of constructed facilities, 1994, 8(3): 178-191.

[14] SPARKS P R, SCHIFF S D, REINHOLD T A. Wind damage to envelopes of houses and consequent insurance losses[J]. Journal of wind engineering and industrial aerodynamics, 1994, 53(1): 145-155.

[15] 戴益民,王相军,闫旭光,等.我国沿海低矮民居风灾统计及破坏机理分析[C]//全国结构工程学术会议.第21届全国结构工程学术会议论文集:第Ⅱ册.北京:《工程力学》杂志社,2012.

[16] 刘南江,费伟.2018年全国自然灾害基本情况分析[J].中国减灾,2019(5):14-17.

[17] HIKAMI Y, SHIRAISHI N. Rain-wind induced vibration of cables of cable-stayed bridges[J]. Journal of wind engineering and industrial aerodynamics, 1988, 29(1-3): 409-418.

[18] POSTON R W. Cable-stay conundrum[J]. Civil engineering, 1998,68(8): 58-61.

[19] PERSOON A J, NOORLANDER K. Full-scale measurements on the Erasmus Bridge after rain/wind induced cable vibrations[R]. Rotterdam, 1999.

[20] 顾明,刘慈军,罗国强,等.斜拉桥拉索的风(雨)激振及控制[J].上海力学,1998,19(4):281-288.

[21] MATSUMOTO M, YAGI T, HATSUDA H, et al. Dry galloping characteristics and its mechanism of inclined/yawed cables[J]. Journal of wind engineering and industrial aerodynamics, 2010, 98(6-7): 317-327.

第 2 章　大气边界层风特性

由于我们关心的结构物都在大气边界层之下,因此对边界层风特性应予以仔细研究。在大气边界层高度范围内,由于受地理位置、地形条件、地面粗糙程度、高度、温度和湿度变化等因素的影响,风的速度与方向随时间和空间随机变化着。大量的风速实测记录表明,大气边界层内风速时程包含两种成分,即周期在 10min 以上的长周期成分和周期仅为几秒左右的短周期成分。根据上述两种成分,在研究风对工程结构物的作用时,常把风特性分为平均风特性和脉动风特性两个部分。

本章首先介绍自然界中的平均风特性参数和脉动风特性参数;其次,针对工程结构抗风分析中常用的脉动风场模拟,对于常规的平稳高斯脉动风场,介绍谐波合成法及其在桥梁主梁脉动风场模拟中的应用;最后,针对特殊风场中的非平稳和非高斯脉动风速,介绍其模拟方法并给出模拟实例。

2.1　平均风特性

平均风特性参数主要包括基本风速、风剖面、风攻角及风偏角等。

2.1.1　基本风速

《公路桥梁抗风设计规范》(JTG/T 3360-01—2018)(以下简称《抗风规范》)中定义的基本风速为"桥梁所在地区开阔平坦地貌条件下,地面以上 10m 高度、重现期 100 年(即 100 年超越概率 63.2%)、10min 平均的年最大风速"。具体而言,基本风速的定义涉及以下六个方面:标准高度的规定、地貌的规定、平均风速的时距、最大风速的样本、最大风速的重现期及最大风速的概率分布类型。当风速资料不满足上述六个条件时,需要做相应的换算。

在《抗风规范》中,地表类别可分为表 2.1.1 所示的四类。

地表分类　　表 2.1.1

地表类别	地表状况	地表粗糙度系数 α	地表粗糙高度 z_0(m)
A	海面、海岸、开阔水面、沙漠	0.12	0.01
B	田野、乡村、丛林、平坦开阔地及低层建筑物稀少地区	0.16	0.05
C	树木及低层建筑物等密集地区、中高层建筑物稀少地区、平缓的丘陵地	0.22	0.3
D	中高层建筑物密集地区、起伏较大的丘陵地	0.30	1.0

在抗风设计中,通常关注的是强风作用,因此往往把平均年最大风速作为概率统计的样本,通过拟合得到平均年最大风速的概率分布,再基于重现期得到相应的基本风速。对于平均

风速而言,可以将其概率分布称为母体分布,而将平均年最大风速分布视为极值分布。极值分布的形式可以分为三类:极值Ⅰ型分布(Gumbel 分布)、极值Ⅱ型分布(Fréchet 分布)和极值Ⅲ型分布(Weibull 分布)。其形式如下:

$$F_{\mathrm{I}}(x) = \exp\left[-\exp\left(-\frac{x-\mu}{\sigma}\right)\right] \tag{2.1.1}$$

$$F_{\mathrm{II}}(x) = \exp\left[-\left(\frac{x-\mu}{\sigma}\right)^{-r}\right] \tag{2.1.2}$$

$$F_{\mathrm{III}}(x) = \exp\left[-\exp\left(-\frac{x-\mu}{\sigma}\right)\right] \tag{2.1.3}$$

通过分析,上述三种分布形式可以用一种统一的形式表达,即广义极值分布(generalized extreme value distribution,GEVD),具体表达如下:

$$F_{\mathrm{GEVD}}(x) = \exp\{-[1+\xi(x-\mu)/\sigma]^{-1/\xi}\} \tag{2.1.4}$$

式中,$\xi=0$,$\xi>0$ 和 $\xi<0$ 分别表示极值Ⅰ型分布、极值Ⅱ型分布和极值Ⅲ型分布。

给定重现期为 R 年,则相应的风速x_R满足如下关系:

$$F_P(x_R) = 1-\frac{1}{R} \tag{2.1.5}$$

式中:F_P——极值分布。

需要注意的是,基本风速不是以桥址区的风速定义的,而是以包括桥址区在内的气象台站所辖的较大范围地区的代表性地貌(即开阔平坦地貌)的风速定义的。当桥梁所在地区的气象台站具有足够的连续风速观测资料时,可采用当地气象台站年最大风速的概率分布类型,由 10min 平均年最大风速推算 100 年重现期的风速作为基本风速;而当桥梁所在地区缺乏连续风速观测资料时,基本风速可由《抗风规范》中附图"全国基本风速分布值及分布图"或附表"全国各气象台站风速概率分布模型及参数值"来选取。

2.1.2 风剖面

如图 2.1.1 所示,在大气边界层内,由于地表摩阻力的作用,平均风速随高度的增加而增大,通常认为在离地 300~500m 时,平均风速受地表摩阻力的影响较弱,此时气流在气压梯度的作用下能自由流动并达到梯度风速,出现这种速度的高度称为梯度风高度,也即边界层厚度。在梯度风高度范围内,描述平均风速随高度变化的曲线就称为风剖面。风剖面形状无论从理论分析还是从现场实测结果来看都十分复杂,它受动力因素(如地面粗糙程度)与热力因素(如大气稳定度)的影响。对于风工程而言,风特性的研究是以中性条件的强风气候为前提。在中性条件下,工程中普遍采用对数律或指数律公式来描述风剖面。

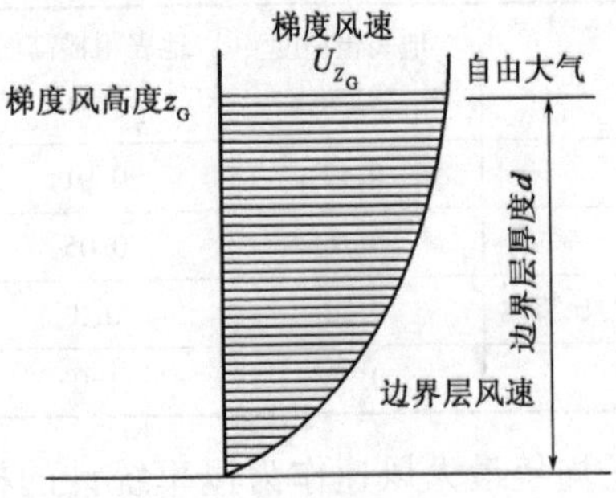

图 2.1.1 大气边界层示意图

微气象学研究表明,对数律表示大气边界层底层强风风剖面时比较理想,在 100m 高度内可较好地模拟实际风速分布,强风时适用范围可达到 200m,其表达式为:

$$U(z) = \frac{u_*}{K}\ln\left(\frac{z}{z_0}\right) \tag{2.1.6}$$

式中：z——地面或水面以上的高度，m；

$U(z)$——高度 z 处的平均风速，m/s；

z_0——地表粗糙高度，m；

u_*——气流摩阻速度或剪切速度，m/s；

K——Karman 常数，$K \approx 0.4$。

当地表树木或建筑物的高度大于 z_0 时，处于树木或建筑物高度以下的风剖面不满足上述对数律公式，此时可对式(2.1.6)进行修正：

$$U(z) = \frac{u_*}{K}\ln\left(\frac{z - z_d}{z_0}\right) \tag{2.1.7}$$

$$z_d = \overline{H} - \frac{z_0}{K} \tag{2.1.8}$$

式中：z_d——零平面高度，m；

$\overline{H}$——周围建筑物的平均高度，m。

相对于对数律，指数律计算更方便，且计算准确度与对数律相差不大。目前大部分国家的规范均倾向于采用指数律来描述风剖面，即假定大气边界层内风速随高度的分布服从幂指数律，其表达式如下：

$$\frac{U_{z_2}}{U_{z_1}} = \left(\frac{z_2}{z_1}\right)^{\alpha} \tag{2.1.9}$$

式中：U_{z_1}——高度 z_1 处的风速，m/s；

U_{z_2}——高度 z_2 处的风速，m/s；

α——地表粗糙度系数，如表 2.1.1 所示。

2.1.3 风攻角及风偏角

由于地形的影响，风的主流方向可能相对于水平面产生一定的夹角，这种夹角称为风攻角。一般认为平坦均匀场地的风攻角在 -3° ~ 3°之间。此外，风的主流方向在水平面的投影与桥轴线的垂直面之间也可能存在一定的夹角，这个夹角称为风偏角。风攻角和风偏角的示意如图 2.1.2 所示。

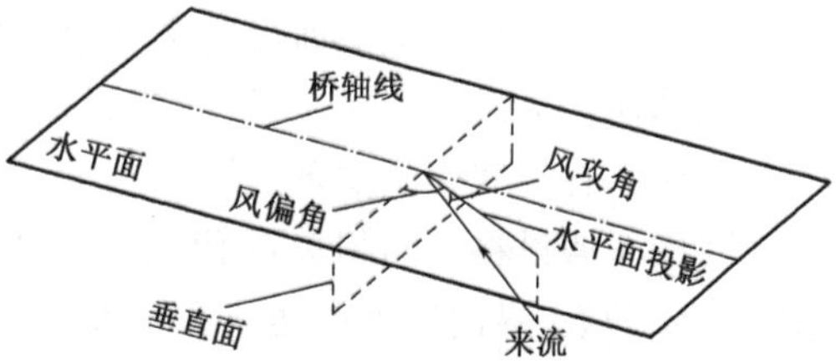

图 2.1.2 风攻角和风偏角示意图

2.2 脉动风特性

对结构风致作用有重要影响的脉动风特性参数主要包括湍流强度、湍流积分尺度、湍流功率谱密度函数及脉动风速的空间相关性。

2.2.1 湍流强度

湍流强度是描述大气湍流最简单的参数，它反映了风的脉动程度。风的水平纵向(x)、水平横向(y)及竖直方向(z)上的湍流强度分别定义为：

$$I_u = \frac{\sigma_u}{U} \tag{2.2.1}$$

$$I_v = \frac{\sigma_v}{U} \tag{2.2.2}$$

$$I_w = \frac{\sigma_w}{U} \tag{2.2.3}$$

式中：I_u、I_v、I_w——x、y、z 三个方向上的湍流强度；

σ_u、σ_v、σ_w——x、y、z 三个方向上脉动风速的均方差；

U——风的主流水平纵向(x)上的平均风速。

湍流强度随地表粗糙高度和离地高度而变化，一般可通过现场实测或风洞试验确定。在大气边界层中，风的水平纵向的湍流强度分量 I_u 要比其他两个方向的湍流强度分量 I_v、I_w 大，缺乏实际数据时，可分别取 $I_v = 0.88I_u$，$I_w = 0.50I_u$。

2.2.2 湍流积分尺度

空间中某点气流的脉动速度，可以认为是由平均风所输送的一些理想涡旋叠加而引起的。每一个涡旋都在该点引起周期脉动，其脉动频率为 n。若定义涡旋的波长为 $\lambda = U/n$，则这个波长就是涡旋大小的量度，而湍流积分尺度则是气流中湍流涡旋平均尺寸的量度。由于涡旋的三维特性，对于纵向、横向及竖向脉动风速 u、v、w 的涡旋，每个涡旋在 x、y、z 三个方向上又可定义尺度，因此一共有 9 个湍流积分尺度。对于纵向脉动风速 u 在 x 方向上的湍流积分尺度 L_u^x 可定义为：

$$L_u^x = \frac{1}{\sigma_u^2}\int_0^\infty R_{u_1u_2}(x)\,\mathrm{d}x \tag{2.2.4}$$

式中：$R_{u_1u_2}(x)$——(x_1, y_1, z_1, t)与$(x_1 + x, y_1, z_1, t)$两点间脉动风速分量 u 的互协方差函数。类似地可定义其余 8 个湍流积分尺度。

根据湍流积分尺度的定义可知，湍流积分尺度是与湍流空间相关性有关的参数。最理想的分析方法是在空间中实现多点同步测量，但实际上多点同步测量往往很难实现。工程上一般利用 Taylor 假设将空间相关性转化为时间相关性，由此就可将多点测量简化为单点测量。根据 Taylor 假设，纵向脉动风速 u 在 x 方向上的湍流积分尺度可改写为：

$$L_u^x = \frac{U}{\sigma_u^2}\int_0^\infty R_u(\tau)\,\mathrm{d}\tau \tag{2.2.5}$$

式中：$R_u(\tau)$——脉动风速 u 的自相关函数，$R_u(0) = \sigma_u^2$；同理可求其余 8 个湍流积分尺度。

通常当自相关函数很小时，Taylor 假设引起的误差会增大。研究认为，式(2.2.5)的积分上限取到$R_u(\tau) = 0.05\,\sigma_u^2$时为最佳。

2.2.3 湍流功率谱密度函数

脉动风是一个随机过程，必须用统计的方法加以描述。为研究脉动风中涡旋的统计特性，通常采用功率谱密度函数的方法。脉动风速的功率谱密度函数(以下简称脉动风速谱)表示了湍流中各频率成分的涡旋所贡献能量的大小，建立在一定假设的基础上。它可由理论推导得到，如 Von Kármán 谱是根据湍流各向同性假设提出的；也可由大量气象台站实测风速记录经统计分析得到，如 Davenport 谱是根据世界上不同地点、不同高度实测 90 多次的强风记录统计得到的。几十年来，风工程专家对脉动风速谱进行了大量的研究，提出了多种形式的脉动风速谱。目前我国《抗风规范》中采用的水平纵向脉动风速谱为 Kaimal 风谱，竖直方向的脉动风速谱为 Panofsky 风谱，而水平横向风速谱也多采用 Kaimal 提出的风谱形式，其表达式分别为：

$$\frac{n\,S_u(n)}{u_*^2} = \frac{200f}{(1+50f)^{5/3}} \tag{2.2.6}$$

$$\frac{n\,S_w(n)}{u_*^2} = \frac{6f}{(1+4f)^2} \tag{2.2.7}$$

$$\frac{n\,S_v(n)}{u_*^2} = \frac{15f}{(1+9.5f)^{5/3}} \tag{2.2.8}$$

式中：$S_u(n)$、$S_w(n)$、$S_v(n)$——水平纵向、竖直方向及水平横向的脉动风速谱；

n——风的脉动频率，Hz；

u_*——气流摩阻速度或剪切速度，m/s，可由式(2.1.6)或式(2.1.7)计算得到；

f——相似律坐标或 Monin 坐标，可按下式计算：

$$f = \frac{nz}{U(z)} \tag{2.2.9}$$

z、$U(z)$——高度和该高度处的平均风速。

2.2.4 脉动风速的空间相关性

当空间中某点的脉动风速达到最大值时，与该点有一定距离的另一点的脉动风速一般不会同时达到最大值。在一定范围内，距离该点越远，脉动风速同时达到最大值的可能性就越小。空间中脉动风速具有的这种性质就称为脉动风速的空间相关性。脉动风速的空间相关性主要包括水平方向左右相关和竖直方向上下相关。Davenport 通过对强风的观测，提出了反映脉动风速空间相关性的相干函数，其表达式为：

$$\rho(y_1,y_2,z_1,z_2) = \exp\left\{-\frac{n\left[C_y^2\,(y_1-y_2)^2 + C_z^2\,(z_1-z_2)^2\right]^{\frac{1}{2}}}{\left[\overline{U}(z_1)+\overline{U}(z_2)\right]/2}\right\} \tag{2.2.10}$$

式中：y_1、y_2、z_1、z_2——空间两点的水平横向坐标和竖直方向坐标；

$\overline{U}(z_1)$、$\overline{U}(z_2)$——空间两点的平均风速；

C_y、C_z——衰减系数，取值范围为 7 ~ 20，一般可取 $C_y = 8$，$C_z = 7$。

2.3 平稳高斯脉动风场的数值模拟

风速是随机的，可以用随机过程来表示。大量的实测结果分析表明，对于开阔平坦地带的脉动风速而言，其时频特性满足平稳随机过程，且其概率分布服从高斯分布，即其脉动风场可看作平稳高斯过程。对于平稳高斯脉动风场,目前使用较多的是谐波合成法。本节首先介绍谐波合成法,然后介绍该方法在桥梁主梁脉动风场模拟中的应用。

2.3.1 谐波合成法

对于零均值的一维 n 变量平稳高斯随机过程,其互谱密度矩阵 $\boldsymbol{S}^0(\omega)$ 可表示为:

$$\boldsymbol{S}^0(\omega)=\begin{bmatrix} S_{11}^0(\omega) & S_{12}^0(\omega) & \cdots & S_{1n}^0(\omega) \\ S_{21}^0(\omega) & S_{22}^0(\omega) & \cdots & S_{2n}^0(\omega) \\ \vdots & \vdots & & \vdots \\ S_{n1}^0(\omega) & S_{n2}^0(\omega) & \cdots & S_{nn}^0(\omega) \end{bmatrix} \tag{2.3.1}$$

对 $\boldsymbol{S}^0(\omega)$ 进行 Cholesky 分解可得:

$$\boldsymbol{S}^0(\omega)=\boldsymbol{H}(\omega)\boldsymbol{H}^{\mathrm{T}*}(\omega) \tag{2.3.2}$$

式中:$\boldsymbol{H}(\omega)$——下三角矩阵;

$\boldsymbol{H}^{\mathrm{T}*}(\omega)$——$\boldsymbol{H}(\omega)$复共轭转置矩阵。

$$\boldsymbol{H}(\omega)=\begin{bmatrix} H_{11}(\omega) & 0 & \cdots & 0 \\ H_{21}(\omega) & H_{22}(\omega) & \cdots & 0 \\ \vdots & \vdots & & \vdots \\ H_{n1}(\omega) & H_{n2}(\omega) & \cdots & H_{nn}(\omega) \end{bmatrix} \tag{2.3.3}$$

式(2.3.3)中对角元素是圆频率 ω 的非负实函数,而非对角元素一般是 ω 的复函数。

对于对角元素,有以下关系成立:

$$H_{jj}(\omega)=H_{jj}(-\omega) \tag{2.3.4}$$

式中,$j=1,2,3,\cdots,n$。

对于非对角元素,有以下关系成立:

$$H_{jm}(\omega)=|H_{jm}^*(-\omega)|\mathrm{e}^{\mathrm{i}\theta_{jm}(\omega)} \tag{2.3.5}$$

式中,$m=1,2,3,\cdots,j-1$;$\theta_{jm}(\omega)=\tan^{-1}\left\{\dfrac{\mathrm{Im}[H_{jm}(\omega)]}{\mathrm{Re}[H_{jm}(\omega)]}\right\}$。

当 $N\to\infty$时,随机过程的样本可由下式来模拟:

$$f_j(t)=2\sum_{m=1}^{j}\sum_{l=1}^{N}|H_{jm}(\omega_{ml})|\sqrt{\Delta\omega}\cos[\omega_{ml}t-\theta_{jm}(\omega_{ml})+\varphi_{ml}] \tag{2.3.6}$$

式中:N——频率等分数;

$\Delta\omega$——频率增量,$\Delta\omega=\omega_{\mathrm{u}}/N$,$\omega_{\mathrm{u}}$ 为上限截止频率;

ω_{ml}——双索引频率,$\omega_{ml}=(l-1)\Delta\omega+\dfrac{m}{n}\Delta\omega$;

φ_{ml}——均匀分布在$[0,2\pi]$之间的独立随机相位。

为应用快速傅立叶变换(fast Fourier transform,FFT)技术,上述风速时程模拟公式可被写成下式:

$$f_j(p\Delta t)=\mathrm{Re}\left\{\sum_{m=1}^{j}h_{jm}(q\Delta t)\cdot\exp\left[\mathrm{i}\left(\frac{m\Delta\omega}{n}\right)(p\Delta t)\right]\right\} \tag{2.3.7}$$

式中,$p=0,1,2,\cdots,Mn-1$;$q=0,1,2,\cdots,2N-1$;$M\geqslant 2N$。

$h_{jm}(q\Delta t)$ 由下式给出,可用 FFT 技术进行计算:

$$h_{jm}(q\Delta t) = \sum_{l=0}^{M-1} B_{jm}(l\Delta\omega)\exp[\mathrm{i}(l\Delta\omega)(q\Delta t)] \tag{2.3.8}$$

式中,$B_{jm}(l\Delta\omega)$ 的值可通过下式确定:

$$B_{jm}(l\Delta\omega) = \begin{cases} \sqrt{2(\Delta\omega)}H_{jm}\left(l\Delta\omega + \dfrac{m\Delta\omega}{n}\right)\exp(\mathrm{i}\varphi_{ml}) & (0 \leqslant l \leqslant N) \\ 0 & (N < l \leqslant M-1) \end{cases} \tag{2.3.9}$$

从式(2.3.8)可以看出,通过 FFT 技术进行计算,能大大减少计算工作量。

2.3.2 主梁脉动风场模拟

对于大跨度桥梁,整个主梁基本上位于同一高度,当沿跨向的地貌特征变化不大时,可以认为沿主梁布置的各模拟点具有相同的平均风速和脉动风速谱,即

$$S_{11}^0(\omega) = S_{22}^0(\omega) = \cdots = S_{nn}^0(\omega) = S(\omega) \tag{2.3.10}$$

此时有如下关系成立:

$$S_{jm}^0(\omega) = \sqrt{S_{jj}^0(\omega)\,S_{mm}^0(\omega)}\,\rho_{jm}(\omega) = S(\omega)\rho_{jm}(\omega) \tag{2.3.11}$$

式中:$\rho_{jm}(\omega)$ ——相干函数。

当采用式(2.2.10)的 Davenport 相干函数形式,且模拟点等间距布置时,令 $r_{jm} = \Delta|j-m|$,Δ 为相邻两点间距,代入式(2.2.10)整理可得:

$$\rho_{jm}(\omega) = \left[\exp\left(-C_y\frac{\omega\Delta}{2\pi U}\right)\right]^{|j-m|} = (\cos\alpha)^{|j-m|} \tag{2.3.12}$$

其中:

$$\cos\alpha = \exp\left(-C_y\frac{\omega\Delta}{2\pi U}\right)$$

此时,式(2.3.1)可写成如下形式:

$$\boldsymbol{S}^0(\omega) = S(\omega)\begin{bmatrix} 1 & \cos\alpha & \cdots & (\cos\alpha)^{n-1} \\ \cos\alpha & 1 & \cdots & (\cos\alpha)^{n-2} \\ \vdots & \vdots & & \vdots \\ (\cos\alpha)^{n-1} & (\cos\alpha)^{n-2} & \cdots & 1 \end{bmatrix} \tag{2.3.13}$$

通过解析的方法可得到上式 Cholesky 分解 $\boldsymbol{H}(\omega)$ 的显式表达式:

$$\boldsymbol{H}(\omega) = \sqrt{S(\omega)}\,\boldsymbol{G}(\omega) \tag{2.3.14}$$

$$\boldsymbol{G}(\omega) = \begin{bmatrix} 1 & 0 & \cdots & 0 \\ \cos\alpha & \sin\alpha & \cdots & 0 \\ \vdots & \vdots & & \vdots \\ (\cos\alpha)^{n-1} & \sin\alpha\,(\cos\alpha)^{n-2} & \cdots & \sin\alpha \end{bmatrix} \tag{2.3.15}$$

式(2.3.15)可以写成代数表达式:

$$G_{jm}(\omega)=\begin{cases}0 & (1\leqslant j<m\leqslant n)\\(\cos\alpha)^{|j-m|} & (m=1,m\leqslant j\leqslant n)\\\sin\alpha(\cos\alpha)^{|j-m|} & (2\leqslant m\leqslant j\leqslant n)\end{cases}\tag{2.3.16}$$

以主梁横桥向脉动风场模拟为例，假设桥址区地表粗糙度为B类标准地表。不妨取 $\omega_u=4\pi(\mathrm{rad/s})$，$N=2048$，$\Delta t=0.25\mathrm{s}$，总模拟点数 $n=50$，每两点间隔距离 $\Delta=12.0\mathrm{m}$，各点离地高度均为 $z=50.0\mathrm{m}$，各点平均风速 $U=20.0\mathrm{m/s}$，脉动风速谱采用式(2.2.6)的Kaimal风谱形式，相干函数采用式(2.2.10)的Davenport相干函数形式，衰减系数 $C_y=7.0$。图2.3.1给出了第1点、第2点和第10点的脉动风速时程。图2.3.2给出了第1点、第2点和第10点的脉动风速谱与目标谱的对比。由图2.3.2可知，模拟的脉动风速谱值均与目标值吻合良好。图2.3.3与图2.3.4分别给出了第1点、第2点以及第1点、第10点的相干函数值，同时也给出了上述模拟值与目标值的对比，由图2.3.3和图2.3.4可知，模拟的相干函数值也与相应的目标值吻合良好。

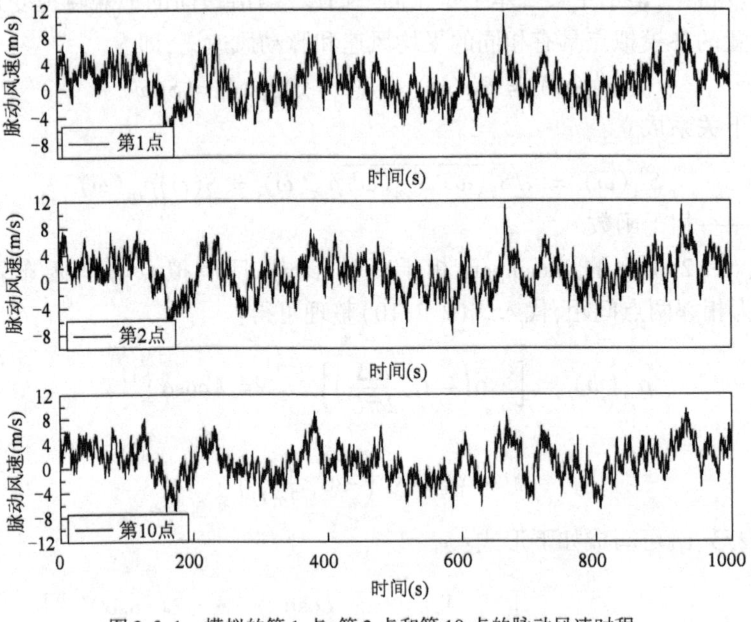

图2.3.1 模拟的第1点、第2点和第10点的脉动风速时程

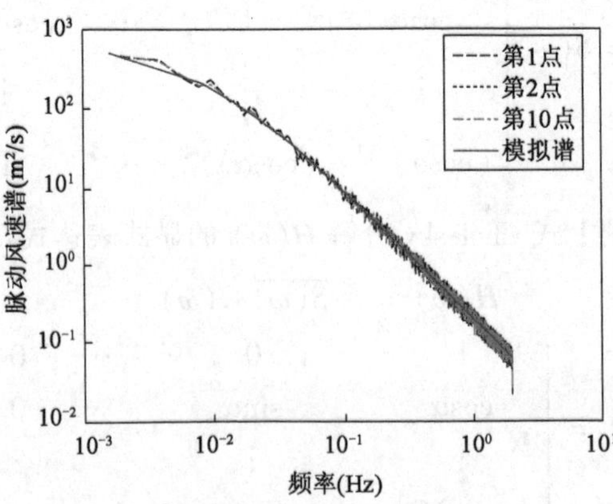

图2.3.2 模拟的第1点、第2点和第10点的脉动风速谱与目标谱对比

注：扫左侧二维码可查看彩色图。

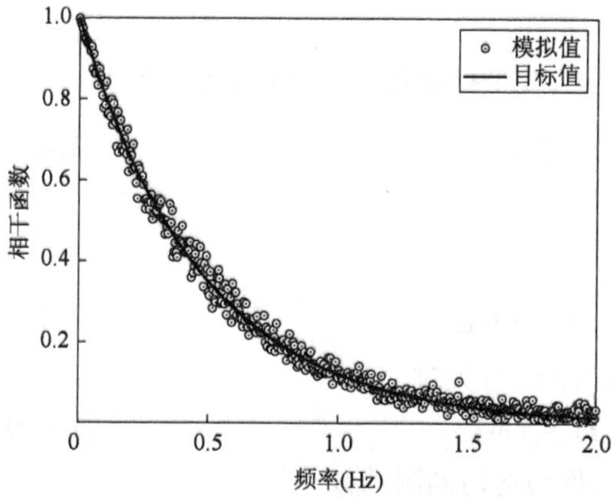

图2.3.3　第1点与第2点的相干函数值及其与目标值对比

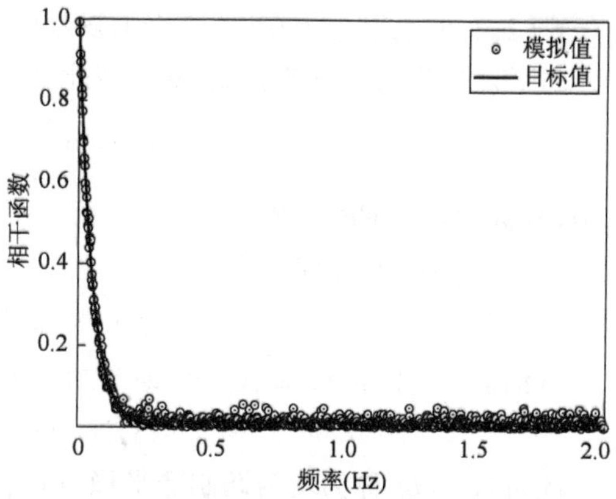

图2.3.4　第1点与第10点的相干函数值及其与目标值对比

2.4　非平稳、非高斯脉动风场的数值模拟

2.3节提到了脉动风场的数值模拟,得到的是属于平稳高斯过程的脉动风场。然而研究表明,某些情况下的脉动风,比如山区风场,具有一定的非平稳特性和非高斯特性。此时,需要进行非平稳、非高斯风场的模拟。

2.4.1　非平稳脉动风场的数值模拟

随机过程根据其特性,可以分为平稳随机过程和非平稳随机过程。对于严格的平稳随机过程,其满足

$$P_X(x_1,t_1;\cdots;x_n,t_n) = P_X(x_1,t_1+\tau;\cdots;x_n,t_n+\tau)\quad (n\in N_+) \tag{2.4.1}$$

式中:P_X——概率分布函数。

而对于广义平稳过程而言,只需满足

$$\mu_X(t) = \mu_X,\quad R_X(t,t+\tau) = R_X(\tau) \tag{2.4.2}$$

式中:$\mu_X(t)$——随机过程的均值;

μ_X——常数。

式(2.4.2)意味着广义平稳过程的均值为常数,相关函数仅与时间差有关,而与初始时间无关。通常我们所说的平稳过程为广义平稳过程。对于非平稳过程而言,则不满足式(2.4.1)和式(2.4.2)的要求。

基于随机过程谱分解定理,零均值的平稳随机过程 $X(t)$ 可通过下式表述:

$$X(t) = \int_{-\infty}^{\infty} e^{-i\omega t}dZ(\omega) \tag{2.4.3}$$

式中:$Z(\omega)$——正交增量过程,满足

$$E[dZ(\omega)] = 0 \tag{2.4.4}$$

$$E[dZ(\omega_1)dZ^*(\omega_2)] = 0\quad (\omega_1 \neq \omega_2) \tag{2.4.5}$$

$$E[dZ(\omega)dZ^*(\omega)] = E[|dZ(\omega)|^2] = S_X(\omega)d\omega \tag{2.4.6}$$

式(2.4.5)、式(2.4.6)中：* 表示复数的共轭。

与平稳过程的谱分解类似，基于演化功率谱理论，非平稳过程 $Y(t)$ 可表述如下：

$$Y(t) = \int_{-\infty}^{\infty} A(\omega,t)\, e^{-i\omega t} dZ(\omega) \tag{2.4.7}$$

式中：$A(\omega,t)$——调制函数。

$A(\omega,t)$ 的演化功率谱形式如下：

$$S_Y(\omega,t) = |A(\omega,t)|^2 S_X(\omega) \tag{2.4.8}$$

特别地，当 $A(\omega,t) = A(t)$，即调制函数仅与时间 t 有关时，有

$$S_Y(\omega,t) = A^2(t)\, S_X(\omega) \tag{2.4.9}$$

此时将 $Y(t)$ 称为均匀调制非平稳过程，$A(t)$ 称为均匀调制函数。

在 2.3 节中，我们提到了基于谐波合成法进行平稳高斯脉动风场的模拟。相应地，该方法同样可以用于非平稳风场的模拟，具体说明如下。

对于一维 n 变量的零均值非平稳随机过程，其互相关函数矩阵如下：

$$\boldsymbol{R}^0(t,t+\tau) = \begin{bmatrix} R_{11}^0(t,t+\tau) & R_{12}^0(t,t+\tau) & \cdots & R_{1n}^0(t,t+\tau) \\ R_{21}^0(t,t+\tau) & R_{22}^0(t,t+\tau) & \cdots & R_{2n}^0(t,t+\tau) \\ \vdots & \vdots & & \vdots \\ R_{n1}^0(t,t+\tau) & R_{n2}^0(t,t+\tau) & \cdots & R_{nn}^0(t,t+\tau) \end{bmatrix} \tag{2.4.10}$$

对应的互谱密度矩阵形式如下：

$$\boldsymbol{S}^0(t,t+\tau) = \begin{bmatrix} S_{11}^0(t,t+\tau) & S_{12}^0(t,t+\tau) & \cdots & S_{1n}^0(t,t+\tau) \\ S_{21}^0(t,t+\tau) & S_{22}^0(t,t+\tau) & \cdots & S_{2n}^0(t,t+\tau) \\ \vdots & \vdots & & \vdots \\ S_{n1}^0(t,t+\tau) & S_{n2}^0(t,t+\tau) & \cdots & S_{nn}^0(t,t+\tau) \end{bmatrix} \tag{2.4.11}$$

基于演化功率谱理论，式(2.4.11)中的各元素定义如下：

$$S_{jj}^0(\omega,t) = |A_j(\omega,t)|^2 S_j(\omega) \quad (j = 1,2,\cdots,n) \tag{2.4.12}$$

$$S_{jk}^0(\omega,t) = A_j(\omega,t)A_k(\omega,t)\sqrt{S_j(\omega)S_k(\omega)}\,Coh_{jk}(\omega) \quad (j,k = 1,2,\cdots,n; j \neq k) \tag{2.4.13}$$

式中：$S_j(\omega)$、$S_k(\omega)$——平稳的功率谱密度函数；

$Coh_{jk}(\omega)\,(j,k = 1,2,\cdots,n; j \neq k)$——随机过程 $f_j(t)$ 和 $f_k(t)$ 之间的相干函数。

对于任意时刻 t，互谱密度矩阵 $\boldsymbol{S}^0(\omega,t)$ 的对角元素是圆频率 ω 的实值函数，且为非负值，满足如下等式：

$$S_{jj}^0(\omega,t) = S_{jj}^0(-\omega,t) \quad (j = 1,2,\cdots,n) \tag{2.4.14}$$

非对角元素是 ω 的复值函数，满足

$$S_{jk}^0(\omega,t) = S_{jk}^{0*}(-\omega,t); \quad S_{jk}^0(\omega,t) = S_{kj}^{0*}(\omega,t) \quad (j,k = 1,2,\cdots,n; j \neq k) \tag{2.4.15}$$

由式(2.4.15)可知，$\boldsymbol{S}^0(\omega,t)$ 为埃尔米特矩阵，即 $\boldsymbol{S}^0(\omega,t)$ 是共轭对称的方阵。

互相关函数矩阵 $\boldsymbol{R}^0(t,t+\tau)$ 的各元素与 $\boldsymbol{S}^0(\omega,t)$ 的各元素存在如下关系：

$$R_{jj}^{0}(t,t+\tau)=\int_{-\infty}^{\infty}A_j(\omega,t)A_j(\omega,t+\tau)\mathrm{e}^{\mathrm{i}\omega\tau}S_j(\omega)\mathrm{d}\omega\quad(j=1,2,\cdots,n)\tag{2.4.16}$$

$$R_{jk}^{0}(t,t+\tau)=\int_{-\infty}^{\infty}A_j(\omega,t)A_k(\omega,t+\tau)\cdot\mathrm{e}^{\mathrm{i}\omega\tau}\sqrt{S_j(\omega)S_k(\omega)}\cdot Coh_{jk}(\omega)\mathrm{d}\omega\quad(j=1,2,\cdots,n;j\neq k)\tag{2.4.17}$$

特别地，对于均匀调制非平稳随机过程，非平稳过程 $f_j(t)$ 可以表达如下：

$$f_j(t)=A_j(t)g_j^0(t)\quad(j=1,2,\cdots,n)\tag{2.4.18}$$

式中：$g_j^0(t)$——平稳随机过程，其互谱密度矩阵形式如下：

$$\boldsymbol{S}^0(\omega)=\begin{bmatrix}S_1(\omega) & \sqrt{S_1(\omega)S_2(\omega)}Coh_{12}(\omega) & \cdots & \sqrt{S_1(\omega)S_n(\omega)}Coh_{1n}(\omega)\\ \sqrt{S_2(\omega)S_1(\omega)}Coh_{21}(\omega) & S_2(\omega) & \cdots & \sqrt{S_2(\omega)S_n(\omega)}Coh_{2n}(\omega)\\ \vdots & \vdots & & \vdots\\ \sqrt{S_n(\omega)S_1(\omega)}Coh_{n1}(\omega) & \sqrt{S_n(\omega)S_2(\omega)}Coh_{n2}(\omega) & \cdots & S_n(\omega)\end{bmatrix}\tag{2.4.19}$$

已知互谱密度矩阵，对于每一个时间 t，将其进行 Cholesky 分解，即

$$\boldsymbol{S}^0(\omega,t)=\boldsymbol{H}(\omega,t)\boldsymbol{H}^{\mathrm{T}*}(\omega,t)\tag{2.4.20}$$

在式(2.4.20)中，上标 T 表示矩阵的转置，$\boldsymbol{H}(\omega,t)$ 为下三角矩阵，形式如下：

$$\boldsymbol{H}(\omega,t)=\begin{bmatrix}H_{11}(\omega,t) & 0 & \cdots & 0\\ H_{21}(\omega,t) & H_{22}(\omega,t) & \cdots & 0\\ \vdots & \vdots & & \vdots\\ H_{n1}(\omega,t) & H_{n2}(\omega,t) & \cdots & H_{nn}(\omega,t)\end{bmatrix}\tag{2.4.21}$$

$\boldsymbol{H}(\omega,t)$ 的对角元素是 ω 的实值函数，且为非负值，满足

$$H_{jj}(\omega,t)=H_{jj}(-\omega,t)\quad(j=1,2,\cdots,n)\tag{2.4.22}$$

非对角元素通常为 ω 的复值函数，可用下式描述：

$$H_{jk}(\omega,t)=|H_{jk}(\omega,t)|\mathrm{e}^{\mathrm{i}\theta_{jk}(\omega,t)}\quad(j=2,3,\cdots,n;k=1,2,\cdots,n;j>k)\tag{2.4.23}$$

其中 $\theta_{jk}(\omega,t)$ 为 $H_{jk}(\omega,t)$ 的幅角，计算如下：

$$\theta_{jk}(\omega,t)=\arctan\frac{\mathrm{Im}[H_{jk}(\omega,t)]}{\mathrm{Re}[H_{jk}(\omega,t)]}\quad(j=2,3,\cdots,n;k=1,2,\cdots,n;j>k)\tag{2.4.24}$$

式(2.4.24)中 Im 和 Re 分别表示 $H_{jk}(\omega,t)$ 的虚部和实部。可以得出，$H_{jk}(\omega,t)$ 满足下列关系：

$$|H_{jk}(\omega,t)|=|H_{jk}(-\omega,t)|;\quad\theta_{jk}(\omega,t)=-\theta_{jk}(-\omega,t)\quad(j=2,3,\cdots,n;k=1,2,\cdots,n;j>k)\tag{2.4.25}$$

得到 $\boldsymbol{H}(\omega,t)$ 后，非平稳过程 $f_j^0(t)(j=1,2,\cdots,n)$ 的模拟时程 $f_j(t)$ 可通过下式模拟：

$$f_j(t)=2\sum_{m=1}^{n}\sum_{l=1}^{N}|H_{jm}(\omega_l,t)|\sqrt{\Delta\omega}\cos[\omega_l t-\theta_{jm}(\omega_l,t)+\Phi_{ml}]\quad(j=1,2,\cdots,n)\tag{2.4.26}$$

其中 $\omega_l=l\Delta\omega$，$\Delta\omega=\omega_{\mathrm{u}}/N$。$\omega_{\mathrm{u}}$ 为截止频率，意味着超过该频率后的功率谱密度值假定为 0。$\Phi_{ml}(m=1,2,3;l=1,2,\cdots,N)$ 是在[0,2π]上均匀分布的随机相位角。与平稳过程的模

拟一样,由于中心极限定理,模拟的时程渐近高斯分布。

同样地,基于式(2.4.26),模拟得到的$f_j(t)$是有界的,它满足

$$f_j(t) \leqslant 2\sum_{m=1}^{M}\sum_{l=1}^{N}|H_{jm}(\omega_l,t)|\sqrt{\Delta\omega} \quad (j=1,2,\cdots,n) \tag{2.4.27}$$

对于实际情况而言,上述边界已经足够大。

2.4.2 非高斯脉动风场的数值模拟

随机过程可以理解成一组随机变量的集合,而随机变量需要通过概率密度函数予以描述。基于谐波合成法模拟随机过程的序列时,根据中心极限定理,最终的序列趋近于高斯分布(正态分布)。因此,对于非高斯随机过程,该方法无法直接采用。

假定$U(t)$为零均值的标准高斯平稳随机过程,$X(t)$为零均值的非高斯平稳随机过程。基于转换过程理论,有

$$X(t)=m[U(t)] \tag{2.4.28}$$

式中:m——转换函数。根据相关函数的定义,有

$$\begin{aligned}R_X(\tau) &= E[X(t)X(t+\tau)] = E\{m[U(t)]m[U(t+\tau)]\}\\ &= \int_{-\infty}^{\infty}\int_{-\infty}^{\infty} m[u(t)]m[u(t+\tau)]\varphi_2\left[u(t),u(t+\tau);R_U(\tau)\right]\mathrm{d}u(t)\mathrm{d}u(t+\tau)\end{aligned} \tag{2.4.29}$$

根据式(2.4.29),可以建立$R_X(\tau)$与$R_U(\tau)$之间的联系。对于一维多变量的随机过程,有

$$\begin{aligned}R_{X_jX_k}(\tau) &= E[X_j(t)X_k(t+\tau)]\\ &= E\{m[U_j(t)]m[U_k(t+\tau)]\}\\ &= \int_{-\infty}^{\infty}\int_{-\infty}^{\infty} m[u_j(t)]m[u_k(t+\tau)]\varphi_2\left[u_j(t),u_k(t+\tau);R_{U_jU_k}(\tau)\right]\mathrm{d}u_j(t)\mathrm{d}u_k(t+\tau)\end{aligned} \tag{2.4.30}$$

对于一维n变量的非高斯随机过程,假定其互谱密度矩阵形式如下:

$$\boldsymbol{S}_X^0(\omega)=\begin{bmatrix} S_{X_1X_1}^0(\omega) & S_{X_1X_2}^0(\omega) & \cdots & S_{X_1X_n}^0(\omega)\\ S_{X_2X_1}^0(\omega) & S_{X_2X_2}^0(\omega) & \cdots & S_{X_2X_n}^0(\omega)\\ \vdots & \vdots & & \vdots\\ S_{X_nX_1}^0(\omega) & S_{X_nX_2}^0(\omega) & \cdots & S_{X_nX_n}^0(\omega)\end{bmatrix} \tag{2.4.31}$$

基于傅立叶逆变换,即

$$R_{X_jX_k}^0(\tau)=\int_{-\infty}^{\infty} S_{X_jX_k}(\omega)\mathrm{e}^{\mathrm{i}\omega\tau}\mathrm{d}\omega \quad (j,k=1,2,\cdots,n) \tag{2.4.32}$$

可以得到相关函数矩阵:

$$\boldsymbol{R}_X^0(\omega)=\begin{bmatrix} R_{X_1X_1}^0(\omega) & R_{X_1X_2}^0(\omega) & \cdots & R_{X_1X_n}^0(\omega)\\ R_{X_2X_1}^0(\omega) & R_{X_2X_2}^0(\omega) & \cdots & R_{X_2X_n}^0(\omega)\\ \vdots & \vdots & & \vdots\\ R_{X_nX_1}^0(\omega) & R_{X_nX_2}^0(\omega) & \cdots & R_{X_nX_n}^0(\omega)\end{bmatrix} \tag{2.4.33}$$

迭代求解式(2.4.30),可以得到对应高斯随机矢量过程的相关函数矩阵:

$$\boldsymbol{R}_U^0(\omega)=\begin{bmatrix} R_{U_1U_1}^0(\omega) & R_{U_1U_2}^0(\omega) & \cdots & R_{U_1U_n}^0(\omega) \\ R_{U_2U_1}^0(\omega) & R_{U_2U_2}^0(\omega) & \cdots & R_{U_2U_n}^0(\omega) \\ \vdots & \vdots & & \vdots \\ R_{U_nU_1}^0(\omega) & R_{U_nU_2}^0(\omega) & \cdots & R_{U_nU_n}^0(\omega) \end{bmatrix} \tag{2.4.34}$$

采用傅立叶变换,即

$$S_{U_jU_k}^0(\omega)=\frac{1}{2\pi}\int_{-\infty}^{\infty}R_{U_jU_k}^0(\tau)\mathrm{e}^{-\mathrm{i}\omega\tau}\mathrm{d}\tau \quad (j,k=1,2,\cdots,n) \tag{2.4.35}$$

可得到高斯过程的互谱密度矩阵:

$$\boldsymbol{S}_U^0(\omega)=\begin{bmatrix} S_{U_1U_1}^0(\omega) & S_{U_1U_2}^0(\omega) & \cdots & S_{U_1U_n}^0(\omega) \\ S_{U_2U_1}^0(\omega) & S_{U_2U_2}^0(\omega) & \cdots & S_{U_2U_n}^0(\omega) \\ \vdots & \vdots & & \vdots \\ S_{U_nU_1}^0(\omega) & S_{U_nU_2}^0(\omega) & \cdots & S_{U_nU_n}^0(\omega) \end{bmatrix} \tag{2.4.36}$$

接下来采用高斯随机过程的模拟方法,可以得到相应的模拟时程 $u_j(t)\,(j=1,2,\cdots,n)$。根据式(2.4.28),即可得到需要模拟的非高斯时程:

$$x_j(t)=m[u_j(t)] \quad (j=1,2,\cdots,n) \tag{2.4.37}$$

通常而言,转换函数 m 为隐式,而 Hermite 多项式模型(Hermite polynomial model,HPM)提供了一种显式的转换函数,其形式如下:

$$\frac{X(t)-\mu_X}{\sigma_X}=\frac{X(t)}{\sigma_X}=\kappa\Big(U(t)+h_3\{[U(t)]^2-1\}+h_4\{[U(t)]^3-3U(t)\}\Big) \quad (\mu_X=0) \tag{2.4.38}$$

式中:μ_X、σ_X——$X(t)$ 的均值和标准差;

κ——尺度参数;

h_3、h_4——形状参数。

κ、h_3、h_4 可以通过下式计算:

$$\begin{cases} \kappa=1/\sqrt{1+2h_3^2+6h_4^2} \\ \alpha_3=\kappa^3(8h_3^3+6h_3+108h_3h_4^2+36h_3h_4) \\ \alpha_4=\kappa^4(3+24h_4+60h_3^2+252h_4^2+576h_3^2h_4+ \\ \qquad 1296h_4^3+60h_3^4+2232h_3^2h_4^2+3348h_4^4) \end{cases} \tag{2.4.39}$$

式中:α_3、α_4——$X(t)$ 的偏度和峰度,其定义如下:

$$\alpha_3=E[(X(t)-\mu_X)^3]/\sigma_X^3; \quad \alpha_4=E[(X(t)-\mu_X)^4]/\sigma_X^4 \tag{2.4.40}$$

为确保转换函数是单调的,需要满足

$$h_3^2-3h_4(1-3h_4)\leqslant 0 \tag{2.4.41}$$

采用 Hermite 多项式模型时,可以得到:

$$\frac{R_{X_iX_j}(t)}{\sigma_{X_i}\sigma_{X_j}}=\kappa_i\,\kappa_j[6\,h_{4i}\,h_{4j}\,R_{U_iU_j}{}^3(t)+2\,h_{3i}\,h_{3j}\,R_{U_iU_j}{}^2(t)+R_{U_iU_j}(t)] \tag{2.4.42}$$

为了使 $R_{X_iX_j}(t)$ 是 $R_{U_iU_j}(t)$ 的单调函数,需要满足

$$2h_{3i}^2 h_{3j}^2 - 9h_{4i}h_{4j} \leqslant 0 \tag{2.4.43}$$

假定脉动风速谱采用式(2.2.6)的 Kaimal 风谱形式,采用 Davenport 相干函数形式,衰减系数 $C_y = 16.0$。截止频率 $\omega_u = 4\pi(\text{rad/s})$,$N = 2048$,$\Delta t = 0.25\text{s}$,模拟点数 $n = 3$,每两点间隔距离 $\Delta = 12.0\text{m}$,各点离地高度均为 $z = 30.0\text{m}$,平均风速 $U = 40.0\text{m/s}$,地表粗糙高度 $z_0 = 0.01\text{m}$。各点脉动风速具有相同的偏度 $\alpha_3 = 0.5$ 和峰度 $\alpha_4 = 6$。图 2.4.1 为模拟点的脉动风速时程。图 2.4.2 为模拟点 1 的功率谱密度函数和概率密度函数估计值与目标值的对比。可以看到,模拟的脉动风速谱值与目标值吻合良好,概率密度函数与 HPM 模型曲线同样吻合良好。图 2.4.3 为模拟点 1 的自相关函数及模拟点 1 和模拟点 2 的互相关函数。根据图 2.4.3 中结果,自相关函数与互相关函数估计值与目标值同样吻合良好。

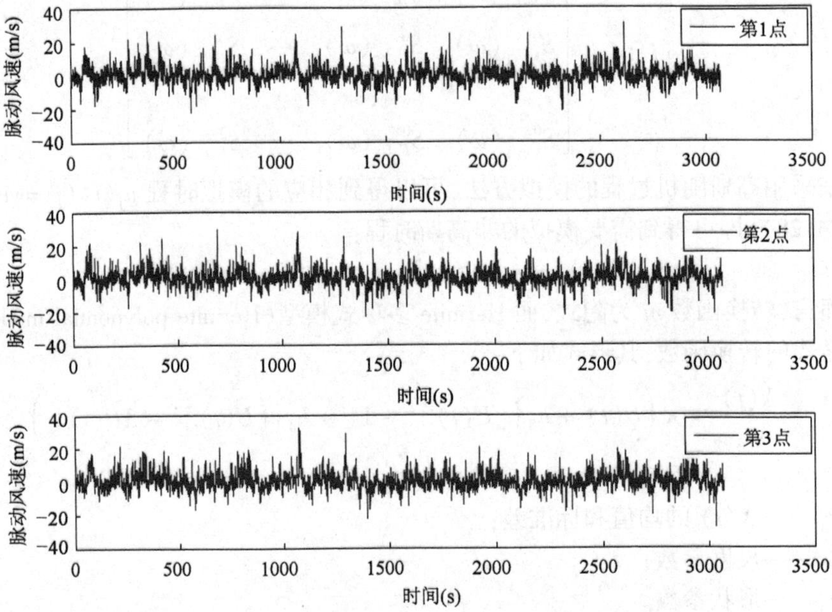

图 2.4.1　模拟点的脉动风速时程

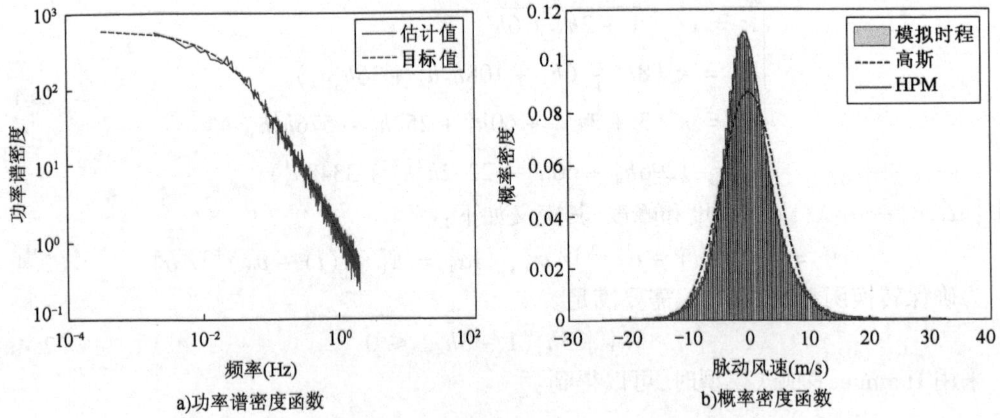

图 2.4.2　模拟点 1 的功率谱密度函数与概率密度函数

注:扫下页二维码可查看彩色图。

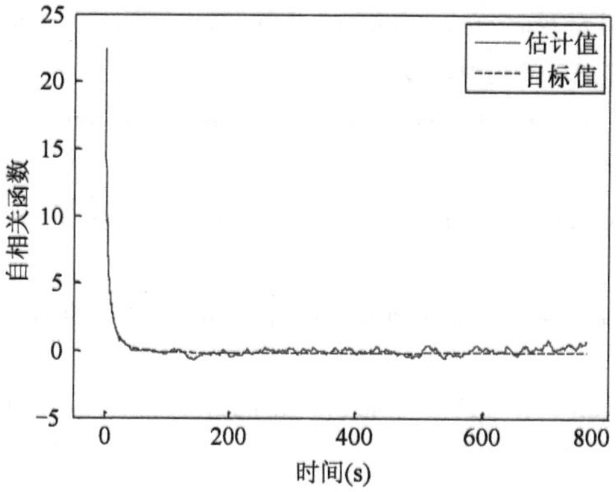

a)模拟点1的自相关函数

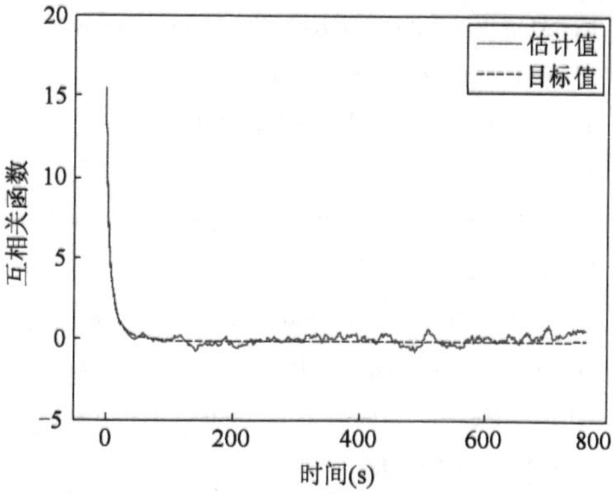

b)模拟点1和模拟点2的互相关函数

图2.4.3 模拟点的自相关函数与互相关函数

注:扫以下二维码可查看彩色图。

图2.4.2　　图2.4.3

本章参考文献

[1] 中华人民共和国交通运输部. 公路桥梁抗风设计规范:JTG/T 3360-01—2018[S]. 北京:人民交通出版社股份有限公司,2018.

[2] TAYLOR G I. The spectrum of turbulence[C]//Proceedings of The Royal Society A: Mathematical Physical and Engineering Sciences. London: Royal Society Publishing, 1938: 476-490.

[3] VON KÁRMÁN T. Progress in the statistical theory of turbulence[J]. Proceedings of the national academy of sciences of the United States of America, 1948, 34(11): 530-539.

[4] DAVENPORT A G. The spectrum of horizontal gustiness near the ground in high winds[J]. Quarterly journal of the Royal Meteorological Society, 1962, 88(376): 197-198.

[5] KAIMAL J C, WYNGAARD J C, IZUMI Y, et al. Spectral characteristics of surface-layer turbulence[J]. Quarterly journal of the Royal Meteorological Society, 1972, 98(417): 563-589.

[6] PANOFSKY H A, MCCORMICK R A. The spectrum of vertical velocity near the surface[J]. Quarterly journal of the Royal Meteorological Society, 1960, 86(370): 495-503.

[7] DAVENPORT A G. The dependence of wind load upon meteorological parameters [C]//Proceedings of the International Research Seminar on Wind Effects on Buildings and Structures. Ottawa: University of Toronto Press, 1968: 19-82.

[8] SHINOZUKA M, DEODATIS G. Simulation of stochastic processes by spectral representation[J]. Applied mechanics reviews, 1991, 44: 191-204.

[9] DEODATIS G. Simulation of ergodic multivariate stochastic processes[J]. Journal of engineering mechanics, 1996, 122(8): 778-787.

[10] KITAGAWA T, NOMURA T. A wavelet-based method to generate artificial wind fluctuation data[J]. Journal of wind engineering and industrial aerodynamics, 2003, 91(7): 943-964.

[11] YAMADA M, OHKITANI K. Orthonormal wavelet analysis of turbulence[J]. Fluid dynamics research, 1991, 8: 101-115.

[12] PRIESTLEY M B. Evolutionary spectra and non-stationary processes[J]. Journal of the Royal Statistical Society, 1965,27(2): 204-237.

[13] DEODATIS G. Non-stationary stochastic vector processes: seismic ground motion applications[J]. Probabilistic engineering mechanics, 1996, 11(3): 149-167.

[14] GRIGORIU M. Crossings of non-Gaussian translation processes[J]. Journal of engineering mechanics, 1984, 110(4): 610-620.

[15] WINTERSTEIN S R. Nonlinear vibration models for extremes and fatigue[J]. Journal of engineering mechanics, 1988, 114(10): 1772-1790.

第3章　复杂地形风场特性模拟方法

复杂地形地貌使空气流动变得十分复杂,当风流经山体时,山体的存在会使气流出现抬升、分离及再附着等复杂绕流现象;当风沿着峡谷流动时,随着峡谷断面及走向的变化,气流会出现加速或减速,气流方向也会改变。对于峡谷桥址和山区风电场而言,其周边地形的绕流作用使山区大跨度桥梁桥址区以及复杂地形下风电场的风特性变得异常复杂,对其风场的准确模拟非常困难。

从工程应用角度出发,针对复杂地形风场特性的研究主要包括三个方面,即现场实测、风洞试验及 CFD(computational fluid dynamics,计算流体动力学)数值模拟。为准确描述某地区的风场特性,最有效的方法是在该地区开展大量的风场特性现场实测研究。现场实测一般是利用区域内已有的气象台站或临时架设的观测站来获得该区域内一定观测期的风场特性。但对于复杂山区地形,现场实测方法不仅需要耗费大量人力、物力和财力,而且受地形或环境条件影响非常大,不确定性因素较多。而风洞试验和 CFD 数值模拟方法较现场实测方法具有研究周期短、试验条件易控制等优势,目前在复杂地形风场特性的研究中得到了越来越广泛的应用,但风洞试验和 CFD 数值模拟方法针对复杂地形模型的建立存在困难:由于所考虑的地形范围有限,使得地形模型在离所关心区域(如桥址区或风电场址)有限距离处被截断;而对于山区峡谷复杂地形,其地势高差较大,这样就会导致其地形模型边缘通常离风洞地板或数值模型区域底面有一定的高度,即在模型边缘处出现高程跃变(或形象地称之为"人为峭壁")的问题。因此,在采用风洞试验或 CFD 数值模拟方法研究复杂地形风场特性时,需要特别考虑其地形模型风场入口边界的处理。

本章围绕复杂地形的风场特性,首先介绍复杂地形风场入口边界的几种处理方法。然后,具体介绍采用 CFD 数值模拟方法和风洞试验方法分别模拟复杂地形风场特性的过程,并以桥址区风场特性为例,给出大桥主梁的设计基准风速。

3.1　复杂地形风场入口边界设置方法

在复杂地形风场模拟的 CFD 数值模拟和风洞试验中,地形模型边界处总会存在"人为峭壁"问题,如图 3.1.1 所示。这会导致来流在地形模型边缘处发生分离或绕流,从而对来流特性产生影响。为使来流平滑、合理地过渡到模型区域,要求在地形模型的边界处设置合理的入口条件。针对该问题,本节介绍三种入口边界设置方法,即风剖面法、过渡段法和多尺度耦合法。

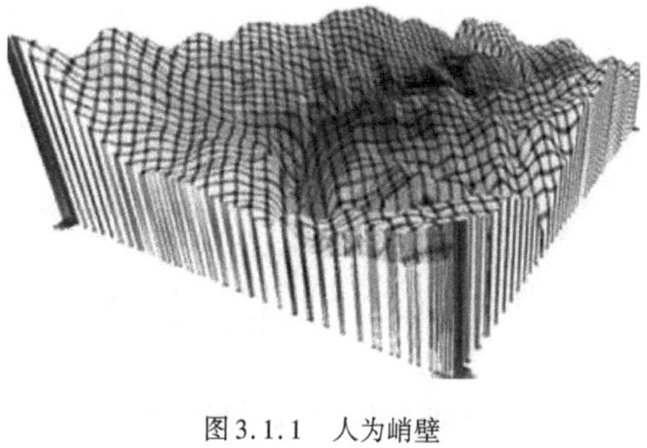

图 3.1.1　人为峭壁

3.1.1 风剖面入口边界设置

风剖面法是当前复杂地形风场模拟较为简单、方便的输入方法，近年来得到了广泛应用，一般入口处来流风速分布偏安全地采用气象观测站标准场地对应的风剖面。以某大桥为例，取B类地表类型，谷底高程为179m，边界层高程取为1000m。入口风速通过用户自定义函数(UDF)进行设置，高程1000m以上部分风速取为45.8m/s，高程1000m以下部分按B类地表(标准场地)风速随高度变化的指数规律进行设置，高程179m处为入口处谷底，其中梯度风速取为45.8m/s，梯度风高度取为821m。入口处风速可用式(3.1.1)表示，风速分布如图3.1.2所示。

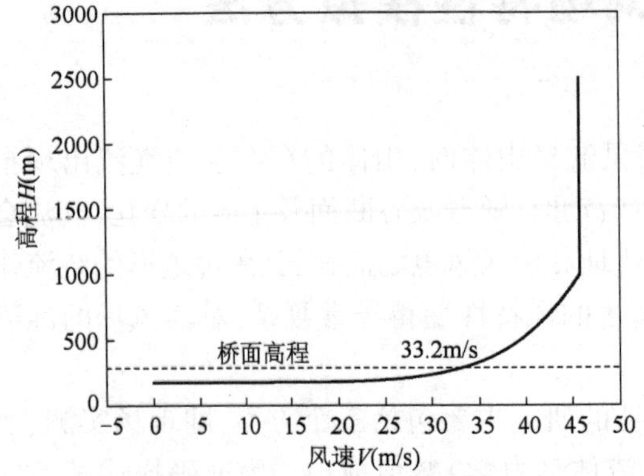

图3.1.2 入口风速随高度的变化

桥位处桥面高度的入口处风速为：

$$\begin{cases} V=45.8\text{m/s} & (H>1000\text{m}) \\ V=45.8\times\left(\dfrac{H-179}{821}\right)^{0.16}\ \text{m/s} & (1000\text{m}\geqslant H\geqslant 179\text{m}) \end{cases} \tag{3.1.1}$$

式中：H——高程。

3.1.2 基于过渡段的入口边界设置

为解决“人为峭壁”对风场的影响，另一种常用的处理方法是采用过渡段模拟。综合考虑风洞试验或CFD数值模拟研究中地形模型边界过渡段的作用，提出了山区峡谷复杂地形模型边界过渡段应满足的两个原则：①过渡后的气流特性(如风速、风攻角等)应尽量与未受扰动的参考风场特性保持一致，不能出现分离或绕流，气流分离或绕流会使边界层(或剪切层)增厚、气流不稳定等；②气流从过渡段开始到达到稳定时的过渡总长度应充分短，较长的气流过渡总长度会进一步减小地形模型的缩尺，对于CFD数值模拟方法，也会增大计算区域尺寸，增加计算量。在此基础上，基于圆柱绕流的势流理论推导出一类过渡段曲线，如式(3.1.2)所示，并以二维平台地形为分析模型，验证了曲线过渡段具有更优的气流过渡性能。

$$y-\frac{r^2}{y}+\frac{r^2x^2}{y^3}-\frac{r^2x^4}{y^5}+\frac{r^2x^6}{y^7}-\frac{r^2x^8}{y^9}-m=0 \tag{3.1.2}$$

式中：x、y——曲线过渡段上任意点的坐标；

r、m——参数，可由下式求得：

$$\begin{cases} \dfrac{m+\sqrt{m^2+4r^2}}{2}-\dfrac{m+\sqrt{m^2+2.692r^2}}{2}=h_0 \\ 1.285\left(\dfrac{\sqrt{m^2+4r^2}-\sqrt{m^2+2.692r^2}}{m+\sqrt{m^2+2.692r^2}}\right)=k_0 \end{cases} \tag{3.1.3}$$

h_0——地形模型边界离地高度；

k_0——曲线的等效斜率,如图 3.1.3 所示。

研究表明,当 $k_0=0.577$,即当曲线过渡段的等效坡度为 30°时,能取得相对较优的气流过渡性能。

需要说明的是,以上二维平面曲线只能适用于地形模型边界等高的“复杂地形”,而实际复杂地形的边界总是起伏不平的,如图 3.1.4 所示。为解决曲线过渡段在实际复杂地形模型中的应用问题,使不同方向的来流均能合理地过渡到桥址区,首先将起伏不平的地形边界划分为高度线性渐变的若干段,其中渐变斜率根据边界地形的起伏情况通过最小二乘法拟合确定,然后对每段边界地形均采用式(3.1.2)所提出的曲线过渡段形式,由此对于整个边界地形而言,曲线过渡段的高度也是线性渐变的。在此基础上,根据地形边界的渐变高度并考虑过渡段拼装的方便,将曲线过渡段的宽度设置为合适值。如此一来,过渡段的高度与宽度都已确定,根据式(3.1.2)和式(3.1.3)即可得到不同等效坡度的曲线过渡段形式。根据上述方法,最终可加工得到典型的三维渐变高度的过渡段(简称三维渐变式过渡段)模型,如图 3.1.4 所示。需要说明的是,上述对实际地形模型采用三维渐变式过渡段的前提是对边界地形的高度采用线性渐变的处理方式,这实际上是对实际边界地形的一种逼近。不难想象,当对地形边界的分段数越多时,这种逼近方式所造成的误差就越小。

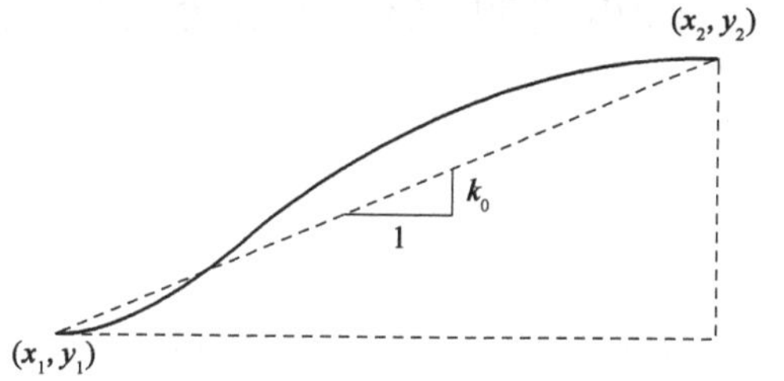

图 3.1.3 曲线过渡段的等效斜率(或等效坡度)示意

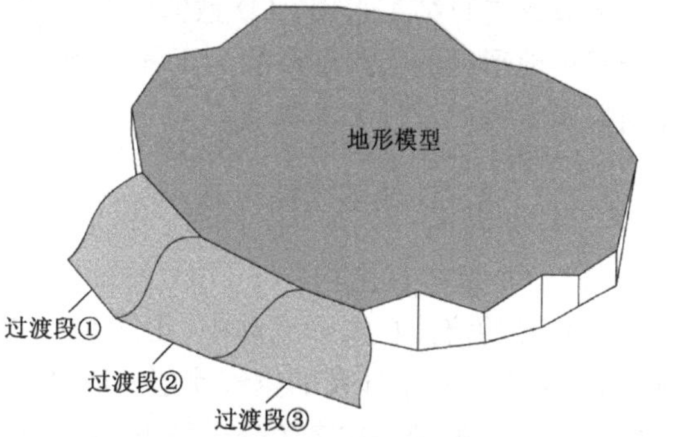

图 3.1.4 三维渐变式过渡段模型

注:地形模型周围均布置有过渡段,此处只示意其中 3 个节段。

3.1.3 基于多尺度耦合的入口边界设置

上述两种入口边界设置方法均有不足,如风剖面的选择都是人为根据经验确定的,并不能代表实际情况。因此,本小节介绍了一种基于中尺度气象模式的多项式的分块插值法。

该方法是利用中尺度气象模式获取山区入口位置的风场实时分布,利用多尺度耦合的方法将气象风场数据赋给数值模拟的侧向边界。天气研究预报(weather research and forecasting, WRF)的研究对象为中尺度气象模式,其网格量级一般为数百米,大涡模拟(large eddy simulation, LES)的网格分辨率一般为数米,二者不在同一量级,需要通过分块多项式插值的方法对 WRF 数据进行处理,经插值后的结果可以满足 CFD 入口边界条件的基本要求,如图 3.1.5 所示。通过对 WRF 模拟出来的速度进行分析,发现在山区峡谷地形位置,风速波动的主要原因是山体地形对其的扰动,因此本小节以山体地形的起伏状况为划分原则,在近地面山体复杂区域分块较多,而远离地面区域分块较少,计算结果显示,分块越多,其结果与气象数据吻合越好,但计算工作量也越大。

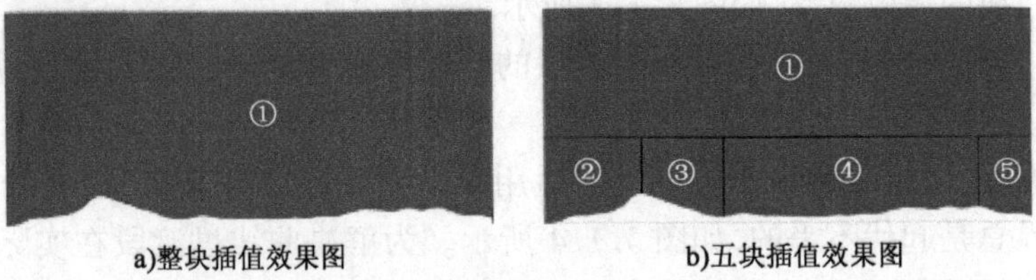

图 3.1.5 不同分块插值效果示意图

由于 WRF 模式的最底层网格有 25m,得不到近地面的风速分布情况,而近地面风速是我们十分关心的部分,于是本小节在近地面(0~25m)人为地加了 4 排数据,地面数据赋值 0m/s,以 WRF 提供的网格中心(12.5m)处的风速为参考风速。基于幂指数分布规律按照 D 类风场进行插值,分别得到 0m、5m、10m 和 18m 四个高度处的风速值,进而考虑 25m 内的风速分布。

后续分别采用 CFD 数值模拟方法和风洞试验方法,以复杂地形桥址区风特性为例,结合上述的入口边界设置方法来分析桥址区的风特性,并推算出主梁的设计基准风速。

3.2 复杂地形风场特性 CFD 数值模拟方法

本节首先总结了采用 CFD 数值模拟方法模拟复杂地形风场特性的一般步骤。然后,以一处于复杂地形区的大跨度桥梁为工程实例,计算主跨的平均风速和风攻角。最后,根据上述计算结果确定桥梁设计基准风速。

3.2.1 CFD 数值模拟方法

(1)CFD 基本理论

自然界的流体在实际流动中,密度是变化的,但细微的密度改变并不对流动造成明显影响,而桥梁风工程中涉及的空气流速一般都比较小,按照马赫数小于 0.3 的原则,将本节问题按不可压缩流处理。在直角坐标系下,N-S 方程有定常和非定常之分。显而易见,非定常计算与定常计算的区别在于是否考虑时间变量的影响,从计算条件(包括计算机硬件、CFD 算法的效率及实现难度等)看,非定常计算成本要远大于定常计算,复杂地形桥址区风场分析需获取桥址位置三维风场的时空分布,一般要按非定常问题处理。

对于工程问题,模拟湍流时不可能把各种尺度的流动结构都计算出来,而是用湍流模型等效。湍流数值模拟方法可以分为直接数值模拟方法和非直接数值模拟方法。直接数值模拟方法是指直接求解瞬时 N-S 方程,这种方法理论上可以得到相对准确的计算结果,是公认的最为理想的方法,但因为直接模拟必须采用极为微小的空间和时间步长,对现有的计算机能力而言是很困难的,目前还无法用于真正意义上的工程计算。非直接数值模拟方法又分为大涡模拟(LES)、统计平均法和雷诺平均法,对于山区峡谷桥址风场研究,目前常用的湍流模型有雷诺平均法和大涡模拟。

(2)几何模型建立

对于复杂地形风场研究,模型的建立主要包括:数字高程模型获取、模拟区域裁剪、逆向曲面拟合、建筑群模型对接等内容。

数字高程模型(digital elevation model,DEM)获取:数字高程模型一般包含了地物与地貌信息,它是通过离散分布的高程数据来等效连续分布的地形表面,其本质核心就是区域起伏状况的表达式。目前,DEM 已经成为数字地理空间基础设施的重要组成部分,受到了极大的关注,我国已经完成了全国范围内的 1:100 万至 1:5 万的 DEM 创建工作,一些重点地区的 DEM 达到了更高的精度。目前主要有 4 种途径来获取 DEM 信息,分别为:①利用全站仪、GNSS 等设备进行实地测量;②利用数字摄影测量获取航空卫星图片;③利用现有地形图采集;④利用相关网站获取。其中,第四种方法采集方便,无须任何费用,可供低精度数字地形模型建立借鉴。到目前为止,我国已经建成了覆盖全国范围的数字高程模型。比较常用的免费高精度数字地形高程数据主要有 SRTM(90m 精度)数据和 ASTERA GDEM(30m 精度)数据。这两个地形高程数据可从美国航天局(NASA)的网站上免费获取,同时也可从 Google Earth 和地理空间数据云上获取。

模拟区域裁剪:在获取地形数据后,需要通过专业软件对地形数据进行切割、裁剪,从而获得所需要的地形文件。如从地理空间数据云中下载的数据,可在 Global Mapper 中打开,然后利用 Digitizer 工具对其进行裁剪,并将网格间距设置成 10m (根据研究内容不同,其研究精度也有所不同)后导出。

逆向曲面拟合:利用 Global Mapper 所得到的 DEM 模型是点云格式,并没有生成 CFD 软件可直接编辑的曲面文件,因此需要用逆向工程软件对其进行插值拟合,生成光滑的曲面文件。曲面拟合可采用 Imageware 软件完成,其基本步骤可分为:①从点云建立截面点云;②从截面点云创建曲线;③从曲线创建曲面;④检查生成曲面的质量;⑤将其保存为 CFD 兼容的格式备用。

建筑群模型对接:对于无建筑区域,将曲面拟合第③步得到的曲面导入 CFD 软件中就可以直接进行网格划分,但对于有建筑区域,还需将建筑群模型与地形模型进行对接,可通过专业建模软件对其进行处理,如 Rhino、AutoCAD 等。

将上述步骤进行整合,可得到复杂地形风场几何模型建立的基本流程,如图 3.2.1 所示。

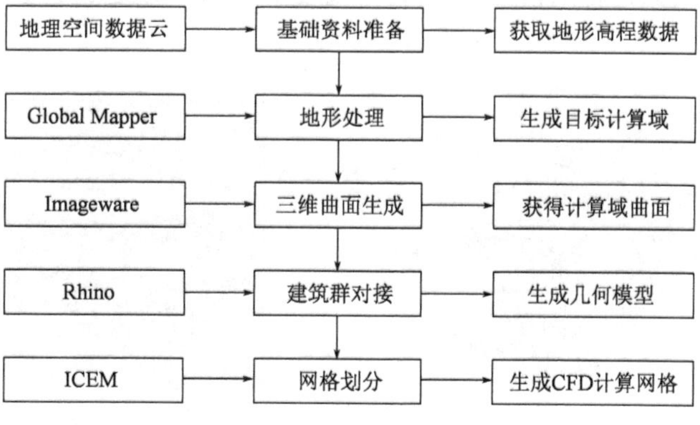

图 3.2.1 几何模型建立流程图

其中对不同的步骤需要将几何模型的不同格式进行转换,格式转换流程如图 3.2.2 所示。

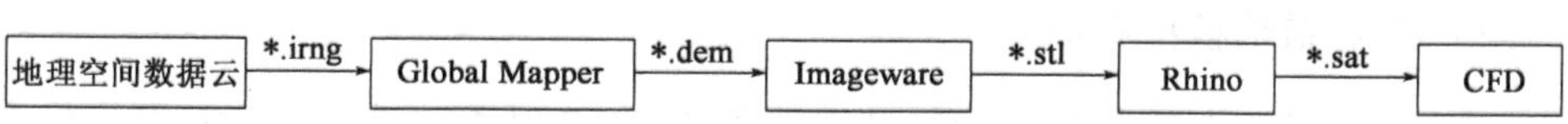

图 3.2.2 几何模型建立格式转换流程图

(3)网格划分

几何模型建立后,复杂地形模型的网格生成是一个非常烦琐的工作过程,经常需要经过多次尝试才能成功,目前常用的软件有 ICEM、GAMBIT、TGrid、GeoMesh、Meshing、Star CCM +、Open FOAM 等。

对 ICEM 软件而言,几何模型网格可分为四面体和六面体两种类型,两种网格的划分有所不同,操作流程如图 3.2.3 和图 3.2.4 所示。

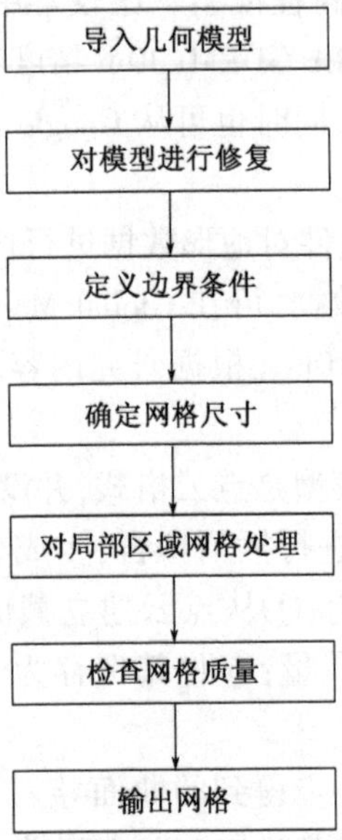

图 3.2.3　ICEM 四面体网格生成

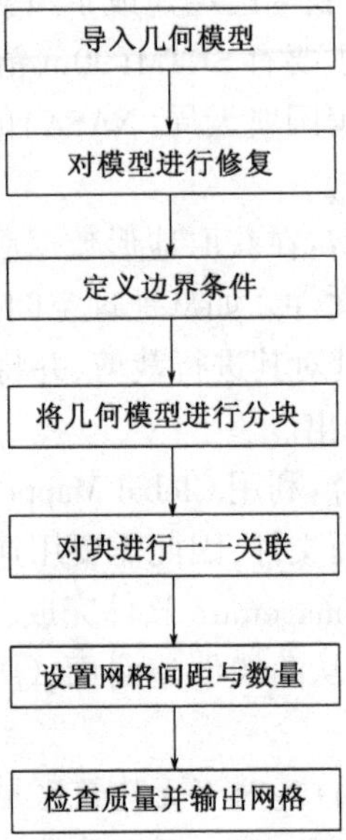

图 3.2.4　ICEM 六面体网格生成

同时,ICEM 还可以生成混合网格,混合网格包含四面体网格和六面体网格,二者的生成方法与上述步骤一致,只是将网格生成后,在连接处用 Interface 进行对接即可。不同网格类型如图 3.2.5 所示。

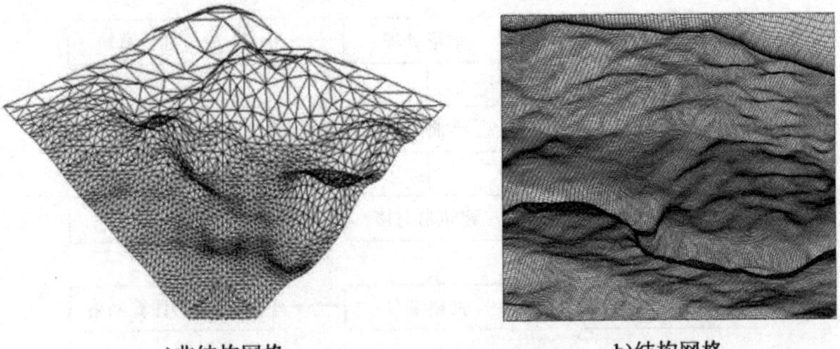

a)非结构网格　　b)结构网格

图 3.2.5　不同类型网格示意图

3.2.2　CFD 数值模拟实例

本节将以太洪长江大桥为工程背景,利用雷诺平均法对大桥所在峡谷桥址区风场进行详细介绍。

(1)工程背景

太洪长江大桥为重庆南川至两江新区高速公路上的关键控制性工程,大桥起点(南岸)位于巴南区双河口镇五台村,终点(北岸)位于渝北区洛碛镇太洪场村,大桥全桥共5联,图3.2.6为太洪长江大桥总体立面布置图,根据设计资料,太洪长江大桥主桥虽然横跨长江,但桥塔位于两岸的陡坡之上,地形起伏、高差较大,属峡谷地貌。

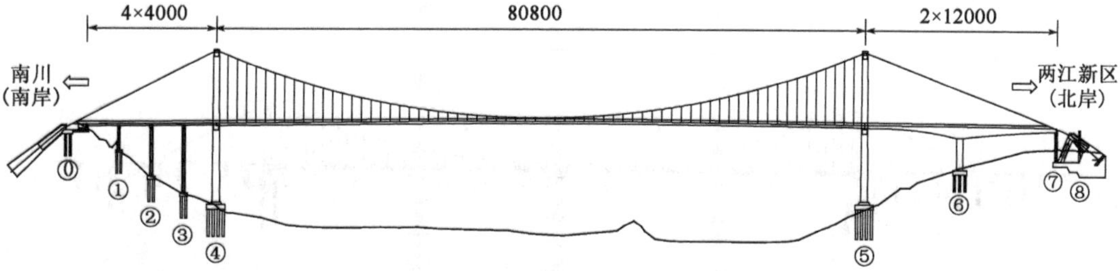

图3.2.6 太洪长江大桥总体立面布置图(尺寸单位:cm)

(2)几何模型与网格划分

地形数据通过地理空间数据云下载,然后采用地图绘制软件 Global Mapper 做进一步处理,经过数据格式转换后可得到山体地形模型的高程信息。本节中数值模拟采用实际山体尺寸,计算域大小取10km×16km×3km,数值模型最低高程为52.73m,最高高程为3180m,最终的桥址区地形CFD数值计算模型如图3.2.7所示。

为保证计算精度,利用ICEM进行网格划分,模型采用全六面体网格,在近地面进行加密,最底层网格高度为0.5m,高度方向在近地面处网格延伸率为1.1,远离地面网格延伸率为1.2,并对桥址处及主梁高度处的网格进行加密,最终划分的总网格数约为720万个,网格划分如图3.2.5a)所示。

(3)模拟工况与入口边界条件

为得到太洪长江大桥桥址处的详细风场分布,在数值模拟过程中,以桥址处为中心,分8个风向角对其进行数值模拟,具体工况如图3.2.8所示,其中,每相邻两工况的风向角相隔45°。

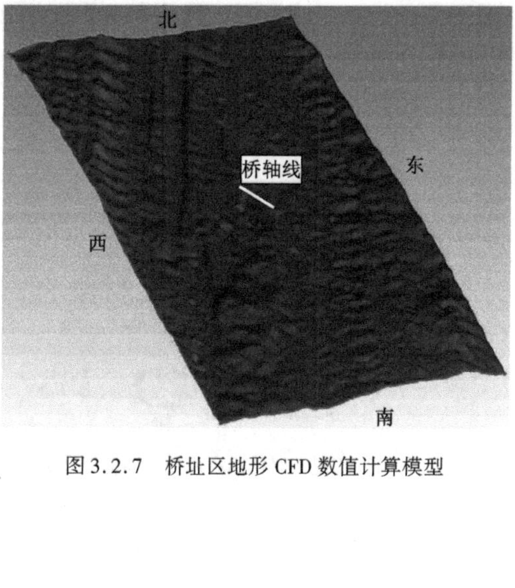

图3.2.7 桥址区地形CFD数值计算模型

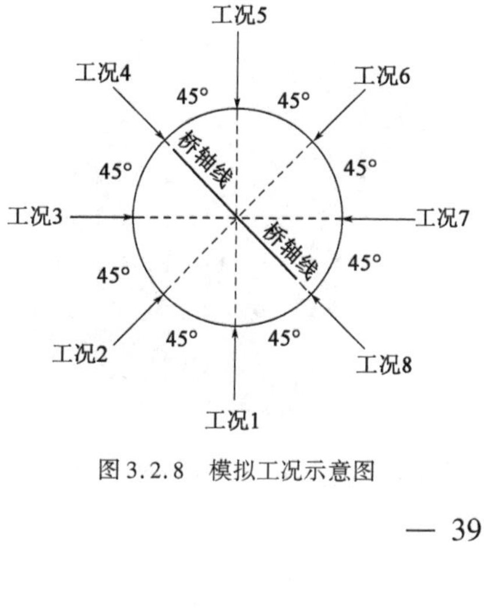

图3.2.8 模拟工况示意图

数值模拟过程中在太洪长江大桥主梁所在位置的水平方向布置了15个监测点,在1/4跨、1/2跨、3/4跨处沿竖直方向分别布置了30个、20个、30个监测点,具体位置示意图如图3.2.9所示。

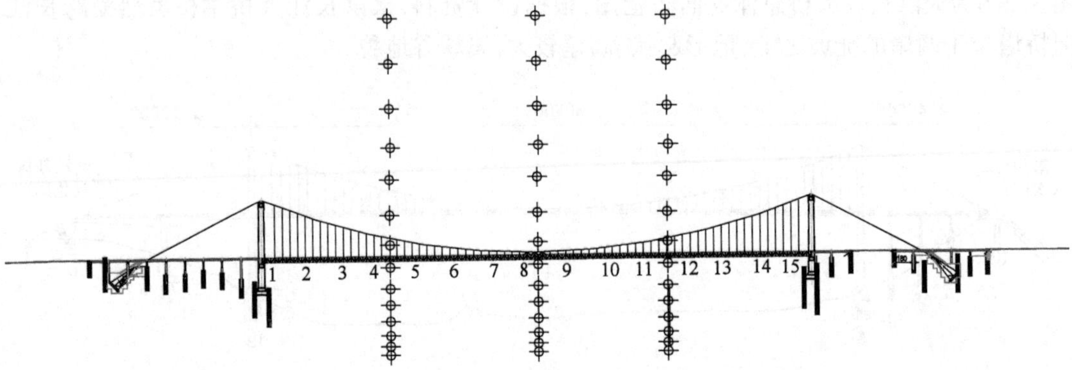

图3.2.9 数值模拟过程中桥位处风速监测点布置示意图

风场计算中入口处来流风速分布偏安全地采用气象观测站标准场地对应的风剖面,采用3.1.1节风剖面入口边界条件,桥位处桥面高度的入口风速为:

$$\begin{cases} V = 45.8\mathrm{m/s} & (H > 1000\mathrm{m}) \\ V = 45.8 \times \left(\dfrac{H-179}{821}\right)^{0.16}\ \mathrm{m/s} & (1000\mathrm{m} \geqslant H \geqslant 179\mathrm{m}) \end{cases}$$

确定了上述基本计算模型后,与ICEM中确定的网格边界相对应,并设置相应的参数。对FLUENT的求解器指定离散格式、欠松弛因子及入口风速,并对流场进行初始化,激活监视变量后进行具体的迭代计算。计算中沿桥轴线预先设置一些观测点,求解过程中监视残差的同时,评价各观测点处每个迭代步输出的风速值,当各观测点得到的风速均收敛时,认为整个流场求解收敛。

(4)模拟结果分析

针对典型工况1和工况2的来流方向,图3.2.10与图3.2.11给出了桥面高度处的风速分布云图,由图可知,来流方向不同时,主梁高度平面内风速和风向等参数沿桥轴线分布的差异较大。

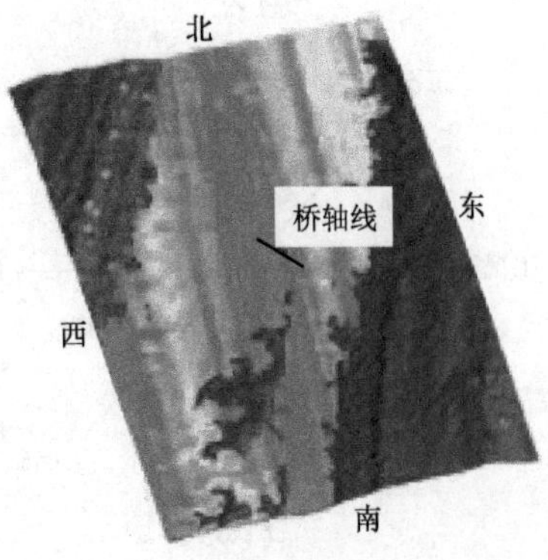

图3.2.10 工况1时桥面高度处平面的风速分布

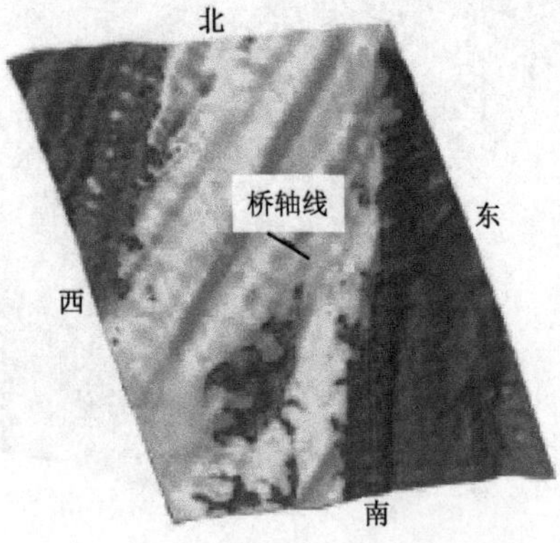

图3.2.11 工况2时桥面高度处平面的风速分布

为定量分析桥址区的风参数，不同工况下，将主梁高度处不同位置的平均风速及其对应的风剖面指数 α 值汇总于表 3.2.1 与表 3.2.2。由表 3.2.1 可知，不同工况下，1/4 跨主梁高度处的风速的平均值为 31.1m/s，1/2 跨主梁高度处的风速的平均值为 29.3m/s，3/4 跨主梁高度处的风速的平均值为 31.7m/s。总体而言，不同来流工况下，主梁高度处的风速约为 30.7m/s。另从表 3.2.2 可知，主梁 1/4 跨处的风剖面指数 α 的平均值为 0.20，主梁 1/2 跨处的风剖面指数 α 的平均值为 0.25，主梁 3/4 跨处的风剖面指数 α 的平均值为 0.21。总体而言，不同来流工况下，桥址区主梁处的风剖面指数 α 约为 0.22，这与《抗风规范》中的 C 类地表类型相对应。

不同工况下主梁高度处平均风速汇总(单位:m/s) 表 3.2.1

工况	位置		
	1/4 跨	1/2 跨	3/4 跨
工况 1	22.2	27.0	27.8
工况 2	32.2	32.3	33.1
工况 3	22.7	25.6	21.1
工况 4	40.2	31.2	39.7
工况 5	32.1	33.5	33.9
工况 6	37.8	31.5	38.8
工况 7	23.9	23.4	26.2
工况 8	37.7	30.1	33.2
平均值	31.1	29.3	31.7

不同工况下主梁高度处 α 值汇总 表 3.2.2

工况	位置		
	1/4 跨	1/2 跨	3/4 跨
工况 1	0.37	0.24	0.23
工况 2	0.07	0.13	0.15
工况 3	0.28	0.30	0.36
工况 4	0.09	0.26	0.13
工况 5	0.19	0.18	0.20
工况 6	0.10	0.24	0.15
工况 7	0.31	0.31	0.28
工况 8	0.15	0.33	0.21
平均值	0.20	0.25	0.21

对大跨度山区峡谷桥梁而言，桥址处的风攻角对桥梁的风致振动起着非常重要的作用。为得到桥址区沿主梁风攻角的分布，定义风攻角 β 如式(3.2.1)所示，其中 u、w 分别表示横桥向风速与竖向风速，正攻角代表上升气流，负攻角代表下降气流。

$$\beta = \tan^{-1}\frac{w}{|u|} \tag{3.2.1}$$

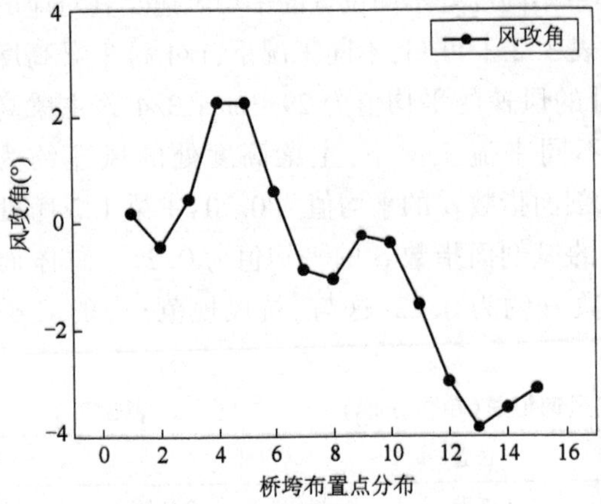

图 3.2.12 工况 1 作用下桥址处风攻角分布

数值模拟中通过对监测点所在位置的风速时程取平均,得到了桥址处风攻角分布情况。针对典型工况 1,沿主梁不同位置处的风攻角分布如图 3.2.12 所示,由图可知,风攻角沿主梁分布的变化较大,从主梁西侧的正攻角变化为主梁东侧的负攻角。考虑到主梁跨中附近是大跨度桥梁风致振动最显著的部位,因此,针对跨中位置分析了不同工况的风攻角,如表 3.2.3 所示。由表可知,不同工况下跨中处的风攻角变化较大,总体而言,风攻角的变化范围在 −2.5° ~4.5°之间,这超过了《抗风规范》中建议的 −3° ~3°范围。

跨中位置的风攻角 表 3.2.3

工况	风攻角(°)	工况	风攻角(°)
工况 1	2.16	工况 5	0.06
工况 2	−0.81	工况 6	−1.85
工况 3	4.24	工况 7	4.43
工况 4	1.97	工况 8	−2.12

为方便后续不同风攻角下的风洞试验评定,根据表 3.2.3 取定主梁跨中处风速与风攻角的对应关系,如图 3.2.13 中的折线所示,由图可见,该折线较好地包络了各工况的计算结果。风速与风攻角对应关系的具体数据如表 3.2.4 所示,该表同时给出了不同风攻角情况下风速与 0°风攻角下风速的比值。

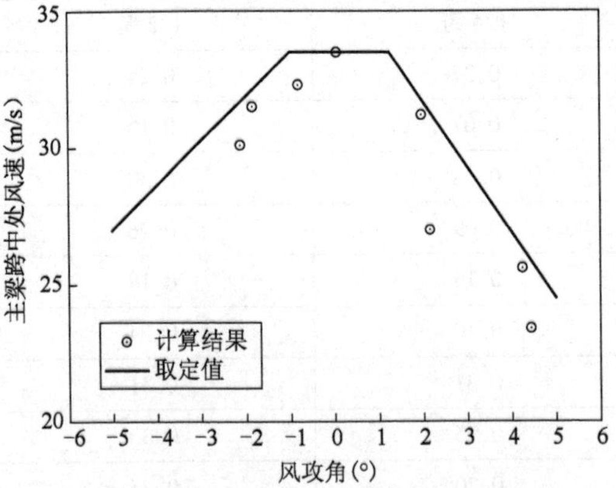

图 3.2.13 主梁跨中处风速随风攻角的变化

不同风攻角下主梁跨中处的风速取值 表 3.2.4

主梁高度处风攻角(°)	主梁跨中处风速(m/s)	与 0°风攻角下风速的比值
+5	24.5	0.73
+3	29.5	0.88

续上表

主梁高度处风攻角(°)	主梁跨中处风速(m/s)	与0°风攻角下风速的比值
+1	33.5	1.0
0	33.5	1.0
-1	33.5	1.0
-3	30.2	0.90
-5	27.0	0.81

(5)主梁最终设计基准风速的确定

前文已述,太洪长江大桥起点(南岸)位于巴南区双河口镇五台村,终点(北岸)位于渝北区洛碛镇太洪场村。考虑到太洪长江大桥基本上位于重庆市主城区与涪陵区之间,因此大桥的设计基本风速宜取两地基本风速的平均值。根据《抗风规范》,重庆市区的基本风速为27.5m/s,涪陵区的基本风速为24.2m/s,由此可得太洪长江大桥所在地区基本风速为25.9m/s,即 $V_{10}=25.9\text{m/s}$。

重庆位于青藏高原与长江中下游平原过渡地带,地处四川盆地东南部,属于川东平行岭谷、川中丘陵和川南山地的结合部。太洪长江大桥的主桥横跨长江,而桥塔位于两岸的陡坡上,桥址区地形起伏、高差较大,总体上属于丘陵地带。根据《抗风规范》并结合桥址区的地形地貌特点,桥址区的地表粗糙度类型可归为C类,相应的风剖面指数 α 可取0.22。根据设计资料,大桥主梁跨中的桥面设计高程为289.368m,而设计最低通航水位为152.53m,由此可得桥面高度处主梁设计基准风速 V_d 为:

$$\begin{aligned} V_d &= K_{1C}V_{10} \\ &= 0.785\times\left(\frac{289.368-152.53}{10}\right)^{0.22}\times 25.9 \\ &= 36.2(\text{m/s}) \end{aligned}$$

另外,根据上述地形CFD计算而确定出桥址区平均风速对应的风剖面指数 α 的平均值也在0.22左右(表3.2.2),可知,两者推算出的桥址区地表粗糙度类型较吻合,因此,取桥址区的地表粗糙度类型为C类,相应的地表粗糙度系数为0.22。

对于主梁高度处的设计基准风速,基于《抗风规范》的方法推算出主梁高度处的设计基准风速为36.2m/s,而由地形CFD计算分析确定出主梁高度处的设计基准风速为33.5m/s(表3.2.4)。总体而言,两种方法推算的结果较接近,但采用地形CFD计算的结果偏小。另外,地形CFD计算中入口边界条件的给定具有一定的经验性,这也给计算结果带来一定的不确定性。而基于规范的推算方法,其主梁设计基准风速是根据"全国基本风速分布值及分布图"并结合桥址区的C类地表类型来推算的,其推算结果相对可靠,同时其推算的风速值也偏保守。因此,采用基于规范推算的主梁高度处设计基准风速,即 $V_d=36.2\text{m/s}$ 作为最终取值,后续研究中的风速标准取值,也基于该风速值。

(6)考虑大风攻角影响的主梁风速标准

已有研究表明,对处于复杂地形桥址区的设计基准风速,宜考虑大风攻角的影响(攻角越大,风速越低),而根据《抗风规范》,最终取定的设计基准风速(36.2m/s)只适合小风攻角的情况。由于缺乏历史实测资料,本研究中大风攻角下的设计基准风速根据CFD计算的风速比值(表3.2.4)确定。由此,计算不同风攻角下成桥状态和施工状态的风速标准如表3.2.5所示。

太洪长江大桥主梁风速标准取值 表 3.2.5

风攻角(°)		-5	-3	-1 ~ 1	3	5
成桥状态	设计基准风速(m/s)	29.3	32.6	35.2	31.9	25.4
	颤振检验风速(m/s)	45.7	50.8	55.4	49.7	41.2
	静风稳定性检验风速(m/s)	58.6	66.2	72.4	63.7	52.9
施工状态	设计基准风速(m/s)	24.6	27.4	30.4	26.8	22.2
	颤振检验风速(m/s)	38.4	42.7	47.4	41.7	34.6
	静风稳定性检验风速(m/s)	49.3	54.7	60.8	53.5	44.4

注:施工状态的重现期为 10 年,相应的风速衰减系数为 0.84。

3.3 复杂地形风场特性风洞试验方法

本节首先总结了风洞试验中复杂地形模型风场特性的试验步骤。然后,以实际处于深切峡谷区的大跨度桥梁为工程背景,详细阐述桥址区的平均风特性和脉动风特性。最后,根据上述试验结果确定桥梁设计基准风速。

3.3.1 风洞试验方法

(1)地形模型范围和缩尺比的选定

对于桥址区的风特性,《抗风规范》中指出,桥址区风场地形模型应模拟桥梁所在区域的主要地形特征。目前已有风洞试验研究中,针对主跨 900m 的四渡河峡谷大桥桥址区的风特性,选取的地形范围直径为 10km,模型缩尺比为 1/1500。在北盘江大桥桥址区风特性的研究中,地形模型范围直径为 4.8km,模型缩尺比为 1/1000。在主跨为 1176m 的矮寨大桥桥址区风特性的研究中,地形模型范围直径为 2km,模型缩尺比为 1/500。在主跨为 1088m 的坝陵河大桥桥址区风特性的研究中,模拟了桥址区周边直径为 9km 的地形范围,模型缩尺比为 1/1000。在西部河谷地区三水河大桥的风洞试验中,模拟了直径为 1.5km、缩尺比为 1/600 的桥址区地形模型。

从以上试验研究可知,地形模型的缩尺比在 1/1000 左右,而地形模型范围由于受各风洞试验段宽度限制,差异较大。考虑到复杂地形的风场变化剧烈,不同尺度范围的地形模型会在研究对象上空形成不同高度的剪切层,从而影响风特性结果。因此,在充分利用风洞试验段尺寸及满足阻塞度要求的前提下,风洞试验中地形模型的范围应该足够大,以充分考虑研究对象周边地形的绕流作用,并且形成稳定的剪切层高度。

(2)地形模型的制作

地形模型可分层制作,对于每一层地形,均可采用复合塑料板或泡沫板根据等高线图按比例雕刻而成,然后逐层叠加成形,最后可形成起伏不平的复杂地形模型。另一种方法是采用基于计算机数控雕刻技术的工艺。当地形模型规模较大时,可采用多人或多机器分块制作,从而加快进度。

(3)测试内容和试验工况

针对不同的研究对象,应测试不同的风特性参数。如对桥梁而言,应测试沿主梁和桥塔的平均风速、风攻角、风剖面、湍流强度、湍流积分尺度、脉动风速谱以及脉动风速的相干函数等参数。此外,对于来流风向,除最不利来流风向需要重点测试外,对其他不同来流风向下的工况也应测试,尤其是桥址区周边的特殊地形可能会显著影响桥址区的风特性,应特别重视。

(4)来流风场类型的确定

《抗风规范》中指出,多座跨越河谷或山谷的桥梁桥位风观测以及地形风特性风洞试验研究表明,桥位处的风速分布一般符合C类或D类地表类型的风速分布,其中以D类地表类型居多。目前在风洞试验中,一般采用尖劈、粗糙元及锯齿形挡板的被动模拟方法生成规范规定的地表类型。

3.3.2 风洞试验实例

本节以龙江大桥为工程背景,采用风洞试验的方法对龙江大桥所在的深切峡谷桥址区风场特性进行较为详细的测试及分析,并在此基础上给出桥梁设计风速标准。

(1)工程背景

保腾高速公路龙江大桥为主跨1196m的悬索桥,跨径组合为320m + 1196m + 320m,如图3.3.1所示。大桥主梁采用带分流板的钢箱梁形式,梁宽33.5m,梁高3.0m;桥塔采用混凝土组合圆形截面,腾冲岸桥塔(西桥塔)与保山岸桥塔(东桥塔)的高度(承台底到塔顶)分别为137.7m与178.7m。由于龙江大桥跨度大、桥塔高,结构偏柔性,对风的作用非常敏感,桥梁结构的抗风性能已成为该桥设计的控制性因素。此外,龙江大桥为典型的深切峡谷悬索桥,大桥垂直跨越龙江峡谷,桥面设计高程距谷底约285m,峡谷两岸地势陡峭,横剖面呈V形,地形地貌复杂,风特性差异较大,若仅基于相关规范或规定而不考虑桥址区地形的具体特征来确定桥梁的风参数(如桥梁设计基准风速等),则会导致风参数出现较大的误差。为准确确定龙江大桥的风参数,提高桥梁的抗风研究精度,有必要对大桥的桥址区风特性开展研究。考虑到风洞试验方法在进行变参数影响的机理性研究和解决一些比较复杂的工程问题中均具有较大的优越性,结合西南交通大学XNJD-3风洞试验段尺寸较大的优势,本节采用风洞试验的方法,通过模拟桥址区地形的绕流场来研究龙江大桥桥址区的风特性。

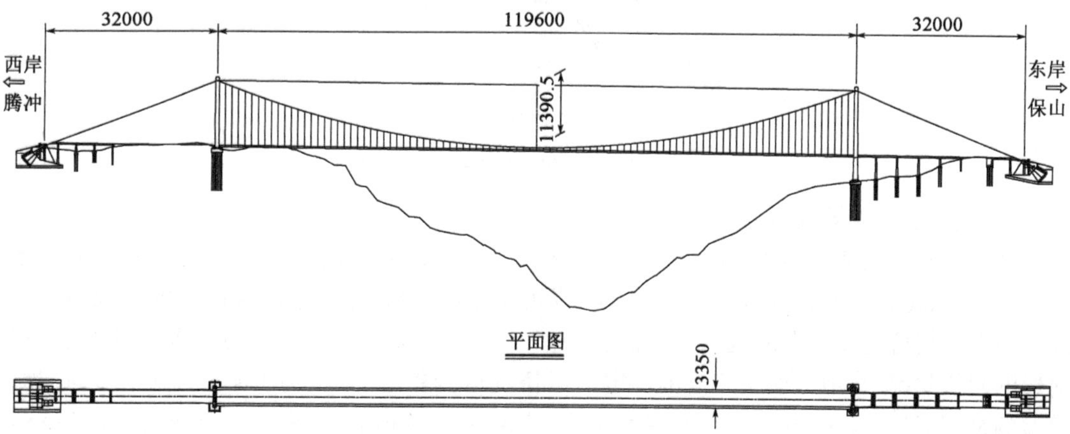

图3.3.1 桥跨布置示意(尺寸单位:cm)

在开展本研究之前，已获取了桥址区周边保山、腾冲及龙陵三个气象站的风速资料，三个气象站与桥址区的距离分别为58km、28km、28km。通过对风速资料进行统计分析，可得三个气象站年最大风速记录的风向玫瑰图，如图3.3.2～图3.3.4所示，由图可知，三个气象站年最大风速的主导风向均为西南方向，这意味着桥址区的风向应以西南方向为主，因而在后续风洞试验中对于西南风向的来流应特别重视。

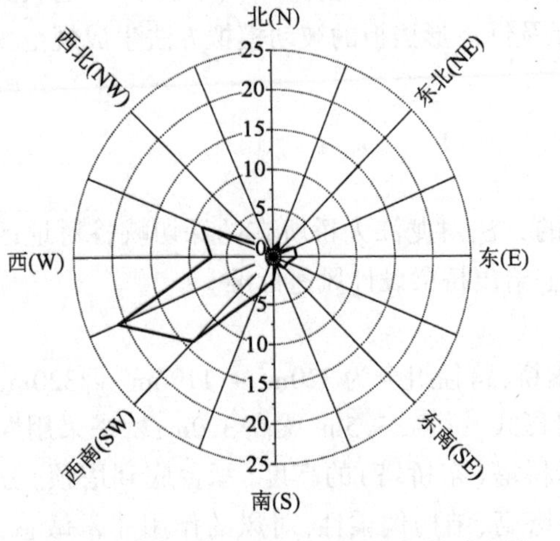

图3.3.2　保山气象站年最大风速记录风向玫瑰图

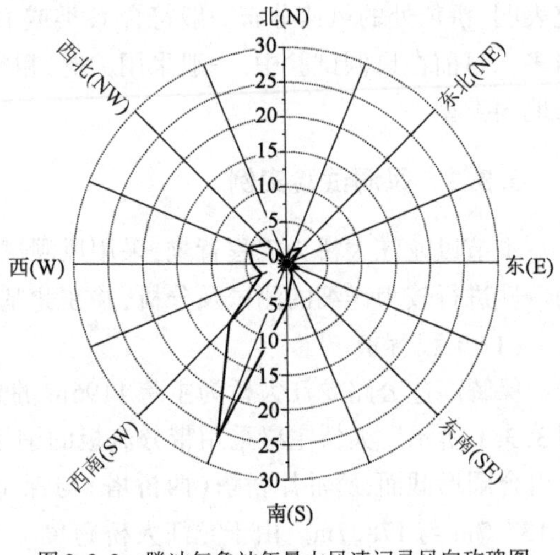

图3.3.3　腾冲气象站年最大风速记录风向玫瑰图

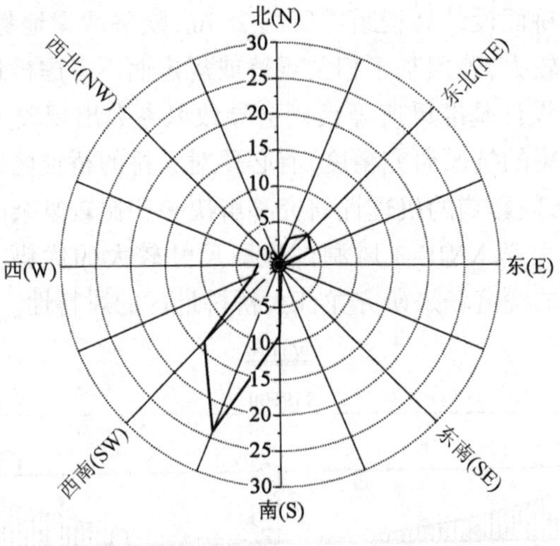

图3.3.4　龙陵气象站年最大风速记录风向玫瑰图

(2)桥址区地形模型设计与制作

试验在西南交通大学XNJD-3风洞中进行，该风洞试验段的尺寸为4.5m(高)×22.5m(宽)×36.0m(长)，是目前世界上最大的边界层风洞。为更真实地反映桥址区的风特性，桥址区地形模型应包含足够的范围，考虑到XNJD-3风洞试验段较宽的特点并兼顾实际桥址区地形的起伏状况，将地形模型的范围确定为以桥址区为中心、直径为15km的圆形区域，地形模型的缩尺比定为1/1000。地形模型底部以龙江大桥所在处的龙江江面平均高程(约1190m)为基准，整个地形模型采用表面覆膜压合而成的KT板根据地形等高线逐层切割、叠加而成，每层 KT 板厚度为 1cm，代表实际地形高程差 10m。如此一来，地形模型表面呈阶梯状，因注意到实际地形表面有植被等附着物，故将地形模型表面处理成阶梯状在一定程度上可代表地表附着物对气流的干扰作用。由于地形模型的面积较大，整个模型采用分区制作，其中东北方位的四分之一地形模型区域如图 3.3.5 所示，图中模型的镂空区域即为龙江。

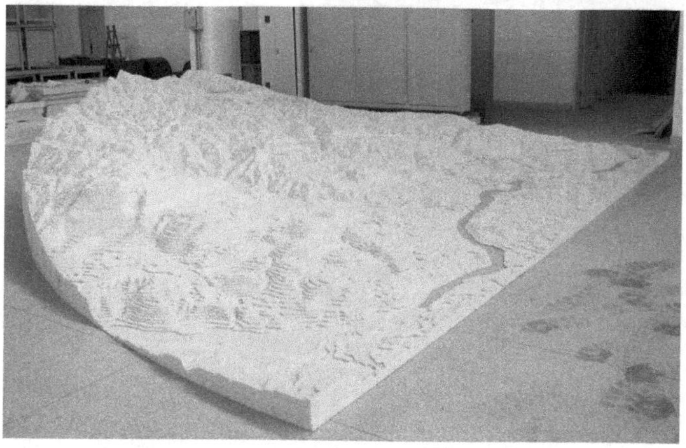

图 3.3.5 东北方位的四分之一地形模型区域

复杂地形模型进行风洞试验时，为使来流“平滑”地过渡到模型区域，要求在地形模型的边界处布置合理的气流过渡段，从而使来流更加合理地流动到桥址区，试验结果也会因此更加准确、可靠。根据 3.1.2 节的介绍，在此采用图 3.1.4 所示的三维渐变式过渡段方式。根据地形边界的渐变高度并考虑过渡段拼装的方便，将曲线过渡段的宽度统一定为 1.25m，而高度即为地形模型边缘离地板高度。根据上述方法，最终加工得到的地形模型及其周围的三维渐变式过渡段如图 3.3.6 所示。通过对所有将近 100 个过渡段的等效坡度进行统计可知，地形模型周围过渡段的平均坡度小于 25°，而对于边界地形起伏较小的河道处，等效坡度更是小于 10°，因而当来流方向沿着河道时，通过过渡段的过渡，来流能更“平滑”地流动到模型区域。此外，本试验中对地形边界大的分段数约为 100 段，每段长度平均不足 0.5m，如此所得分段数已足够密，这也说明对实际边界地形的逼近程度较高。经计算，地形模型的平均高度约为 0.345m，加上周围的过渡段，整个试验模型的阻塞率约为 6%；当来流方向沿着河道时，由于沿桥位上、下游河道的地形较平坦，地势较低，此时模型的迎风面积更小，阻塞率会更低，总之，本试验的阻塞效应基本可忽略不计。

（3）桥址区地形特征与试验工况

由于桥址区地形起伏不平，桥址区风特性对来流方向会较敏感。为考察不同来流方向对桥址区风特性的影响，试验中包含了多个风向角，根据桥址区的地形特征并注意到桥址区的主导风向为西南方向，在试验中首先定义了西南方向的两个风向，即工况 1 与工况 2（两者夹角为 8.8°），其中工况 1 垂直于桥轴线，而工况 2 则平行于桥位以南附近的河道方向，如图 3.3.7 所示。然后在工况 1 与工况 2 的两侧定义工况 5 与工况 6、工况 9 与工况 10，其中工况 5 与工况 6 分别与工况 1、工况 2 成 20°的夹角，而工况 9 与工况 10 分别与工况 5、工况 6 成 30°的夹角。同理，对于另一侧的东北方向也对应地定义了工况 3 与工况 4（两者夹角为 11.2°），其中工况 3 垂直于桥轴线，而工况 4 平行于桥位以北附近的河道方向；类似地，工况 7 与工况 8 分别与工况3、工况4成20°的夹角,而工况11与工况12分别与工况7、工况8成30°的夹角。上述以桥轴线与桥位附近河道方向为中心的12个风向角如图3.3.7所示,图中心处的黄色线条表示桥轴线。

图3.3.6　放置于风洞试验段中的地形模型

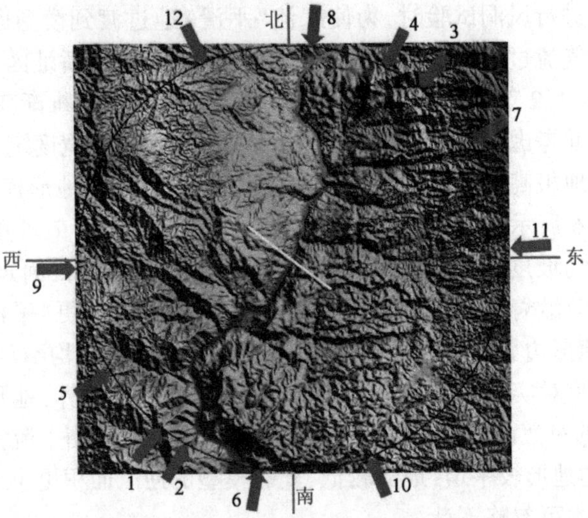

图3.3.7　桥址区地形与来流方向示意图

注:红色表示地势高,蓝色表示地势低。扫左侧二维码可查看彩色图。

研究中采用尖劈、粗糙元及锯齿形挡板的被动模拟方法模拟了缩尺比为1/1000的D类场地来流。整个试验中流场测量采用眼镜蛇三维脉动风速测量仪(Cobra Probe),各测点的采样频率为1250Hz,采样时间为120.013s。

在D类场地来流下,考察了不同来流方向对桥址区平均风特性与脉动风特性的影响,重点研究了主梁与桥塔处的平均风速、风攻角、湍流强度、脉动风速谱及脉动风速的空间相关性等参数。本章仅介绍桥址区的平均风特性,而对于桥址区的脉动风特性以及其他试验工况,感兴趣者可参阅本章参考文献[4]。

①平均风速。

在 D 类场地来流下，由试验测试结果可知，不同来流方向的主梁横桥向风速、顺桥向风速以及竖向风速差异较大，如工况 2 与工况 5 的来流方向（图 3.3.8）。同一工况下，沿主梁不同位置的风速剖面也有一定的差异，如工况 2 下沿主梁跨中、1/4 跨及 3/4 跨处的风速剖面，即如图 3.3.8a）和图 3.3.9a）、b）所示。

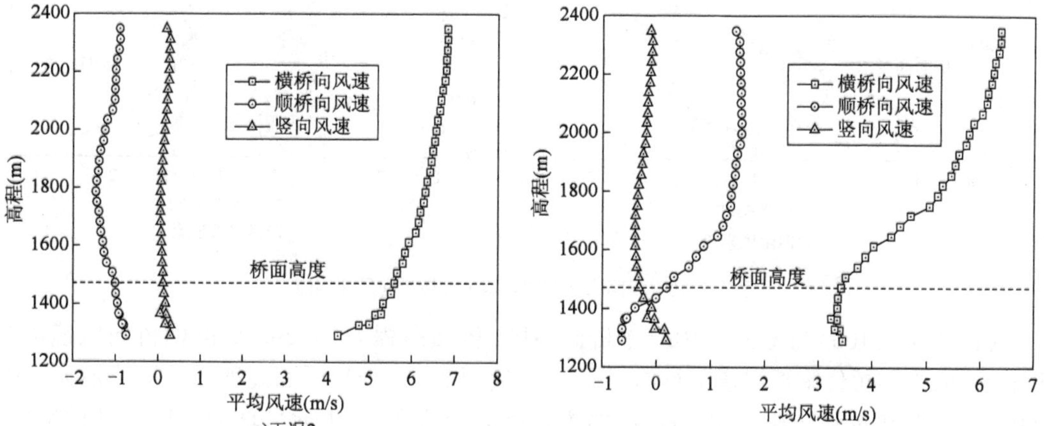

a)工况2　　b)工况5

图 3.3.8　不同来流方向时跨中处风速剖面

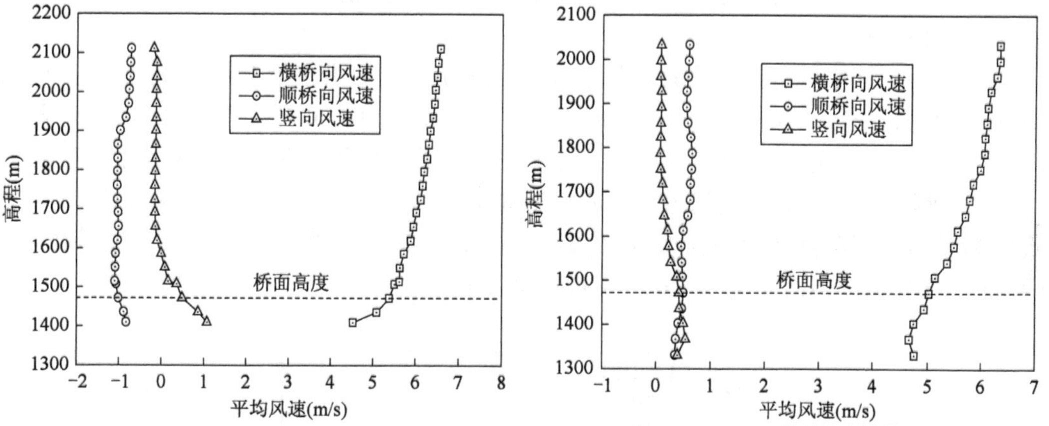

a)1/4跨处风速剖面　　b)3/4跨处风速剖面

图 3.3.9　工况 2 来流时沿主梁 1/4 跨与 3/4 跨处的风速剖面

桥梁抗风中较关注横桥向风速，不同来流方向时跨中处横桥向风速剖面如图 3.3.10 所示。由图可知，当来流方向与桥位附近河道方向或桥轴线垂向的夹角越小时，横桥向风速就越大，如工况 1 ~ 工况 4，且此时的风速剖面也越接近于传统的指数律或对数律剖面形式。而对于其他工况，横桥向风速相对较小，部分工况的风速剖面甚至出现拐点。总体而言，工况1 ~ 工况 4 的横桥向风速相对最大，工况 5 ~ 工况 8 的横桥向风速次之，而工况 9 ~ 工况 12 的横桥向风速相对最小，这种不同工况间横桥向风速的差异不仅与水平风速沿桥轴线垂向的正交分解有关，还与前方地形的阻挡有关。如工况 5 中，桥位西南方隆起的山丘地形对工况 5 的来流产生较严重的阻挡，导致此时的横桥向风速相对工况 6 要明显偏小。

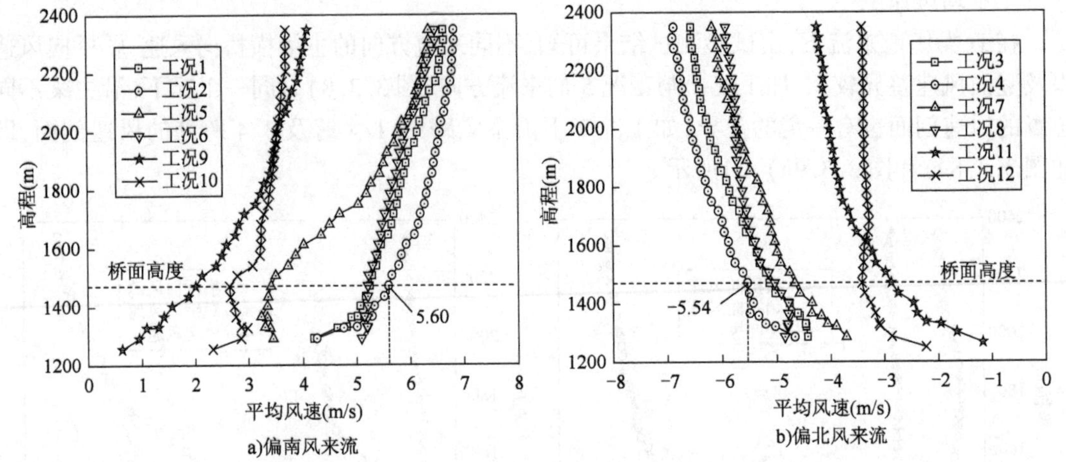

图3.3.10　不同来流方向时跨中处横桥向风速剖面

对比图3.3.10a)与图3.3.10b)中桥面高度(桥面高程为1472m)处的横桥向风速可知，当来流方向为与桥位附近河道平行的工况2(南偏西28.9°)时，桥面高度处的风速最大(达到5.60m/s)。另由前述分析可知，桥址区的主导风向为西南风，由此可认为工况2是桥址区的最不利工况，在后续研究中针对工况2的桥址区风特性应给予充分重视；同时应注意到工况1、工况3及工况4等桥面高度处的风速较大，此类工况也应重视。

②风剖面指数。

为考察桥址区主梁所在处的地表类型，对不同来流方向时沿主梁1/4跨、跨中及3/4跨的横桥向风速进行指数律拟合，拟合结果如图3.3.11所示。由图可知，不同工况拟合的风剖面指数离散较大、差异显著，风剖面指数的差异定性说明了主梁风特性随来流方向与地形变化的关系。当来流方向与桥位附近河道方向或桥轴线垂向的夹角较小(如工况1～工况4)时，拟合结果较稳定，而其他风向的拟合结果较离散。总体而言，沿主梁不同位置处的风速剖面拟合效果较差，部分风速剖面曲线形状难以用指数律表示。

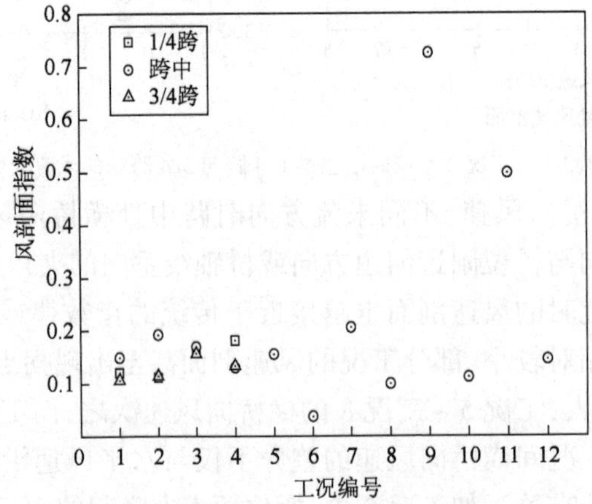

图3.3.11　沿主梁不同位置的风剖面指数

③风攻角。

对处于平坦地区的桥梁,《抗风规范》给出的风攻角范围为 -3° ~3°,但对处于深切峡谷地区的龙江大桥,其桥址区风攻角范围可能偏大。不同来流方向下,跨中处风攻角随高度的变化如图 3.3.12 所示。由图可知,当来流方向与桥位附近河道方向或桥轴线垂向成较大夹角时(如工况 5、工况 7、工况 9 ~ 工况 12),主梁跨中处风攻角较大,最大达到 -11.74°,远大于该规范的规定值;而当来流方向与桥位附近河道方向或桥轴线垂向夹角较小(如工况1 ~ 工况 4)时,主梁跨中处风攻角较小,在 -2° ~2°以内。

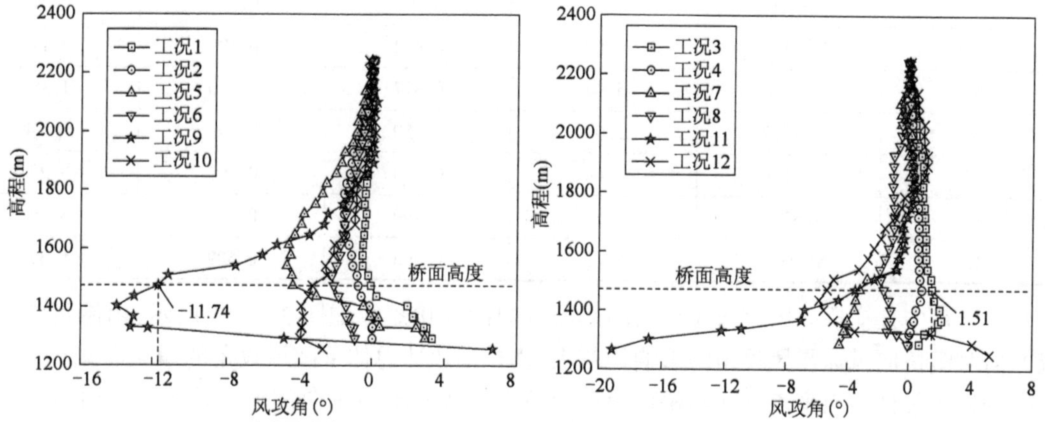

a)偏南风来流　　b)偏北风来流

图 3.3.12　不同来流方向时跨中处风攻角随高度的变化

平均风速与风攻角等参数是大桥重要的风特性参数,不同工况下,主梁跨中处横桥向风速与风攻角等相关试验结果汇总于表 3.3.1,表中风速放大系数定义为大桥主梁跨中处横桥向风速与相同高度处边界来流风速之比。由表 3.1.1 可知,各工况下的风速放大系数均小于 1.0,这表明主梁跨中处在不同来流方向下均未形成明显的峡谷风的加速效应。当来流方向为工况 2 与工况 4 时,风速放大系数最大,分别达到 0.974 与 0.963,此时风向平行于桥位附近的河道方向,气流受地形阻挡较小。虽然试验时最高测点的高度达到 1.158m(高程 2348m),而地形模型的平均高度约 0.345m,最高测点距离地表约 0.813m,相当于实际高度 813m,已远远超过《抗风规范》中规定的梯度风高度 450m,但从图 3.3.12 可知,不同来流方向最高测点的风速沿高度方向仍有一定的变化,但总体来说变化较小,尤其对于沿来流方向地形较平坦的工况 1 ~ 工况 4 而言,其顶部风速几乎保持稳定,且其风速值均较其他工况的要大,由此,研究中将此四个工况最高处几点的横桥向风速进行平均,并偏安全地将其平均值 6.72m/s 作为梯度风速的取定值。基于该取定的梯度风速值,可计算出不同工况时主梁跨中处横桥向风速与梯度风速的比值,如表 3.3.1 所示,通过该比值可根据实际梯度风速得到主梁跨中处的实际风速。

主梁跨中处试验测试结果汇总　　表 3.3.1

工况编号	来流风向	横桥向风速			风攻角(°)
		平均风速(绝对值)(m/s)	风速放大系数	与梯度风速比值	平均值
1	SW37.7°	5.25	0.913	0.781	-0.06
2	SW28.9°	5.60	0.974	0.833	-0.76

续上表

工况编号	来流风向	横桥向风速			风攻角(°)
		平均风速(绝对值)(m/s)	风速放大系数	与梯度风速比值	平均值
3	NE37.7°	5.14	0.894	0.765	1.51
4	NE25.4°	5.54	0.963	0.824	0.86
5	SW57.7°	3.42	0.595	0.509	-4.37
6	SW8.9°	5.21	0.906	0.775	-2.11
7	NE57.7°	4.67	0.812	0.695	-3.17
8	NE5.4°	5.04	0.877	0.750	-1.59
9	SW87.7°	2.01	0.350	0.299	-11.74
10	SE21.1°	2.66	0.463	0.396	-3.29
11	NE87.7°	2.87	0.499	0.427	-3.48
12	NW23.5°	3.42	0.595	0.509	-5.32

主梁跨中处横桥向风速与风攻角随来流方向的变化规律如图 3.3.13 所示，由图可知，来流方向对横桥向风速与风攻角的影响均较大，横桥向风速总体上随风攻角的增大而减小，两者有较好的相关性。当来流方向与桥位附近河道方向或桥轴线垂向的夹角较小时，横桥向风速较大，而风攻角相对较小。当来流方向与桥位附近河道方向或桥轴线垂向的夹角较大时，风攻角增大，个别工况(即工况 9)甚至达到 -11.74°，但此时横桥向风速相对较小，对桥梁结构的抗风性能应不起控制作用。主梁跨中处横桥向风速与风攻角的联合分布关系如图 3.3.14 所示，由图可知，高风速主要集中在风攻角较小的区域，为方便后续桥梁模型试验及风致振动分析，取定横桥向风速与风攻角的对应关系如图 3.3.14 中的折线所示，由图可知该折线较好地包络了各工况的计算结果。横桥向风速与风攻角对应关系的具体数据如表 3.3.2 所示，该表同时给出了不同风攻角下取定风速与梯度风速的比值关系，同理，根据该比值关系可通过实际梯度风速推算出不同风攻角下主梁跨中处的实际风速。

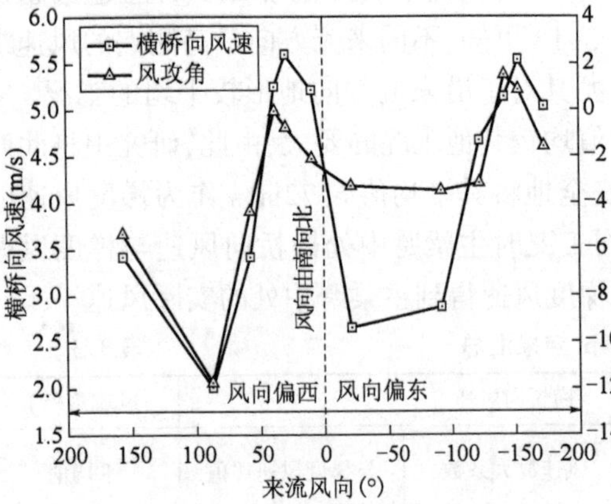

图 3.3.13　跨中处横桥向风速与风攻角随来流方向的变化规律

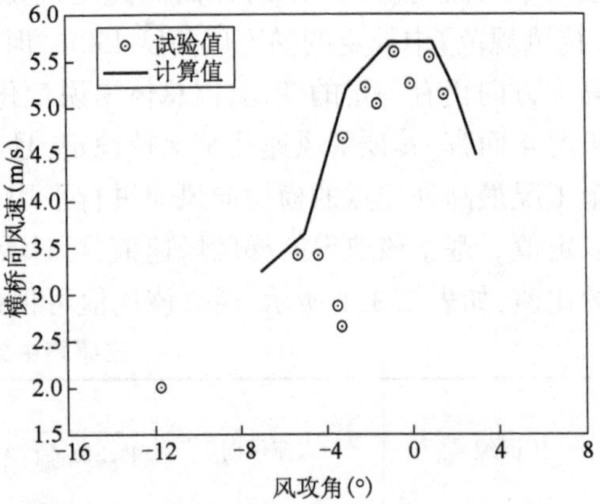

图 3.3.14　跨中处横桥向风速与风攻角的联合分布关系

不同风攻角下主梁跨中处风速取定值

表 3.3.2

来流风攻角(°)	横桥向平均风速(m/s)	与梯度风速的比值
-7	3.25	0.484
-5	3.65	0.543
-3	5.2	0.774
-1	5.7	0.848
0	5.7	0.848
1	5.7	0.848
2	5.2	0.774
3	4.5	0.670

(4)桥梁设计基准风速

龙江大桥位于保山市和腾冲市之间,由《抗风规范》可知,保山市和腾冲市的百年一遇基本风速分别为26.4m/s和26.0m/s,因此地区基本风速可取平均值为26.2m/s。另外,前文已指出桥址区周边有保山、腾冲及龙陵三个气象站(图3.3.2~图3.3.4),年最大风速记录分别有48个、57个及48个,因此可基于气象站多年的历史风速观测记录并根据极值Ⅰ型分布推算出地区基本风速为23.5m/s。虽然基于《抗风规范》得到的地区基本风速要大于基于气象站历史风速观测记录推算的,但后者更具针对性。此外,《抗风规范》中规定,当桥梁所在地区缺乏风速观测资料时,基本风速可根据规范中的“全国基本风速分布值及分布图”或“全国各气象站风速概率分布模型及参数值”来选取,这表明基于气象站历史风速观测记录推算的基本风速值要优于《抗风规范》中的给定值。基于以上分析,研究中将地区基本风速取为23.5m/s,即 $V_{10} = 23.5\text{m/s}$。

由于龙江大桥处于高海拔地区,其中主梁海拔为1472m,而空气密度随高度的增加而减小,因而可得主梁高度处的空气密度为:

$$\rho = 1.225\,e^{-0.0001\times1472} = 1.225\,e^{-0.1472} = 1.057(\text{kg/m}^3)$$

实际工程风荷载计算中空气密度通常取为1.25kg/m³,因此根据风压等效的原则对风速值进行修正,从而得到地区基本风速最终取定值:

$$V_{10}^{q} = 23.5 \times \sqrt{\frac{1.057}{1.25}} = 21.6(\text{m/s})$$

地形模型风洞试验中得到了主梁跨中处横桥向风速与梯度风速的比值关系,如表3.3.2所示,由此可采用梯度风速法得到风攻角为0°时的主梁设计基准风速 $V_d = 32.4\text{m/s}$。不同风攻角情况下设计基准风速按表3.3.2中对应的取值进行计算,经计算可得到成桥状态与施工状态下主梁的设计基准风速、颤振检验风速、驰振检验风速及静风稳定性检验风速,如表3.3.3所示。

主梁设计风速标准

表 3.3.3

来流风攻角(°)		-7	-5	-3	-1	0	1	2	3
成桥状态	设计基准风速(m/s)	18.5	20.8	29.6	32.4	32.4	32.4	29.6	25.6
	颤振检验风速(m/s)	29.1	32.6	45.4	51.0	51.0	51.0	45.4	40.3
	驰振检验风速(m/s)	22.2	24.9	35.5	38.9	38.9	38.9	35.5	30.7
	静风稳定性检验风速(m/s)	37.0	41.5	59.2	64.8	64.8	64.8	59.2	51.2

续上表

来流风攻角(°)		-7	-5	-3	-1	0	1	2	3
施工状态	设计基准风速(m/s)	15.5	17.4	24.9	27.2	27.2	27.2	24.9	21.5
	颤振检验风速(m/s)	24.4	27.4	39.1	42.8	42.8	42.8	39.1	33.8
	驰振检验风速(m/s)	18.7	20.9	29.8	32.7	32.7	32.7	29.8	25.8
	静风稳定性检验风速(m/s)	31.1	34.9	49.7	54.5	54.5	54.5	49.7	43.0

注:施工状态风速重现期取10年,相应的风速衰减系数取0.84。

本章参考文献

[1] 庞加斌.沿海和山区强风特性的观测分析与风洞模拟研究[D].上海:同济大学,2006.

[2] 胡峰强.山区风特性参数及钢桁架悬索桥颤振稳定性研究[D].上海:同济大学,2006.

[3] 徐洪涛.山区峡谷风特性参数及大跨度桁梁桥风致振动研究[D].成都:西南交通大学,2009.

[4] 胡朋.深切峡谷桥址区风特性风洞试验及CFD研究[D].成都:西南交通大学,2013.

[5] 沈炼.复杂地形区域的风环境大涡数值模拟研究[D].长沙:长沙理工大学,2017.

[6] 陈政清,李春光,张志田,等.山区峡谷地带大跨度桥梁风场特性试验[J].实验流体力学,2008,22(3):54-59.

[7] 李永乐,蔡宪棠,唐康,等.深切峡谷桥址区风场空间分布特性的数值模拟研究[J].土木工程学报,2011,44(2):116-122.

[8] 白桦,李加武,刘健新.西部河谷地区三水河桥址风场特性试验研究[J].振动与冲击,2012,31(14):74-78.

[9] 胡朋,李永乐,廖海黎.山区峡谷桥址区地形模型边界过渡段形式研究[J].空气动力学学报,2013,31(2):231-238.

[10] 沈炼,韩艳,蔡春声,等.山区峡谷桥址处风场实测与数值模拟研究[J].湖南大学学报(自然科学版),2016,43(7):16-24.

[11] 沈炼,华旭刚,韩艳,等.高精度入口边界的峡谷桥址风场数值研究[J].中国公路学报,2020,33(7):114-123.

[12] LI Y L, HU P, XU X Y, et al. Wind characteristics at bridge site in a deep-cutting gorge by wind tunnel test[J]. Journal of wind engineering and industrial aerodynamics, 2017(160):30-46.

[13] HU P, HAN Y, XU G J, et al. Numerical simulation of wind fields at the bridge site in mountain-gorge terrain considering an updated curved boundary transition section[J]. Journal of aerospace engineering, 2018,31(3):04018008.1-04018008.14.

[14] YAN H, LIAN S, XU G, et al. Multiscale simulation of wind field on a long-span bridge site in mountainous area[J]. Journal of wind engineering and industrial aerodynamics, 2018(177):260-274.

第 4 章 桥梁静风荷载与静风失稳

桥梁静风失稳是指大桥主梁在静风荷载作用下发生弯曲和扭转，这不仅会改变桥梁结构刚度，还会改变风荷载的大小，并反过来增大主梁的变形，最终导致主梁静力失稳。过去，人们普遍比较关注大跨度桥梁的颤振失稳，而对静风失稳问题不够重视。自 20 世纪 60 年代以来，国内外众多学者先后在大跨度悬索桥和斜拉桥的全桥气弹模型风洞试验中观察到了静风失稳的现象，并且发现主梁的静风失稳临界风速小于颤振临界风速。与此同时，越来越多的研究表明，随着桥梁跨度的不断增大，大跨度桥梁均会出现静风失稳现象，因此有必要对大跨度桥梁的静风失稳问题进行研究。

目前业界对沿主梁方向均匀风场下的大桥静风失稳的研究比较成熟，但是对于沿主梁方向非均匀风场下的大桥静风失稳的研究比较少。随着我国山区大跨度桥梁修建得越来越多，这些大桥经常跨越深切峡谷，受山区峡谷复杂地形的影响，沿主梁方向的风速和风攻角必然是非均匀分布的，这会对大桥的静风稳定性产生影响。

宏观上看，沿主梁方向均匀风场下的大桥静风稳定性问题相当于沿主梁方向非均匀风场下的一种特殊形式，因此本章以沿主梁方向非均匀风场下的大跨度桥梁静风稳定性为例来做介绍，兼顾介绍沿主梁方向均匀风场下的大桥静风稳定性问题。本章具体内容安排如下：首先，介绍静力风荷载的定义。其次，介绍沿主梁方向非均匀风场（或均匀风场）下静风稳定性的分析方法。最后，以一座跨越山区峡谷的大跨度斜拉桥为工程背景，考察非均匀风攻角分布、非均匀风速分布、非均匀风速非均匀风攻角分布以及常规的均匀风速和均匀风攻角分布等风场条件对大桥静风稳定性能的影响，并讨论不同风场条件下全桥静风变形情况。

4.1 静力风荷载

当平均风流经结构物时，结构物会产生一定的静力变形，此时气流作用相当于一种静荷载，这种由平均风作用产生的静荷载称为静力风荷载，或简称为静风荷载。

4.1.1 三分力与三分力系数

当来流与主梁水平面有一定的风攻角时，主梁所受的风荷载可由体轴坐标系表达，也可由风轴坐标系表达。在体轴坐标系中，主梁所受的三分力可表示为阻力 F_H、升力 F_V 和力矩 M_T；在风轴坐标系中，主梁所受的三分力表示为阻力 F_D、升力 F_L 和力矩 M_T，如图 4.1.1 所示。

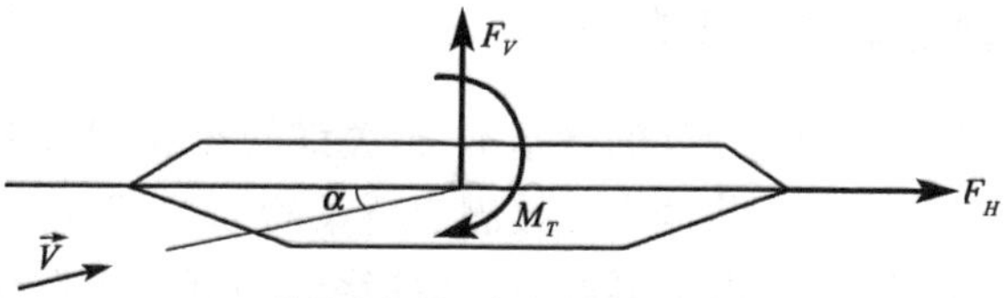

a)体轴坐标系下主梁所受的三分力

图 4.1.1

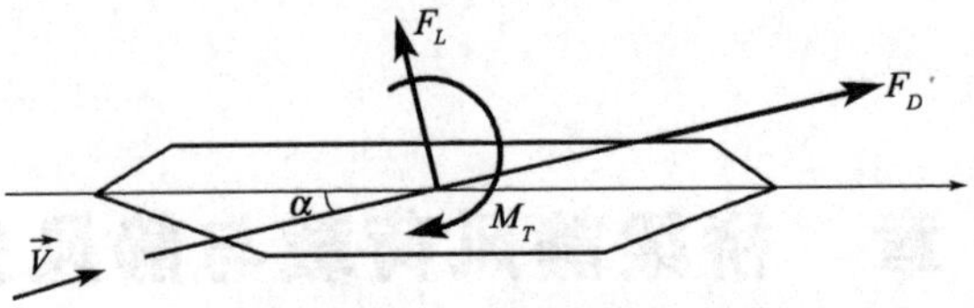

b)风轴坐标系下主梁所受的三分力

图 4.1.1　体轴坐标系与风轴坐标系下的风荷载

很明显，在两种坐标系下，力矩 M_T 都相同；而阻力和升力在不同坐标系下的转换由下式计算：

$$\begin{pmatrix} F_V \\ F_H \end{pmatrix} = \begin{pmatrix} \cos\alpha & \sin\alpha \\ -\sin\alpha & \cos\alpha \end{pmatrix} \begin{pmatrix} F_L \\ F_D \end{pmatrix} \tag{4.1.1}$$

由于风荷载产生的根本原因是桥梁断面的存在改变了流场的分布特性，在其他条件相同时，形状相似的两个截面的静风荷载应与它们的特征尺寸成比例。如此一来，就可引入无量纲的静力三分力系数来描述具有同样形状截面的静风荷载。同时，我们也可以采用缩尺模型在风洞中得到桥梁断面的三分力系数。

在风轴坐标系下，作用于主梁单位长度上的静风荷载阻力 F_D、升力 F_L 和力矩 M_T 可表示为风速、三分力系数和风攻角的函数：

$$F_D = \frac{1}{2}\rho V^2 C_D(\alpha) H \tag{4.1.2}$$

$$F_L = \frac{1}{2}\rho V^2 C_L(\alpha) B \tag{4.1.3}$$

$$M_T = \frac{1}{2}\rho V^2 C_M(\alpha) B^2 \tag{4.1.4}$$

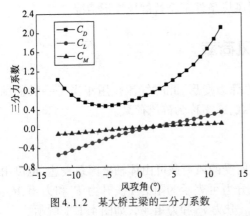

式中：ρ——空气密度；

V——来流平均风速；

H、B——主梁断面的高度和宽度；

C_D、C_L、C_M——主梁断面的阻力系数、升力系数及力矩系数；

α——风攻角。

很明显，三分力系数是风攻角 α 的函数。经风洞节段模型试验测得的某大桥主梁三分力系数如图 4.1.2 所示。

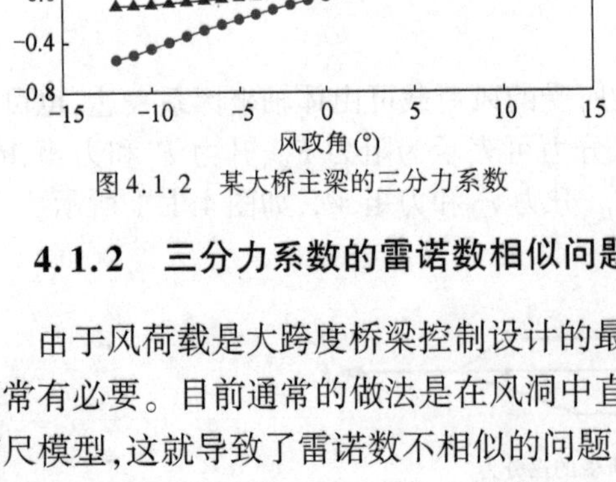

图 4.1.2　某大桥主梁的三分力系数

4.1.2　三分力系数的雷诺数相似问题

由于风荷载是大跨度桥梁控制设计的最基本、最关键的参数，因此准确测定其三分力系数非常有必要。目前通常的做法是在风洞中直接测定桥梁断面的三分力系数，但风洞中一般用缩尺模型，这就导致了雷诺数不相似的问题。在圆柱绕流的试验中发现，雷诺数变大时，其阻力系数逐渐减小（图 4.1.3），这一现象对于大跨度桥梁近乎流线型的主梁断面的三分力系数测量具有重要的指导意义。由于风洞试验中采用缩尺模型，其雷诺数比实际环境中桥梁断面的雷诺数小，这时风洞中测定的三分力系数可能大于实际值，使抗风设计变得保守。为了更准确地得到桥梁断面的三分力系数，对于重要的大跨度桥梁，可以采用大比例的模型，从而提高三分力系数的测试精度。

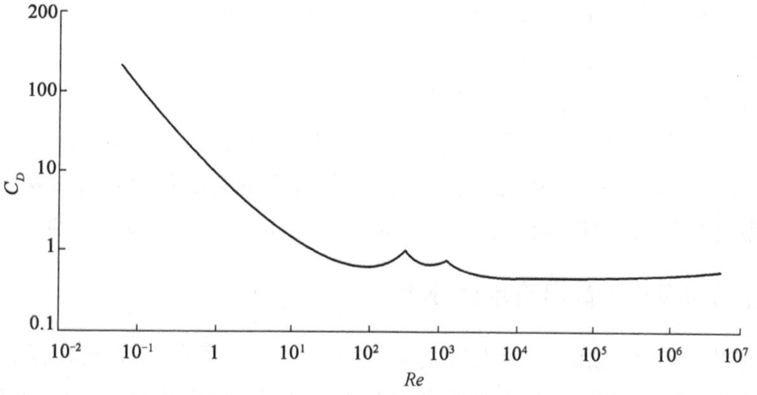

图 4.1.3　随着雷诺数(*Re*)变化的阻力系数

4.2　桥梁静风稳定性分析方法

桥梁静风稳定性分析经历了二维静风失稳模型向三维静风失稳模型的转变。二维静风失稳模型表达式简单，但对桥梁结构的扭转恢复力、气动力与风攻角的关系、沿主梁的三分力系数分布等都进行了不同程度的假设。现阶段，一般通过建立全桥三维有限元模型对大桥进行精细化的静风稳定性分析。

4.2.1　常规均匀风场下静风稳定性分析

对于跨海、跨江大桥，沿主梁的风场分布较为均匀，风速与风攻角沿主梁分布可近似视为一致。在此基础上，再考虑结构的几何与材料非线性、扭转角沿桥轴向的不均匀分布。具体分析时，采用内增量与外增量相结合的迭代方法来求解如下的有限元平衡方程：

$$\boldsymbol{K}\Delta\boldsymbol{\delta} = \Delta\boldsymbol{P} \tag{4.2.1}$$

式中：$\boldsymbol{K}$——结构切线刚度矩阵；

$\Delta\boldsymbol{\delta}$——结构位移增量向量；

$\Delta\boldsymbol{P}$——结构所受外荷载增量向量。

基于上述分析方法，采用 ANSYS APDL(ANSYS Parametric Design Language，ANSYS 参数化设计语言)有限元分析技术编制了相应的非线性计算程序，具体步骤如下：

(1)在 ANSYS 中建立全桥三维有限元模型，并对桥梁模型进行自重作用下的位移计算。

(2)给定沿主梁方向的均匀风速分布。

(3)给定沿主梁方向的均匀风攻角分布，并可叠加主梁自重作用下的扭转角，从而形成主梁各节点的初始风攻角 $\boldsymbol{\alpha}_{0i} = \{\alpha_{01},\alpha_{02},\cdots,\alpha_{0n}\}^{\mathrm{T}}$，$n$ 为主梁节点总数；此时主梁上各节点的有效风攻角就等于初始风攻角 $\boldsymbol{\alpha}_{0i}$。

(4)根据主梁的三分力系数,计算该状态下主梁的静力三分力分布。

(5)采用 Newton-Rapson 方法进行结构非线性求解,获得收敛解。

(6)提取主梁各节点的扭转角向量 $\boldsymbol{\theta}_i = \{\theta_1, \theta_2, \cdots, \theta_n\}^{\mathrm{T}}$,由本级与上级扭转角向量的差值,可以求出扭转角增量向量 $\Delta\boldsymbol{\theta}_i = \{\Delta\theta_1, \Delta\theta_2, \cdots, \Delta\theta_n\}^{\mathrm{T}}$,其中 $\Delta\boldsymbol{\theta}_i = \boldsymbol{\theta}_i - \boldsymbol{\theta}_{i-1} - \Psi \cdot \Delta\boldsymbol{\theta}_{i-1}$,其中 Ψ 为松弛因子,在 0 ~ 1 之间取值。

(7)检查扭转角增量是否小于收敛范数。

(8)如果不满足步骤(7),则根据结构新的状态修正三分力,重复步骤(3)~(7),进行三分力修正的扭转角向量 $\boldsymbol{\theta}'_i = \boldsymbol{\theta}_i + \Psi \cdot \Delta\boldsymbol{\theta}_i$,此时主梁各节点的有效风攻角 $\boldsymbol{\alpha}_i = \boldsymbol{\alpha}_{0i} + \boldsymbol{\theta}'_i$。

(9)如果满足步骤(7),则本级风速收敛,调整风速进入下一级风速计算。

4.2.2　非均匀风场下静风稳定性分析

当大桥跨越山区峡谷地形时,沿大桥主梁的风速与风攻角分布呈现显著的不均匀性。实际上,沿主梁方向的均匀风场分布特性相当于非均匀风场分布特性的一种特殊形式,目前人们对均匀风场下大桥静风稳定性的研究已较充分,但对非均匀风场下静风稳定性的研究较少。与已有针对均匀风场下静风稳定性的分析方法有所不同,在非均匀风场下,除考虑结构的几何与材料非线性、扭转角沿主梁的不均匀分布外,还应考虑沿主梁的初始风攻角和风速的不均匀分布。在均匀风场下静风稳定性分析的基础上,非均匀风场下静风稳定性分析的步骤如下:

(1)在 ANSYS 中建立全桥三维有限元模型,并对桥梁模型进行自重作用下的位移计算。

(2)在给定跨中风速下,根据桥址区沿主梁的非均匀风速分布形成施加在主梁各节点的风速。

(3)根据桥址区沿主梁的非均匀风攻角分布以及主梁自重作用下的扭转角,形成沿主梁各节点的初始风攻角 $\boldsymbol{\alpha}_{0i} = \{\alpha_{01}, \alpha_{02}, \cdots, \alpha_{0n}\}^{\mathrm{T}}$,$n$ 为主梁节点总数;此时主梁上各节点的有效风攻角就等于初始风攻角 $\boldsymbol{\alpha}_{0i}$。

(4)根据主梁的三分力系数,计算该状态下主梁的静力三分力分布。

(5)采用 Newton-Rapson 方法进行结构非线性求解,获得收敛解。

(6)提取主梁各节点的扭转角向量 $\boldsymbol{\theta}_i = \{\theta_1, \theta_2, \cdots, \theta_n\}^{\mathrm{T}}$,由本级与上级扭转角向量的差值,可以求出扭转角增量向量 $\Delta\boldsymbol{\theta}_i = \{\Delta\theta_1, \Delta\theta_2, \cdots, \Delta\theta_n\}^{\mathrm{T}}$,其中 $\Delta\boldsymbol{\theta}_i = \boldsymbol{\theta}_i - \boldsymbol{\theta}_{i-1} - \Psi \cdot \Delta\boldsymbol{\theta}_{i-1}$,其中 Ψ 为松弛因子,在 0 ~ 1 之间取值。

(7)检查扭转角增量是否小于收敛范数。

(8)如果不满足步骤(7),则根据结构新的状态修正三分力,重复步骤(3)~(7),进行三分力修正的扭转角向量 $\boldsymbol{\theta}'_i = \boldsymbol{\theta}_i + \Psi \cdot \Delta\boldsymbol{\theta}_i$,此时主梁各节点的有效风攻角 $\boldsymbol{\alpha}_i = \boldsymbol{\alpha}_{0i} + \boldsymbol{\theta}'_i$。

(9)如果满足步骤(7),则本级风速收敛,调整风速进入下一级风速计算。

由上述步骤可知,与传统的针对均匀风场下静风稳定性的分析方法有所不同,在进行考虑非均匀风攻角和非均匀风速的静风稳定性分析时,步骤(2)和步骤(3)中的风攻角和来流风速并非统一值,而是对于不同的主梁节点均有不同的值。

4.3　非均匀风场下大桥静风失稳分析实例

围绕山区峡谷复杂地形非均匀风场下大跨度桥梁的静风稳定性，以下以一座跨越山区峡谷的大跨度斜拉桥为工程背景，首先，采用 CFD 方法计算出沿主梁的非均匀风速和非均匀风攻角分布，其次，利用 ANSYS APDL 技术实现能考虑非均匀风场下大桥静风稳定性的非线性分析方法。在此基础上，综合考察非均匀风攻角分布、非均匀风速分布、非均匀风速非均匀风攻角分布等风场条件对大桥静风稳定性的影响，并分析各工况下主梁的静风变形。

4.3.1　工程概况

以某大跨度斜拉桥为工程背景，初步设计方案中大桥的跨径布置为 68m + 118m + 432m + 118m + 68m = 804m，两边跨各设一辅助墩。大桥采用双塔双索面形式，主梁为钢-混叠合梁，梁宽 26.6m，梁高 2.6m；桥塔采用 H 形塔，塔高 134.5m，其中左塔设 52.5m 高的塔墩，大桥总体布置如图 4.3.1 所示。大桥横跨峡谷，桥址区地形变化急剧，但目前《抗风规范》较适用于地貌相对规则且各向同性的均匀风场条件。桥址区风特性是桥梁抗风研究的前提，相对于均匀风场条件，复杂地形引起的非均匀风场会对大桥的风致静力或风致动力行为产生较大影响。为考察大桥在复杂非均匀风场条件下的静风稳定性，首先应获得桥址区的风场分布特征。根据第 3 章中针对复杂地形风场特性的研究，采用 CFD 数值模拟方法可以计算得到桥址区沿主梁的平均风速和风攻角的分布，如图 4.3.2 所示。为方便后续静风稳定性的计算，主梁上各点的横桥向风速均表示成其与跨中横桥向风速的比值形式，如图 4.3.2a) 所示。主梁三分力或三分力系数定义如式(4.1.2)~式(4.1.4)所示，经风洞节段模型试验测得的主梁三分力系数如图 4.3.3 所示。

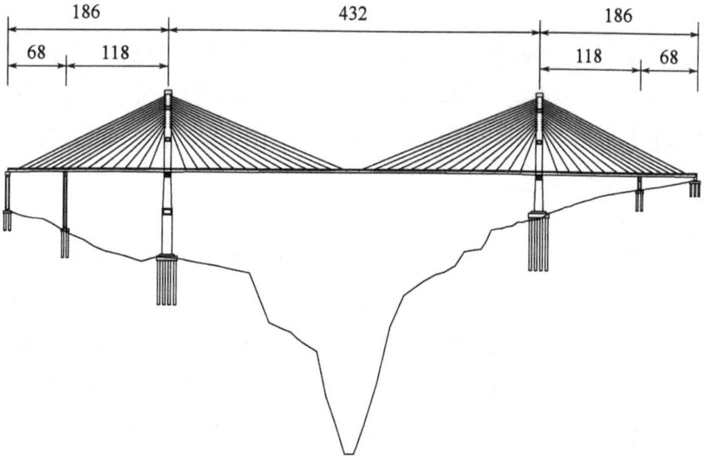

图 4.3.1　大桥总体布置(尺寸单位：m)

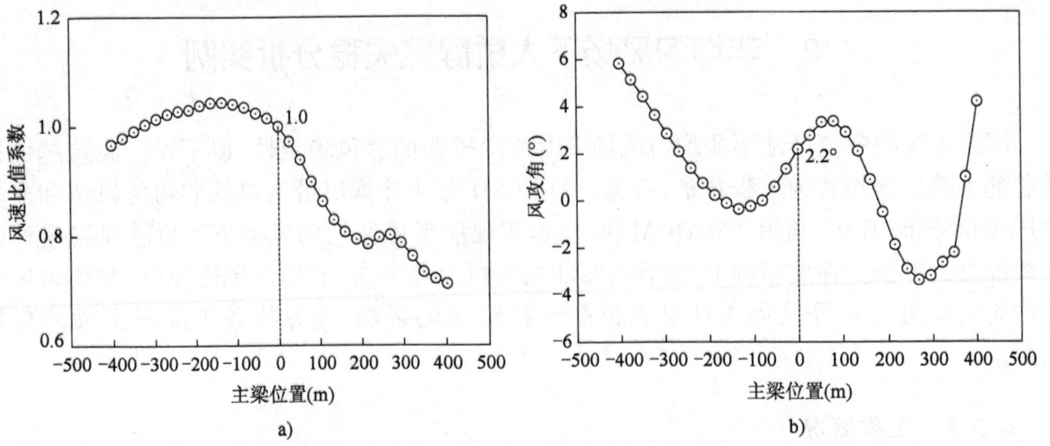

图 4.3.2　风速比值系数和风攻角沿主梁的分布

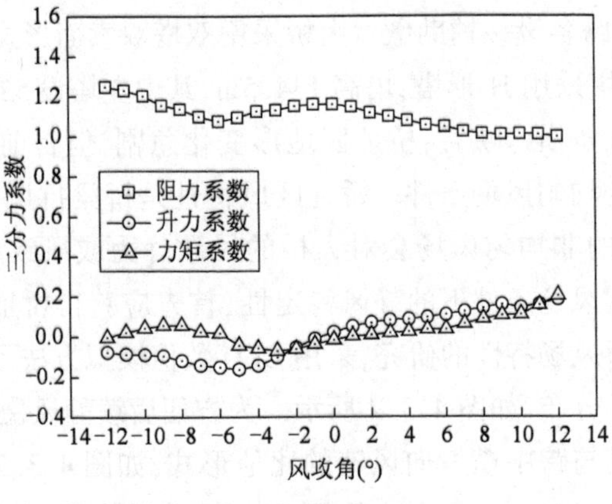

图 4.3.3　主梁三分力系数

4.3.2　静风稳定性结果分析

根据上述非均匀风场下静风稳定性分析方法,由图 4.3.2 中沿主梁的非均匀风速和非均匀风攻角分布,以下着重考察非均匀风攻角分布、非均匀风速分布、非均匀风速非均匀风攻角分布以及常规的均匀风速和均匀风攻角分布等风场条件对大桥静风稳定性的影响,并讨论不同风场条件下全桥静风变形情况。

(1)非均匀风攻角分布的影响

根据上述分析,由图 4.3.2b)可知,跨中处风攻角为 2.2°。为对比采用传统的跨中处风攻角值与 CFD 计算的非均匀风攻角值来分析大桥静风稳定性能的异同,图 4.3.4 给出了初始风攻角为 2.2°与图 4.3.2b)中非均匀风攻角下跨中处竖向位移、扭转角以及横向位移三个方向的静风响应。需要说明的是,在计算中两种工况的来流风速沿主梁方向均相同,即来流风速是均匀分布的。由图可知,对于跨中处竖向位移而言,两者静风失稳途径较相似。具体地,两种工况的跨中处竖向位移、扭转角以及横向位移均随风速的增加而增大,并最终达到失稳状态。上述现象主要是由于随着风速的增加,主梁跨中处发生正向扭转变形。在正风攻角下,由

图4.3.3可知，主梁的升力系数也为正值，因此，主梁所受的升力荷载向上，反映在主梁结构上，即主梁跨中处的竖向位移为正。随着风速的继续增大，主梁跨中处扭转变形不断增大，升力荷载也快速增加，主梁跨中处竖向位移也急剧增大，并导致主梁结构迅速出现软化现象，最终在某一风速下，桥梁发生了静风失稳现象。而横向位移在静风失稳的过程中相对较独立，其值随着风速的增加而单调增大。

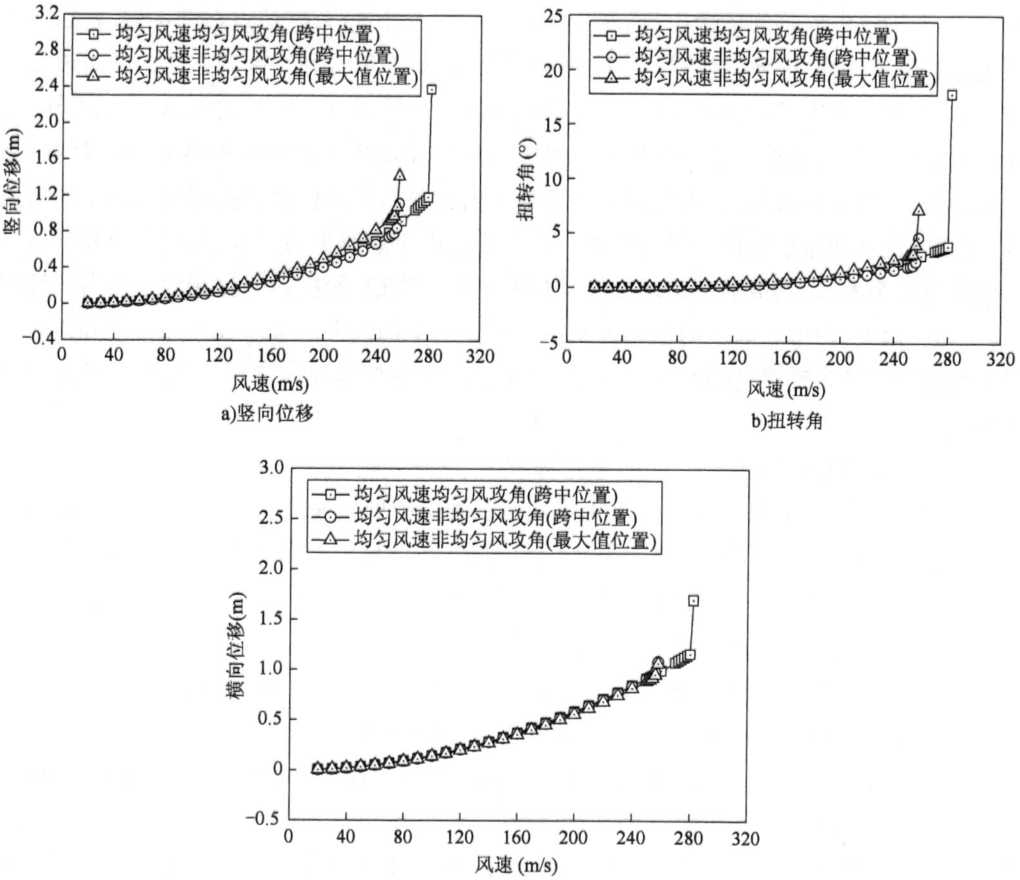

图4.3.4　均匀风攻角和非均匀风攻角下主梁静风响应

分析两者的静风失稳临界风速可知，当风速达到282m/s时（实际难以发生，此处仅作分析用），均匀风攻角下跨中处的竖向位移、扭转角及横向位移相对于上一级风速280m/s均有较大的突变，且斜率较大，说明大桥在该风速下出现了静风失稳现象，由此可知，大桥在均匀风攻角下的静风失稳临界风速是282m/s。同理，可确定非均匀风攻角下大桥的静风失稳临界风速是258m/s。很明显，非均匀风攻角下的静风失稳临界风速要远低于均匀风攻角下的静风失稳临界风速，说明非均匀风攻角对大桥的静风稳定性能影响较大。进一步对比均匀风攻角和非均匀风攻角下跨中处的静风响应可知，在大桥失稳前的风速下，非均匀风攻角下跨中处三个方向的静风响应反而均略低于均匀风攻角的。而已有研究均表明，当静风失稳路径相似时，静风响应越大，其静风失稳临界风速往往越低，即先发生静风失稳现象，这不同于图4.3.4中的结论。

对于均匀风攻角工况,由于跨中位置对风荷载最为敏感,其静风响应最大位置就是其跨中位置,因此,已有研究基本上均分析跨中位置的静风响应。而对于非均匀风攻角工况,由图4.3.2b)可知,主跨处的非均匀风攻角并非以跨中对称,其峰值点在跨中偏右侧约65m处,由此可初步判断非均匀风攻角下的静风响应最大值可能不在跨中处。经分析,非均匀风攻角下静风响应最大值点在跨中偏右侧约30m处,基本处于跨中与风攻角峰值点的中间。这主要是由于,一方面跨中处是静风响应最敏感区域;另一方面,风攻角峰值点在跨中偏右,是升力和力矩风荷载最大值处,因此,最终导致主梁的静风响应最大值点处于两者之间。针对该最大值位置,图4.3.4也给出了其竖向位移、扭转角以及横向位移随风速的变化规律,由图可知,非均匀风攻角下最大值位置在三个方向的静风响应与均匀风攻角下跨中处的变化规律基本一致。更重要的是,从图中可看出,非均匀风攻角下最大值位置的竖向位移和扭转角均高于均匀风攻角的,而横向位移却略小于均匀风攻角的。这主要是由于静风失稳过程中,竖向位移和扭转角对来流风速最为敏感,其值随风速增加得越快就越容易失稳,而横向位移相对于竖向位移和扭转角较独立,因此,跨中处的横向位移在来流风速作用下仍较大。考虑到竖向位移和扭转角在静风失稳过程中较为敏感,在静风失稳分析中应更注重分析静风响应最大值点的竖向位移和扭转角。

(2)非均匀风速分布的影响

为单独考察非均匀风速的影响,分别采用传统的跨中处风速值与CFD计算的非均匀风速值来分析大桥静风稳定性能的异同。需要说明的是,在计算中两种工况的初始风攻角均采用跨中处的风攻角2.2°,且风攻角沿主梁方向是均匀分布的。根据4.2节的分析,非均匀风速下静风响应最大值可能不在跨中处,经过计算发现其静风响应最大值在跨中偏左侧约15m处。由图4.3.2a)可知,主跨风速峰值在跨中左侧约95m处,因而其静风响应最大值处于主跨风速峰值和跨中之间,其原因同4.2节中的分析,在此不再赘述。图4.3.5分别给出了上述两种工况下跨中处与最大值处的静风响应,由图可知,非均匀风速下的竖向位移、扭转角以及横向位移值与均匀风速下的比较接近,但通过数据比较可知,非均匀风速下三个方向的静风响应均略小于均匀风速的。此外,从图中还可确定非均匀风速下大桥的静风失稳临界风速为284m/s,对比上述均匀风速下的静风失稳临界风速(282m/s)可知,前者相对后者要大约0.7%。另由图4.3.2a)可计算出,主跨部分的非均匀风速比值系数的平均值约为0.95,最大值约为1.04,而跨中值为1.0。若等效成均匀风速,当来流风速基于该系数的最大值1.04来计算时,静风失稳临界风速则为271m/s;同理,当来流风速基于该系数的平均值0.95来计算时,静风失稳临界风速则为297m/s,如图4.3.5所示,可知,非均匀风速下的大桥静风失稳临界风速介于采用风速最大值和风速平均值的计算结果之间。从图4.3.6可以看出,284m/s的风速对应的非均匀风速下的风速比值系数为0.993,比跨中的风速比值系数1.0小,这也反映出非均匀风速对主跨施加的风荷载效应要小于基于跨中风速施加的风荷载效应,因而会使得非均匀风速下的静风失稳临界风速高于以跨中风速为基准的均匀风速下的静风失稳临界风速。另外,注意到0.993基本上是风速比值系数最大值1.04和平均值0.95的平均值。与4.2节非均匀风攻角因素的对比可知,非均匀风速下的静风失稳临界风速也不宜将主跨部分的非均匀风速等效成均匀风速来计算,同时其静风失稳临界风速值也不受峰值风速主导,而主要由主跨部分的风速平均值和峰值共同影响。

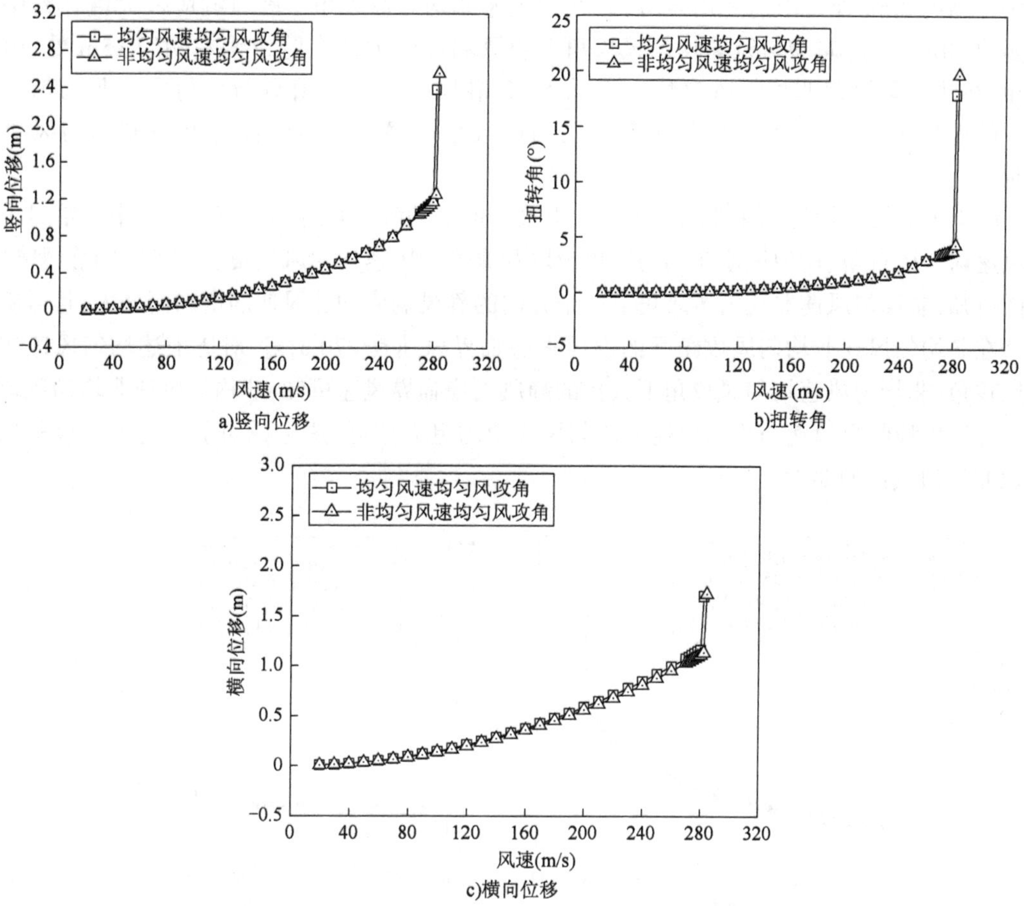

图4.3.5 均匀风速和非均匀风速下主梁静风响应

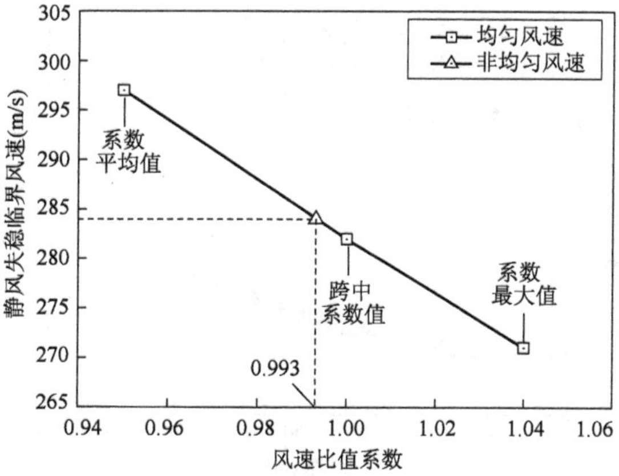

图4.3.6 静风失稳临界风速与风速比值系数之间的关系

(3)非均匀风速非均匀风攻角分布的影响

对处于实际山区峡谷复杂地形中的大桥,其风速和风攻角沿主梁均是变化的。因此,在上述分析的基础上，基于图 4.3.2a)、b)的结果，研究了非均匀风速非均匀风攻角对大桥静风稳定性能的影响。经分析，对于非均匀风速非均匀风攻角工况，其主跨静风响应的最大值在跨中偏右侧约 20m 处。由前述内容可知，均匀风速非均匀风攻角下静风响应最大值在跨中偏右侧约 30m 处，而非均匀风速均匀风攻角下静风响应最大值在跨中偏左侧约 15m 处，由此可知，在非均匀风速非均匀风攻角的工况下，其静风响应最大值点与均匀风速非均匀风攻角下的更为接近，反映出非均匀风速非均匀风攻角的静风稳定性能主要由非均匀风攻角控制。

图 4.3.7 为非均匀风速非均匀风攻角下最大值处的静风响应，为了对比，图中还给出了均匀风速均匀风攻角、均匀风速非均匀风攻角以及非均匀风速均匀风攻角三个工况的静风响应。由图可知，非均匀风速非均匀风攻角下三个方向的静风响应均随风速的增加而增大，且可确定大桥在非均匀风速非均匀风攻角下的静风失稳临界风速是 270m/s。对比上述均匀风速非均匀风攻角、非均匀风速均匀风攻角下大桥的静风失稳临界风速可知，非均匀风速非均匀风攻角下的静风失稳临界风速与均匀风速非均匀风攻角的更为接近，这也说明了非均匀风攻角的影响比非均匀风速的要大。

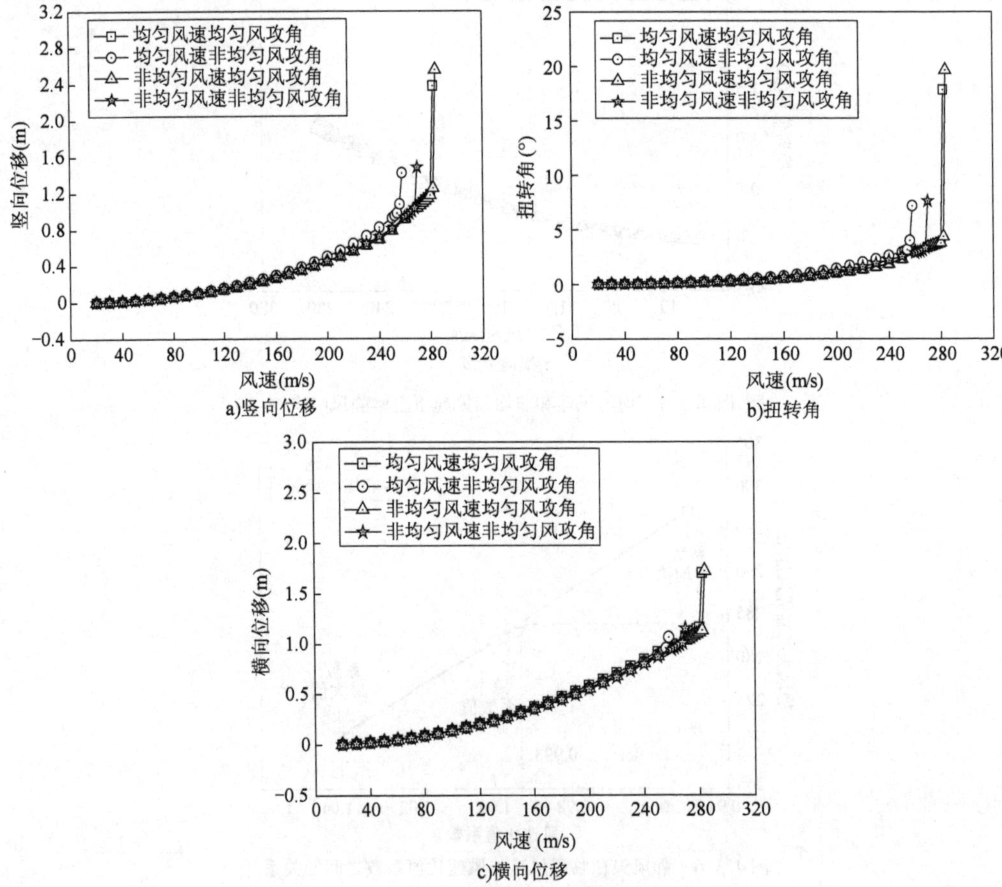

图 4.3.7　不同工况下主梁静风响应

对比上述四个工况的静风失稳临界风速可知，由高到低，依次为非均匀风速均匀风攻角工况、均匀风速均匀风攻角工况、非均匀风速非均匀风攻角工况以及均匀风速非均匀风攻角工况。由此可见，非均匀风场的作用对大桥的静风稳定性的影响不可忽视。由4.2节的分析可知，非均匀风速相对于均匀风速而言，会弱化主跨的风荷载效应，因而非均匀风速下的静风失稳临界风速高于均匀风速的。因此，在同为非均匀风攻角下，非均匀风速非均匀风攻角的静风失稳临界风速也高于均匀风速非均匀风攻角的。而前文的分析可知，非均匀风攻角下的静风失稳主要受最大风攻角控制，因而非均匀风攻角下的静风失稳临界风速小于均匀风攻角的。因此，在同为非均匀风速下，非均匀风速非均匀风攻角的静风失稳临界风速小于非均匀风速均匀风攻角的。虽然非均匀风速会使静风失稳临界风速增大，非均匀风攻角会使静风失稳临界风速减小，但由上文分析可知，非均匀风攻角的影响比非均匀风速的要大，因而非均匀风速非均匀风攻角工况的静风失稳临界风速仍然比均匀风速均匀风攻角工况的要小。

(4)全桥静风变形比较

为进一步考察不同工况下全桥静风变形情况，不妨以250m/s的来流风速为例，给出该风速下上述四种工况三个方向的静风变形随主梁位置的变化曲线，如图4.3.8所示。由图可知，对于竖向位移和扭转角，均匀风速均匀风攻角工况与非均匀风速均匀风攻角工况的变化规律较相似。虽然非均匀风速均匀风攻角工况的变形曲线及其曲线峰值点有向跨中线左侧偏斜的现象，但偏斜程度不明显，总体上两种工况的变形曲线基本上以跨中线呈对称分布。与此同时，均匀风速非均匀风攻角工况与非均匀风速非均匀风攻角工况的位移变化规律也较相似，但两种曲线及其曲线峰值点均有不同程度的整体向跨中线右侧偏斜的现象。上述现象，一方面说明了非均匀风速对大桥的静风变形影响较弱，而非均匀风攻角对大桥的静风变形起主导作用；另一方面也再次反映了在非均匀风场作用下，静风变形的最大值并非在跨中处，大桥的静风变形也并非以跨中对称，而是整体上相对于跨中线有一定的偏斜。

进一步对比上述四个工况的竖向位移和扭转角的最大值可知，在数值上从大到小，依次为均匀风速非均匀风攻角工况、非均匀风速非均匀风攻角工况、均匀风速均匀风攻角工况以及非均匀风速均匀风攻角工况，如图4.3.8a)、b)所示。结合上述四个工况的静风失稳临界风速可知，相同风速下，竖向位移和扭转角最大值越大，就越容易失稳，即其静风失稳临界风速越低。

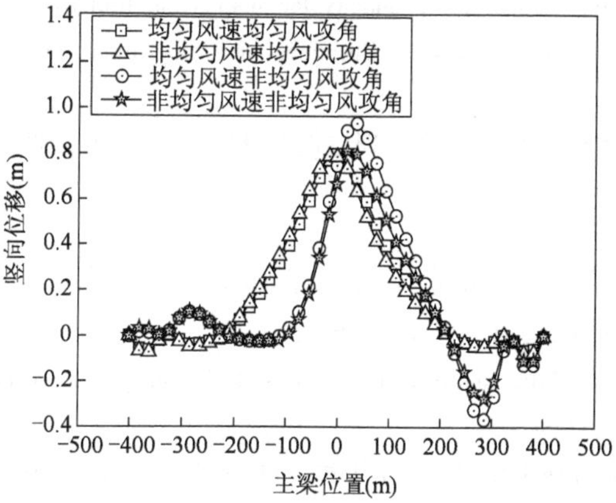

a)竖向位移

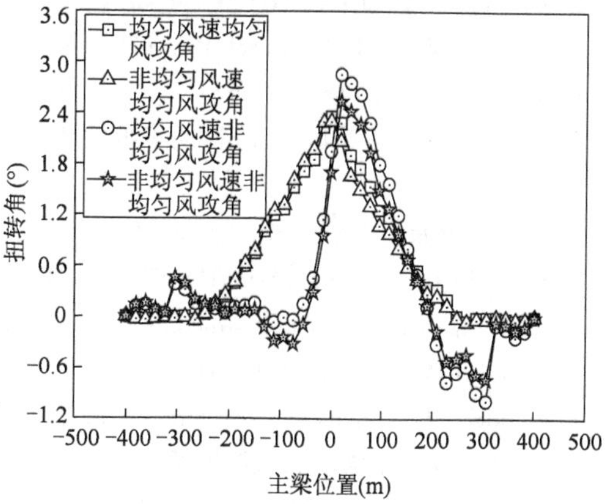

b)扭转角

图 4.3.8

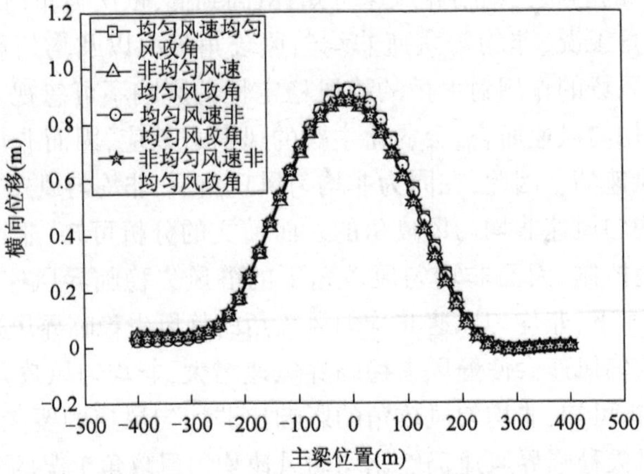

c)横向位移

图4.3.8　不同工况下随主梁位置的静风变形

对于上述四个工况的横向位移,由图4.3.8c)可知,各工况的变形曲线基本上以跨中线呈对称分布,这与竖向位移和扭转角的变化规律不同。从数值上看,均匀风速非均匀风攻角工况和均匀风速均匀风攻角工况的比较接近;而非均匀风速非均匀风攻角工况和非均匀风速均匀风攻角工况的也比较接近。这主要是由于,在大桥静风失稳前,风攻角整体不大,由图4.3.3可知,在不大的风攻角下,大桥的阻力系数变化也不大;另外,横向位移相对于竖向位移和扭转角而言比较独立,因而此时大桥的横向位移值主要取决于来流风速,这导致非均匀风速下两个工况的横向位移比较接近,均匀风速下两个工况的横向位移也比较接近,且横向位移的峰值点基本上位于跨中点。前文已述,主跨部分的非均匀风速比值系数的平均值约为0.95,而均匀风速(或跨中)时的比值系数为1.0,反映在横向位移上,即均匀风速下两个工况的横向位移比非均匀风速下两个工况的横向位移要大,如图4.3.8c)所示。

本章参考文献

[1] HIRAI A, OKAUCHI I, ITO M, et al. Studies on the critical wind velocity for suspension bridges[C]// Proceedings of the International Research Seminar on Wind Effects on Buildings and Structures. Ontario: University of Toronto Press, 1967.

[2] 方明山,项海帆,肖汝诚. 大跨径缆索承重桥梁非线性空气静力稳定理论[J]. 土木工程学报,2000,33(2):73-79.

[3] 葛耀君. 大跨度悬索桥抗风[M]. 北京: 人民交通出版社, 2011.

[4] BOONYAPINYO V, YAMADA H, MIYATA T. Wind-induced nonlinear lateral-torsional buckling of cable-stayed bridges[J]. Journal of structural engineering, 1994, 120(2): 486-506.

[5] BOONYAPINYO V, LAUHATANON Y, LUKKUNAPRASIT P. Nonlinear aerostatic stability analysis of suspension bridges[J]. Engineering structures, 2006, 28(5): 793-803.

[6] 程进,江见鲸,肖汝诚,等. 大跨度桥梁空气静力失稳机理研究[J]. 土木工程学报,2002,35(1):35-39.

[7] 程进,江见鲸,肖汝诚,等. 考虑几何与材料及静风荷载的非线性因素的大跨径桥梁静风稳定分析法[J]. 应用力学学报,2002,19(4):117-121.

[8] 李永乐,欧阳韦,郝超,等.大跨度悬索桥静风失稳形态及机理研究[J].空气动力学学报,2009,27(6):701-706.

[9] 李永乐,侯光阳,乔倩妃,等.超大跨径悬索桥主缆材料对静风稳定性的影响[J].中国公路学报,2013,26(4):72-77.

[10] 张文明,葛耀君.考虑特征紊流影响的大跨桥梁静风稳定分析方法[J].工程力学,2014,31(9):198-202.

[11] 李加武,方成,侯利明,等.大跨径桥梁静风稳定参数的敏感性分析[J].振动与冲击,2014,33(4):124-130.

[12] ZHANG Z T, GE Y J, YANG Y X. Torsional stiffness degradation and aerostatic divergence of suspension bridge decks[J]. Journal of fluids and structures, 2013, 40(7): 269-283.

[13] ZHANG Z T, GE Y J, CHEN Z Q. On the aerostatic divergence of suspension bridges: a cable-length-based criterion for the stiffness degradation [J]. Journal of fluids and structures, 2015,52:118-129.

[14] 胡朋,颜鸿仁,韩艳,等.山区峡谷非均匀风场下大跨度斜拉桥静风稳定性分析[J].中国公路学报,2019,32(10):158-168.

第5章 桥梁颤振分析

在世界桥梁史上,已发生过多起风致振动导致的桥梁损毁事故。早在1818年,英国苏格兰地区的柴伯尔修道院桥(Dryburgh Abbey Bridge)遭到强风破坏,1879年,英国邓迪市的泰河铁路桥(Tay Rail Bridge)在强暴风雪天气下因一列火车经过而损毁,造成75人罹难。1940年,美国华盛顿州的塔科马海峡桥在不到20m/s的8级大风作用下,其主梁经历了长达70min的大振幅反对称扭转振动,其幅值最高达35°,最终发生破坏并坠落到海峡中。塔科马海峡桥的灾难性振动最终被解释为颤振,即主梁断面在运动过程中不断从气流中吸收能量,且该能量大于结构阻尼所耗散的能量,使振幅逐渐加大,并最终导致结构破坏的一种灾难性自激发散振动。颤振最终会导致整个结构的彻底破坏,相比其他风致振动更具有灾难性,因此在大跨桥梁领域,颤振是一种必须杜绝的振动形式。

自美国塔科马海峡桥风毁事件后,桥梁颤振问题受到了桥梁工程界和力学界的高度重视,20世纪50—60年代出现了早期的桥梁颤振计算理论和方法,以及通过风洞试验直接获得颤振临界风速的方法。直到20世纪70年代,桥梁颤振导数的试验测量方法和基于颤振导数的桥梁颤振计算理论的提出,使得桥梁颤振计算理论迈入了工程应用阶段。20世纪下半叶,随着欧洲和日本建造了众多跨度为1000~1500m级以及更大跨度的悬索桥(大贝尔特东桥,主跨1624m,1997年通车;明石海峡大桥,主跨1991m,1998年通车),桥梁颤振计算理论、自激气动力的风洞试验测试方法获得了长足发展,并服务于大跨度桥梁的设计,保障了20世纪末的几大超级桥梁工程的成功建成,也为大跨度桥梁的颤振设计提供了可靠的理论方法和经验数据。随着桥梁跨度的显著增大,气动力非线性效应和结构非线性效应更加突出,一些新的颤振现象诸如“软”颤振、极限环振动,需要给出解释,传统的线性颤振计算理论已难以适应超大跨度桥梁的抗风设计需求,并制约着桥梁向更大跨度的发展。

当前,在建桥梁的最大跨度已突破2000m(1915恰纳卡莱大桥,2023m)。此外,跨越马六甲海峡的可行性方案采用了主跨2600m的悬索桥;中国也正在规划和设计若干座主跨超2000m的超大跨度悬索桥。这些桥梁的抗风设计更具挑战性,其非线性效应带来的抗风稳定性问题将更为突出。因此,发展适用于超大跨度桥梁的非线性颤振计算理论及方法,是当前桥梁工程发展的迫切需求。

本章内容安排如下:首先,介绍颤振理论及分析方法;随后,讲述气动导数识别的相关方法;接下来,基于ANSYS有限元软件,说明颤振稳定性分析方法;最后,针对目前的超临界颤振研究,进行简要介绍。

5.1 颤振理论与分析方法

桥梁颤振是一种空气动力失稳现象。当桥梁振动系统的净阻尼(结构阻尼和气动阻尼之和)由正值趋于负值时,桥梁结构无法消耗从气流中吸收的能量,使得振幅逐渐增大而发生颤振。随着桥梁的跨度不断地增大,桥梁结构的风致振动现象一直没有得到足够的重视,直到1940年美国塔科马海峡桥在18m/s左右的八级风作用下发生颤振而出现风毁事故之后,国内外大量的研究者才投入桥梁结构的风致振动研究当中,开启了桥梁风工程的新学科,相关的理论分析也慢慢发展起来。

5.1.1 古典耦合颤振理论

1935年,Theodorson从理论上论证了均匀流场中作用在处于微振动中的二维理想平板上的气动力与平板的振动速度、位移相关,并且采用位势理论推导了平板做简谐振动情况下的气动自激力理论表达式:

$$L = -2\pi\rho b v^2 \left\{ C(k)\left(\alpha + \frac{\dot{h}}{v}\right) + [1 + C(k)]\frac{b}{2}\cdot\frac{\dot{\alpha}}{v} \right\} \tag{5.1.1a}$$

$$M = \pi\rho b^2 v^2 \left\{ C(k)\left(\alpha + \frac{\dot{h}}{v}\right) + [1 - C(k)]\frac{b}{2}\cdot\frac{\dot{\alpha}}{v} \right\} \tag{5.1.1b}$$

式中:ρ——空气密度;

b——平板的半宽度;

v——空气流速;

h、α——截面竖向位移与扭转角;

k——折算频率,$k=\omega b/v$,ω为振动的圆频率;

$C(k)$——Theodorson循环函数。

当采用Bessel函数表示时,Theodorson循环函数可写成:

$$C(k) = F(k) + \mathrm{i}G(k) \tag{5.1.2a}$$

$$F(k) = \frac{J_1(J_1 + Y_0) + Y_1(Y_1 - J_0)}{(J_1 + Y_0)^2 + (Y_1 - J_0)^2} \tag{5.1.2b}$$

$$G(k) = \frac{Y_1 Y_0 + J_1 J_0}{(J_1 + Y_0)^2 + (Y_1 - J_0)^2} \tag{5.1.2c}$$

式中,J_i和$Y_i(i=0,1)$分别表示第一类和第二类Bessel函数。

Theodorson自激力模型为航空领域的机翼颤振研究奠定了基础,并促进了航空领域颤振分析的发展。自从1940年塔科马海峡桥风毁事件发生后,研究者们自然而然地想到借鉴航空领域颤振分析的方法来分析桥梁颤振问题。

Bleich在研究塔科马海峡桥风毁事故原因的过程中,首次将Theodorson的平板气动力公式用于桁架加劲梁悬索桥颤振研究,建立了古典耦合颤振分析方法。他认为桁架式加劲梁的桥面板近似于一块平板,而空腹桁架因其透风率极大,其上风荷载相对而言不需考虑,此时桥梁颤振的二维微分方程可表示为:

$$m\ddot{h} + m\omega_h^2(1 + \mathrm{i}g_h)h = L \tag{5.1.3a}$$

$$I\ddot{\alpha} + I\omega_{\alpha}^{2}(1 + \mathrm{i}g_{\alpha})\alpha = M \tag{5.1.3b}$$

式中：m、I——主梁单位长度质量与质量惯性矩；

ω_h、ω_α——竖弯及扭转基频；

g_h、g_α——竖弯及扭转振动的复阻尼系数，$g_h = \dfrac{\theta_h}{\pi} = 2\zeta_h$，$g_\alpha = \dfrac{\theta_\alpha}{\pi} = 2\zeta_\alpha$。

Bleich 通过结构模态分析中的振型分解法，将上述颤振微分方程转换为变系数的齐次方程组，并通过行列式为零的条件，迭代求解出结构的失稳临界状态。这便是经典半逆解法的基本思路。然而 Bleich 获得的分析结果并不理想，与塔科马海峡桥实际风毁时的风速相差较大。

1963 年，Selberg 根据 Theodorson 的自激力理论公式，采用 Bleich 的颤振求解方法，得到了颤振临界风速 U_{cr} 实用近似计算方法：

$$U_{\mathrm{cr}} = 3.7kBf_{\alpha}\left\{\frac{mr}{\rho B^{3}}\left[1 - \left(\frac{\omega_h}{\omega_\alpha}\right)^{2}\right]\right\}^{1/2} \tag{5.1.4}$$

式中：$f_\alpha = \omega_\alpha / 2\pi$；

ω_h、ω_α——弯曲、扭转基频；

r——主梁断面回转半径；

B——桥面宽度；

k——用于修正断面外形与平板不同而选取的系数。

1967 年，Kloppel 和 Thiele 考虑到 Bleich 基于理想平板自激力的古典耦合颤振分析方法需要进行多次迭代求解，计算量大，因此他们将其编制成计算机程序，对参数无量纲化处理后计算并绘制了多种阻尼条件下的诺谟图，提供了快速查询结构耦合颤振临界风速的图解法。同时考虑到实际桥梁断面与平板的差异，他们利用试验的方法获得不同断面形状与平板间的修正系数，进而对颤振临界风速进行修正。

1976 年，Van der Put 注意到在影响平板耦合颤振临界风速的诸多参数中，可以偏安全地忽略结构阻尼的影响。同时他发现，折减风速与扭弯频率比之间接近线性关系。据此，他将诺谟图中的各种不同条件下的曲线图拟合成近似的线性表达式，提出了类似的实用临界风速 U_{cr} 计算公式：

$$U_{\mathrm{cr}} = \left[1 + (\varepsilon - 0.5)\sqrt{0.72\mu\left(\frac{r}{b}\right)}\right]\omega_h b \tag{5.1.5}$$

式中：b——半桥宽；

ε——扭弯频率比，$\varepsilon = \omega_a / \omega_h$；

μ——桥梁结构与空气的密度比，$\mu = \dfrac{m}{\pi\rho b^{2}}$。

古典耦合理论均基于理想平板气动力公式发展而来，因此其适用的对象也局限于近流线型断面结构。

5.1.2 分离流颤振理论

上述基于理想平板气动力表达式的古典耦合颤振分析方法，对于具有流线型断面的结构颤振分析能适用，但是对于桥梁工程来说，大多数主梁断面可归于非流线型断面，气流流经此类断面时，在断面迎风面棱角处将发生剧烈的流动分离与涡旋脱落，且脱落的气流又可能再附，因而流态十分复杂。用 Theodorson 平板气动力表达式已经不能准确地描述作用在断面上的非定常气动力。为此 Scanlan 和 Tomko 提出：对于非流线型断面而言，无法从流体力学基本的原理推导出类似于 Theodorson 函数的气动力理论表达式，但是可以借助试验方法测定不同非流线型断面的气动力。他们通过专门设计的多组节段模型风洞试验结果，提出了包含 6 个试验测得的无量纲颤振导数的线性化非定常气动力表达式：

$$L_{se} = \rho U^2 B[KH_1^*(K)\frac{\dot{h}}{U} + KH_2^*(K)\frac{B\dot{\alpha}}{U} + K^2 H_3^*(K)\alpha] \tag{5.1.6a}$$

$$M_{se} = \rho U^2 B^2[KA_1^*(K)\frac{\dot{h}}{U} + KA_2^*(K)\frac{B\dot{\alpha}}{U} + K^2 A_3^*(K)\alpha] \tag{5.1.6b}$$

式中：K——折减频率，$K = \frac{\omega B}{U}$；

H_i^*、A_i^*——颤振导数(也称气动导数)，从具体桥梁断面的节段模型试验或 CFD 计算中提取。

在获得了断面非定常气动自激力表达式之后，就可以采用经典半逆解法对分离流颤振进行分析。但是这种线性化自激力表达式是建立在结构断面风攻角不变假设和小幅振动假设的基础之上的。也就是来流引起的风攻角变化，可认为是断面气动外形的改变所致，同时因为我们关注的主要是小幅振动的颤振临界时刻，所以 Scanlan 提出的这种基于试验的自激力表达式，一经提出就被广泛采用，从而开启了桥梁风工程试验加理论颤振分析方法的新阶段。

近几年来，人们逐渐注意到桥梁断面侧向位移对其气动性能的影响。为此，Sarkar 和 Jones 将上述气动力模型予以推广，提出了用 18 个颤振导数表示的气动力。在实际应用中，由于 18 个颤振导数在识别上存在困难，一般需针对具体的情况进行不同程度的简化。

5.1.3 频域三维颤振分析

基于 Scanlan 非定常自激力模型，大跨度桥梁的颤振分析得到快速发展。虽然以主梁节段为研究对象的二维分析方法简单易用，便于颤振机理、断面气动性能、颤振形态等方面的研究，但用节段的气动特性来代表全桥，忽略气动特性沿桥梁纵向的变化是不够准确的，随着桥梁结构体系的日益复杂，模态密集，空间三维效应愈发显著，二维节段已经很难反映全桥的气动性能，因此需要将颤振分析方法由二维向三维推进。

1978 年，Scanlan 通过频域内的模态分解方法，将系统运动方程用广义坐标表示如下：

$$I_i(\ddot{\zeta}_i + 2\xi_i\omega_i\dot{\zeta}_i + \omega_i^2\zeta_i) = Q_i \tag{5.1.7}$$

式中：ζ_i、I_i、Q_i——第 i 阶模态的广义模态坐标、广义质量惯性矩和广义自激力。

通过分模态逐一验算的分析方法，将颤振分析推向了三维空间，由于不能考虑模态间的耦合作用，该方法只适用于颤振形态较为单一的桥梁结构体系颤振分析。

1984 年，谢霁明、项海帆较早地注意到现代桥梁的多模态耦合颤振特点，提出了一种状态空间法用来分析斜拉桥的三维耦合颤振。由于该方法计算过程中需要对颤振导数进行拟合，要进行频域与时域间的相互转换，计算过程较为复杂，在当时未得到广泛应用。

随着颤振形态与机理研究的深入，研究者们逐渐认识到多模态耦合效应对现代桥梁颤振性能的影响，自此对大跨度桥梁多模态颤振问题的研究快速发展。频域颤振分析方法仍然以Scanlan的分离流颤振理论为基础。目前频域三维颤振分析方法可大致分为两种类型：第一类被称为多模态颤振分析方法，该类方法通过模态分解技术，建立多个固有模态坐标的气动方程，通过矩阵特征值的求解进行颤振分析。另一类通常称为直接颤振分析法或颤振全阶分析法，该方法基于桥梁结构有限元全模型物理坐标，将风荷载施加在有限元模型上，通过广义特征值的求解来分析结构的颤振性能。

5.1.4 时域颤振分析

虽然频域颤振分析方法由于其计算过程简单、计算效率高的优点被广泛地采用，但是由于频域方法本身基于各模态间的线性叠加，因此很难考虑非线性因素如气动力非线性、结构非线性、几何非线性以及湍流对颤振的影响等。随着桥梁的长大化发展，各种几何、材料、荷载非线性因素在大跨度桥梁颤振分析中的作用越来越不可忽视。相对于频域分析方法，基于数值积分的时域分析方法尽管有计算量大的缺点，但能弥补频域分析方法的不足之处，比较直观、容易地考虑各种非线性因素对结构动力特性以及颤振稳定性的影响，可以更好地了解颤振发生演变的过程。随着计算能力的不断提高，时域分析方法逐渐成为桥梁颤振分析强有力的工具。

需要指出的是，时域分析方法并不是一种新兴的分析方法，它是结构动力分析中的一种传统方法，但是由于计算能力的限制一直没有被普遍应用。早在20世纪80年代，Agar就尝试采用时域分析方法进行颤振分析。要进行颤振时域分析，首先需要获得自激力的时域表达式。Scanlan最早将Wagner在航空空气动力学中提出的阶跃函数的概念引入桥梁风工程，提出用阶跃函数描述任意运动状态下作用于桥梁的气动力表达式，进行桥梁气动稳定性时域分析。以扭转气动扭矩为例，其可描述如下：

$$M_{\alpha} = \frac{1}{2}\rho U^2 (2B)^2 \frac{\mathrm{d}C_M}{\mathrm{d}\alpha}\left[X_{M\alpha}\dot{\alpha}(s) + \int_0^s \varphi_{M0}(s-\tau)\dot{\alpha}(\tau)\mathrm{d}\tau\right] \tag{5.1.8}$$

式中：s——无量纲时间，$s = Ut/B$；

$\mathrm{d}C_M/\mathrm{d}\alpha$——三分力扭矩系数对扭转角度的导数；

$X_{M\alpha}$——待定系数；

$\varphi_{M0}(s)$——气动力阶跃函数。

Scanlan仿照Wagner函数构造了用于桥梁颤振分析的气动力阶跃函数：

$$\varphi_{M0}(s) = 1 + C_1 \mathrm{e}^{C_2 s} + C_3 \mathrm{e}^{C_4 s} \tag{5.1.9}$$

式中：C_1、C_2、C_3、C_4——待定系数，需要结合桥梁断面颤振导数通过傅立叶变换在频域内运用最小二乘拟合技术拟合得到。

用阶跃函数表达气动力的一个优点在于它是纯时域的表达式，因此它既可以通过变换应用到频域分析，也可直接用于时域求解。事实上，Scanlan提出阶跃函数的初衷在于使之与时域化的抖振力相配合，用于求解抖振响应。因为在实际抖振情况下，式(5.1.6a)、式(5.1.6b)表达的线性自激力是不成立的(因为没有一个确定的频率)。从理论上讲，只要我们能获得各自由度上的颤振导数，则对应自由度对气动力的贡献都可用阶跃函数的形式来表达。然而，由于Wagner函数自身的一些特点，气动力耦合项的阶跃函数表达式的确定比较困难。因而在Scanlan的研究中他仅分析了单自由度扭转的情况。

参考阶跃函数表达气动力的思想,Y. K. Lin,Bucher 等在用随机稳定方法研究湍流对颤振的影响时,提出了一种以各方向单位脉冲响应函数表达的时域自激力模型,表达式如下:

$$L_{se}(t) = \int_{-\infty}^{t} f_{Lh}(t-\tau)h(\tau)\mathrm{d}\tau + \int_{-\infty}^{t} f_{Lp}(t-\tau)p(\tau)\mathrm{d}\tau + \int_{-\infty}^{t} f_{L\alpha}(t-\tau)\alpha(\tau)\mathrm{d}\tau \tag{5.1.10a}$$

$$D_{se}(t) = \int_{-\infty}^{t} f_{Dh}(t-\tau)h(\tau)\mathrm{d}\tau + \int_{-\infty}^{t} f_{Dp}(t-\tau)p(\tau)\mathrm{d}\tau + \int_{-\infty}^{t} f_{D\alpha}(t-\tau)\alpha(\tau)\mathrm{d}\tau \tag{5.1.10b}$$

$$M_{se}(t) = \int_{-\infty}^{t} f_{Mh}(t-\tau)h(\tau)\mathrm{d}\tau + \int_{-\infty}^{t} f_{Mp}(t-\tau)p(\tau)\mathrm{d}\tau + \int_{-\infty}^{t} f_{M\alpha}(t-\tau)\alpha(\tau)\mathrm{d}\tau \tag{5.1.10c}$$

式中,$f_{xy}(t-\tau)(x = L,D,M;y = h,p,\alpha)$ 表示对应自由度方向的单位脉冲响应函数。该模型可以较好地描述三个方向的任意耦合气动力。由于脉冲响应函数表示的自激力模型适用于任意运动,因此对于简谐振动形式同样有效,自激力的表达式与 Scanlan 的时频混合表达式等价,表达式中的系数同样可以由实测气动导数经过傅立叶变换在频域内运用最小二乘拟合技术拟合得到。

从本质上来说,用脉冲响应函数表达的气动力公式与阶跃函数表达的气动力公式是一致的。但利用脉冲响应函数表达式时,研究人员可以容易地寻找到全面描述耦合气动力的具体表达形式。当时,Lin 提出用脉冲响应函数描述自激力的目的是研究湍流对桥梁颤振的影响。后来,在用时域分析方法研究桥梁结构的颤抖振问题时,不少学者都沿用了这种自激力的处理方式。

5.2 气动导数识别方法

钝体主梁断面附近的绕流流态十分复杂,因此很难用纯理论的方法获得作用在其上的与主梁运动有关的气动自激力和气动自激力系数。为此,自 20 世纪 50 年代中期开始,各国学者开始把研究重点转移到用风洞试验方法识别桥梁断面的气动自激力上,并于 60 年代末至 70 年代初获得了一些突破性进展。其中最具代表性的是美国学者 Scanlan 等在 1971 年提出的基于线性小位移假定的桥梁断面气动自激力升力和扭矩模型以及相应的颤振导数(flutter derivatives)节段模型风洞试验分状态自由振动识别方法。之后,基于风洞试验得到的颤振导数进行颤振分析的方法迅速得到了广泛应用。

5.2.1 基于自由振动法的颤振导数识别方法

(1)分段扩阶最小二乘迭代法

最早的颤振导数识别方法是 Scanlan 和 Tomko 在 1971 年提出的节段模型分状态自由振动测试法,之后,为了改善颤振导数的识别精度,国内外学者开始运用系统辨识的方法,相应提出了自回归移动平均(ARMA)、Ibrahim 时域(ITD)、改进 Ibrahim 时域(MITD)、总体最小二乘迭代(ULS)、改进最小二乘迭代(MLS)、迭代最小二乘(ILS)等方法,每一种方法都有其优点,也存在一定的局限性。ITD 法及各种改进算法均涉及采样时延的取值问题,而迭代法需要初始迭代参数,如果初始预估值偏离真值太远,则很难保证迭代收敛。各种识别算法在得到模态参数后再进一步提取颤振导数时并不方便。针对这些问题,Chowdhury 和 Sarkar 提出了利用节段模型自由振动响应直接识别系统矩阵的 ILS 法。为进一步提高 ILS 法的识别精度，罗延忠等提出了一种新的识别方法——分段扩阶最小二乘迭代法（简称 SEO-ILS 法）。

考虑有色噪声的影响，为了让噪声信号有出口，下面以实测位移信号为例，介绍 SEO-ILS 法，简述如下：

第一步，先用小波分解实测位移信号，强制除去高频噪声后，再用 MATLAB 的滤波函数 filter 完成无相位失真的低通滤波。选取滤波后位移信号的中间一段（两端去掉的信号长度大于滤波器所加窗函数的长度），信号长度为 N_1，形成待识别位移响应矩阵 $\boldsymbol{X}$ 为

$$\boldsymbol{X}=\begin{bmatrix}\boldsymbol{h}\\ \boldsymbol{\alpha}\end{bmatrix}=\begin{bmatrix}h_0 & h_1 & \cdots & h_{N_1-1}\\ \alpha_0 & \alpha_1 & \cdots & \alpha_{N_1-1}\end{bmatrix}_{2\times N_1} \tag{5.2.1}$$

第二步，把待识别信号分为（N_1-N_2）段，分段识别出系统矩阵的估计值 $\hat{\boldsymbol{A}}_i$（$i=1,2,\cdots,N_1-N_2$）。对每一段长度为 N_2 的位移信号，先用牛顿多项式前向差分公式求得速度和加速度信号后，构建 $4\times N_2^*$ 的状态向量响应矩阵 $\boldsymbol{Y}_i$、$\dot{\boldsymbol{Y}}_i$（N_2^* 等于 N_2 减去 2 倍的牛顿前向差分的多项式次数）

$$\boldsymbol{Y}_i=\begin{bmatrix}\boldsymbol{X}_0 & \boldsymbol{X}_1 & \cdots & \boldsymbol{X}_{N_2^*-1}\\ \dot{\boldsymbol{X}}_0 & \dot{\boldsymbol{X}}_1 & \cdots & \dot{\boldsymbol{X}}_{N_2^*-1}\end{bmatrix}_{4\times N_2^*},\quad \dot{\boldsymbol{Y}}_i=\begin{bmatrix}\dot{\boldsymbol{X}}_0 & \dot{\boldsymbol{X}}_1 & \cdots & \dot{\boldsymbol{X}}_{N_2^*-1}\\ \ddot{\boldsymbol{X}}_0 & \ddot{\boldsymbol{X}}_1 & \cdots & \ddot{\boldsymbol{X}}_{N_2^*-1}\end{bmatrix}_{4\times N_2^*} \tag{5.2.2}$$

可得正置时序系统矩阵的估计值 $\hat{\boldsymbol{A}}_i=(\dot{\boldsymbol{Y}}_i\boldsymbol{Y}_i^{\mathrm{T}})(\boldsymbol{Y}_i\boldsymbol{Y}_i^{\mathrm{T}})^{-1}$。按倒置时序方式，构建状态向量响应矩阵 $\overleftarrow{\boldsymbol{Y}}_i$ 和 $\overleftarrow{\dot{\boldsymbol{Y}}}_i$ 如下：

$$\overleftarrow{\boldsymbol{Y}}_i=\begin{bmatrix}\boldsymbol{X}_{N_2^*-1} & \boldsymbol{X}_{N_2^*-2} & \cdots & \boldsymbol{X}_0\\ \dot{\boldsymbol{X}}_{N_2^*-1} & \dot{\boldsymbol{X}}_{N_2^*-2} & \cdots & \dot{\boldsymbol{X}}_0\end{bmatrix}_{4\times N_2^*},\quad \overleftarrow{\dot{\boldsymbol{Y}}}_i=\begin{bmatrix}\dot{\boldsymbol{X}}_{N_2^*-1} & \dot{\boldsymbol{X}}_{N_2^*-2} & \cdots & \dot{\boldsymbol{X}}_0\\ \ddot{\boldsymbol{X}}_{N_2^*-1} & \ddot{\boldsymbol{X}}_{N_2^*-2} & \cdots & \ddot{\boldsymbol{X}}_0\end{bmatrix}_{4\times N_2^*} \tag{5.2.3}$$

可得倒置时序系统矩阵的最小二乘估计为 $\tilde{\boldsymbol{A}}_i=(\overleftarrow{\dot{\boldsymbol{Y}}}_i\overleftarrow{\boldsymbol{Y}}_i^{\mathrm{T}})(\overleftarrow{\boldsymbol{Y}}_i\overleftarrow{\boldsymbol{Y}}_i^{\mathrm{T}})^{-1}$。倒置时序系统矩阵的估计值 $\tilde{\boldsymbol{A}}_i$ 与正置时序系统矩阵的估计值 $\hat{\boldsymbol{A}}_i$ 的等效刚度矩阵符号相同、等效阻尼矩阵符号相反，把每段正置时序与倒置时序系统矩阵的估计值的平均值，作为该段系统矩阵的估计值 $\hat{\boldsymbol{A}}_i$。最后，将各段的估计值 $\hat{\boldsymbol{A}}_i$ 的平均值，作为系统矩阵的估计值 $\hat{\boldsymbol{A}}$。

第三步，对信号长度为 N_1 的待识别信号，用牛顿多项式前向差分公式求得速度信号后，构建 $4\times N_1^*$ 的状态向量响应矩阵 $\boldsymbol{Y}$（N_1^* 等于 N_1 减去牛顿前向差分的多项式次数）。由系统矩阵估计值初值 $\hat{\boldsymbol{A}}$ 和矩阵 $\boldsymbol{Y}$，用最小二乘法获得初始状态向量 $\boldsymbol{Y}(t_0)$ 的估计值 $\underline{\boldsymbol{Y}}(t_0)$。利用系统矩阵估计值初值 $\hat{\boldsymbol{A}}$ 和初始状态向量估计值 $\underline{\boldsymbol{Y}}(t_0)$，可求出状态向量响应矩阵 $\boldsymbol{Y}$ 的估计值 $\underline{\boldsymbol{Y}}$ 为：

$$\underline{\boldsymbol{Y}}=\begin{bmatrix}\underline{\boldsymbol{X}}\\ \underline{\dot{\boldsymbol{X}}}\end{bmatrix}=\begin{bmatrix}\underline{\boldsymbol{X}}_0 & \underline{\boldsymbol{X}}_1 & \cdots & \underline{\boldsymbol{X}}_{N_1-1}\\ \underline{\dot{\boldsymbol{X}}}_0 & \underline{\dot{\boldsymbol{X}}}_1 & \cdots & \underline{\dot{\boldsymbol{X}}}_{N_1-1}\end{bmatrix}_{4\times N_1} \tag{5.2.4}$$

提取位移响应矩阵 $\boldsymbol{X}$ 的估计值 $\underline{\boldsymbol{X}}$ 为：

$$\underline{\boldsymbol{X}}=\begin{bmatrix}\hat{\boldsymbol{h}}\\ \hat{\boldsymbol{\alpha}}\end{bmatrix}=\begin{bmatrix}\hat{h}_0 & \hat{h}_1 & \cdots & \hat{h}_{N_1-1}\\ \hat{\alpha}_0 & \hat{\alpha}_1 & \cdots & \hat{\alpha}_{N_1-1}\end{bmatrix}_{2\times N_1} \tag{5.2.5}$$

形成位移响应矩阵 $\boldsymbol{X}$ 的位移误差矩阵 $\boldsymbol{e}$ 为：

$$\boldsymbol{e}=\begin{bmatrix}\boldsymbol{e}_h\\\boldsymbol{e}_\alpha\end{bmatrix}=\begin{bmatrix}h_0-\hat{h}_0 & h_1-\hat{h}_1 & \cdots & h_{N_1-1}-\hat{h}_{N_1-1}\\\alpha_0-\hat{\alpha}_0 & \alpha_1-\hat{\alpha}_1 & \cdots & \alpha_{N_1-1}-\hat{\alpha}_{N_1-1}\end{bmatrix}_{2\times N_1}\tag{5.2.6}$$

计算位移信号识别误差的加权平方和 $\boldsymbol{J}$：

$$\boldsymbol{J}=w_h\boldsymbol{e}_h\boldsymbol{e}_h^{\mathrm{T}}+w_\alpha\boldsymbol{e}_\alpha\boldsymbol{e}_\alpha^{\mathrm{T}}\tag{5.2.7}$$

式中：w_h、w_α——加权因子。

通常情况下，试验测得的扭转信号比竖向信号强，w_h 取扭转信号标准差与竖向信号标准差和扭转信号标准差之和的比值，而 w_α 取竖向信号标准差与竖向信号标准差和扭转信号标准差之和的比值。

第四步，由位移响应矩阵的估计值 $\underline{\boldsymbol{X}}$ 和位移误差矩阵 $\boldsymbol{e}$，形成扩阶系统的待识别位移响应矩阵 $\boldsymbol{\Phi}$ 为：

$$\boldsymbol{\Phi}=\begin{bmatrix}\underline{\boldsymbol{X}}\\\boldsymbol{e}\end{bmatrix}_{4\times N_1}\tag{5.2.8}$$

按与第二步相同的计算方法，识别出扩阶系统的系统矩阵估计值 $\hat{\boldsymbol{A}}_{\mathrm{E}}$ 为：

$$\hat{\boldsymbol{A}}_{\mathrm{E}}=\begin{bmatrix}\boldsymbol{A}_{\mathrm{E}}^{11} & \boldsymbol{A}_{\mathrm{E}}^{12} & \boldsymbol{A}_{\mathrm{E}}^{13} & \boldsymbol{A}_{\mathrm{E}}^{14}\\\boldsymbol{A}_{\mathrm{E}}^{21} & \boldsymbol{A}_{\mathrm{E}}^{22} & \boldsymbol{A}_{\mathrm{E}}^{23} & \boldsymbol{A}_{\mathrm{E}}^{24}\\\boldsymbol{A}_{\mathrm{E}}^{31} & \boldsymbol{A}_{\mathrm{E}}^{32} & \boldsymbol{A}_{\mathrm{E}}^{33} & \boldsymbol{A}_{\mathrm{E}}^{34}\\\boldsymbol{A}_{\mathrm{E}}^{41} & \boldsymbol{A}_{\mathrm{E}}^{42} & \boldsymbol{A}_{\mathrm{E}}^{43} & \boldsymbol{A}_{\mathrm{E}}^{44}\end{bmatrix}_{8\times 8}\tag{5.2.9}$$

式中：$\boldsymbol{A}_{\mathrm{E}}^{ij}(i,j=1,2,3,4)$——2 阶矩阵。

从系统矩阵的估计值 $\hat{\boldsymbol{A}}_{\mathrm{E}}$ 中，提取与位移响应矩阵的估计值 $\underline{\boldsymbol{X}}$、一阶导数 $\underline{\dot{\boldsymbol{X}}}$ 和二阶导数 $\underline{\ddot{\boldsymbol{X}}}$，相对应的原系统矩阵估计值 $\hat{\boldsymbol{A}}$ 为：

$$\hat{\boldsymbol{A}}=\begin{bmatrix}\boldsymbol{A}_{\mathrm{E}}^{11} & \boldsymbol{A}_{\mathrm{E}}^{13}\\\boldsymbol{A}_{\mathrm{E}}^{31} & \boldsymbol{A}_{\mathrm{E}}^{33}\end{bmatrix}_{4\times 4}\tag{5.2.10}$$

第五步，重复进行第三步和第四步计算，直至系统矩阵估计值 $\hat{\boldsymbol{A}}$ 满足迭代终止条件。

SEO-ILS 法的第二步把待识别信号分为 (N_1-N_2) 段，分段识别出系统矩阵的估计值，并将各段的估计值 $\hat{\boldsymbol{A}}_i$ 的平均值作为系统矩阵的估计值 $\hat{\boldsymbol{A}}$，可避免人为选择信号对识别结果的影响。SEO-ILS 法的第三步和第四步，由位移响应矩阵的估计值和位移误差矩阵构成扩阶系统，先识别出扩阶系统的系统矩阵，再从中提取原振动系统的系统矩阵，这就为噪声模态提供了出口，可提高 SEO-ILS 法的抗噪声干扰能力。

(2)有偏心桥梁断面的颤振导数识别

早期的节段模型运动方程是针对对称截面建立的，未考虑质量中心与弹性中心的偏离问题。而实际的桥梁截面由于受各因素影响，存在质量分布不均现象，难免存在截面的质心与弹性中心有所偏移的问题。近年来，一些大跨桥梁采用完全分离的双箱梁形式，每片箱梁只有迎风侧设置风嘴，且桥面为单向横坡，因此质量偏心问题已不容忽略。风洞试验时，节段模型本身的质量也往往满足不了要求，需要附加质量块，如果附加的质量分布不均也会产生质量偏心问题。此外，试验时为调整节段模型的竖向与扭转运动的结构阻尼，常常要外加阻尼元件，这样就会产生阻尼力偏心问题。针对这一问题，罗延忠推导了有偏心桥梁节段模型的运动方程，建立了节段模型的竖向和扭转运动方程，考虑了弹性中心和竖向阻尼力中心的偏心问题。然后利用提出的 SEO-ILS 法对有偏心桥梁断面的颤振导数进行了识别。下面对有偏心桥梁断面颤振导数的识别过程进行介绍。

①偏心节段模型的运动方程。

图 5.2.1 是风洞中节段模型自由振动试验的悬挂装置示意图。以一定几何缩尺比制作的刚性模型，通过刚度为 k 的 8 根弹簧悬挂在风洞内，可做竖向与扭转自由振动，竖向振动频率由弹簧刚度决定，扭转振动频率由弹簧刚度与力臂长度决定。假定上、下游弹簧之间的间距为 $2e$，则竖向刚度 $K_h=8k$，扭转刚度 $K_\alpha=8ke^2$。假设模型及悬挂系统的总质量为 m，对其质心 C 的质量惯性矩为 I，其计算简图如图 5.2.2 所示，若质心 C 与弹性中心 E 之间的偏心距为 r_h（质心由弹性中心向上游偏移为正），质心 C 与竖向阻尼力中心 D 之间的偏心距为 r_d（质心 C 由竖向阻尼力中心 D 向上游偏移为正），$h(t)$ 和 $\alpha(t)$ 分别表示模型质心竖向振动的线位移和绕质心转动的角位移[$h(t)$ 以向下为正，$\alpha(t)$ 以顺时针为正]，U 为平均风速，L_{ae} 和 M_{ae} 分别表示模型质心所受到的气动自激升力和力矩[方向分别与 $h(t)$ 和 $\alpha(t)$ 方向一致]。

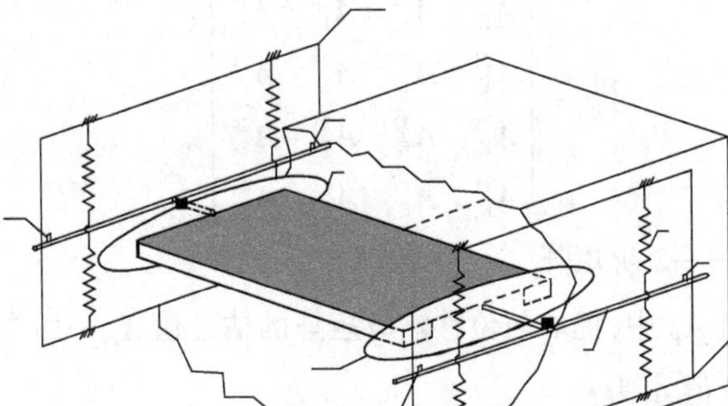

图 5.2.1　风洞中节段模型的悬挂装置示意图

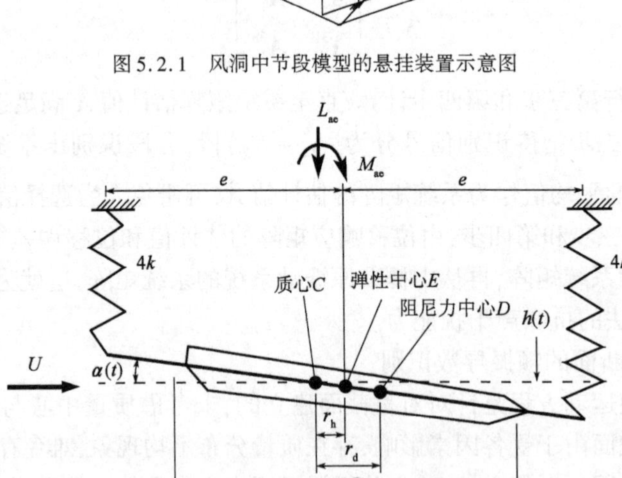

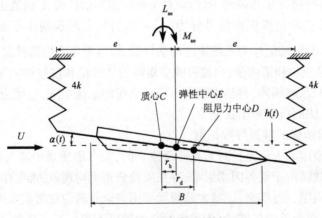

图 5.2.2　偏心节段模型计算简图

在小振幅条件下，悬挂系统的总动能 T、总势能 U_E 和 Rayleigh 耗能函数 R_E 分别为：

$$T = \frac{1}{2}m\dot{h}(t)^2 + \frac{1}{2}I\dot{\alpha}^2(t) \tag{5.2.11}$$

$$U_E = \frac{1}{2}\cdot 4k[h(t) - (e - r_h)\alpha(t)]^2 + \frac{1}{2}\cdot 4k[h(t) + (e + r_h)\alpha(t)]^2 \tag{5.2.12}$$

$$R_E = \frac{1}{2}c_h[\dot{h}(t) + r_d\dot{\alpha}(t)]^2 + \frac{1}{2}c_\alpha\dot{\alpha}^2(t) \tag{5.2.13}$$

式中：c_h、c_α——无风时竖向和扭转的黏性阻尼系数。

节段模型的气动自激升力 L_{ae} 和力矩 M_{ae} 可表示为：

$$L_{ae} = \frac{1}{2}\rho U^2 BL\left\{KH_1^*(K)\frac{\dot{h}(t)}{U} + KH_2^*(K)\frac{B\dot{\alpha}(t)}{U} + K^2H_3^*(K)\alpha(t) + K^2H_4^*(K)\frac{h(t)}{B}\right\} \tag{5.2.14}$$

$$M_{ae} = \frac{1}{2}\rho U^2 B^2 L\left\{KA_1^*(K)\frac{\dot{h}(t)}{U} + KA_2^*(K)\frac{B\dot{\alpha}(t)}{U} + K^2A_3^*(K)\alpha(t) + K^2A_4^*(K)\frac{h(t)}{B}\right\} \tag{5.2.15}$$

式中：ρ——空气密度；

U——平均风速；

B、L——节段模型的宽度和长度；

K——折算频率，$K = B\omega/U$，$\omega = 2\pi f$，f 为振动频率；

$H_i^*(K)$、$A_i^*(K)(i=1,2,3,4)$——K 的无量纲函数，称为颤振导数，它们与桥梁断面的具体形状有关，只能通过风洞试验获得。

在不考虑湍流产生的抖振力的情况下，节段模型的拉格朗日方程可表示为：

$$\frac{\mathrm{d}}{\mathrm{d}t}\left[\frac{\partial T}{\partial\dot{h}(t)}\right] - \frac{\partial T}{\partial h(t)} + \frac{\partial U}{\partial h(t)} + \frac{\partial R_E}{\partial\dot{h}(t)} = L_{ae} \tag{5.2.16}$$

$$\frac{\mathrm{d}}{\mathrm{d}t}\left[\frac{\partial T}{\partial\dot{\alpha}(t)}\right] - \frac{\partial T}{\partial\alpha(t)} + \frac{\partial U}{\partial\alpha(t)} + \frac{\partial R_E}{\partial\dot{\alpha}(t)} = M_{ae} \tag{5.2.17}$$

令

$$\omega_h = \sqrt{\frac{K_h}{m}} = \sqrt{\frac{8k}{m}},\quad \zeta_h = \frac{c_h}{2m\omega_h} \tag{5.2.18}$$

$$\omega_\alpha = \sqrt{\frac{K_\alpha}{I}} = \sqrt{\frac{8ke^2}{I}},\quad \zeta_\alpha = \frac{c_\alpha}{2I\omega_\alpha} \tag{5.2.19}$$

$$\tilde{\zeta}_h = \zeta_h \times \frac{m}{I}r_d,\quad \tilde{\zeta}_\alpha = \zeta_\alpha\left(1 + \frac{m\zeta_h\omega_h}{I\zeta_\alpha\omega_\alpha}\times r_d^2\right) \tag{5.2.20}$$

$$\tilde{\omega}_h^2 = \omega_h^2 \times \frac{m}{I}r_h,\quad \tilde{\omega}_\alpha^2 = \omega_\alpha^2\left(1 + \frac{m\omega_h^2}{I\omega_\alpha^2}\times r_h^2\right) \tag{5.2.21}$$

将式(5.2.11)~式(5.2.13)代入式(5.2.16)、式(5.2.17)后，由式(5.2.18)~式(5.2.21)可得节段模型仅在自激气动力作用下质心的运动方程为：

$$m[\ddot{h}(t) + 2\zeta_h\omega_h\dot{h}(t) + 2\zeta_h\omega_h r_d\dot{\alpha}(t) + \omega_h^2 h(t) + \omega_h^2 r_h\alpha(t)] = L_{ae} \tag{5.2.22}$$

$$I[\ddot{\alpha}(t)+2\tilde{\zeta}_h\omega_h\dot{h}(t)+2\tilde{\zeta}_\alpha\omega_\alpha\dot{\alpha}(t)+\tilde{\omega}_h^2 h(t)+\tilde{\omega}_\alpha^2\alpha(t)]=M_{ae} \tag{5.2.23}$$

由于偏心的影响，式（5.2.22）、式（5.2.23）不仅右端项存在着气动耦合作用［参见式（5.2.14）、式（5.2.15）］，左端项也存在结构耦合作用，即扭转与竖向运动总是完全耦合。当 $r_h=r_d=0$ 时，式（5.2.22）、式（5.2.23）退化为无偏心节段模型的运动方程。当 $r_d=0$，而 $r_h\neq0$ 时，式（5.2.22）、式（5.2.23）为仅考虑质量偏心的运动方程。

②偏心节段模型的振动分析。

节段模型仅在自激气动力作用下质心的运动方程，可以用状态向量的一阶微分方程表示为：

$$\dot{\boldsymbol{Y}}(t)=\boldsymbol{A}\boldsymbol{Y}(t) \tag{5.2.24}$$

其中：
$$\boldsymbol{Y}(t)=\begin{bmatrix}X(t)\\ \dot{X}(t)\end{bmatrix},\quad \boldsymbol{X}(t)=\begin{bmatrix}h(t)\\ \alpha(t)\end{bmatrix},\quad \boldsymbol{A}=\begin{bmatrix}\boldsymbol{0}_2 & \boldsymbol{I}_2\\ -\boldsymbol{K}_{\mathrm{eff}} & -\boldsymbol{C}_{\mathrm{eff}}\end{bmatrix}_{4\times4}$$

$$\boldsymbol{C}_{\mathrm{eff}}=\begin{bmatrix}2\zeta_h\omega_h-\dfrac{H_1}{m} & 2\zeta_h\omega_h r_{\mathrm{d}}-\dfrac{H_2}{m}\\ 2\tilde{\zeta}_h\omega_h-\dfrac{A_1}{I} & 2\tilde{\zeta}_\alpha\omega_\alpha-\dfrac{A_2}{I}\end{bmatrix},\quad \boldsymbol{K}_{\mathrm{eff}}=\begin{bmatrix}\omega_h{}^2-\dfrac{H_4}{m} & \omega_h{}^2 r_{\mathrm{h}}-\dfrac{H_3}{m}\\ \tilde{\omega}_h{}^2-\dfrac{A_4}{I} & \tilde{\omega}_\alpha{}^2-\dfrac{A_3}{I}\end{bmatrix}$$

$$H_1=\frac{1}{2}\rho UBL\times KH_1^*(K),\quad H_2=\frac{1}{2}\rho UB^2L\times KH_2^*(K)$$

$$H_3=\frac{1}{2}\rho U^2BL\times K^2H_3^*(K),\quad H_4=\frac{1}{2}\rho U^2L\times K^2H_4^*(K)$$

$$A_1=\frac{1}{2}\rho UB^2L\times KA_1^*(K),\quad A_2=\frac{1}{2}\rho UB^3L\times KA_2^*(K)$$

$$A_3=\frac{1}{2}\rho U^2B^2L\times K^2A_3^*(K),\quad A_4=\frac{1}{2}\rho U^2BL\times K^2A_4^*(K)$$

系统矩阵 $\boldsymbol{A}$ 是实常数矩阵，$\boldsymbol{0}_2$ 为 2 阶零矩阵，$\boldsymbol{I}_2$ 为 2 阶单位矩阵，$\boldsymbol{K}_{\mathrm{eff}}$ 和 $\boldsymbol{C}_{\mathrm{eff}}$ 是计入气流和模型的相互作用对模型本身的刚度矩阵 $\boldsymbol{K}_{\mathrm{mech}}$ 和阻尼矩阵 $\boldsymbol{C}_{\mathrm{mech}}$ 进行修正后的等效刚度矩阵和等效阻尼矩阵。

式（5.2.24）的唯一解为：

$$\boldsymbol{Y}(t)=\mathrm{e}^{A(t-t_0)}\boldsymbol{Y}(t_0)\quad(t\geqslant t_0) \tag{5.2.25}$$

只要系统矩阵的复特征值 λ_i、$\lambda_i{}^*$ $(i=1,2)$ 对应的特征向量彼此是线性独立的，就能将系统矩阵 $\boldsymbol{A}$ 进行谱分解，即 $\boldsymbol{A}=\boldsymbol{\Phi}\boldsymbol{\Lambda}\boldsymbol{\Phi}^{-1}$，系统矩阵的特征值矩阵 $\boldsymbol{\Lambda}=\mathrm{diag}(\lambda_1,\lambda_2,\lambda_1^*,\lambda_2^*)$，$\boldsymbol{\Phi}$ 是可逆的特征向量矩阵。$\boldsymbol{\Phi}$ 矩阵可表示为：

$$\boldsymbol{\Phi}=\begin{bmatrix}\boldsymbol{\varphi}_1 & \boldsymbol{\varphi}_2 & \boldsymbol{\varphi}_1^* & \boldsymbol{\varphi}_2^*\\ \boldsymbol{\varphi}_1\lambda_1 & \boldsymbol{\varphi}_2\lambda_2 & \boldsymbol{\varphi}_1{}^*\lambda_1{}^* & \boldsymbol{\varphi}_2{}^*\lambda_2{}^*\end{bmatrix} \tag{5.2.26}$$

式中：$\boldsymbol{\varphi}_i$、$\boldsymbol{\varphi}_i^*$——系统的复振型，$\boldsymbol{\varphi}_i=\{a_{1i}+jb_{1i}\quad a_{2i}+jb_{2i}\}^{\mathrm{T}}$，$\boldsymbol{\varphi}_i{}^*=\{a_{1i}-jb_{1i}\quad a_{2i}-jb_{2i}\}^{\mathrm{T}}$，其中 $a_{ki},b_{ki}(k,i=1,2)$ 为 8 个实常数。

用 $\boldsymbol{Y}(t)=\boldsymbol{\Phi}\boldsymbol{Z}(t)$ 对式（5.2.24）进行坐标变换，可得复模态坐标的一阶微分方程

$$\dot{\boldsymbol{Z}}(t) = \boldsymbol{\Lambda}\boldsymbol{Z}(t) \tag{5.2.27}$$

式中：$\boldsymbol{Z}(t)$——$\boldsymbol{Z}(t) = \{z_1(t) \quad z_2(t) \quad z_1^*(t) \quad z_2^*(t)\}^{\mathrm{T}}$，为已解耦的复模态坐标。若初始状态向量为 $\boldsymbol{Y}(t_0)$，则初始复模态坐标 $\boldsymbol{Z}(t_0)$ 和已解耦的复模态坐标 $\boldsymbol{Z}(t)$ 分别为：

$$\boldsymbol{Z}(t_0) = \boldsymbol{\Phi}^{-1}\boldsymbol{Y}(t_0) = \{z_1(t_0) \quad z_2(t_0) \quad z_1^*(t_0) \quad z_2^*(t_0)\}^{\mathrm{T}} \tag{5.2.28}$$

$$\boldsymbol{Z}(t) = \mathrm{e}^{\Lambda(t-t_0)}\boldsymbol{Z}(t_0) \tag{5.2.29}$$

与第 $k(k=1,2)$ 对复模态 $(z_k(t), z_k^*(t))$ 对应的竖向振动复模态位移分量 $h_{1k}(t)$、速度分量 $\dot{h}_{1k}(t)$ 和扭转振动复模态位移分量 $\alpha_{2k}(t)$、速度分量 $\dot{\alpha}_{2k}(t)$ 分别为：

$$h_{1k}(t) = (a_{1k} + jb_{1k})z_k(t) + (a_{1k} - jb_{1k})z_k^*(t) \tag{5.2.30}$$

$$\alpha_{2k}(t) = (a_{2k} + jb_{2k})z_k(t) + (a_{2k} - jb_{2k})z_k^*(t) \tag{5.2.31}$$

$$\dot{h}_{1k}(t) = (a_{1k} + jb_{1k})\lambda_k z_k(t) + (a_{1k} - jb_{1k})\lambda_k^* z_k^*(t) \tag{5.2.32}$$

$$\dot{\alpha}_{2k}(t) = (a_{2k} + jb_{2k})\lambda_k z_k(t) + (a_{2k} - jb_{2k})\lambda_k^* z_k^*(t) \tag{5.2.33}$$

上式中的复模态位移分量和速度分量都是已解耦的实数域变量。竖向振动的位移和扭转振动的位移与其复模态位移分量之间的关系为：

$$h(t) = h_{11}(t) + h_{12}(t) \tag{5.2.34}$$

$$\alpha(t) = \alpha_{21}(t) + \alpha_{22}(t) \tag{5.2.35}$$

竖向振动的速度和扭转振动的速度与其复模态速度分量之间的关系为：

$$\dot{h}(t) = \dot{h}_{11}(t) + \dot{h}_{12}(t) \tag{5.2.36}$$

$$\dot{\alpha}(t) = \dot{\alpha}_{21}(t) + \dot{\alpha}_{22}(t) \tag{5.2.37}$$

③颤振导数识别。

首先用 SEO-ILS 法直接识别节段模型系统矩阵，然后根据系统矩阵，颤振导数的提取过程如下：

无风时，有偏心的节段模型刚度矩阵 $\boldsymbol{K}_{\mathrm{mech}}$ 和阻尼矩阵 $\boldsymbol{C}_{\mathrm{mech}}$ 为：

$$\boldsymbol{K}_{\mathrm{mech}} = \begin{bmatrix} \omega_h^2 & \omega_h^2 r_{\mathrm{h}} \\ \tilde{\omega}_h^2 & \tilde{\omega}_\alpha^2 \end{bmatrix} \tag{5.2.38}$$

$$\boldsymbol{C}_{\mathrm{mech}} = \begin{bmatrix} 2\zeta_h\omega_h & 2\zeta_h\omega_h r_{\mathrm{d}} \\ 2\tilde{\zeta}_h\omega_h & 2\tilde{\zeta}_\alpha\omega_\alpha \end{bmatrix} \tag{5.2.39}$$

如果能够从节段模型的自由振动响应中获得各不同风速下的 $\boldsymbol{K}_{\mathrm{eff}}$ 和 $\boldsymbol{C}_{\mathrm{eff}}$，并将其与零风速的 $\boldsymbol{K}_{\mathrm{mech}}$ 和 $\boldsymbol{C}_{\mathrm{mech}}$ 对应项相减，即可同时提取相应的 8 个颤振导数，如下：

$$H_1^*(K) = \frac{2m}{\rho B^2 L\omega}(C_{\mathrm{mech}}^{11} - C_{\mathrm{eff}}^{11}) \tag{5.2.40}$$

$$H_2^*(K) = \frac{2m}{\rho B^3 L\omega}(C_{\mathrm{mech}}^{12} - C_{\mathrm{eff}}^{12}) \tag{5.2.41}$$

$$H_3^*(K) = \frac{2m}{\rho B^3 L\omega^2}(K_{\mathrm{mech}}^{12} - K_{\mathrm{eff}}^{12}) \tag{5.2.42}$$

$$H_4^*(K) = \frac{2m}{\rho B^2 L\omega^2}(K_{\text{mech}}^{11} - K_{\text{eff}}^{11}) \tag{5.2.43}$$

$$A_1^*(K) = \frac{2I}{\rho B^3 L\omega}(C_{\text{mech}}^{21} - C_{\text{eff}}^{21}) \tag{5.2.44}$$

$$A_2^*(K) = \frac{2I}{\rho B^4 L\omega}(C_{\text{mech}}^{22} - C_{\text{eff}}^{22}) \tag{5.2.45}$$

$$A_3^*(K) = \frac{2I}{\rho B^4 L\omega^2}(K_{\text{mech}}^{22} - K_{\text{eff}}^{22}) \tag{5.2.46}$$

$$A_4^*(K) = \frac{2I}{\rho B^3 L\omega^2}(K_{\text{mech}}^{21} - K_{\text{eff}}^{21}) \tag{5.2.47}$$

式中，C_{mech}^{ij}、C_{eff}^{ij}、K_{mech}^{ij}、$K_{\text{eff}}^{ij}(i,j=1,2)$分别为矩阵$\boldsymbol{C}_{\text{mech}}$、$\boldsymbol{C}_{\text{eff}}$、$\boldsymbol{K}_{\text{mech}}$和$\boldsymbol{K}_{\text{eff}}$中对应的元素，与竖向有关的$H_1^*$、$H_4^*$、$A_1^*$、$A_4^*$用频率$\omega_1$计算，与扭转有关的$H_2^*$、$H_3^*$、$A_2^*$、$A_3^*$用频率$\omega_2$计算，$\omega_1$和$\omega_2$是气流与模型相互作用时系统的无阻尼固有频率，$\omega_1$和$\omega_2$分别与无风时模型的竖向和扭转的无阻尼固有频率接近。

④偏心节段模型物理参数识别。

零风速的节段模型物理参数和模态参数的识别精度直接影响颤振导数的识别精度，从式(5.2.38)、式(5.2.39)可以看出，刚度矩阵$\boldsymbol{K}_{\text{mech}}$和阻尼矩阵$\boldsymbol{C}_{\text{mech}}$中共含有 8 个参数，却只有$\omega_h,\zeta_h,\omega_\alpha,\zeta_\alpha,r_{\text{h}},r_{\text{d}}$和$m/I$(模型及悬挂系统的总质量$m$与对其质心$C$的质量惯性矩$I$的比值)这 7 个参数是独立的。因此，确定$r_{\text{h}}$和$r_{\text{d}}$的值，修正刚度矩阵$\boldsymbol{K}_{\text{mech}}$和阻尼矩阵$\boldsymbol{C}_{\text{mech}}$是非常有必要的。

首先，利用 SEO-ILS 法识别出无风时节段模型的系统矩阵估计值，再对刚度矩阵$\boldsymbol{K}_{\text{mech}}$和阻尼矩阵$\boldsymbol{C}_{\text{mech}}$进行分析，如果非对角元素相对于主对角元素是很小的数，可认为模型无偏心，即$r_{\text{h}}=0$，$r_{\text{d}}=0$。反之，则认为模型有偏心。识别有偏心节段模型的物理参数和模态参数的方法简述如下：

第一步，用无风时系统矩阵和初始状态向量估计值，由式(5.2.25)～式(5.2.33)，求出已解耦的复模态位移分量和速度分量。利用已解耦复模态位移分量或速度分量信号，再使用SEO-ILS法识别出系统矩阵，可得到模型无偏心时竖向和扭转振动的无阻尼固有频率、阻尼比。根据节段模型的总质量和悬挂弹簧间距的实测值，以及竖向和扭转振动的无阻尼固有频率的估计值，由式(5.2.18)得到竖向刚度的估计值后，可得扭转刚度的估计值，再由式(5.2.19)得到质量惯性矩I的估计值。

第二步，用无风时偏心节段模型刚度矩阵$\boldsymbol{K}_{\text{mech}}$和阻尼矩阵$\boldsymbol{C}_{\text{mech}}$的估计值，由式(5.2.20)、式(5.2.21)获得偏心距r_{d}和r_{h}的初始估计值。

第三步，按式(5.2.38)、式(5.2.39)，对偏心节段模型刚度矩阵和阻尼矩阵的估计值进行修正，用无风时初始状态向量估计值和修正后的系统矩阵，由式(5.2.24)求出状态向量响应矩阵，用提取的竖向位移和扭转位移信号，获得偏心节段模型刚度矩阵和阻尼矩阵的估计值。

第四步，重复进行第二步和第三步的计算，直至偏心距r_{d}和r_{h}的估计值满足迭代终止条件。

5.2.2 基于强迫振动法的颤振导数识别方法

(1)气动振导数识别的强迫振动频域法

湖南大学陈政清教授课题组基于开发的三自由度强迫振动装置对桥梁结构颤振导数识别的强迫振动频域法也做了深入的研究。下面对该方法的原理进行介绍。

在仅考虑自激力作用的情况下,三自由度节段模型的运动方程可写为:

$$m(\ddot{h} + 2\zeta_h\omega_h\dot{h} + \omega_h^2 h) = L \tag{5.2.48}$$

$$m(\ddot{p} + 2\zeta_p\omega_p\dot{p} + \omega_p^2 p) = D \tag{5.2.49}$$

$$I(\ddot{\alpha} + 2\zeta_\alpha\omega_\alpha\dot{\alpha} + \omega_\alpha^2 \alpha) = M \tag{5.2.50}$$

式中:m、I——节段模型的质量和扭转惯量;

ζ_h、ζ_p、ζ_α——竖弯、侧弯和扭转的机械阻尼;

ω_h、ω_p、ω_α——竖弯、侧弯和扭转振动的圆频率;

L、D、M——作用在模型上的自激气动升力、阻力和力矩。

$$L = \rho U^2 B\left(K_h H_1^* \frac{\dot{h}}{U} + K_\alpha H_2^* \frac{B\dot{\alpha}}{U} + K_\alpha^2 H_3^* \alpha + K_h^2 H_4^* \frac{h}{B} + K_p H_5^* \frac{\dot{p}}{U} + K_p^2 H_6^* \frac{p}{B}\right) \tag{5.2.51}$$

$$D = \rho U^2 B\left(K_p P_1^* \frac{\dot{p}}{U} + K_\alpha P_2^* \frac{B\dot{\alpha}}{U} + K_\alpha^2 P_3^* \alpha + K_p^2 P_4^* \frac{p}{B} + K_h P_5^* \frac{\dot{h}}{U} + K_h^2 P_6^* \frac{h}{B}\right) \tag{5.2.52}$$

$$M = \rho U^2 B^2\left(K_h A_1^* \frac{\dot{h}}{U} + K_\alpha A_2^* \frac{B\dot{\alpha}}{U} + K_\alpha^2 A_3^* \alpha + K_h^2 A_4^* \frac{h}{B} + K_p A_5^* \frac{\dot{p}}{U} + K_p^2 A_6^* \frac{p}{B}\right) \tag{5.2.53}$$

式中:

B——主梁宽度;

U——来流风速;

$K_i = \omega_i B/U(i = h,p,\alpha)$——与各向运动相关的折算频率;

h、p、α——节段模型竖向、侧向与扭转运动的位移;

H_i^*、P_i^*、$A_i^*$$(i=1,2,\cdots,6)$——与各气动力相关的颤振导数。

使节段模型做三自由度稳态简谐运动,即有:

$$h = h_0 e^{i(\omega_h t+\varphi_h)} \tag{5.2.54}$$

$$p = p_0 e^{i(\omega_p t+\varphi_p)} \tag{5.2.55}$$

$$\alpha = \alpha_0 e^{i(\omega_\alpha t+\varphi_\alpha)} \tag{5.2.56}$$

式中:h_0、p_0、α_0——竖向、侧向和扭转运动的振幅;

ω_h、ω_p、ω_α——竖向、侧向和扭转振动的圆频率;

φ_h、φ_p、φ_α——竖向、侧向和扭转振动的初始相位。

由式(5.2.54)~式(5.2.56)可得:

$$\dot{h} = i\omega_h h \tag{5.2.57}$$

$$\dot{p} = i\omega_p p \tag{5.2.58}$$

$$\dot{\alpha} = i\omega_\alpha \alpha \tag{5.2.59}$$

代入式(5.2.51)~式(5.2.53),可得:

$$L = \rho U^2 B\left(K_h^2 H_1^* \frac{h}{B}\mathrm{i} + K_\alpha^2 H_2^* \alpha\mathrm{i} + K_\alpha^2 H_3^* \alpha + K_h^2 H_4^* \frac{h}{B} + K_p^2 H_5^* \frac{p}{B}\mathrm{i} + K_p^2 H_6^* \frac{p}{B}\right) \tag{5.2.60}$$

$$D = \rho U^2 B\left(K_p^2 P_1^* \frac{p}{B}\mathrm{i} + K_\alpha^2 P_2^* \alpha\mathrm{i} + K_\alpha^2 P_3^* \alpha + K_p^2 P_4^* \frac{p}{B} + K_h^2 P_5^* \frac{h}{B}\mathrm{i} + K_h^2 P_6^* \frac{h}{B}\right) \tag{5.2.61}$$

$$M = \rho U^2 B^2\left(K_h^2 A_1^* \frac{h}{B}\mathrm{i} + K_\alpha^2 A_2^* \alpha\mathrm{i} + K_\alpha^2 A_3^* \alpha + K_h^2 A_4^* \frac{h}{B} + K_p^2 A_5^* \frac{p}{B}\mathrm{i} + K_p^2 A_6^* \frac{p}{B}\right) \tag{5.2.62}$$

根据式(5.2.60)~式(5.2.62),可以利用三自由度耦合试验来识别出桥梁断面的18个颤振导数。

驱动节段模型做三自由度耦合强迫振动,其中的竖向、横向和扭转运动均为稳态简谐运动,即有式(5.2.54)~式(5.2.59)成立。由式(5.2.51)~式(5.2.53)可知,每个无量纲风速下的自激力分量L、D、M中均含有与三向运动频率相关的力分量,故对式(5.2.60)~式(5.2.62)两端进行FFT变换,然后把其实部和虚部分开并整理可得:

$$\mathrm{Re}[L(f_h,f_p,f_\alpha)] = \rho U^2 B\left(K_\alpha{}^2 H_3^* \alpha_0 + K_h{}^2 H_4^* \frac{h_0}{B} + K_p{}^2 H_6^* \frac{p_0}{B}\right) \tag{5.2.63}$$

$$\mathrm{Im}[L(f_h,f_p,f_\alpha)] = \rho U^2 B\left(K_h{}^2 H_1^* \frac{h_0}{B} + K_\alpha{}^2 H_2^* \alpha_0 + K_p{}^2 H_5^* \frac{p_0}{B}\right) \tag{5.2.64}$$

$$\mathrm{Re}[D(f_h,f_p,f_\alpha)] = \rho U^2 B\left(K_\alpha{}^2 P_3^* \alpha_0 + K_p{}^2 P_4^* \frac{p_0}{B} + K_h{}^2 P_6^* \frac{h_0}{B}\right) \tag{5.2.65}$$

$$\mathrm{Im}[D(f_h,f_p,f_\alpha)] = \rho U^2 B\left(K_p{}^2 P_1^* \frac{p_0}{B} + K_\alpha{}^2 P_2^* \alpha_0 + K_h{}^2 P_5^* \frac{h_0}{B}\right) \tag{5.2.66}$$

$$\mathrm{Re}[M(f_h,f_p,f_\alpha)] = \rho U^2 B^2\left(K_\alpha{}^2 A_3^* \alpha_0 + K_h{}^2 A_4^* \frac{h_0}{B} + K_p{}^2 A_6^* \frac{p_0}{B}\right) \tag{5.2.67}$$

$$\mathrm{Im}[M(f_h,f_p,f_\alpha)] = \rho U^2 B^2\left(K_h{}^2 A_1^* \frac{h_0}{B} + K_\alpha{}^2 A_2^* \alpha_0 + K_p{}^2 A_5^* \frac{p_0}{B}\right) \tag{5.2.68}$$

式中:$f_i(i=h,p,\alpha)$——对应各强迫振动自由度的振动频率。

每个折减风速下的自激力可以通过该风速下作用在模型上的动态力频谱与零风速下作用在模型上的动态力频谱相减得到,即

$$L(f_h,f_p,f_\alpha) = L_{dy,U}(f_h,f_p,f_\alpha) - L_{dy,0}(f_h,f_p,f_\alpha) \tag{5.2.69}$$

$$D(f_h,f_p,f_\alpha) = D_{dy,U}(f_h,f_p,f_\alpha) - D_{dy,0}(f_h,f_p,f_\alpha) \tag{5.2.70}$$

$$M(f_h,f_p,f_\alpha) = M_{dy,U}(f_h,f_p,f_\alpha) - M_{dy,0}(f_h,f_p,f_\alpha) \tag{5.2.71}$$

把式(5.2.63)~式(5.2.68)左端对应于竖向、侧向和扭转频率的气动力频谱幅值与右侧相同频率的项对应相等,整理后即可得到颤振导数表达式为:

$$\begin{cases} H_1^* = \dfrac{1}{\rho B^2 h_0 \omega_h^2}\mathrm{Im}[L'(f_h)], & H_4^* = \dfrac{1}{\rho B^2 h_0 \omega_h^2}\mathrm{Re}[L'(f_h)] \\ P_5^* = \dfrac{1}{\rho B^2 h_0 \omega_h^2}\mathrm{Im}[D'(f_h)], & P_6^* = \dfrac{1}{\rho B^2 h_0 \omega_h^2}\mathrm{Re}[D'(f_h)] \\ A_1^* = \dfrac{1}{\rho B^3 h_0 \omega_h^2}\mathrm{Im}[M'(f_h)], & A_4^* = \dfrac{1}{\rho B^3 h_0 \omega_h^2}\mathrm{Re}[M'(f_h)] \end{cases} \tag{5.2.72}$$

$$\begin{cases} H_5^* = \dfrac{1}{\rho B^2 p_0 \omega_p^2}\mathrm{Im}[L'(f_p)], & H_6^* = \dfrac{1}{\rho B^2 p_0 \omega_p^2}\mathrm{Re}[L'(f_p)] \\ P_1^* = \dfrac{1}{\rho B^2 p_0 \omega_p^2}\mathrm{Im}[D'(f_p)], & P_4^* = \dfrac{1}{\rho B^2 p_0 \omega_p^2}\mathrm{Re}[D'(f_p)] \\ A_5^* = \dfrac{1}{\rho B^3 p_0 \omega_p^2}\mathrm{Im}[M'(f_p)], & A_6^* = \dfrac{1}{\rho B^3 p_0 \omega_p^2}\mathrm{Re}[M'(f_p)] \end{cases} \tag{5.2.73}$$

$$\begin{cases} H_2^* = \dfrac{1}{\rho B^3 \alpha_0 \omega_\alpha^2}\mathrm{Im}[L'(f_\alpha)], & H_3^* = \dfrac{1}{\rho B^3 \alpha_0 \omega_\alpha^2}\mathrm{Re}[L'(f_\alpha)] \\ P_2^* = \dfrac{1}{\rho B^3 \alpha_0 \omega_\alpha^2}\mathrm{Im}[D'(f_\alpha)], & P_3^* = \dfrac{1}{\rho B^3 \alpha_0 \omega_\alpha^2}\mathrm{Re}[D'(f_\alpha)] \\ A_2^* = \dfrac{1}{\rho B^4 \alpha_0 \omega_\alpha^2}\mathrm{Im}[M'(f_\alpha)], & A_3^* = \dfrac{1}{\rho B^4 \alpha_0 \omega_\alpha^2}\mathrm{Re}[M'(f_\alpha)] \end{cases} \tag{5.2.74}$$

式中复数形式的气动力由下式得到：

$$F'(f_j) = A_F \mathrm{e}^{\mathrm{i}V\varphi_j} \quad (F = L,D,M; j = h,p,\alpha) \tag{5.2.75}$$

式中：f_j——模型强迫振动频率；

i——虚数因子，$\mathrm{i}^2 = -1$；

A_F——气动自激力 $F(f_h, f_p, f_\alpha)$ 中对应频率 f_j 的复数力的幅值；

$V\varphi_j$——气动自激力 $F(f_j)$ 与对应位移在频率 f_j 处的相位差。

令三自由度识别过程中有一项运动频率为零，则可以进行两自由度耦合振动状态的颤振导数识别。

(2)颤振导数识别的强迫振动时域法

虽然强迫振动识别的频域法算法简单，计算量小，但频域截断及泄漏误差将严重影响耦合振动测试结果的较小数值颤振导数的识别精度。同时，对同一组风洞试验数据采用不同的识别方法进行对比分析有助于提高颤振导数识别的可信度，因此研究颤振导数识别的三自由度时域识别方法非常有意义。时域算法的难点在于需要试验过程的位移和速度时程信号。陈政清按加速度信号为标准正弦波的假定合成出速度和位移信号，用时域法得到的颤振导数曲线稍有波动。郭震山通过对加速度信号积分求取速度和位移信号，并假设惯性力和动态干扰荷载在强迫振动过程中保持不变并可用模型运动的加速度和速度信号线性表示，先通过零风速数据求取等效的相关系数矩阵，然后由各个风速下测得的合力减去等效系数矩阵与运动信号的乘积得到气动自激力，该方法获得了较好的识别效果，但是其必须通过烦琐的数值积分过程得到。牛华伟基于新开发的三自由度强迫振动装置的精密数控特性，直接测量模型运动位移信号，速度信号可通过位移的微分算法求得；基于速度信号和位移信号通过零风速数据求取等效系数矩阵以得到自激力。

由 Scanlan 自激力表达式(5.2.51)～式(5.2.53)，合并各颤振导数项的系数可得：

$$L = H_1\dot{h} + H_2\dot{\alpha} + H_3\alpha + H_4 h + H_5\dot{p} + H_6 p \tag{5.2.76}$$

$$D = P_1\dot{p} + P_2\dot{\alpha} + P_3\alpha + P_4 p + P_5\dot{h} + P_6 h \tag{5.2.77}$$

$$M = A_1\dot{h} + A_2\dot{\alpha} + A_3\alpha + A_4 h + A_5\dot{p} + A_6 p \tag{5.2.78}$$

式中：L、D、M——作用在单位长度节段模型上的自激力；

h、p、α——模型强迫振动位移。

H_i、P_i、A_i($i=1,2,\cdots,6$)与各颤振导数的对应关系为：

$$\begin{bmatrix} H_1 \\ H_2 \\ H_3 \\ H_4 \\ H_5 \\ H_6 \end{bmatrix} = \rho U^2 B \begin{bmatrix} \frac{K_h}{U} & & & & & \\ & \frac{K_\alpha B}{U} & & & & \\ & & K_\alpha^2 & & & \\ & & & \frac{K_h^2}{B} & & \\ & & & & \frac{K_p}{U} & \\ & & & & & \frac{K_p^2}{B} \end{bmatrix} \begin{bmatrix} H_1^* \\ H_2^* \\ H_3^* \\ H_4^* \\ H_5^* \\ H_6^* \end{bmatrix} \tag{5.2.79}$$

$$\begin{bmatrix} P_1 \\ P_2 \\ P_3 \\ P_4 \\ P_5 \\ P_6 \end{bmatrix} = \rho U^2 B \begin{bmatrix} \frac{K_p}{U} & & & & & \\ & \frac{K_\alpha B}{U} & & & & \\ & & K_\alpha^2 & & & \\ & & & \frac{K_p^2}{B} & & \\ & & & & \frac{K_h}{U} & \\ & & & & & \frac{K_h^2}{B} \end{bmatrix} \begin{bmatrix} P_1^* \\ P_2^* \\ P_3^* \\ P_4^* \\ P_5^* \\ P_6^* \end{bmatrix} \tag{5.2.80}$$

$$\begin{bmatrix} A_1 \\ A_2 \\ A_3 \\ A_4 \\ A_5 \\ A_6 \end{bmatrix} = \rho U^2 B^2 \begin{bmatrix} \frac{K_h}{U} & & & & & \\ & \frac{K_\alpha B}{U} & & & & \\ & & K_\alpha^2 & & & \\ & & & \frac{K_h^2}{B} & & \\ & & & & \frac{K_p}{U} & \\ & & & & & \frac{K_p^2}{B} \end{bmatrix} \begin{bmatrix} A_1^* \\ A_2^* \\ A_3^* \\ A_4^* \\ A_5^* \\ A_6^* \end{bmatrix} \tag{5.2.81}$$

根据式(5.2.76)~式(5.2.78),由左端的自激力时程与右侧的运动时程通过最小二乘原理可以得到 H_i、P_i、A_i($i = 1,2,\cdots,6$) 在各风速下的值,然后结合式(5.2.79)~式(5.2.81)可以求出 18 个颤振导数。下面介绍耦合振动识别法,具体过程如下。

使节段模型做三自由度稳态简谐振动,即

$$h(t) = h_0 e^{i(\omega_h t + \varphi_h)}, \quad p(t) = p_0 e^{i(\omega_p t + \varphi_p)}, \quad \alpha(t) = \alpha_0 e^{i(\omega_\alpha t + \varphi_\alpha)} \tag{5.2.82}$$

假设模型在零风速下受到的动态力可以表示如下:

$$\begin{cases} L_{dy,0} = c_{hh}\dot{h} + k_{hh}h + c_{hp}\dot{p} + k_{hp}p + c_{h\alpha}\dot{\alpha} + k_{h\alpha}\alpha \\ D_{dy,0} = c_{ph}\dot{h} + k_{ph}h + c_{pp}\dot{p} + k_{pp}p + c_{p\alpha}\dot{\alpha} + k_{p\alpha}\alpha \\ M_{dy,0} = c_{\alpha h}\dot{h} + k_{\alpha h}h + c_{\alpha p}\dot{p} + k_{\alpha p}p + c_{\alpha\alpha}\dot{\alpha} + k_{\alpha\alpha}\alpha \end{cases} \tag{5.2.83}$$

写成矩阵形式:

$$\boldsymbol{Q}_{dy,0} = \boldsymbol{X}_0 \boldsymbol{M} \tag{5.2.84}$$

其中:

$$\boldsymbol{Q}_{dy,0} = \begin{bmatrix} L_{dy,01} & D_{dy,01} & M_{dy,01} \\ L_{dy,02} & D_{dy,02} & M_{dy,02} \\ \vdots & \vdots & \vdots \\ L_{dy,0n} & D_{dy,0n} & M_{dy,0n} \end{bmatrix}_{U=0} \tag{5.2.85}$$

$$\boldsymbol{X}_0 = \begin{bmatrix} \dot{h}_1 & h_1 & \dot{p}_1 & p_1 & \dot{\alpha}_1 & \alpha_1 \\ \dot{h}_2 & h_2 & \dot{p}_2 & p_2 & \dot{\alpha}_2 & \alpha_2 \\ \vdots & \vdots & \vdots & \vdots & \vdots & \vdots \\ \dot{h}_n & h_n & \dot{p}_n & p_n & \dot{\alpha}_n & \alpha_n \end{bmatrix}_{U=0} \tag{5.2.86}$$

$$\boldsymbol{M} = \begin{bmatrix} c_{hh} & c_{ph} & c_{\alpha h} \\ k_{hh} & k_{ph} & k_{\alpha h} \\ c_{hp} & c_{pp} & c_{\alpha p} \\ k_{hp} & k_{pp} & k_{\alpha p} \\ c_{h\alpha} & c_{p\alpha} & c_{\alpha\alpha} \\ k_{h\alpha} & k_{p\alpha} & k_{\alpha\alpha} \end{bmatrix} \tag{5.2.87}$$

对向量 $\boldsymbol{M}$ 进行参数估计,定义估计误差为:

$$\boldsymbol{e} = \boldsymbol{Q}_{dy,0} - \boldsymbol{X}_0\boldsymbol{M} \tag{5.2.88}$$

则误差的平方和为:

$$\boldsymbol{J} = \boldsymbol{e}^{\mathrm{T}}\boldsymbol{e} = (\boldsymbol{Q}_{dy,0} - \boldsymbol{X}_0\boldsymbol{M})^{\mathrm{T}}(\boldsymbol{Q}_{dy,0} - \boldsymbol{X}_0\boldsymbol{M}) \tag{5.2.89}$$

为使误差的平方和最小,有$\dfrac{\partial \boldsymbol{J}}{\partial \boldsymbol{M}}=0$,整理可得到系数矩阵 $\boldsymbol{M}$ 的最小二乘估计值:

$$\boldsymbol{M} = (\boldsymbol{X}_0^{\mathrm{T}}\boldsymbol{X}_0)^{-1}\boldsymbol{X}_0^{\mathrm{T}}\boldsymbol{Q}_{dy,0} \tag{5.2.90}$$

$$\boldsymbol{Q}_{\mathrm{se}} = \boldsymbol{Q}_{dy,U} - \boldsymbol{X}_U\boldsymbol{M} \tag{5.2.91}$$

其中:

$$\boldsymbol{Q}_{\mathrm{se}} = [\boldsymbol{L}_{\mathrm{se}}, \boldsymbol{D}_{\mathrm{se}}, \boldsymbol{M}_{\mathrm{se}}] = \begin{bmatrix} L_{\mathrm{se},01} & D_{\mathrm{se},01} & M_{\mathrm{se},01} \\ L_{\mathrm{se},02} & D_{\mathrm{se},02} & M_{\mathrm{se},02} \\ \vdots & \vdots & \vdots \\ L_{\mathrm{se},0n} & D_{\mathrm{se},0n} & M_{\mathrm{se},0n} \end{bmatrix} \tag{5.2.92}$$

$$\boldsymbol{X}_U = \begin{bmatrix} \dot{h}_1 & h_1 & \dot{p}_1 & p_1 & \dot{\alpha}_1 & \alpha_1 \\ \dot{h}_2 & h_2 & \dot{p}_2 & p_2 & \dot{\alpha}_2 & \alpha_2 \\ \vdots & \vdots & \vdots & \vdots & \vdots & \vdots \\ \dot{h}_n & h_n & \dot{p}_n & p_n & \dot{\alpha}_n & \alpha_n \end{bmatrix}_U \tag{5.2.93}$$

$$\boldsymbol{Q}_{dy,U} = \begin{bmatrix} L_{dy,01} & D_{dy,01} & M_{dy,01} \\ L_{dy,02} & D_{dy,02} & M_{dy,02} \\ \vdots & \vdots & \vdots \\ L_{dy,0n} & D_{dy,0n} & M_{dy,0n} \end{bmatrix}_U \tag{5.2.94}$$

在得到了自激力及节段模型位移和速度时程信号之后,三自由度耦合强迫振动自激力表达式(5.2.76)~式(5.2.78)成为三个相互不耦合的线性方程组,求这三个方程的最小二乘解就可以得到18个颤振导数。把式(5.2.76)~式(5.2.78)写成矩阵形式为:

$$\boldsymbol{L}_{\mathrm{se}} = \boldsymbol{V}_1\boldsymbol{H} \tag{5.2.95}$$

$$\boldsymbol{D}_{\mathrm{se}} = \boldsymbol{V}_2\boldsymbol{P} \tag{5.2.96}$$

$$\boldsymbol{M}_{\mathrm{se}} = \boldsymbol{V}_1\boldsymbol{A} \tag{5.2.97}$$

其中:

$$\boldsymbol{L}_{\mathrm{se}} = [L_{\mathrm{se},01} \quad L_{\mathrm{se},02} \quad \cdots \quad L_{\mathrm{se},0n}]^{\mathrm{T}} \tag{5.2.98}$$

$$\boldsymbol{D}_{se} = [D_{se,01} \quad D_{se,02} \quad \cdots \quad D_{se,0n}]^T \tag{5.2.99}$$

$$\boldsymbol{M}_{se} = [M_{se,01} \quad M_{se,02} \quad \cdots \quad M_{se,0n}]^T \tag{5.2.100}$$

$$\boldsymbol{V}_1 = \begin{bmatrix} \dot{h}_1 & \dot{\alpha}_1 & \alpha_1 & h_1 & \dot{p}_1 & p_1 \\ \dot{h}_2 & \dot{\alpha}_2 & \alpha_2 & h_2 & \dot{p}_2 & p_2 \\ \vdots & \vdots & \vdots & \vdots & \vdots & \vdots \\ \dot{h}_n & \dot{\alpha}_n & \alpha_n & h_n & \dot{p}_n & p_n \end{bmatrix} \tag{5.2.101}$$

$$\boldsymbol{V}_2 = \begin{bmatrix} \dot{p}_1 & \dot{\alpha}_1 & \alpha_1 & p_1 & \dot{h}_1 & h_1 \\ \dot{p}_2 & \dot{\alpha}_2 & \alpha_2 & p_2 & \dot{h}_2 & h_2 \\ \vdots & \vdots & \vdots & \vdots & \vdots & \vdots \\ \dot{p}_n & \dot{\alpha}_n & \alpha_n & p_n & \dot{h}_n & h_n \end{bmatrix} \tag{5.2.102}$$

$$\boldsymbol{H} = [H_1 \quad H_2 \quad H_3 \quad H_4 \quad H_5 \quad H_6]^T \tag{5.2.103}$$

$$\boldsymbol{P} = [P_1 \quad P_2 \quad P_3 \quad P_4 \quad P_5 \quad P_6]^T \tag{5.2.104}$$

$$\boldsymbol{A} = [A_1 \quad A_2 \quad A_3 \quad A_4 \quad A_5 \quad A_6]^T \tag{5.2.105}$$

首先,运用最小二乘法对颤振导数向量 $\boldsymbol{H}$ 进行参数估计,定义估计误差为:

$$\boldsymbol{e} = \boldsymbol{L}_{se} - \boldsymbol{V}_1\boldsymbol{H} \tag{5.2.106}$$

则误差的平方和为:

$$J = \boldsymbol{e}^T\boldsymbol{e} = (\boldsymbol{L}_{se} - \boldsymbol{V}_1\boldsymbol{H})^T(\boldsymbol{L}_{se} - \boldsymbol{V}_1\boldsymbol{H}) \tag{5.2.107}$$

由 $\dfrac{\partial \boldsymbol{J}}{\partial \boldsymbol{H}}=0$ 可得到 $\boldsymbol{H}$ 的最小二乘估计值为:

$$\boldsymbol{H} = (\boldsymbol{V}_1^T\boldsymbol{V}_1)^{-1}\boldsymbol{V}_1^T\boldsymbol{L}_{se} \tag{5.2.108}$$

同理,可以得到向量 $\boldsymbol{P}$ 和 $\boldsymbol{A}$ 的最小二乘估计值:

$$\boldsymbol{P} = (\boldsymbol{V}_2^T\boldsymbol{V}_2)^{-1}\boldsymbol{V}_2^T\boldsymbol{D}_{se} \tag{5.2.109}$$

$$\boldsymbol{A} = (\boldsymbol{V}_1^T\boldsymbol{V}_1)^{-1}\boldsymbol{V}_1^T\boldsymbol{M}_{se} \tag{5.2.110}$$

然后,可以根据式(5.2.108)~式(5.2.110)联合式(5.2.79)~式(5.2.81)求出所有的颤振导数值。由颤振导数的求解过程可知,三个自由度方向的颤振导数求解过程互不相关,任意自由度方向对应的颤振导数估计误差不会影响其他自由度方向颤振导数的求解精度。

同理,令三自由度耦合振动识别过程中的一个方向的运动位移为零,用相同的方法可以识别两自由度耦合运动状态的颤振导数。

5.3　基于 ANSYS 的颤振稳定性分析方法

本节以 Scanlan 提出的线性自激力模型为基础详细阐述运用大型通用有限元软件进行颤振频域分析和颤振时域分析的理论基础和方法步骤,最后以实际工程为背景进行算例展示。

5.3.1 基于 ANSYS 的颤振频域分析方法

桥梁结构在均匀流场中的运动控制方程可以描述为：

$$M\ddot{Y} + C\dot{Y} + KY = F_{ae} \tag{5.3.1}$$

式中：M、C、K——桥梁结构的质量矩阵、阻尼矩阵、刚度矩阵；

Y、$\dot{Y}$、$\ddot{Y}$——节点位移向量、速度向量、加速度向量；

F_{ae}——桥梁断面受到的气动自激力。

根据 Scanlan 线性气动自激力的表达式，断面单位长度主梁上受到的自激气动升力 L_{ae}、自激气动阻力 D_{ae} 和自激气动扭矩 M_{ae} 可表示为竖向位移 h、水平位移 p 和扭转位移 α 的函数：

$$L_{ae} = \frac{1}{2}\rho U^2(2B)\left(KH_1^*\frac{\dot{h}}{U} + KH_2^*\frac{B\dot{\alpha}}{U} + K^2H_3^*\alpha + K^2H_4^*\frac{h}{B} + KH_5^*\frac{\dot{p}}{U} + K^2H_6^*\frac{p}{B}\right) \tag{5.3.2a}$$

$$D_{ae} = \frac{1}{2}\rho U^2(2B)\left(KP_1^*\frac{\dot{p}}{U} + KP_2^*\frac{B\dot{\alpha}}{U} + K^2P_3^*\alpha + K^2P_4^*\frac{p}{B} + KP_5^*\frac{\dot{h}}{U} + K^2P_6^*\frac{h}{B}\right) \tag{5.3.2b}$$

$$M_{ae} = \frac{1}{2}\rho U^2(2B^2)\left(KA_1^*\frac{\dot{h}}{U} + KA_2^*\frac{B\dot{\alpha}}{U} + K^2A_3^*\alpha + K^2A_4^*\frac{h}{B} + KA_5^*\frac{\dot{p}}{U} + K^2A_6^*\frac{p}{B}\right) \tag{5.3.2c}$$

式中：

U——来流风速；

ρ——空气密度；

B——断面宽度；

K——折算频率，$K = B\omega/U$，其中，ω 为振动圆频率；

H_i^*、A_i^*、P_i^* $(i=1,2,\cdots,6)$——无量纲颤振导数，与桥梁断面的几何形状有关，通常可通过节段模型风洞试验获得；

h、α、p——竖向、扭转、侧向位移；

$\dot{h}$、$\dot{\alpha}$、$\dot{p}$——竖向、扭转、侧向速度。

式(5.3.2a)、式(5.3.2b)和式(5.3.2c)表示的是单位长度主梁受到的气动自激力，将这些分布荷载转化为作用于单元两个节点的集中荷载，则作用于单元 e 两节点上的等效气动自激力可表示为：

$$F_{ae}^e = K_{ae}^e Y^e + C_{ae}^e \dot{Y}^e \tag{5.3.3}$$

式中：K_{ae}^e、C_{ae}^e——单元 e 的气动刚度矩阵和气动阻尼矩阵；

Y^e、$\dot{Y}^e$——单元 e 的节点位移向量和节点速度向量。

采用集中气动力矩阵推导出气动刚度和气动阻尼有如下的矩阵表达形式：

$$\boldsymbol{K}_{\mathrm{ae}}^{e}=\begin{bmatrix}\boldsymbol{K}_{\mathrm{ae1}}^{e} & \boldsymbol{0}\\ \boldsymbol{0} & \boldsymbol{K}_{\mathrm{ae1}}^{e}\end{bmatrix},\quad \boldsymbol{C}_{\mathrm{ae}}^{e}=\begin{bmatrix}\boldsymbol{C}_{\mathrm{ae1}}^{e} & \boldsymbol{0}\\ \boldsymbol{0} & \boldsymbol{C}_{\mathrm{ae1}}^{e}\end{bmatrix} \tag{5.3.4}$$

$$\boldsymbol{K}_{\mathrm{ae1}}^{e}=a\begin{bmatrix}0 & 0 & 0 & 0 & 0 & 0\\ 0 & P_6^* & P_4^* & BP_3^* & 0 & 0\\ 0 & H_6^* & H_4^* & BH_3^* & 0 & 0\\ 0 & BA_6^* & BA_4^* & B^2A_3^* & 0 & 0\\ 0 & 0 & 0 & 0 & 0 & 0\\ 0 & 0 & 0 & 0 & 0 & 0\end{bmatrix} \tag{5.3.5}$$

$$\boldsymbol{C}_{\mathrm{ae1}}^{e}=b\begin{bmatrix}0 & 0 & 0 & 0 & 0 & 0\\ 0 & P_5^* & P_1^* & BP_2^* & 0 & 0\\ 0 & H_5^* & H_1^* & BH_2^* & 0 & 0\\ 0 & BA_5^* & BA_1^* & B^2A_2^* & 0 & 0\\ 0 & 0 & 0 & 0 & 0 & 0\\ 0 & 0 & 0 & 0 & 0 & 0\end{bmatrix} \tag{5.3.6}$$

式(5.3.5)和式(5.3.6)中：$a = rL_eU^2K^2/2$；$b = rL_eUBK/2$；L_e 为单元 e 的长度。

ANSYS 中的 Matrix27 单元是一种适用性特别好的单元。该单元具有两个节点，每个节点有 6 个自由度，其单元坐标系和总体坐标系平行；该单元没有固定的几何形状。跟其他结构分析单元不同的是，它可以通过实常数的方式输入对称或不对称的质量、刚度或阻尼矩阵。为将上述自激力荷载在 ANSYS 中实现，采用了图 5.3.1 的计算图示（对某个桥面单元 e）：在每个桥面主梁节点处添加 1 对 Matrix27 单元（包括 1 个刚度单元和 1 个阻尼单元），该单元的一个节点为桥面节点 i 或 j，另一个节点固定。一个单元 Matrix27 只能模拟气动刚度或者气动阻尼，而不能同时模拟两者。例如，在节点 i 处，单元 $e1$ 用于模拟气动刚度，而单元 $e3$ 用于模拟节点 i 处受到的等效气动阻尼，单元 $e1$ 和 $e3$ 共用节点 i 和 k。

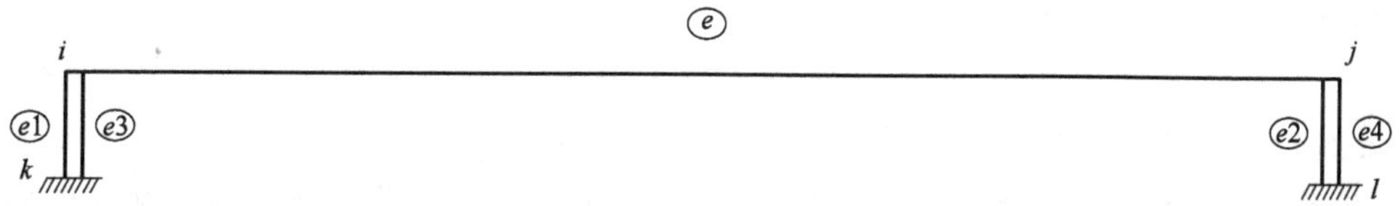

图 5.3.1　ANSYS 颤振分析示意图

当采用非对称系数矩阵形式时，Matrix27 单元共有 144 个系数，如下式：

$$\begin{bmatrix} C_1 & C_2 & C_3 & C_4 & C_5 & C_6 & C_7 & C_8 & C_9 & C_{10} & C_{11} & C_{12} \\ C_{79} & C_{13} & C_{14} & & & & & & & & C_{22} & C_{23} \\ C_{80} & C_{81} & C_{24} & & & & & & & & & C_{33} \\ C_{82} & C_{83} & C_{84} & C_{34} & & & & & & & & C_{42} \\ C_{85} & C_{86} & & C_{88} & C_{43} & & & & & & & C_{50} \\ C_{89} & & & & C_{93} & C_{51} & & & & & & C_{57} \\ C_{94} & & & & & C_{99} & C_{58} & & & & & C_{63} \\ C_{100} & & & & & & C_{106} & C_{64} & & & & C_{68} \\ C_{107} & & & & & & & C_{114} & C_{69} & & & C_{72} \\ C_{115} & & & & & & & & C_{123} & C_{73} & & C_{75} \\ C_{124} & & & & & & & & C_{132} & C_{133} & C_{76} & C_{77} \\ C_{134} & C_{135} & C_{136} & C_{137} & C_{138} & C_{139} & C_{140} & C_{141} & C_{142} & C_{143} & C_{144} & C_{78} \end{bmatrix} \tag{5.3.7}$$

将 Matrix27 单元应用到主梁所有节点，组装单元气动力矩阵后可得到总体气动力矩阵：

$$\boldsymbol{F}_{\mathrm{ae}} = \boldsymbol{C}_{\mathrm{ae}}\dot{\boldsymbol{Y}} + \boldsymbol{K}_{\mathrm{ae}}\boldsymbol{Y} \tag{5.3.8}$$

式中：$\boldsymbol{C}_{\mathrm{ae}}$、$\boldsymbol{K}_{\mathrm{ae}}$——总体气动阻尼矩阵和总体气动刚度矩阵。

将式(5.3.8)代入式(5.3.1)即可得到系统的运动方程：

$$\boldsymbol{M}\ddot{\boldsymbol{Y}} + (\boldsymbol{C} - \boldsymbol{C}_{\mathrm{ae}})\dot{\boldsymbol{Y}} + (\boldsymbol{K} - \boldsymbol{K}_{\mathrm{ae}})\boldsymbol{Y} = 0 \tag{5.3.9}$$

式(5.3.9)描述的是桥梁-风整合系统的参数化运动方程，其中风速和振动频率为系统参数变量。其复模态特性可以根据复特征值分析得到。对于具有 n 自由度的系统，系统共有 n 对共轭特征值和 n 对共轭特征向量，可以采用 QR 分解法进行特征值和特征向量的求解。那么第 m 对共轭特征值可表示为：$\lambda_m = \sigma_m \pm \mathrm{i}\omega_m$，特征值虚部 ω_m 为振动圆频率，特征值实部 σ_m 为阻尼。如果所有特征值的实部都小于 0，则系统是动力稳定的；如果至少存在一对特征值的实部大于 0，则系统是动力不稳定的。颤振的临界状态为在某风速下，系统有且只有一对特征值的实部为 0，与此实部为 0 的特征值对应的特征向量则描述了颤振临界状态的特征运动。

对于大跨桥梁，结构的有限元分析模型往往达到成千上万的自由度。计算结构所有复频率将变得不切实际。但是桥梁的最低颤振临界风速往往发生在结构的低阶频率，所以一般只需要跟踪结构的低阶复特征值随风速的变化。

当考虑结构阻尼时，式(5.3.9)需要进行适当修改。结构的阻尼通常采用模态阻尼比的形式来表达。在 ANSYS 有限元软件中进行阻尼复特征值分析的时候，需要将模态阻尼比转化为瑞利阻尼的形式：

$$\boldsymbol{C} = \alpha\boldsymbol{M} + \beta\boldsymbol{K} \tag{5.3.10}$$

式中：α、β——瑞利阻尼系数。

若只考虑对系统振动影响较大的 i 和 j 两阶模态阻尼比（通常为竖弯模态和扭转模态），则结构模态阻尼比 ξ 和瑞利阻尼系数 α、β 的关系为：

$$\alpha = 2\frac{\omega_i\omega_j}{\omega_j^2 - \omega_i^2}(\omega_j\xi_i - \omega_i\xi_j) \tag{5.3.11}$$

$$\beta = 2\frac{\omega_i\omega_j}{\omega_j^2 - \omega_i^2}\left(\frac{\xi_j}{\omega_i} - \frac{\xi_i}{\omega_j}\right) \tag{5.3.12}$$

式中：ω_i、ω_j——结构第 i 和 j 阶圆频率；

ξ_i、ξ_j——结构第 i 和 j 阶模态阻尼比。

当考虑更多模态阻尼比时，需要进行等效计算，瑞利阻尼系数 α、β 可由最小二乘法拟合得到。当考虑了结构的阻尼后，需要对系统矩阵方程进行一定的修改，在添加了 Matrix27 单元的系统模型后，系统的质量保持不变，而系统的刚度已经变为 $\boldsymbol{K}-\boldsymbol{K}_{\mathrm{ae}}$，因此，系统的瑞利阻尼矩阵变为：

$$\boldsymbol{C} = \alpha\boldsymbol{M} + \beta(\boldsymbol{K} - \boldsymbol{K}_{\mathrm{ae}}) \tag{5.3.13}$$

所以，考虑结构阻尼后，整个系统的运动控制方程即可表示为：

$$\boldsymbol{M}\ddot{\boldsymbol{Y}} + (\boldsymbol{C} - \boldsymbol{C}_{\mathrm{ae}} - \beta\boldsymbol{K}_{\mathrm{ae}})\dot{\boldsymbol{Y}} + (\boldsymbol{K} - \boldsymbol{K}_{\mathrm{ae}})\boldsymbol{Y} = 0 \tag{5.3.14}$$

其中，$\boldsymbol{C}=\alpha\boldsymbol{M}+\beta(\boldsymbol{K}-\boldsymbol{K}_{\mathrm{ae}})$。

从式(5.3.5)和式(5.3.6)可以看出，Matrix27 单元的系数矩阵依赖于三个参数——风速、频率和无量纲频率，其中只有两个是独立的。因此，桥梁颤振的识别需要对风速进行搜索及对频率进行迭代。运用 ANSYS 有限元软件采用逐个模态跟踪法求解数值的过程如下：

(1)运用 ANSYS 有限元软件建立桥梁单主梁有限元模型，并进行模态分析得到前 m 阶模态圆频率 ω_i^0。

(2)在原桥梁单主梁有限元模型上添加 Matrix27 单元构成桥梁-风整合系统有限元模型，其中通过风洞试验获得的颤振导数以 TABLE 的方式导入 ANSYS 中储存以便后续插值计算。

(3)给定初始搜索风速 U_0 和风速增量 ΔU。

(4)假定系统的第 i 阶振动频率 ω_0 为其初始模态圆频率 ω_i^0。

(5)根据当前风速和振动频率确定 Matrix27 单元的刚度系数矩阵和阻尼系数矩阵，然后进行阻尼特征值分析。

(6)比较计算第 i 对特征值对 λ_i 的虚部和初始试算值 ω_0。如果 $\left|\frac{\mathrm{Im}(\lambda_i) - \omega_0}{\mathrm{Im}(\lambda_i)}\right| > \mathrm{TOL}$，TOL 为最小偏差值，令 $\omega_0 = \mathrm{Im}(\lambda_i)$，重复步骤(5)和(6)；否则进入步骤(7)。

(7)对所有考虑的前 m 个复特征值重复步骤(3)~(6)。如果所有特征值的实部小于零，$U_0 = U_0 + \Delta U$，重复步骤(3)~(7)；否则停机。

上述数值计算过程可以通过 ANSYS 参数化设计语言 APDL 编程实现。

下面以某大跨悬索桥为例进行介绍。采用大型商业有限元分析软件 ANSYS 建立该桥的单主梁有限元模型。全桥空间有限元模型如图 5.3.2 所示。

成桥状态结构动力特性分析结果如表 5.3.1 所示。从表 5.3.1 中可以看出：成桥状态主梁一阶对称竖弯频率和一阶对称扭转频率分别为 0.181Hz 和 0.390Hz，对称扭弯频率比为 2.15；一阶反对称竖弯频率及一阶反对称扭转频率分别为 0.150Hz 和 0.448Hz，反对称扭弯频率比为 2.99。

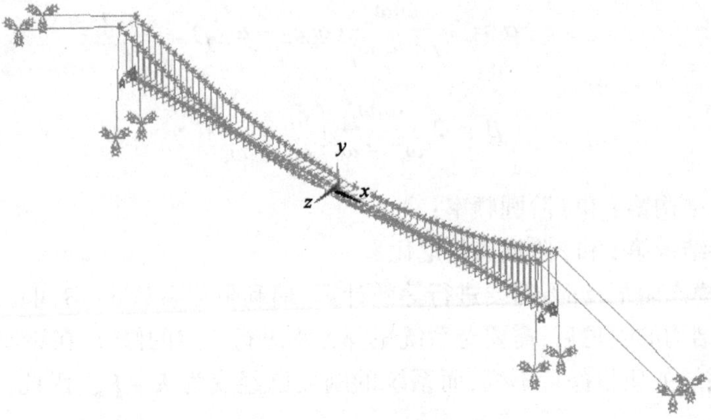

图 5.3.2　等效单主梁模型

桥梁结构动力特性　　表 5.3.1

模态阶次	频率(Hz)	振型描述	模态阶次	频率(Hz)	振型描述
1	0.101	L-S-1	11	0.373	M
2	0.106	主梁纵漂	12	0.390	T-S-1
3	0.150	V-AS-1	13	0.393	M
4	0.181	V-S-1	14	0.399	V-S-3
5	0.245	V-S-2	15	0.399	M
6	0.295	V-AS-2	16	0.441	M
7	0.307	L-AS-1	17	0.445	M
8	0.338	M	18	0.448	T-AS-1
9	0.339	M	19	0.450	M
10	0.370	M	20	0.456	M

注:S-对称的;AS-反对称的;L-横弯;V-竖弯;T-扭转;M-主缆振动;1、2 表示一阶、二阶。

通过节段模型风洞试验得到的 -5°、-3°、0°和 +3°、+5°范围内风攻角下的主梁断面颤振导数,不同攻角下风洞试验测得的颤振导数如图 5.3.3 所示。

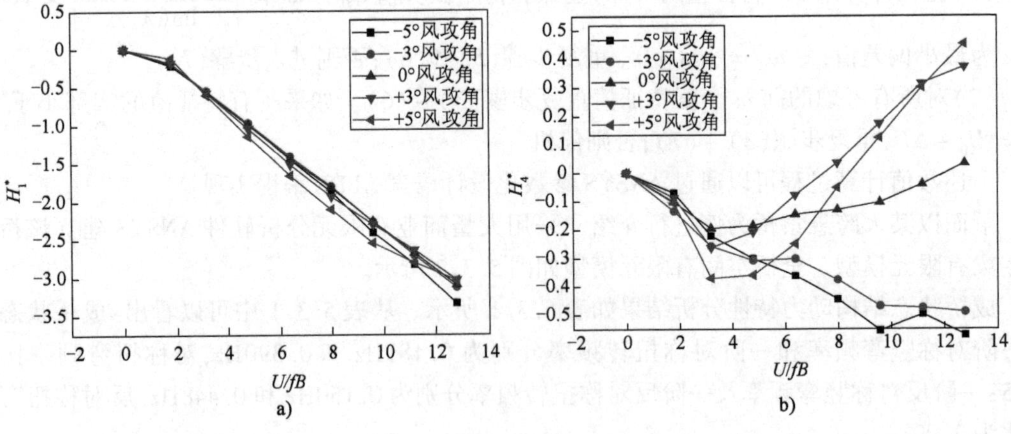

图　5.3.3

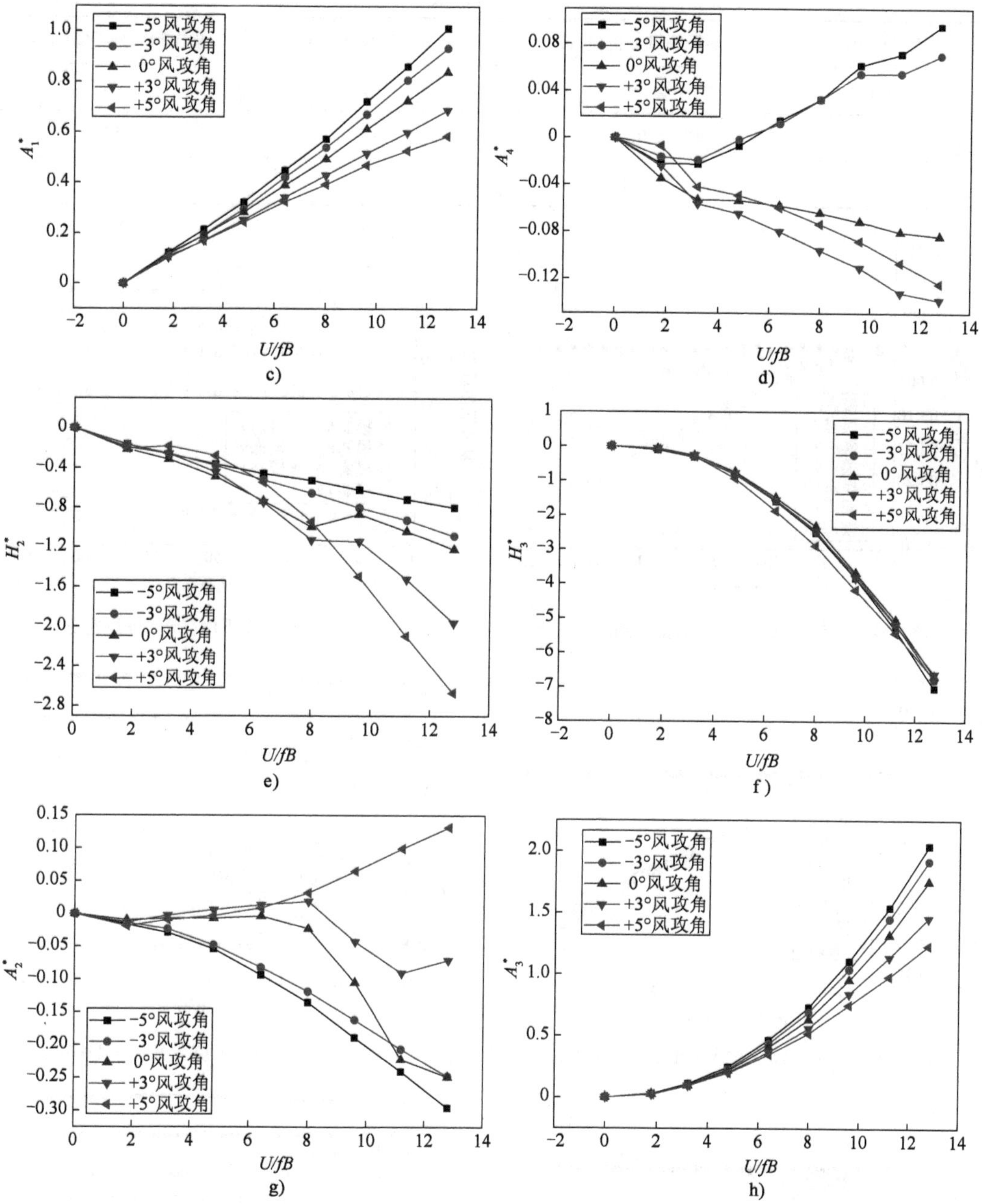

图 5.3.3　成桥状态主梁断面颤振导数随折减风速变化曲线

对均匀来流下大跨度悬索桥进行频域三维颤振有限元分析，得到桥梁颤振频率和颤振临界风速。图 5.3.4 ~ 图 5.3.13 表示在不同风攻角作用下整体结构的复特征值变化，主要选取了 6 ~ 12 阶模态进行分析。从图 5.3.7 中可以看出，随着风速的增加，颤振发散的扭转模态频率不断减小，而其模态阻尼比先减小，到一定风速后增大，当复模态阻尼比开始出现正值时，表明结构开始出现振动发散现象，临界点风速即是颤振临界风速。表 5.3.2 表示经过三维颤振频域分析方法计算得到的颤振临界风速。

颤振分析结果 表5.3.2

来流风攻角(°)	颤振频域分析值(m/s)	来流风攻角(°)	颤振频域分析值(m/s)
-5	93	+3	49
-3	91.5	+5	53
0	56		

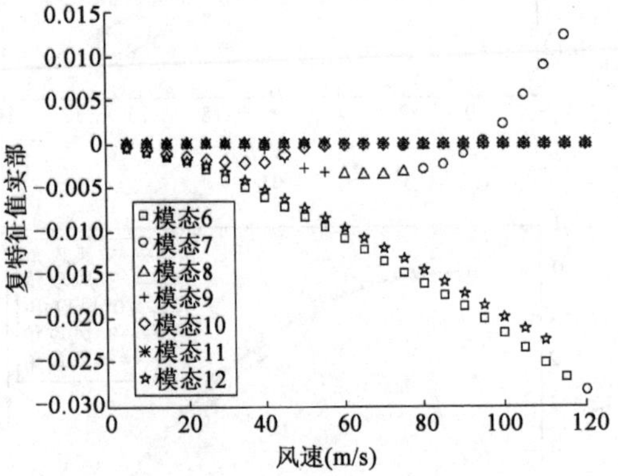

图5.3.4 -5°风攻角下模态阻尼比随风速变化

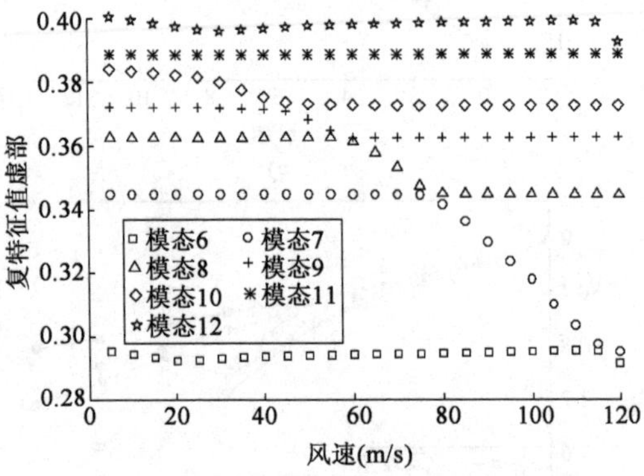

图5.3.5 -5°风攻角下模态频率随风速变化

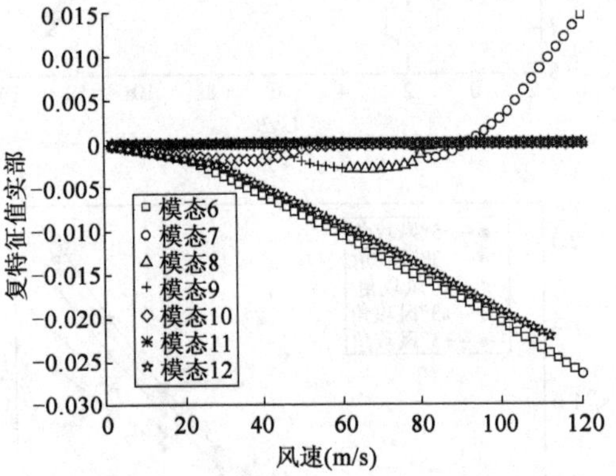

图5.3.6 -3°风攻角下模态阻尼比随风速变化

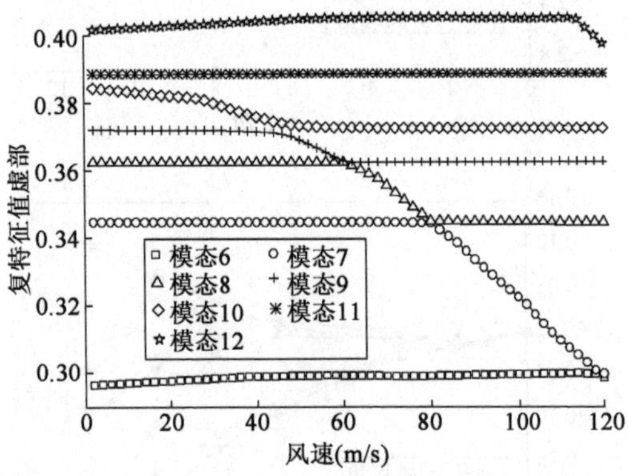

图5.3.7 -3°风攻角下模态频率随风速变化

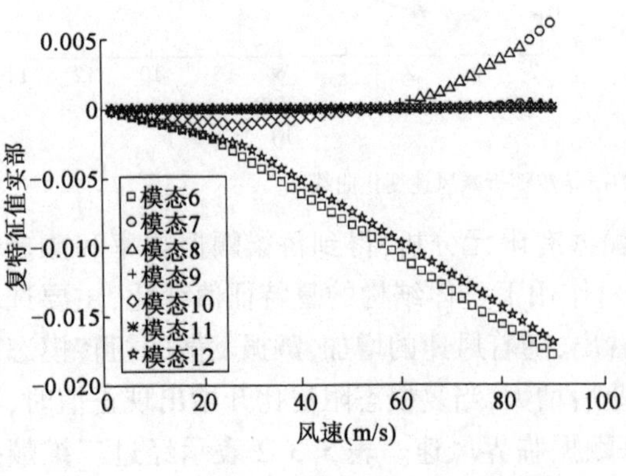

图5.3.8 0°风攻角下模态阻尼比随风速变化

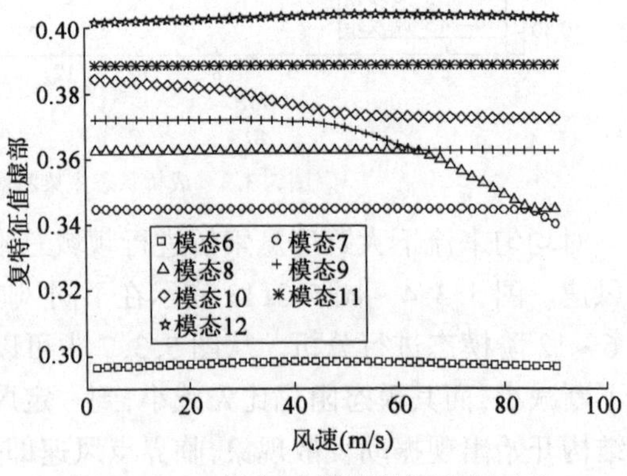

图5.3.9 0°风攻角下模态频率随风速变化

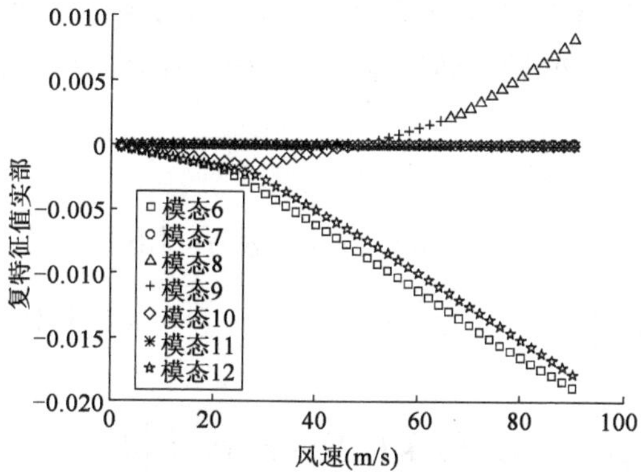

图 5.3.10　+3°风攻角下模态阻尼比随风速变化

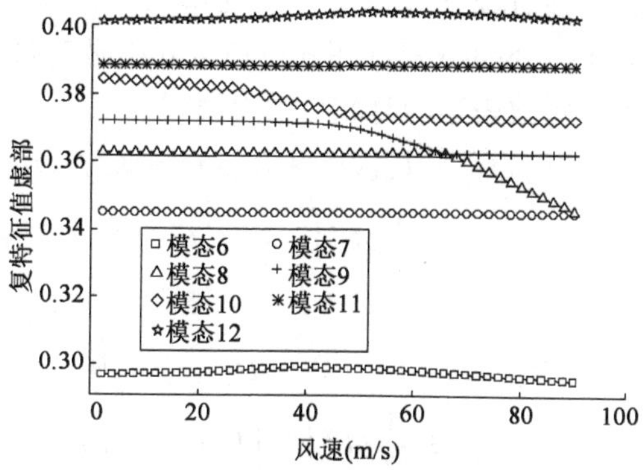

图 5.3.11　+3°风攻角下模态频率随风速变化

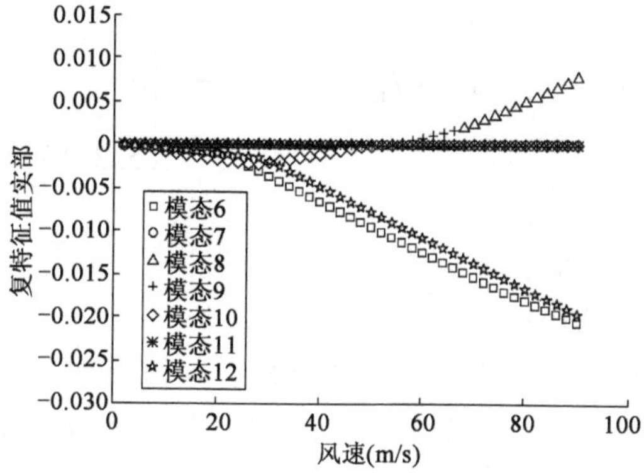

图 5.3.12　+5°风攻角下模态阻尼比随风速变化

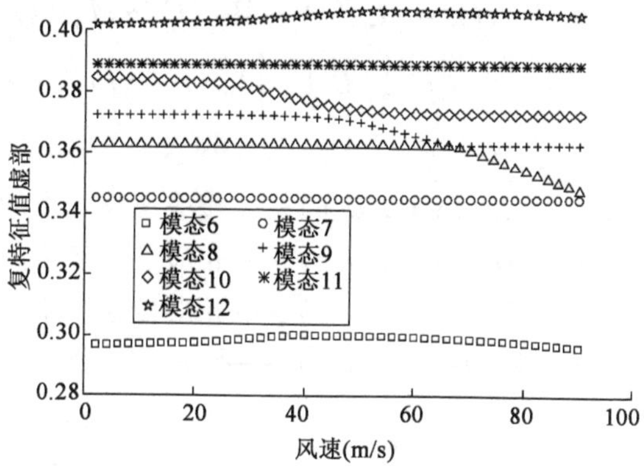

图 5.3.13　+5°风攻角下模态频率随风速变化

通过桥梁三维颤振频域分析可以发现，在 −3°和 −5°风攻角时，颤振临界风速改变较大，仅从计算结果上看，图 5.3.6 中对于桥梁颤振影响较大的 A_2^* 值在颤振折减风速为 3 时发生巨大变化，对颤振导数线性插值时会造成桥梁颤振临界风速变化。从桥梁颤振的本质现象来看，桥梁在 −3°风攻角和 −5°风攻角时，当气流经过桥梁表面时，引起桥梁结构变形较小，从而对桥梁颤振临界风速影响有限。而在 +3°风攻角、+5°风攻角以及 0°风攻角下颤振临界风速都较低，也就意味着在这三种工况能够对桥梁的变形和结构刚度产生很大的影响，尤其是 +3°风攻角为桥梁颤振最不利攻角。

主梁一阶对称竖弯频率和一阶对称扭转频率分别为 0.181Hz 和 0.390Hz，发生颤振时复特征值虚部代表的颤振频率均在此区间内，说明桥梁主要受到竖弯和扭转的耦合振动而引起颤振的发生。

5.3.2　基于 ANSYS 的颤振时域分析方法

目前应用最广泛的自激力表达式为 Scanlan 等提出的用颤振导数形式描述的时频域混合的线性化非定常表达式，见式(5.3.2)，由于气动自激力是时频混合表达的，因此无法用此式进行时域分析。为此，Scanlan 最早将 Wagner 在航空空气动力学中提出的阶跃函数的概念引入桥梁风工程，提出用阶跃函数描述任意运动状态下作用于桥梁的气动力表达式，进行桥梁气动稳定性时域分析，关于该方法本书不做详细推导，有兴趣的读者可以参阅相关文献。另外，Y. K. Lin，Bucher 等在用随机稳定方法研究湍流对颤振的影响时，提出了一种以各方向单位脉冲响应函数表达的时域自激力模型：

$$\begin{aligned}L_{se}(t) &= L_{seh}(t) + L_{sep}(t) + L_{se\alpha}(t)\\&= \frac{1}{2}\rho U^2\int_{-\infty}^{t}\left[I_{Lh}(t-\tau)h(\tau) + I_{Lp}(t-\tau)p(\tau) + I_{L\alpha}(t-\tau)\alpha(\tau)\right]\mathrm{d}\tau\end{aligned} \tag{5.3.15a}$$

$$\begin{aligned}D_{se}(t) &= D_{seh}(t) + D_{sep}(t) + D_{se\alpha}(t)\\&= \frac{1}{2}\rho U^2\int_{-\infty}^{t}\left[I_{Dh}(t-\tau)h(\tau) + I_{Dp}(t-\tau)p(\tau) + I_{D\alpha}(t-\tau)\alpha(\tau)\right]\mathrm{d}\tau\end{aligned} \tag{5.3.15b}$$

$$\begin{aligned}M_{se}(t) &= M_{seh}(t) + M_{sep}(t) + M_{se\alpha}(t)\\&= \frac{1}{2}\rho U^2\int_{-\infty}^{t}\left[I_{Mh}(t-\tau)h(\tau) + I_{Mp}(t-\tau)p(\tau) + I_{M\alpha}(t-\tau)\alpha(\tau)\right]\mathrm{d}\tau\end{aligned} \tag{5.3.15c}$$

式中：$L_{sex}(x=h、\alpha、p)$——相应位移产生的气动升力；

$D_{sex}(x=h、\alpha、p)$——相应位移产生的气动阻力；

$M_{sex}(x=h、\alpha、p)$——相应位移产生的气动扭矩；

$I_{fx}(f=L、D、M;x=h、\alpha、p)$——脉冲响应函数，其直观意义为单位脉冲位移引起的气动自激力，如 $0.5\rho U^2 I_{Lh}(t-\tau)$ 表示风速为 U 时，τ 时刻单位竖向位移引起的 t 时刻的单位长度梁体上的气动升力。

根据脉冲响应函数表达的气动自激力与 Scanlan 气动自激力表达式二者频谱特性的一致性，对式(5.3.15)进行傅立叶变换后与式(5.3.2)相比较，可得脉冲响应函数与气动导数的关系如下：

$$\bar{I}_{Lh} = K^2(H_4^* + \mathrm{i}\,H_1^*) \tag{5.3.16a}$$

$$\bar{I}_{Lp} = K^2(H_6^* + \mathrm{i}\,H_5^*) \tag{5.3.16b}$$

$$\bar{I}_{L\alpha} = K^2B(H_3^* + \mathrm{i}\,H_2^*) \tag{5.3.16c}$$

$$\bar{I}_{Dh} = K^2(P_6^* + \mathrm{i}\,P_5^*) \tag{5.3.16d}$$

$$\bar{I}_{Dp} = K^2(P_4^* + \mathrm{i}\,P_1^*) \tag{5.3.16e}$$

$$\bar{I}_{D\alpha} = K^2B(P_3^* + \mathrm{i}\,P_2^*) \tag{5.3.16f}$$

$$\bar{I}_{Mh} = K^2B(A_4^* + \mathrm{i}\,A_1^*) \tag{5.3.16g}$$

$$\bar{I}_{Mp} = K^2B(A_6^* + \mathrm{i}\,A_5^*) \tag{5.3.16h}$$

$$\bar{I}_{M\alpha} = K^2B^2(A_3^* + \mathrm{i}\,A_2^*) \tag{5.3.16i}$$

式中，$\bar{I}_{fx}(f = L、D、M; x = h、\alpha、p)$ 表示相应脉冲响应函数 I_{fx} 的傅立叶变换，由于节段模型试验获得的颤振导数为有限个已知的离散数据，因而通常引入一个近似的连续函数Roger有理函数对颤振导数进行表达。以竖向位移引起的升力脉冲为例，式(5.3.16a)可以写为：

$$\bar{I}_{Lh}(\mathrm{i}\omega) = A_{Lh1} + A_{Lh2}\left(\frac{\mathrm{i}\omega B}{U}\right) + A_{Lh3}\left(\frac{\mathrm{i}\omega B}{U}\right)^2 + \sum_{i=4}^{m}\frac{A_{Lhi}\mathrm{i}\omega}{\mathrm{i}\omega + \dfrac{d_{Lhi}U}{B}} \tag{5.3.17}$$

式(5.3.17)中，A_{Lh1}、A_{Lh2}、A_{Lh3}、A_{Lhi}、$d_{Lhi}(i = 4,5,\cdots,m)$都是需要拟合的系数。第一项和第二项分别表示由位移引起的气动力和速度引起的气动力，第三项表示由加速度引起的气动力，该项通常相对于其他项较小而被忽略，第四项用于描述滞后于速度项的气动力非定常部分，m 的取值决定了函数近似的精度和附加方程的数量。

对比式(5.3.16a)和式(5.3.17)，令方程的实部和虚部分别相等，可以得出如下关系式：

$$\frac{A_{Lh1}}{K^2} + \sum_{i=3}^{m}\frac{A_{Lhi}}{{d_{Lhi}}^2 + K^2} = H_4^*(K) \tag{5.3.18}$$

$$\frac{A_{Lh2}}{K} + \sum_{i=3}^{m}\frac{A_{Lhi}d_{Lhi}}{K{d_{Lhi}}^2 + K^3} = H_1^*(K) \tag{5.3.19}$$

将实部和虚部结合起来，可以转化为以下最优问题：

$$F(A_{Lh1}, A_{Lh2}, \cdots, d_1, d_2, \cdots) = \sum_n\left\{\left[H_4^*(K_n) - \left(\frac{A_{Lh1}}{K_n^2} + \sum_{i=3}^{m}\frac{A_{Lhi}}{d_{Lhi}^2 + K_n^2}\right)\right]^2\right\} + \sum_n\left\{\left[H_1^*(K_n) - \left(\frac{A_{Lh2}}{K_n} + \sum_{i=3}^{m}\frac{A_{Lhi}d_{Lhi}}{K_n d_{Lhi}^2 + K_n^3}\right)\right]^2\right\} \tag{5.3.20}$$

式中：K——无量纲折算频率；

n——无量纲折算频率的离散个数；

A_{Lhi}、d_{Lhi}——需要进行非线性拟合的系数。这是一个非线性最优解问题，所有系数均可采用非线性最小二乘法拟合确定。

得到了有理函数的各拟合系数后，对式(5.3.17)进行傅立叶变换，即可得到脉冲响应函数的表达式：

$$I_{Lh}(t) = A_{Lh1}\delta(t) + A_{Lh2}\frac{B}{U}\dot{\delta}(t) + \delta(t)\sum_{i=3}^{m}A_{Lhi} - \sum_{i=3}^{m}A_{Lhi}d_{Lhi}\frac{U}{B}\exp\left(-\frac{d_{Lhi}U}{B}t\right) \tag{5.3.21}$$

代入式(5.3.15)中，可得由竖向位移产生的气动升力纯时域表达式：

$$L_{seh}(t) = \frac{1}{2}\rho U^2\left[\left(A_{Lh1} + \sum_{i=3}^{m}A_{Lhi}\right)h(t) + A_{Lh2}\frac{B}{U}\dot{h}(t) - \sum_{i=3}^{m}A_{Lhi}d_{Lhi}\frac{B}{U}\int_{-\infty}^{t}\mathrm{e}^{-\frac{d_{Lhi}U}{B}(t-\tau)}h(\tau)\mathrm{d}\tau\right] \tag{5.3.22}$$

对式(5.3.22)中的积分项进行一次分步积分，可以得到 $L_{seh}(t)$ 的最终表达式：

$$L_{seh}(t)=\frac{1}{2}\rho U^2\left[A_{Lh1}h(t)+A_{Lh2}\frac{B}{U}\dot{h}(t)\right]+\frac{1}{2}\rho U^2\sum_{i=3}^{m}A_{Lhi}\int_{-\infty}^{t}\mathrm{e}^{-\frac{d_{Lhi}U}{B}(t-\tau)}\dot{h}(\tau)\mathrm{d}\tau \tag{5.3.23}$$

同理,可以得出 $L_{se\alpha}$、M_{seh}、$M_{se\alpha}$ 等的表达式。另外,在实际计算中,由于 L_{sep}、M_{sep}、D_{seh}、$D_{se\alpha}$、D_{sep} 通常对颤振稳定性影响极小而被忽略,本节后续算例都不计这几项。基于上述推导的自激力时域表达式通过 ANSYS APDL 语言编写自激力数值计算程序,可实现大桥颤振时域分析,其中式(5.3.23)中的卷积积分项在计算程序中需转化为数值递推关系式。计算程序采用 Newmark-β 法求解式(5.3.1)的运动方程,其中节点加速度和节点速度可表示为如下差分格式:

$$\ddot{Y}(t_i+\Delta t)=\frac{1}{\alpha\Delta t^2}[Y(t_i+\Delta t)-Y(t_i)]-\frac{1}{\alpha\Delta t}\dot{Y}(t_i)-\left(\frac{1}{2\alpha}-1\right)\ddot{Y}(t_i) \tag{5.3.24}$$

$$\dot{Y}(t_i+\Delta t)=\frac{\beta}{\alpha\Delta t}[Y(t_i+\Delta t)-Y(t_i)]-\left(\frac{\beta}{\alpha}-1\right)\dot{Y}(t_i)-\frac{\Delta t}{2}\left(\frac{\beta}{\alpha}-2\right)\ddot{Y}(t_i) \tag{5.3.25}$$

式中,$\alpha=1/4(1+\gamma)^2$,$\beta=\gamma+1/2$,γ 为振幅衰减系数,即数值阻尼因子,ANSYS 默认值为 0.005;Δt 为计算时间步长,通过逐步提高风速进行颤振时域分析,观察节点位移随时间变化的特性,便可判断得到桥梁的颤振临界风速。

本章参考文献[3],以矮寨大桥为工程背景,详细叙述了采用基于 ANSYS 的颤振时域分析方法探讨中央扣对大跨悬索桥颤振稳定性的影响,感兴趣的读者可以参阅。

5.4 超临界颤振研究初探

由于桥梁断面是钝体,作用于其上的气动力从本质上来说是非线性的。在小振幅条件下,气动力的线性假定是近似成立的。然而,风洞试验结果表明,钝体桥梁断面在大振幅状态下,自激力具有显著的非线性特性,自激力的频谱具有显著的高次倍频成分。此时,气动力的非线性不能忽略。因此,以 Scanlan 的线性自激力模型为基础的经典颤振理论不适用于大振幅的振动状态。进行超大跨度桥梁的颤振计算时,其大位移和大振幅对主梁气动力的影响不具备突发性,可能出现软颤振现象。事实上,塔科马海峡桥的破坏过程也不是线性颤振理论所预测的突发性硬颤振破坏,而是经历了近 70min 的大振幅反对称扭转振动,直至 1/4 跨处扭转振幅达到约 35°后,因吊索被逐根拉断而坍塌,在振动过程中表现出了“软颤振”的特征。随着桥梁向更大的跨度发展,其非线性效应将越来越明显,抗风设计也变得更具挑战性,传统的线性颤振理论已无法预测非线性行为,特大跨度悬索桥要满足传统线性颤振理论的设防要求,需要大幅度增加建桥成本,这是今后进一步提高桥梁跨径的主要制约因素。因此,发展适用于超大跨度桥梁的非线性颤振计算理论及方法,是当前桥梁工程发展的迫切需求。

5.4.1 典型非线性颤振试验现象

近年来,国内外学者通过大振幅的风洞试验,研究了大跨度桥梁颤振自激力的非线性效应,大致可分为如下几个方面:颤振导数对振幅的依赖现象,颤振自激力的高次倍频成分和非线性迟滞现象，以及软颤振试验现象。这些试验现象从多个角度揭示了考虑颤振自激力非线性的必要性。下面详细综述比较典型的风洞试验结果。

(1)颤振导数对振幅的依赖现象

在研究自激力非线性特性以及对颤振导数识别进行敏感性分析时，许多学者注意到了振幅对颤振导数的影响。日本德岛大学的 Noda 以不同宽厚比($B/D=13$ 和 $B/D=150$)的平板为研究对象，通过强迫振动试验研究了不同振幅对颤振导数的影响，试验结果如图 5.4.1 所示。可以看出，扭转振幅对颤振导数 A_2^* 和 H_2^* 的影响非常显著，而且断面越钝，折算风速越大，振幅的影响也越显著。进一步地，通过同步测振测压试验，可知颤振导数对振幅的依赖现象是由扭转振幅改变了分离流的再附点造成的。考虑了扭转振幅的影响后，$B/D=13$ 和 $B/D=150$的平板断面的颤振临界风速分别降低了 7% 和 10%。

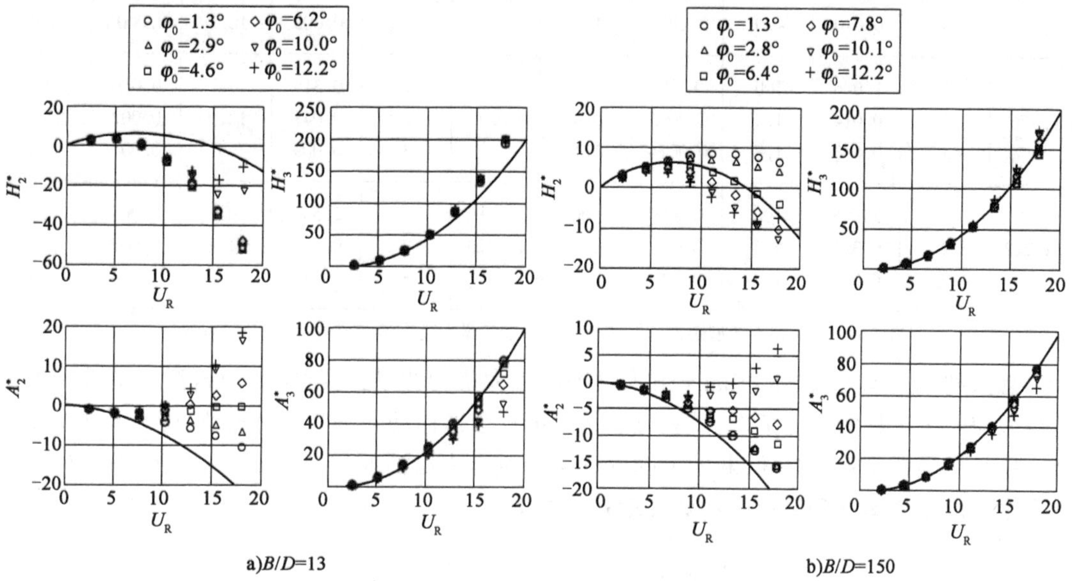

图 5.4.1　扭转振幅(φ_0)对气动导数的影响

然而，一个合理的颤振自激力模型必须满足气动参数基本上只依赖于结构的外形的要求，与风洞试验中模型的振动幅值无关，这是风洞试验结果能够被推广应用于实际桥梁的必要条件。Noda 所揭示的颤振导数依赖于振幅的现象，实际上反映了颤振自激力在大振幅状态下的非线性效应，断面越钝，自激力的非线性效应越强，若忽略自激力的非线性效应，一方面会造成颤振导数的识别结果存在明显的离散性，另一方面也会造成颤振临界风速的预测存在明显的误差。

(2)颤振自激力高次倍频成分和非线性迟滞现象

陈政清和于向东通过强迫振动试验，利用其开发的强迫振动装置，测量了薄平板断面和双边肋断面颤振自激力的谐波分量，结果如图 5.4.2 所示。可以发现，在较大振幅状态下，薄平板断面的自激力高次倍频成分较小，均小于 2.5%；双边肋断面的自激力高次倍频非常明显，以二次倍频为主，可以高达 20%，且不低于 11%，而且随着折算风速的增加，三次倍频成分也变得比较显著。

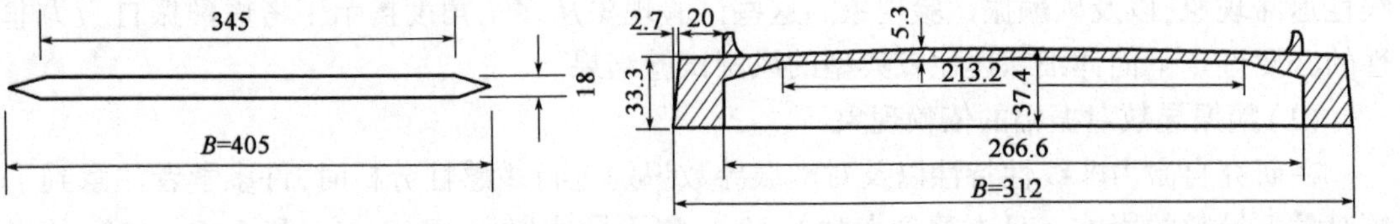

无量纲风速（U/fB）	谐波阶段	自激力 升力 幅值（kg）	自激力 升力 比率（%）	自激力 弯矩 幅值（kg·m）	自激力 弯矩 比率（%）	无量纲风速（U/fB）	谐波阶段	自激力 升力 幅值（kg）	自激力 升力 比率（%）	自激力 弯矩 幅值（kg·m）	自激力 弯矩 比率（%）
4.938	1 2 3	0.247 0.005 0.010	100 2.0 4.0	0.031 0.0007 0.0005	100 2.3 1.6	3.205	1 2 3	0.049 0.010 0.005	100 20.4 10.2	0.005 0.001 0.0002	100 20.0 4.0
9.876	1 2 3	1.006 0.014 0.013	100 1.4 1.3	0.131 0.0005 0.0014	100 0.4 1.1	6.410	1 2 3	0.319 0.041 0.009	100 12.9 2.8	0.010 0.002 0.001	100 20.0 10.0
22.222	1 2 3	5.895 0.322 0.061	100 5.5 1.0	0.841 0.012 0.002	100 1.4 0.2	14.423	1 2 3	2.550 0.284 0.016	100 11.1 0.6	0.063 0.007 0.004	100 11.1 6.3

图 5.4.2　典型流线型断面和钝体桥梁断面的自激力高次谐波分量（尺寸单位：mm）

意大利米兰理工大学的 Diana 团队以墨西拿大桥为背景，对桥梁断面自激力的非定常非线性效应做了大量的研究工作，试验方法是大振幅强迫振动同步测压测振法，图 5.4.3 为他们研究所采用的典型箱形断面，断面上的气动力通过压力沿断面积分获得。引入瞬态攻角 ψ 的概念来考虑结构运动和风速脉动对气动外形的影响：

$$\psi = \theta + \tan^{-1}\left(\frac{b\dot{\theta} - \dot{z} + w}{V + v - \dot{y}}\right) \tag{5.4.1}$$

式中：θ——瞬时扭转角；

$\dot{\theta}$——瞬时扭转角速度；

b——半桥宽度；

$\dot{z}$——横风向运动速度；

w——来流风中竖向瞬时脉动成分；

V、v——来流平均风速和顺风向瞬时脉动成分；

$\dot{y}$——顺风向运动速度。

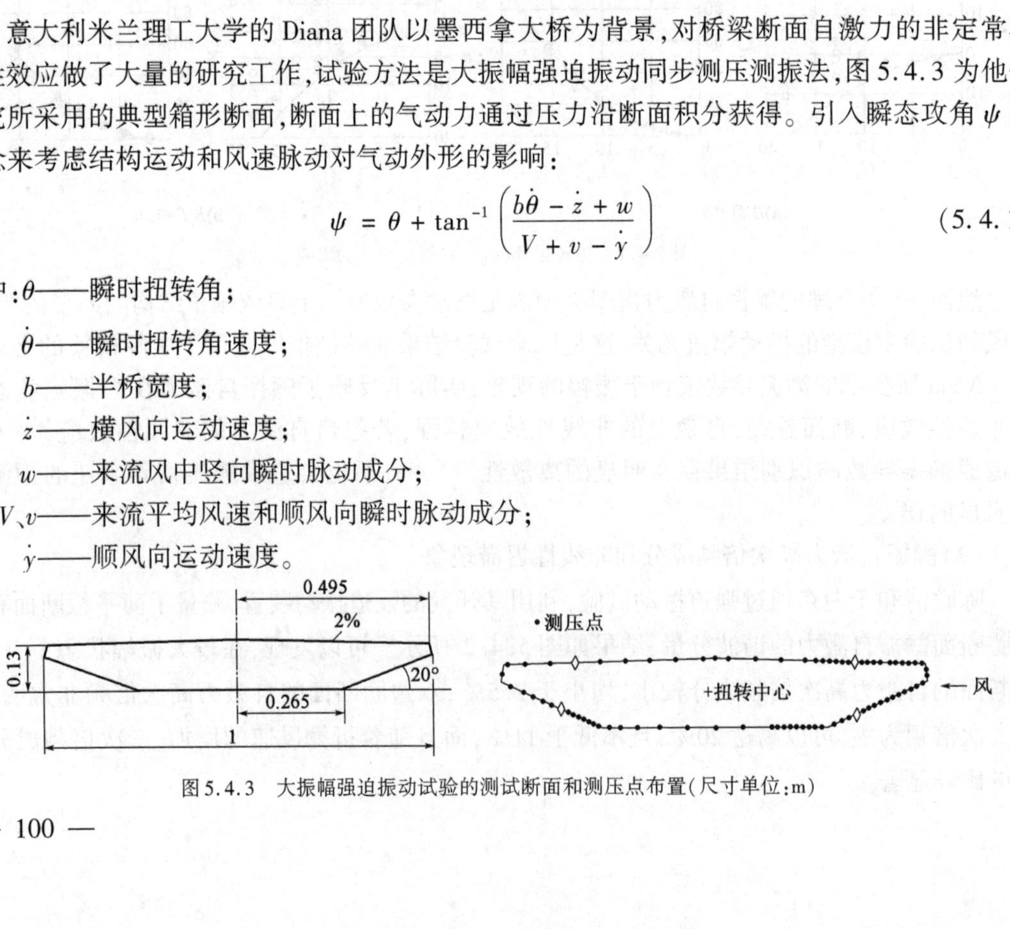

图 5.4.3　大振幅强迫振动试验的测试断面和测压点布置（尺寸单位：m）

引入上述瞬态攻角之后，自激力就可以表示为瞬态攻角的单值函数，进一步采用滞回环来直观地显示气动力的非线性迟滞现象。图5.4.4给出了气动扭矩系数随瞬态攻角变化的滞回环，其中图5.4.4a)为保持扭转振幅不变，考察不同折减风速条件下的迟滞现象，可以发现当折减风速增大时，自激扭矩系数的迟滞环逐渐趋近于静态扭矩系数曲线，迟滞环的面积变小，表明对于流线型箱梁断面，在高折减风速条件下，准定常理论也是可以适用的，然而随着折减风速的降低，迟滞环面积逐渐增大，表明非定常迟滞效应更加强烈，而且迟滞环形状逐渐偏离静态的气动力曲线，并出现上下不对称现象。图5.4.4b)为相同折算风速 $V^* = 10$，不同扭转振幅时迟滞环的变化情况，可以发现，小振幅（$\theta < 4°$）对应的自激扭矩系数的迟滞环仍然接近椭圆，即自激扭矩与瞬态扭转角满足线性关系，随着振幅进一步增大（$\theta > 6°$），迟滞环的面积显著增大，其形状也开始偏离椭圆，并出现了上下不对称现象，自激扭矩表现出明显的非定常非线性迟滞效应。

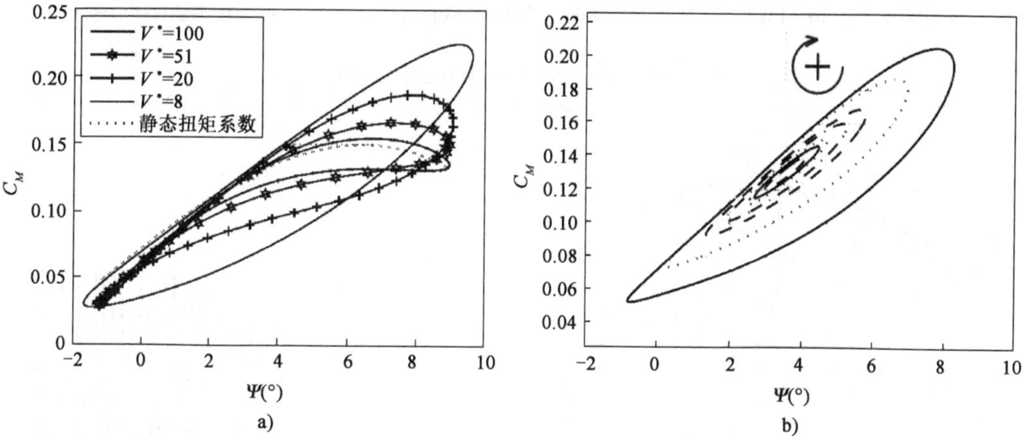

图5.4.4 桥梁断面自激力对振动频率和幅值的依赖现象

(3)软颤振现象

软颤振现象是桥梁断面在自由振动试验中出现的非线性振动现象，表现为当风速达到线性模型所预测的临界风速前后时，节段模型在相当长的风速范围内均能出现自限幅的极限环振荡，稳定振幅随着风速的增加而增加，没有一个明显的振幅急剧增加的临界风速，称其为“软颤振”是为了与经典平板断面观察到的突发性“硬颤振”相区别。

日本的Daito和Matsumoto在研究开口π形和H形主梁断面时观察到明显的软颤振现象，如图5.4.5所示。由于软颤振比经典的硬颤振在更低的风速下就会出现，因此，他们将观察到的自限幅振动现象称为低速扭转颤振（low speed torsional flutter），以与经典的发散型颤振（divergent type flutter）或者高速颤振（high speed flutter）区别开来。进一步通过同步测振测压试验，他们指出软颤振现象与涡旋沿桥梁断面的动态脱落现象密切相关。

捷克的Náprstek等设计了一个可以进行弯扭耦合两自由度大振幅自由振动的风洞试验装置，如图5.4.6所示，利用该试验装置研究几个典型的桥梁断面和矩形断面的颤振后行为，在节段模型自由振动中都观察到了软颤振现象，如图5.4.7所示，他们认为软颤振的出现是由于自激力的非线性特性在振动系统中形成了一个较强的稳定能量垒（energy barrier），只有继续增加风速使得风场向结构输入的能量超过这个能量垒,结构才会出现发散振动,目前常用的线性自激力模型只能大致预测颤振发生时的风速,而不能预测软颤振及其以后发散的行为。

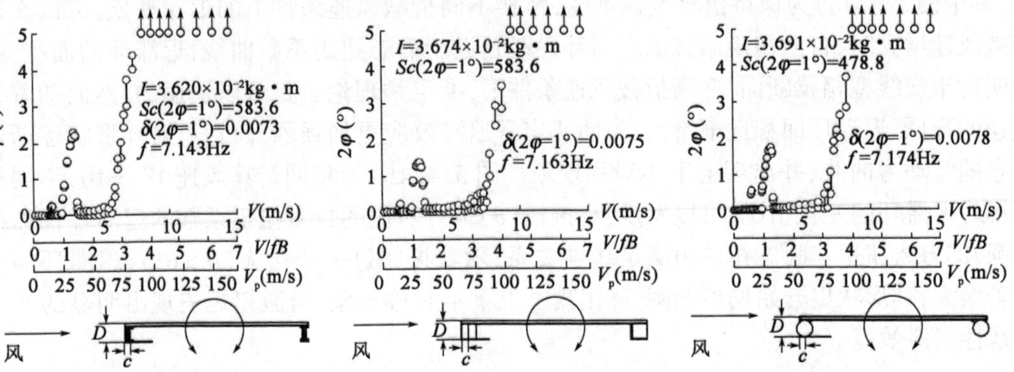

a)工字形主梁(B/D=10)　　b)箱形主梁(B/D=10)　　c)圆管主梁(B/D=9.4)

图 5.4.5　不同主梁类型截面的速度-扭转角图

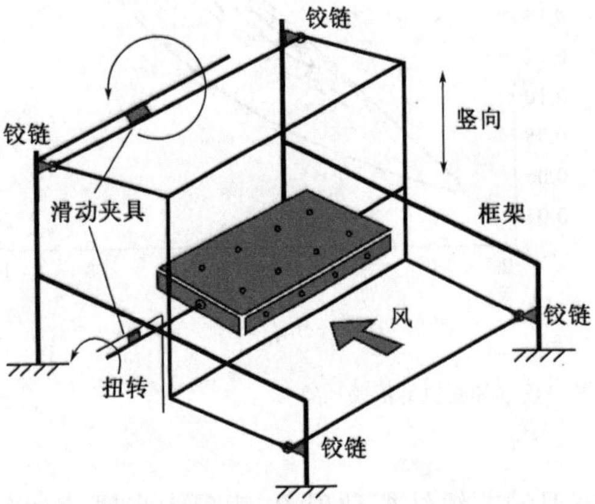

图 5.4.6　Náprstek 等采用的试验装置

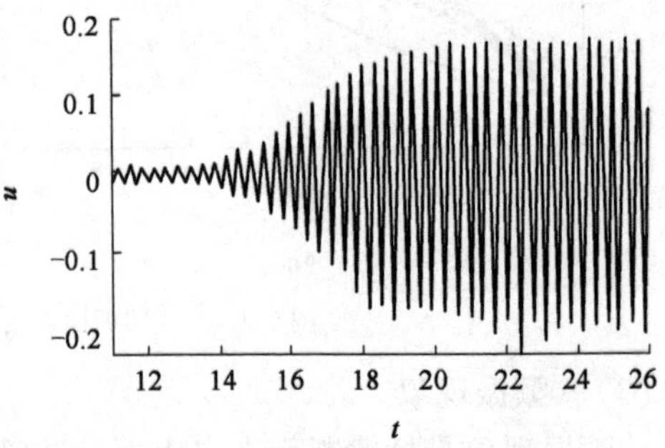

图 5.4.7　Náprstek 等观察到的软颤振现象

巴黎理工学校的 Amandolese 等针对一个薄矩形板(高宽比 1:23.3,见图 5.4.8),在雷诺数 $1.17\times10^4\sim3.03\times10^4$ 范围内,进行了弹簧悬挂两自由度颤振试验,观察到弯扭两自由度耦合的软颤振现象,与 Matsumoto 类似,他们称之为"低速颤振(low speed flutter)"或者"超临界极限环振荡(post critical limit cycle oscillations)",他们还对比了风速施加方式对软颤振现象的影响,观察到软颤振起振风速与风速的施加方式有关,当由低风速逐渐增加时,软颤振出现在颤振临界风速 U_c 处,并且需要一个初始激励,若由高风速降低时,软颤振在 $0.85U_c$ 时就会出现,软颤振的区间可以达到 $1.2U_c$。根据 Amandolese 等的试验结果,薄矩形板的软颤振竖向振幅最大可达 1/4 板宽,扭转振幅最大可达 44°(图 5.4.9)。Li 等针对典型的钢桁架断面采用新型大幅扭转振动装置详细研究了该类断面的后颤振行为,发现该断面表现出典型的耦合竖向变形行为,该行为对缆索支撑内桥梁的真实三维非线性后颤振响应影响很大,值得进一步研究。

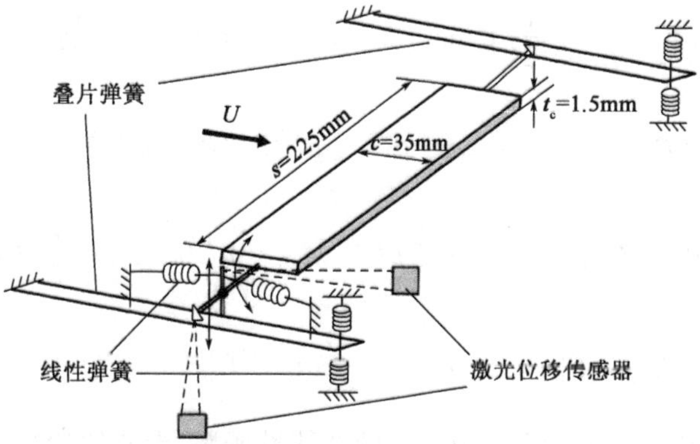

图 5.4.8 Amandolese 等的薄矩形板两自由度颤振试验装置

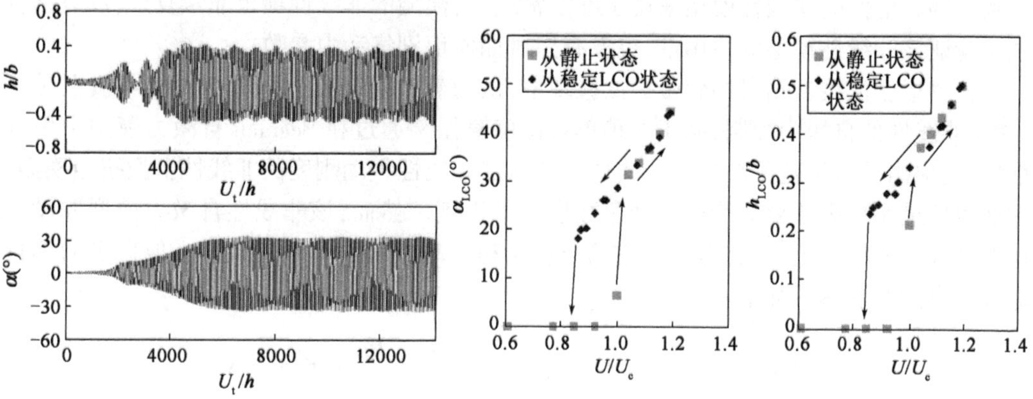

a)超临界状态$U/U_c \approx 1.08$下的起伏时程响应

b)起伏响应的极限环振荡随相对速度变化

图 5.4.9 Amandolese 等观察到的弯扭耦合软颤振现象

综上所述，钝体断面在大振幅状态下，颤振自激力存在明显的高次倍频成分和非线性迟滞现象，表现出显著的非线性效应，使得颤振导数的识别结果依赖于振幅大小，钝体断面的颤振不再表现出突发性的“硬颤振”，而是出现振幅缓慢增加的“软颤振”现象，为了预测描述钝体断面在大振幅状态下的自激振动响应，有必要建立颤振自激力的非线性数学模型，下节将介绍国内外学者对非线性自激力的建模工作。

5.4.2 桥梁断面的典型非线性自激力模型

徐旭和曹志远根据气动片条理论，假定来流脉动和结构的振动都可以由瞬时攻角来考虑，桥梁断面在任意湍流场的气动力可以表示成瞬时攻角的函数，由此推导了考虑主梁断面三个运动完全耦合的非线性气动力表达式，并计入了湍流场三个方向的脉动风速的影响。其非线性气动力表达式为：

$$D = \frac{1}{2}\rho\overline{U}^2AC_D\left(1+\frac{2u}{\overline{U}}\right)+\frac{1}{2}\rho\overline{U}Aw(C_D'-C_L)-\rho\overline{U}AC_D\dot{x}-\frac{1}{2}\rho\overline{U}A(C_D'-C_L)\dot{y}+ \frac{1}{2}\rho\overline{U}A[R_0(C_D'-C_L)+C_{D\theta}'\overline{U}]\dot{\theta}+\frac{1}{2}\rho\overline{U}^2AC_D'\theta+R_D(t) \tag{5.4.2a}$$

$$L = \frac{1}{2}\rho\overline{U}^2BC_L\left(1+\frac{2u}{\overline{U}}\right)+\frac{1}{2}\rho\overline{U}Bw(C_D+C_L')-\rho\overline{U}BC_L\dot{x}-\frac{1}{2}\rho\overline{U}B(C_L'+C_D)\dot{y}+$$

$$\frac{1}{2}\rho\overline{U}B[R_0(C_L'+C_D)+C_{L\theta}'\overline{U}]\dot{\theta}+\frac{1}{2}\rho\overline{U}^2BC_L'\theta+R_L(t) \tag{5.4.2b}$$

$$M = \frac{1}{2}\rho\overline{U}^2B^2C_M\left(1+\frac{2u}{\overline{U}}\right)+\frac{1}{2}\rho\overline{U}B^2wC_M'-\rho\overline{U}B^2C_M\dot{x}-\frac{1}{2}\rho\overline{U}B^2C_M'\dot{y}+$$

$$\frac{1}{2}\rho\overline{U}B^2[R_0C_M'+C_{M\theta}'\overline{U}]\dot{\theta}+\frac{1}{2}\rho\overline{U}^2B^2C_M'\theta+R_M(t) \tag{5.4.2c}$$

式中，$R_D(t)$、$R_L(t)$、$R_M(t)$是$\dot{x}$、$\dot{y}$、θ、$\dot{\theta}$、t的非线性函数，形式比较复杂，需要结合具体研究的问题推导。该气动力模型的线性部分与Scanlan的线性自激力模型和经典的抖振力公式趋于一致，然而，他们的非线性模型采用了准定常理论，模型的非线性项也非常复杂，没有结合风洞试验验证该非线性模型的适用性，也没有探讨如何识别气动力参数。

张朝贵根据流线型箱梁的软颤振试验现象，认为软颤振现象与涡振在振动本质上是不同的，它由非线性的自激力控制，属于一种单自由度颤振。通过在Scanlan自激力模型中引入非线性项，他提出了基于范德波尔型非线性气动阻尼和线性气动刚度的非线性自激扭矩模型，并根据非线性最小二乘法对非线性气动参数进行了识别。然而，该非线性自激力模型并没有经过风洞试验的充分验证，没有考虑弯扭耦合效应和气动刚度的非线性效应。他提出的单自由度非线性自激力表达式如下：

$$M_{se} = \rho U^2B^2\left\{[A_2^{**}(K)-\beta^{**}(K)\alpha^2]K\frac{B\dot{\alpha}}{U}+K^2A_3^*(K)\alpha\right\} \tag{5.4.3}$$

式中：M_{se}——单位桥梁断面受到的非线性自激扭矩；

K——折减风速，$K=\omega B/U$；

$A_2^{**}(K)$、$\beta^{**}(K)$、$A_3^*(K)$——无量纲气动力系数，类似于颤振导数为折减频率K的函数，需要通过风洞试验识别。

Wu和Kareem采用非线性动力学建模中经典的Volteria卷积模型来模拟颤振自激力的非线性非定常性质，并通过数值仿真计算讨论了非线性效应的作用，但是该模型比较复杂，也没有经过试验验证，具体表达式如下：

$$L(s) = \frac{1}{2}\rho U^2 2b\left\{\frac{\mathrm{d}C_L}{\mathrm{d}\theta}\left[\int_0^s\Phi_{L\theta}(s-\sigma)\theta'(\sigma)\mathrm{d}\sigma+\int_0^s\int_0^s\Phi_{L\theta_2}(s-\sigma,s-\kappa_1)\theta'(\sigma)\theta'(\kappa_1)\mathrm{d}\sigma\mathrm{d}\kappa_1+\right.\right.$$

$$\left.\left.\int_0^s\int_0^s\int_0^s\Phi_{L\theta_3}(s-\sigma,s-\kappa_1,s-\kappa_2)\theta'(\sigma)\theta'(\kappa_1)\theta'(\kappa_2)\mathrm{d}\sigma\mathrm{d}\kappa_1\mathrm{d}\kappa_2+\cdots\right]\right\} \tag{5.4.4a}$$

$$M(s) = \frac{1}{2}\rho U^2 2b\left\{\frac{\mathrm{d}C_M}{\mathrm{d}\theta}\left[\int_0^s\Phi_{M\theta}(s-\sigma)\theta'(\sigma)\mathrm{d}\sigma+\int_0^s\int_0^s\Phi_{M\theta_2}(s-\sigma,s-\kappa_1)\theta'(\sigma)\theta'(\kappa_1)\mathrm{d}\sigma\mathrm{d}\kappa_1+\right.\right.$$

$$\left.\left.\int_0^s\int_0^s\int_0^s\Phi_{M\theta_3}(s-\sigma,s-\kappa_1,s-\kappa_2)\theta'(\sigma)\theta'(\kappa_1)\theta'(\kappa_2)\mathrm{d}\sigma\mathrm{d}\kappa_1\mathrm{d}\kappa_2+\cdots\right]\right\} \tag{5.4.4b}$$

式中自激升力和自激扭矩用阶跃函数的形式表示。

Diana 等在引入瞬态攻角[式(5.4.1)]的基础上,基于准定常理论建立了非线性的时域气动力模型,表达式如下:

$$C_M(\psi,\dot{\psi}) = C_M^{\text{static}}(\psi) + \beta_1 + \beta_2\psi + \beta_3\dot{\psi} + \beta_4\psi^2 + \beta_5\psi\dot{\psi} + \beta_6\psi^3 + \beta_7\psi^2\dot{\psi} \quad (5.4.5)$$

式中: ψ——瞬态攻角,综合考虑了结构运动和风速脉动对气动外形的影响;

$\beta_j(j=1,2,\cdots,7)$——常数,需要由风洞试验拟合得到;

C_M^{static}——静态平均扭矩系数。

为了模拟图 5.4.4 中气动力迟滞环的不对称现象,Diana等进一步引入流变单元(rheologic element)来计入非定常效应,如图 5.4.10所示。

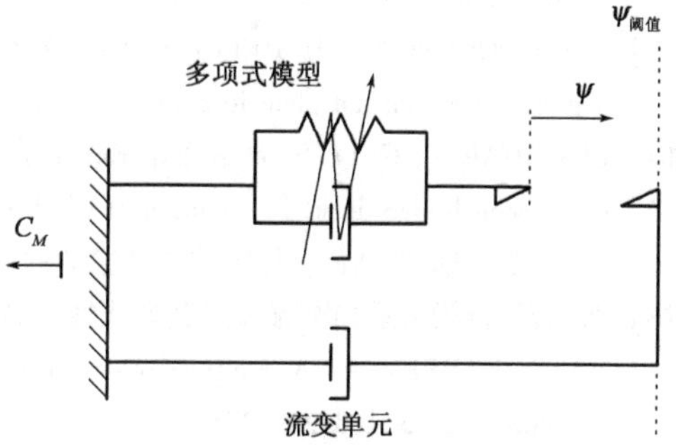

图 5.4.10 Diana 等引入的流变单元

Diana 等提出的上述非线性模型基本上可以模拟流线型断面气动力的迟滞现象,然而,气动力模型本身仍然是准定常的,模型中的系数 $\beta_j(j=1,2,\cdots,7)$ 没有考虑振动状态(振幅、频率等)的影响,因而,在低折减风速范围内,气动力迟滞现象模拟变差,在后续的工作中,Diana 等在低折减风速范围内,增加流变单元的数量,随着折减风速的增加让流变单元动态地退出工作,从而成功地模拟了低折减风速范围内气动力迟滞环的性质,事实上,Diana的上述方法计入了自激力非定常效应的影响,但在计算过程中需要对流变单元不断调整,可操作性较差。

总体来说,超临界颤振的研究目前还处于起步阶段,对于非线性振动现象还没有建立起完善成熟的理论,需要风工程的研究者们继续深耕这片广阔的土地,以促进桥梁工程事业的发展。

本章参考文献

[1] 李春光. 紊流风场中大跨度桥梁非线性气动稳定性研究[D]. 长沙:湖南大学,2010.

[2] 罗延忠. 桥梁结构气动导数识别的理论和试验研究[D]. 长沙:湖南大学,2007.

[3] 李凯,韩艳,蔡春声,等. 中央扣对大跨悬索桥颤振稳定性的影响[J]. 湖南大学学报(自然科学版),2021,48(3):44-54.

[4] 李春光,刘书倩,韩艳,等. 大跨径悬索桥施工阶段颤振稳定性影响因素研究[J]. 铁道科学与工程学报,2014,11(5):5-11.

[5] NODA M, UTSUNOMIYA H, NAGAO F, et al. Effects of oscillation amplitude on aerodynamic derivatives [J]. Journal of wind engineering and industrial aerodynamics, 2003, 91(1-2): 101-111.

[6] 陈政清,于向东. 大跨桥梁颤振自激力的强迫振动法研究[J]. 土木工程学报,2002,35(5):34-41.

[7] DIANA G, ROCCHI D, ARGENTINI T, et al. Aerodynamic instability of a bridge deck section model: linear and nonlinear approach to force modeling [J]. Journal of wind engineering and industrial aerodynamics, 2010, 98(6-7): 363-374.

[8] DIANA G, RESTA F, ROCCHI D. A new numerical approach to reproduce bridge aerodynamic non-linearities in time domain [J]. Journal of wind engineering and industrial aerodynamics, 2008,96:1871-1884.

[9] DIANA G, RESTA F, ROCCHI D, et al. Aerodynamic hysteresis: wind tunnel tests and numerical implementation of a fully nonlinear model for the bridge aeroelastic forces[C]//Proceedings of the 4th International Conference on Advance in Wind and Structures (AWAS'08), Jeju, 2008.
[10] DAITO Y, MATSUMOTO M, ARAKI K. Torsional flutter mechanism of two-edge girders for long-span cable-stayed bridge[J]. Journal of wind engineering and industrial aerodynamics, 2002, 90(12-15): 2127-2141.
[11] NÁPRSTEK J, POSPÍŠIL S, HRAĈOV S. Analytical and experimental modelling of non-linear aeroelastic effects on prismatic bodies[J]. Journal of wind engineering and industrial aerodynamics, 2007, 95(9-11): 1315-1328.
[12] NÁPRSTEK J, POSPÍŠIL S. Post-critical behavior of a simple non-linear system in across-wind[J]. Engineering mechanics, 2011, 18:193-201.
[13] AMANDOLESE X, MICHELIN S, CHOQUEL M. Low speed flutter and limit cycle oscillations of a two-degree-of-freedom flat plate in a wind tunnel[J]. Journal of fluids and structures, 2013, 43:244-255.
[14] LI K, HAN Y, CAI C S, et al. Experimental investigation on post-flutter characteristics of a typical steel-truss suspension bridge deck[J]. Journal of wind engineering and industrial aerodynamics, 2021, 216:104724.
[15] 徐旭,曹志远.气动耦合扭转非线性振动的稳定性分析[J].非线性动力学学报,1999,6(3):228-234.
[16] 张朝贵.桥梁主梁"软"颤振及其非线性自激气动力参数识别[D].上海:同济大学,2007.
[17] WU T, KAREEM A. A nonlinear convolution scheme to simulate bridge aerodynamics[J]. Computers and structures, 2013, 128:259-271.

第6章　桥梁抖振

实际的自然风均具有一定的紊流特性。抖振是指结构在自然风中的脉动成分作用下的随机强迫振动。抖振虽然不会引起灾难性的破坏，但是过大的抖振响应在施工期间可能危及施工人员的安全，在运营阶段则会影响行人和车辆的舒适性及引起桥梁构件的疲劳破坏。因此，正确估计桥梁结构的抖振响应是十分重要的。

桥梁结构的抖振现象可大致分为三类，即由结构物自身尾流引起的抖振、其他结构物特征紊流引起的抖振和自然风中的脉动成分引起的抖振。在这三者之中，大气中脉动风引起的抖振响应占主要地位，因而通常所说的桥梁抖振分析理论主要是针对大气紊流引起的抖振。近四十多年来，国内外学者对大气紊流引起的桥梁结构抖振响应进行了大量的研究，概括起来主要有三种，即 Davenport 抖振理论、Scanlan 颤抖振理论、Y. K. Lin 随机抖振理论。

桥梁抖振响应分析自 Davenport 以来，已经在频域和时域的范围内取得了长足的发展。现有的桥梁抖振理论和分析方法已被广泛应用于大跨度桥梁工程的抗风设计中，但目前大跨度桥梁抖振响应分析方法都是建立在准定常理论和气动力的片条理论基础上，紊流的非定常特性和沿桥梁构件截面方向的不完全相关性对气动抖振力的影响通过引入若干气动导纳函数加以考虑，紊流风速脉动沿大桥高度和跨度方向的不完全相关性通过引入若干基于实际观测数据的相关函数经验公式加以考虑。为了满足大跨度桥梁工程建设的迫切需要，我们必须对桥梁抖振响应进行进一步的精细化研究。

本章首先介绍传统颤抖振时域分析方法，接着介绍复气动导纳识别方法，最后介绍精细化抖振时域分析方法。

6.1　传统颤抖振时域分析方法

当风吹过桥梁时，会在主梁上产生阻力、升力和扭矩。当桥梁的振幅和脉动风的紊流强度较小时，可以认为气动行为是线性的，故桥梁所受气动力可以认为是静风力、抖振力和自激力三种力的线性叠加，作用在桥面上的风荷载 F 一般可表达为：

$$F(t) = F_{st}(t) + F_{b}(t) + F_{se}(t) \tag{6.1.1}$$

式中：$F_{st}(t)$——平均风引起的静风力；

$F_{b}(t)$——脉动风引起的抖振力；

$F_{se}(t)$——桥梁与气流相互作用所产生的自激力。

为进行时域颤抖振分析，必须获得时域的气动力表达式，静风力和抖振力本身即为时域形式，可以直接应用，无须处理，而由气动导数表述的 Scanlan 自激力公式则为时频混合的表达式，必须转化为时域形式才能进行时域分析。在传统颤抖振时域分析方法中，对于静风力和抖振力采用基于准定常理论的公式，自激力直接采用阶跃函数或脉冲响应函数的表达公式，以下分别对相关内容进行论述。

6.1.1 静风力

在风轴坐标系下，作用在主梁单位展长上的静风升力L_{st}、阻力D_{st}及扭矩M_{st}可表达为：

$$L_{st}(t) = \frac{1}{2}\rho U^2 C_L(\alpha_0) B \tag{6.1.2a}$$

$$D_{st}(t) = \frac{1}{2}\rho U^2 C_D(\alpha_0) H \tag{6.1.2b}$$

$$M_{st}(t) = \frac{1}{2}\rho U^2 C_M(\alpha_0) B^2 \tag{6.1.2c}$$

式中：C_L、C_D、C_M——在风轴坐标系下定义的主梁升力系数、阻力系数和扭矩系数，一般通称为静力三分力系数，可由风洞静力节段模型试验获得；

α_0——来流攻角，大气边界层中的强风主要是水平方向的，但可以有 $-3° \sim +3°$ 的微小变化；

B——桥面宽度；

H——主梁高度；

U——平均风速；

ρ——空气密度，$\rho = 1.225\text{kg/m}^3$。

6.1.2 抖振力

抖振力是由脉动风的湍流成分引起的，对于大气边界层阵风常见的湍流强度，以及频率属于我们实际应用中所关心的频率范围的那些湍流分量，可以假设脉动风速分量 u、v 和 w 的平方及相互乘积，相对于平均风速的平方可以忽略不计，则作用在长度为 D 的主梁上的抖振力可表达为：

$$L_b(t) = \frac{1}{2}\rho U^2 BD\left[2C_L\chi_{Lu}\frac{u(t)}{U} + (C_L' + C_D)\chi_{Lw}\frac{w(t)}{U}\right] \tag{6.1.3}$$

$$D_b(t) = \frac{1}{2}\rho U^2 BD\left[2C_D\chi_{Du}\frac{u(t)}{U} + (C_D' - C_L)\chi_{Dw}\frac{w(t)}{U}\right] \tag{6.1.4}$$

$$M_b(t) = \frac{1}{2}\rho U^2 B^2 D\left[2C_M\chi_{Mu}\frac{u(t)}{U} + C_M'\chi_{Mw}\frac{w(t)}{U}\right] \tag{6.1.5}$$

式中：$\chi_{Rk}(R = L、D、M; k = u、w)$——6 个复气动导纳，为频率的函数，与时间无关；

χ_{Lw}——竖向脉动风 w 对升力 L 的气动导纳函数，称之为竖风向升力气动导纳函数；

B——桥面宽度；

C——气动力系数；

C'——气动力系数关于风攻角的导数；

u、w——脉动风的水平与竖向分量。

传统颤抖振方法中抖振力常常忽略气动导纳函数的修正。

6.1.3 自激力

(1)单位阶跃函数表达形式

1971 年,Scanlan 和 Tomko 指出,对于小振动,钝体上的自激升力和力矩可以表达为关于结构位移和转角以及它们的前两阶导数的线性函数,其中的气动导数可通过专门设计的风洞试验测得。基于半经验半理论,采用 8 个气动导数来表述的作用在桥梁断面上的线性化非定常自激力模型可表示为:

$$L = \frac{1}{2}\rho U^2 B\left(KH_1^* \frac{\dot{h}}{U} + KH_2^* \frac{B\dot{\alpha}}{U} + K^2 H_3^* \alpha + K^2 H_4^* \frac{h}{B}\right) \tag{6.1.6a}$$

$$M = \frac{1}{2}\rho U^2 B^2\left(KA_1^* \frac{\dot{h}}{U} + KA_2^* \frac{B\dot{\alpha}}{U} + K^2 A_3^* \alpha + K^2 A_4^* \frac{h}{B}\right) \tag{6.1.6b}$$

式中: ρ——空气密度;

U——来流风速;

K——折算频率;

B——桥梁断面宽度;

H_i^*、A_i^* $(i=1,2,3,4)$——风洞试验测得的主梁断面的颤振导数;

$\dot{h}$、$\dot{\alpha}$——竖向位移和扭转位移对时间 t 的导数。

式(6.1.6)是一种时域和频域混合表达的自激力模型,不能直接应用于时域抖振分析,为了获得纯时域的自激力表达式,Scanlan 将航空中阶跃函数(indicial function)的概念引入桥梁中,提出用单位阶跃函数来描述桥梁断面攻角和位移单位阶跃变化所产生的升力、阻力和扭矩。用单位阶跃函数表达的自激力形式为:

$$L_{se}(s) = \frac{1}{2}\rho U^2 B C_L'\left[\int_{-\infty}^{s} \varphi_{L\alpha}(s-\sigma)\alpha'(\sigma)\mathrm{d}\sigma + \int_{-\infty}^{s} \varphi_{Lh}(s-\sigma)\frac{h''(\sigma)}{B}\mathrm{d}\sigma\right] \tag{6.1.7a}$$

$$M_{se}(s) = \frac{1}{2}\rho U^2 B^2 C_M'\left[\int_{-\infty}^{s} \varphi_{M\alpha}(s-\sigma)\alpha'(\sigma)\mathrm{d}\sigma + \int_{-\infty}^{s} \varphi_{Mh}(s-\sigma)\frac{h''(\sigma)}{B}\mathrm{d}\sigma\right] \tag{6.1.7b}$$

式中: $s=\frac{Ut}{B}$——无量纲时间;

$\varphi_{fx}(f=M、L;x=\alpha、h)$——阶跃函数,表征 x 运动状态引起的 f 气动力的瞬态变化特性,其表达式如下:

$$\varphi_{fx} = 1 - \sum^{i} a_{fxi}\mathrm{e}^{-d_{fxi}s} \tag{6.1.8}$$

式(6.1.7)即为采用阶跃函数表示的桥梁断面气动自激力表达式,主要考虑了扭转位移与竖向速度两种运动状态的影响,也有文献为了更准确地求解,考虑了侧向运动对自激力的贡献,即将式(6.1.7)中积分项数扩充至 3 项,增加了φ_{Lp}与φ_{Mp}的贡献。

一方面,对比式(6.1.6)和式(6.1.7)所列的桥梁钝体断面气动自激力表达式后,可通过傅立叶积分变换的求解方法得到颤振导数与阶跃函数中待定参数的关系。定义如下傅立叶变换:

$$\bar{f}(K) = \int_{-\infty}^{\infty} f(s)\mathrm{e}^{-\mathrm{i}Ks}\mathrm{d}s \tag{6.1.9}$$

对式(6.1.6)进行基于无量纲时间 $s = Ut/B$ 以及无量纲折算频率 K 的傅立叶变换,可得:

$$\bar{L}(K) = \frac{1}{2}\rho U^2 BK^2[(\mathrm{i}H_1^* + H_4^*)\frac{\bar{h}}{B} + (\mathrm{i}H_2^* + H_3^*)\bar{\alpha}] \tag{6.1.10a}$$

$$\bar{M}(K) = \frac{1}{2}\rho U^2 B^2 K^2[(\mathrm{i}A_1^* + A_4^*)\frac{\bar{h}}{B} + (\mathrm{i}A_2^* + A_3^*)\bar{\alpha}] \tag{6.1.10b}$$

另一方面,将采用阶跃函数表达的自激力表达式(6.1.7)进行分部积分及变量代换,可得:

$$L(s) = \frac{1}{2}\rho U^2 BC_L'[\varphi_{Lh}(0)\frac{h'(s)}{B} + \int_0^{\infty}\varphi_{Lh}'(\sigma)\frac{h'(s-\sigma)}{B}\mathrm{d}\sigma + \varphi_{L\alpha}(0)\alpha(s) + \int_0^{\infty}\varphi_{L\alpha}'(\sigma)\alpha(s-\sigma)\mathrm{d}\sigma] \tag{6.1.11a}$$

$$M(s) = \frac{1}{2}\rho U^2 B^2 C_M'[\varphi_{Mh}(0)\frac{h'(s)}{B} + \int_0^{\infty}\varphi_{Mh}'(\sigma)\frac{h'(s-\sigma)}{B}\mathrm{d}\sigma + \varphi_{M\alpha}(0)\alpha(s) + \int_0^{\infty}\varphi_{M\alpha}'(\sigma)\alpha(s-\sigma)\mathrm{d}\sigma] \tag{6.1.11b}$$

对式(6.1.11)再进行傅立叶变换,可得:

$$\bar{L}(K) = \frac{1}{2}\rho U^2 BC_L'\left\{[\varphi_{Lh}(0) + \bar{\varphi}_{Lh}']\frac{\mathrm{i}K\bar{h}}{B} + [\varphi_{L\alpha}(0) + \bar{\varphi}_{L\alpha}']\bar{\alpha}\right\} \tag{6.1.12a}$$

$$\bar{M}(K) = \frac{1}{2}\rho U^2 B^2 C_M'\left\{[\varphi_{Mh}(0) + \bar{\varphi}_{Mh}']\frac{\mathrm{i}K\bar{h}}{B} + [\varphi_{M\alpha}(0) + \bar{\varphi}_{M\alpha}']\bar{\alpha}\right\} \tag{6.1.12b}$$

根据两种自激力表达式频谱必须相等的原则,分别比较式(6.1.12)和式(6.1.10),可得如下关系式:

$$K(H_1^* - \mathrm{i}H_4^*) = C_L'[\varphi_{Lh}(0) + \bar{\varphi}_{Lh}'] \tag{6.1.13}$$

$$K^2(H_3^* + \mathrm{i}H_2^*) = C_L'[\varphi_{L\alpha}(0) + \bar{\varphi}_{L\alpha}'] \tag{6.1.14}$$

$$K(A_1^* - \mathrm{i}A_4^*) = C_M'[\varphi_{Mh}(0) + \bar{\varphi}_{Mh}'] \tag{6.1.15}$$

$$K^2(A_3^* + \mathrm{i}A_2^*) = C_M'[\varphi_{M\alpha}(0) + \bar{\varphi}_{M\alpha}'] \tag{6.1.16}$$

利用阶跃函数的表达式(6.1.8),并注意到指数项 e^{-ds} 的傅立叶变换为 $1/(d+\mathrm{i}K)$,可得:

$$\varphi(0) + \bar{\varphi}' = 1 - \sum^{i} a_i + \sum^{i}\frac{a_i d_i^2}{d_i^2 + K^2} - \mathrm{i}K\sum^{i}\frac{a_i d_i}{d_i^2 + K^2} \tag{6.1.17}$$

将式(6.1.17)代入式(6.1.13)~式(6.1.16)中,可得颤振导数与各阶跃函数待定参数之间的关系:

$$H_1^* = C_L'\left(\frac{1}{K} - \sum^{i}\frac{a_{Lhi}K}{d_{Lhi}^2 + K^2}\right) \tag{6.1.18a}$$

$$H_2^* = -C_L'\frac{1}{K}\sum^{i}\frac{a_{L\alpha i}d_{L\alpha i}}{d_{L\alpha i}^2 + K^2} \tag{6.1.18b}$$

$$H_3^* = C_L'\left(\frac{1}{K^2} - \sum^{i} \frac{a_{L\alpha i}}{d_{L\alpha i}^2 + K^2}\right) \tag{6.1.18c}$$

$$H_4^* = C_L'\left(\sum^{i} \frac{a_{Lhi}d_{Lhi}}{d_{Lhi}^2 + K^2}\right) \tag{6.1.18d}$$

$$A_1^* = C_M'\left(\frac{1}{K} - \sum^{i} \frac{a_{Mhi}K}{d_{Mhi}^2 + K^2}\right) \tag{6.1.18e}$$

$$A_2^* = -C_M'\frac{1}{K}\sum^{i} \frac{a_{M\alpha i}d_{M\alpha i}}{d_{M\alpha i}^2 + K^2} \tag{6.1.18f}$$

$$A_3^* = C_M'\left(\frac{1}{K^2} - \sum^{i} \frac{a_{M\alpha i}}{d_{M\alpha i}^2 + K^2}\right) \tag{6.1.18g}$$

$$A_4^* = C_M'\sum^{i} \frac{a_{Mhi}d_{Mhi}}{d_{Mhi}^2 + K^2} \tag{6.1.18h}$$

式(6.1.18)中，a_{fxi}、d_{fxi}($f=M$、L;$x=\alpha$、h)分别表示阶跃函数φ_{fx}第 i 项的待定线性乘子与衰减指数。得到式(6.1.18)中所列的各阶跃函数参数与颤振导数的关系后，通过已知的颤振导数确定待定的阶跃函数参数。这是一个优化问题，可通过以下四个函数的极小值问题求得待定的阶跃函数参数。

$$\Gamma(H_1^*,H_4^*) = \sum_{j=1}^{n}\left\{\left[H_1^*(K_j) - C_L'\left(\frac{1}{K_j} - \sum_{i=1}^{m}\frac{a_{Lhi}K_j}{d_{Lhi}^2 + K_j^2}\right)\right]^2 + \left[H_4^*(K_j) + C_L'\sum_{i=1}^{m}\frac{a_{Lhi}d_{Lhi}}{d_{Lhi}^2 + K_j^2}\right]^2\right\} \tag{6.1.19}$$

$$\Gamma(H_2^*,H_3^*) = \sum_{j=1}^{n}\left\{\left[H_3^*(K_j) - C_L'\left(\frac{1}{K_j^2} - \sum_{i=1}^{m}\frac{a_{L\alpha i}}{d_{L\alpha i}^2 + K_j^2}\right)\right]^2 + \left[H_2^*(K_j) + \frac{C_L'}{K_j}\sum_{i=1}^{m}\frac{a_{L\alpha i}d_{L\alpha i}}{d_{L\alpha i}^2 + K_j^2}\right]^2\right\} \tag{6.1.20}$$

$$\Gamma(A_1^*,A_4^*) = \sum_{j=1}^{n}\left\{\left[A_1^*(K_j) - C_M'\left(\frac{1}{K_j} - \sum_{i=1}^{m}\frac{a_{Mhi}K_j}{d_{Mhi} + K_j^2}\right)\right]^2 + \left[A_4^*(K_j) + C_M'\sum_{i=1}^{m}\frac{a_{Mhi}d_{Mhi}}{d_{Mhi}^2 + K_j^2}\right]^2\right\} \tag{6.1.21}$$

$$\Gamma(A_2^*,A_3^*) = \sum_{j=1}^{n}\left\{\left[A_3^*(K_j) - C_M'\left(\frac{1}{K_j^2} - \sum_{i=1}^{m}\frac{a_{M\alpha i}}{d_{M\alpha i} + K_j^2}\right)\right]^2 + \left[A_2^*(K_j) + \frac{C_M'}{K_j}\sum_{i=1}^{m}\frac{a_{M\alpha i}d_{M\alpha i}}{d_{M\alpha i}^2 + K_j^2}\right]^2\right\} \tag{6.1.22}$$

式中：n——颤振导数试验采样点数目(对应不同的折算频率 K)。

仅仅求出桥梁断面升力以及升力矩对应各运动状态的阶跃函数表达式，对于在有限元软件中计算还不够，需要将式(6.1.11)与桥梁断面自激力结合进行积分求解。对于广义位移中的时间状态积分问题，需要转化为由竖向位移和扭转位移的时间积分量来求解气动自激升力和升力矩。

$$L_{se}(s)=\frac{1}{2}\rho U^2BC_L'\left[\int_0^s\varphi_{L\alpha}(s-\sigma)\,\alpha'(\sigma)\mathrm{d}\sigma+\int_0^s\varphi_{Lh}(s-\sigma)\,\frac{h''(\sigma)}{B}\mathrm{d}\sigma\right]=L_{se\alpha}(s)+L_{seh}(s) \tag{6.1.23a}$$

$$M_{se}(s)=\frac{1}{2}\rho U^2B^2C_M'\left[\int_0^s\varphi_{M\alpha}(s-\sigma)\,\alpha'(\sigma)\mathrm{d}\sigma+\int_0^s\varphi_{Mh}(s-\sigma)\,\frac{h''(\sigma)}{B}\mathrm{d}\sigma\right]=M_{se\alpha}(s)+M_{seh}(s) \tag{6.1.23b}$$

式中：$L_{se\alpha}(s)$、$L_{seh}(s)$——由扭转和竖向运动引起的自激升力；

$M_{se\alpha}(s)$、$M_{seh}(s)$——由扭转和竖向运动引起的自激升力矩。

以扭转位移引起的自激升力求解为例，首先假设已知在 s 时刻（$s=Ut/B$）的$L_{se\alpha}(s)$，通过以下变换可得：

$$\begin{aligned}L_{se\alpha}(s)&=\frac{1}{2}\rho U^2BC_L'\left[\int_0^s(1-\sum^i a_{L\alpha i}\mathrm{e}^{-d_{L\alpha i}(s-\sigma)})\,\alpha'(\sigma)\mathrm{d}\sigma\right]\\&=\frac{1}{2}\rho U^2BC_L'\times\left[\alpha(s)-\sum^i\int_0^s a_{L\alpha i}\mathrm{e}^{-d_{L\alpha i}(s-\sigma)}\,\alpha'(\sigma)\mathrm{d}\sigma\right]\\&=\frac{1}{2}\rho U^2BC_L'\alpha(s)-\sum L_{\alpha i}^*(s)\end{aligned} \tag{6.1.24}$$

其中：

$$L_{\alpha i}^*(s)=\frac{1}{2}\rho U^2BC_L'\int_0^s a_{L\alpha i}\mathrm{e}^{-d_{L\alpha i}(s-\sigma)}\,\alpha'(\sigma)\mathrm{d}\sigma \tag{6.1.25}$$

从式(6.1.25)可知，对于任意时刻的气动自激力，其求解式中的第一项仅仅与当前时刻运动量有关，而对于其余积分项，则与从结构运动开始到当前的整个运动时间历程均有关。因此，要根据任意时刻 s 的$L_{se\alpha}(s)$求解出 $s+\Delta s$ 时刻的$L_{se\alpha}(s+\Delta s)$，只需要解决式(6.1.25)的求解计算，该式可通过以下方法完成递推：

$$\begin{aligned}L_{\alpha i}^*(s+\Delta s)&=\frac{1}{2}\rho U^2BC_L'\int_0^{s+\Delta s}a_{L\alpha i}\mathrm{e}^{-d_{L\alpha i}(s+\Delta s-\sigma)}\,\alpha'(\sigma)\mathrm{d}\sigma\\&=\frac{1}{2}\rho U^2BC_L'\left[\int_0^s a_{L\alpha i}\mathrm{e}^{-d_{L\alpha i}(s+\Delta s-\sigma)}\,\alpha'(\sigma)\mathrm{d}\sigma+\int_s^{s+\Delta s}a_{L\alpha i}\mathrm{e}^{-d_{L\alpha i}(s+\Delta s-\sigma)}\,\alpha'(\sigma)\mathrm{d}\sigma\right]\\&=\mathrm{e}^{-d_{L\alpha i}\Delta s}L_{\alpha i}^*(s)+\frac{1}{2}\rho U^2BC_L'\Delta s\cdot a_{L\alpha i}\mathrm{e}^{-d_{L\alpha i}\frac{\Delta s}{2}}\alpha'\left(s+\frac{\Delta s}{2}\right)\end{aligned} \tag{6.1.26}$$

同理，可以得出 $L_{seh}(s)$、$M_{se\alpha}(s)$、$M_{seh}(s)$相应的表达式。

(2)脉冲响应函数表达形式

不考虑断面侧向振动的影响，Lin 对阶跃函数进一步扩展引入了脉冲响应函数来表达桥梁断面自激力，则断面单位长度气动自激力可表示为：

$$L_{ae}=L_{se\alpha}(t)+L_{seh}(t)=\frac{1}{2}\rho U^2\int_{-\infty}^t[I_{L\alpha}(t-\tau)\alpha(\tau)+I_{Lh}(t-\tau)h(\tau)]\mathrm{d}\tau \tag{6.1.27a}$$

$$M_{ae}=M_{se\alpha}(t)+M_{seh}(t)=\frac{1}{2}\rho U^2\int_{-\infty}^t[I_{M\alpha}(t-\tau)\alpha(\tau)+I_{Mh}(t-\tau)h(\tau)]\mathrm{d}\tau \tag{6.1.27b}$$

式中：$I_{fx}(f=M、L;x=\alpha、h)$——脉冲响应函数；

M_{ae}、L_{ae}——单位脉冲位移引起的气动自激力。

同样，根据气动自激力频谱特性一致的关系，可以得到颤振导数与脉冲响应函数的关系表达式：

$$\bar{I}_{Lh} = K^2(H_4^* + \mathrm{i}\, H_1^*) \tag{6.1.28a}$$

$$\bar{I}_{L\alpha} = BK^2(H_3^* + \mathrm{i}\, H_2^*) \tag{6.1.28b}$$

$$\bar{I}_{Mh} = BK^2(A_4^* + \mathrm{i}\, A_1^*) \tag{6.1.28c}$$

$$\bar{I}_{M\alpha} = B^2K^2(A_3^* + \mathrm{i}\, A_2^*) \tag{6.1.28d}$$

式中，$\bar{I}_{fx}(f=M、L;x=\alpha、h)$表示相应脉冲响应函数的傅立叶变换。由于试验测出的颤振导数为已知的有限离散点，可以采用 Roger 的有理函数表达式对颤振导数进行函数表达，以竖向位移引起的升力脉冲位移为例：

$$\bar{I}_{Lh}(\mathrm{i}\omega) = A_{Lh1} + A_{Lh2}\left(\frac{\mathrm{i}\omega B}{U}\right) + A_{Lh3}\left(\frac{\mathrm{i}\omega B}{U}\right)^2 + \sum_{i=4}^{m}\frac{A_{Lhi}\mathrm{i}\omega}{\mathrm{i}\omega + \dfrac{d_{Lhi}U}{B}} \tag{6.1.29}$$

式(6.1.29)中，$A_{Lh1}、A_{Lh2}、A_{Lh3}、A_{Lhi}、d_{Lhi}(d_{Lhi}\geqslant 0, i=4,5,\cdots,m)$都是需要进行拟合的系数，这些参数都采用已知的颤振导数进行有理函数非线性拟合得到。第一项和第二项分别表示由位移引起的气动力和由速度引起的气动力，第三项表示由加速度引起的气动力，该项通常相对于其他项较小而一般忽略不计，第四项用于描述滞后于速度项的气动力非定常部分，m 的大小决定了这种近似表达的精度和附加方程的数量。

对比式(6.1.28a)和式(6.1.29)，令方程的实部和虚部分别相等，可以得出如下关系式：

$$\frac{A_{Lh1}}{K^2} + \sum_{i=3}^{m}\frac{A_{Lhi}}{d_{Lhi}^2 + K^2} = H_4^*(K) \tag{6.1.30}$$

$$\frac{A_{Lh2}}{K} + \sum_{i=3}^{m}\frac{A_{Lhi}d_{Lhi}}{Kd_{Lhi}^2 + K^3} = H_1^*(K) \tag{6.1.31}$$

将实部和虚部结合起来，可以转化为以下最优问题：

$$F(A_{Lh1},A_{Lh2},\cdots,d_1,d_2,\cdots) = \sum_n\left\{\left[H_4^*(K_n) - \left(\frac{A_{Lh1}}{K_n{}^2} + \sum_{i=3}^{m}\frac{A_{Lhi}}{d_{Lhi}^2 + K_n^2}\right)\right]^2\right\} + \sum_n\left\{\left[H_1^*(K_n) - \left(\frac{A_{Lh2}}{K_n} + \sum_{i=3}^{m}\frac{A_{Lhi}\,d_{Lhi}}{K_n\,d_{Lhi}^2 + K_n^3}\right)\right]^2\right\} \tag{6.1.32}$$

式(6.1.32)中，n 为颤振导数的试验采样点数目；K 为无量纲折算频率；$A_{Lhi}、d_{Lhi}$为均需要进行非线性拟合的系数。同样，这是一个非线性最优解问题，对d_{Lhi}可以给定实数范围，按一定步长进行搜索，在得到了d_{Lhi}之后，式(6.1.32)转化为关于A_{Lh1}的线性最优问题。

令$f_1(K)=\dfrac{1}{K^2}, f_i(K)=\dfrac{1}{d_{Lhi+1}^2+K^2}(i=2,3,\cdots), \varphi_1(K)=\dfrac{1}{K}, \varphi_i(K)=\dfrac{d_{Lhi+1}}{K\,d_{Lhi+1}^2+K^3}(i=2,3,\cdots)$，则代入式(6.1.32)后，整理待求系数可得：

$$F(A_{Lh1},A_{Lh2},\cdots) = \sum_{j=1}^{n}\left[\sum_{i=1}^{m}A_{Lhi}f_i(K_j) - H_4^*(K_j)\right] + \sum_{j=1}^{n}\left[\sum_{i=1}^{m}A_{Lhi+1}f_i(K_j) - H_1^*(K_j)\right] \tag{6.1.33}$$

得到了有理函数的各拟合系数后，对式(6.1.29)进行逆傅立叶变换，即可得到脉冲响应函数的表达式：

$$I_{Lh}(t)=A_{Lh1}\delta(t)+A_{Lh2}\frac{B}{U}\dot{\delta}(t)+\delta(t)\sum_{i=3}^{m}A_{Lhi}-\sum_{i=3}^{m}A_{Lhi}d_{Lhi}\frac{U}{B}\exp\left(-\frac{d_{Lhi}U}{B}t\right) \tag{6.1.34}$$

代入式(6.1.27a)中，可得：

$$L_{seh}(t)=\frac{1}{2}\rho U^2\left[\left(A_{Lh1}+\sum_{i=3}^{m}A_{Lhi}\right)h(t)+A_{Lh2}\frac{B}{U}\dot{h}(t)-\sum_{i=3}^{m}A_{Lhi}d_{Lhi}\frac{B}{U}\int_{-\infty}^{t}e^{-\frac{d_{Lhi}U}{B}(t-\tau)}h(\tau)\mathrm{d}\tau\right] \tag{6.1.35}$$

对式(6.1.35)中的积分项进行一次分步积分，可以得到$L_{seh}(t)$的最终表达式为：

$$L_{seh}(t)=\frac{1}{2}\rho U^2\left[A_{Lh1}h(t)+A_{Lh2}\frac{B}{U}\dot{h}(t)\right]+\frac{1}{2}\rho U^2\sum_{i=3}^{m}A_{Lhi}\int_{-\infty}^{t}e^{-\frac{d_{Lhi}U}{B}(t-\tau)}\dot{h}(\tau)\mathrm{d}\tau \tag{6.1.36}$$

同理，可以得出$L_{se\alpha}$、M_{seh}、$M_{se\alpha}$的表达式。

至此，获得了静风力、抖振力及自激力的纯时域模型，对这三者进行线性叠加便可在有限元软件中进行颤抖振时域分析。

6.1.4 算例分析

为详细阐述本节传统颤抖振分析方法的流程，选取矮寨大桥作为算例演示。矮寨大桥是一座跨越深切峡谷的单跨悬索桥，主缆矢跨比为1:9.6，两主缆形心间距为27m，主缆跨径布置为242m + 1176m + 116m，加劲梁全长1000.5m，主跨跨中附近设置三对柔性中央扣，其中中央扣关于主梁跨中不对称，如图6.1.1a)所示。矮寨大桥加劲梁包括钢桁架和桥面系。钢桁架由主桁架、主横桁架、上下平联及抗风稳定板组成。其中主桁架由上弦杆、下弦杆、竖腹杆和斜腹杆组成，桁架高7.5m，宽27m，单个节段长度为7.25m，主横桁架由上、下横梁及竖、直腹杆组成。加劲梁标准断面图如图6.1.1b)所示。

为了准确获得矮寨大桥的动力特性，首先采用有限元计算软件ANSYS建立大桥空间桁架主梁有限元模型，其中钢桁架加劲梁与主塔采用Beam188梁单元模拟，主缆和吊杆采用Link10杆单元模拟并设置为仅有拉伸刚度。钢-混组合桥面系采用梁-壳单元混合有限元建模的方法建模，其中混凝土桥面板采用Shell63壳单元模拟，钢纵梁采用Beam188梁单元模拟，同时对梁-壳单元采用MPC方法进行耦合连接。有限元模型及其笛卡儿坐标系如图6.1.2所示。由其计算得到的矮寨大桥动力特性列于表6.1.1中。为大幅提高颤振时域分析的计算效率，并方便、准确地对有限元模型施加自激力荷载，基于主梁各方向整体刚度等效的原则，采用悬臂梁单位荷载位移法建立等效单主梁有限元模型(即鱼骨梁模型)。空间桁架主梁模型与等效单主梁模型动力特性结果对比如表6.1.1所示，两者主要相应振型的频率误差基本都在1%以内，仅一阶反对称侧弯振型频率误差约为1.7%，因此可以采用等效单主梁模型进行颤振时域分析。

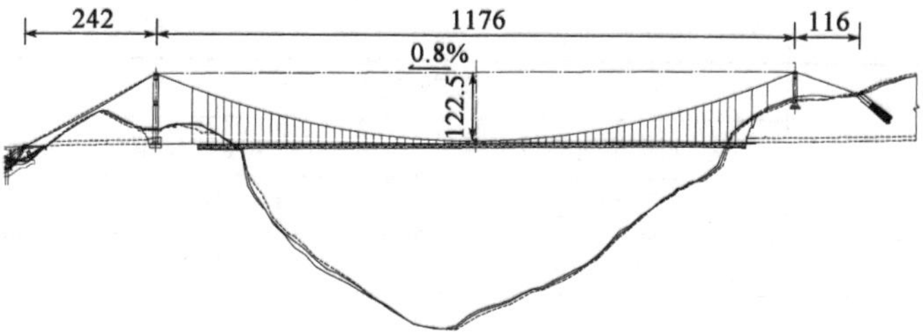

a)立面

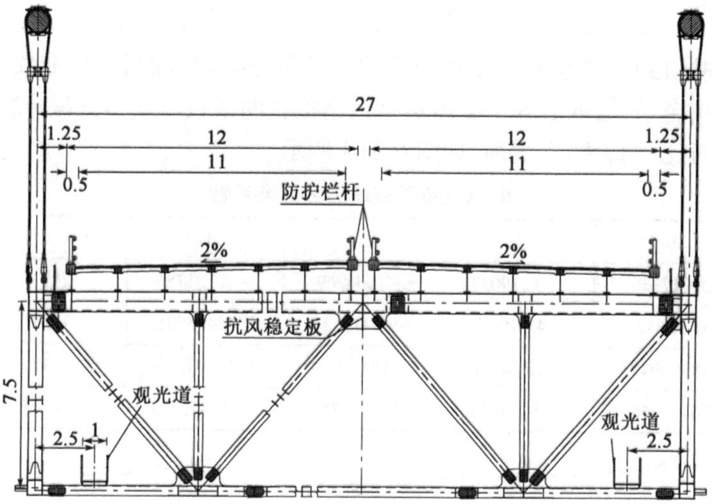

b)断面

图 6.1.1 矮寨大桥桥型布置(尺寸单位:m)

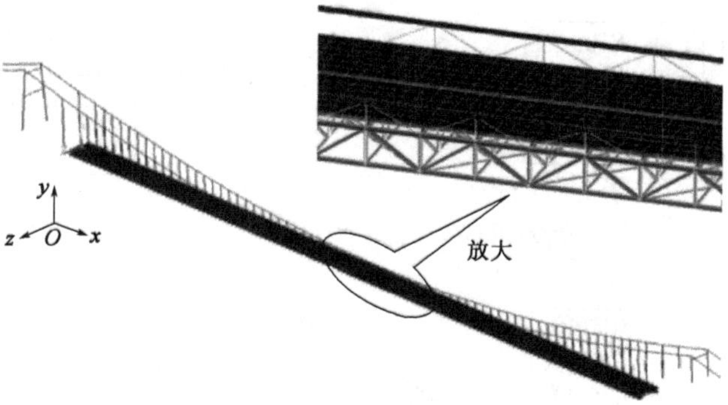

图 6.1.2 矮寨大桥空间桁架主梁有限元模型

矮寨大桥动力特性 表 6.1.1

模态振型	频率(Hz)		误差
	空间桁架主梁模型	等效单主梁模型	
一阶正对称侧弯	0.05638	0.05636	0.0426%
一阶反对称竖弯	0.11594	0.11573	0.1811%
一阶反对称侧弯	0.14373	0.14623	-1.7394%
一阶正对称竖弯	0.15991	0.15959	0.2001%

续上表

模态振型	频率(Hz)		误差
	空间桁架主梁模型	等效单主梁模型	
二阶正对称竖弯	0.21435	0.21361	0.3452%
二阶反对称竖弯	0.25415	0.25492	-0.3030%
一阶正对称扭转	0.29474	0.29457	0.0577%
三阶正对称竖弯	0.34009	0.34177	-0.4940%
一阶反对称扭转	0.34765	0.34754	0.0316%

通过风洞试验得到了矮寨大桥在0°风攻角下的颤振导数,随后采用非线性最小二乘拟合法获得有理函数拟合系数,如表6.1.2所示。根据拟合的系数可获得颤振导数拟合值,将拟合值与试验值进行对比,两者吻合度高,如图6.1.3所示。

0°风攻角下有理函数拟合系数 表6.1.2

有理函数	A_1	A_2	A_4	A_5	D_4	D_5
$\bar{I}_{Lh}$	0.077956	-1.79037	-2.06769	-0.131786	2.12	0.1004
$\bar{I}_{Mh}$	0.35032	14.90353	-13419.14	13424.3875	1.52	1.5208
$\bar{I}_{L\alpha}$	-82.09495	-18.70508	-1241.074	1211.04919	2.12	2.1
$\bar{I}_{M\alpha}$	364.4066	-152.41816	71196.1355	-71187.418	1.8748	1.8804

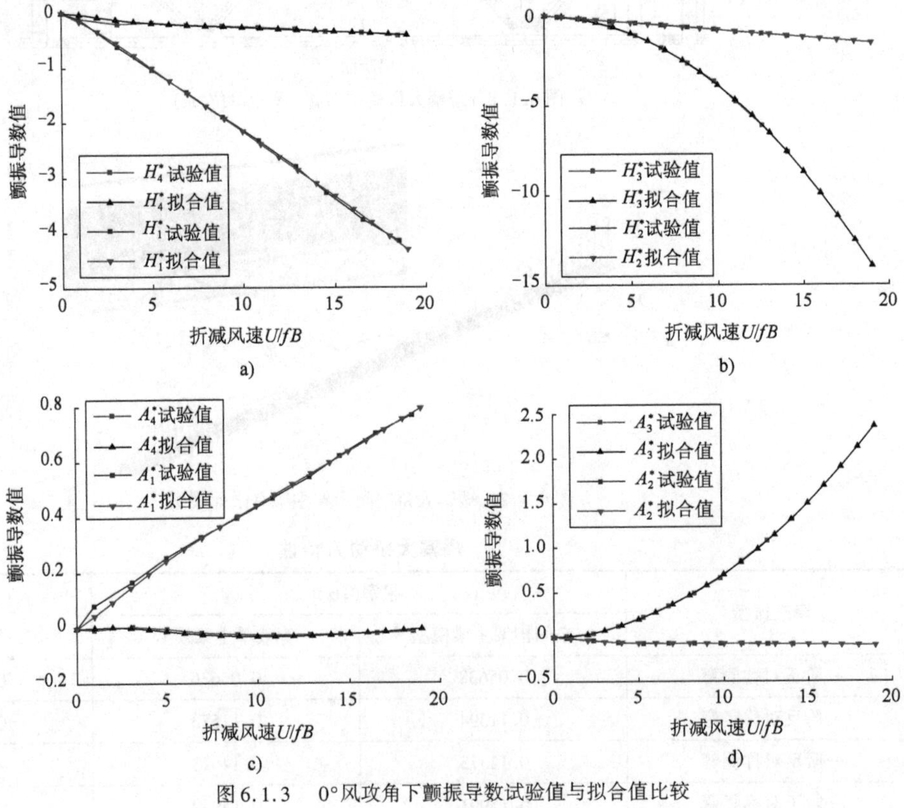

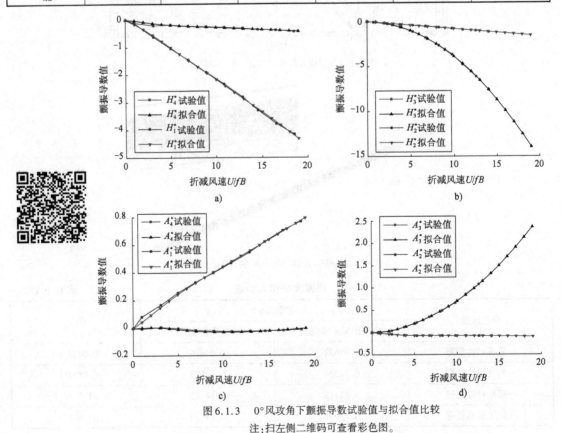

图6.1.3 0°风攻角下颤振导数试验值与拟合值比较

注:扫左侧二维码可查看彩色图。

最后,在有限元模型中将主梁单元受到的均布自激气动力转化为单元两端节点的等效集中荷载。

基于准定常气动力理论,在相对风轴坐标系下,桥塔、缆索等构件的单位长度气动力为:

$$L_r = \frac{1}{2}\rho U_r^2 BC_L(\alpha_e), \quad D_r = \frac{1}{2}\rho U_r^2 BC_D(\alpha_e), \quad M_r = \frac{1}{2}\rho U_r^2 B^2 C_M(\alpha_e) \tag{6.1.37}$$

式中:U_r——相对风速;

α_e——主缆的有效风攻角。

将式(6.1.37)转换至风轴坐标系下:

$$L = D_r\sin(\alpha_r) + L_r\cos(\alpha_r), \quad D = D_r\cos(\alpha_r) + L_r\sin(\alpha_r) \tag{6.1.38}$$

它们的表达式为:

$$U_r = \sqrt{(U + u - \dot{p})^2 + (w - \dot{h} + \eta B\dot{\theta})^2} \tag{6.1.39}$$

$$\alpha_e = \alpha_0 + \alpha_r + \alpha, \quad \alpha_r = \tan^{-1}\left(\frac{w - \dot{h} + \eta B\dot{\theta}}{U + u - \dot{p}}\right) \tag{6.1.40}$$

式中:α_0——初始风攻角;

α_r——脉动风与结构断面的相对运动攻角;

α——静风荷载造成的附加攻角;

ηB——截面扭转中心偏移距离,其中 η 为反映气动力作用点与截面形心之间距离的系数,通常取 0.25;B 为桥面宽度;

$\dot{p}$、$\dot{h}$、$\dot{\theta}$——横向位移 p、竖向位移 h、扭转位移 θ 对时间的导数。

桥塔在风荷载作用下只考虑静风荷载引起的阻力项,其单位长度阻力可表示为:

$$D_{s,t} = \frac{1}{2}\rho U^2 B_t C_{D,t} \tag{6.1.41}$$

式中:$D_{s,t}$——单位长度塔柱阻力;

B_t——塔柱的迎风面投影宽度;

$C_{D,t}$——塔柱的阻力系数。

主缆在风荷载作用下,C_L、C_M为 0,则其单位长度主缆上的风荷载可以表示为:

$$D_r = \frac{1}{2}\rho U_r^2 BC_D(\alpha_e) \tag{6.1.42}$$

基于矮寨大桥的有限元模型,对大桥进行三维非线性颤抖振时域分析(计算时间 450s,时间步长取为 0.05s),计算得到平均风速为 32.6m/s(设计风速)的脉动风荷载作用下大跨度悬索桥的位移响应。悬索桥加劲梁部分展长(0 ~ 1000.5m)在设计风速下的主梁抖振位移响应 RMS 值如图 6.1.4所示,由计算结果可知:跨中处在抖振时域分析下竖向位移的 RMS 值为 0.33m,横向位移的 RMS 值为 2.33m,扭转位移的 RMS 值为 0.22°。跨中节点处(离锚固系统很近)的竖向位移、横向位移、扭转位移时程响应如图 6.1.5 所示。

为了进一步研究结构局部细节在颤抖振作用下的应力响应,可采用子结构技术进行分析,具体方案为构建大跨度桥梁的“鱼骨梁”大尺度模型,以准确模拟结构在风振作用下的整体位移响应,采用子结构技术模拟局部细节的小尺度模型,在界面交界处采用约束方程的方法进行自由度耦合连接,最终形成多尺度有限元模型。针对该模型进行颤抖振时域分析可获得局部关键构件的应力响应。

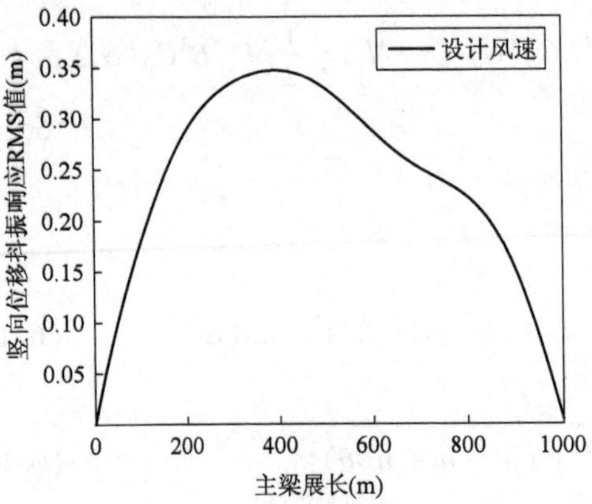

a)竖向位移响应

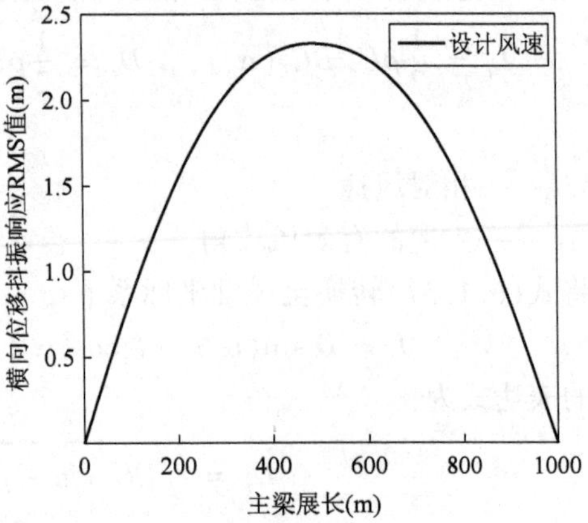

b)横向位移响应

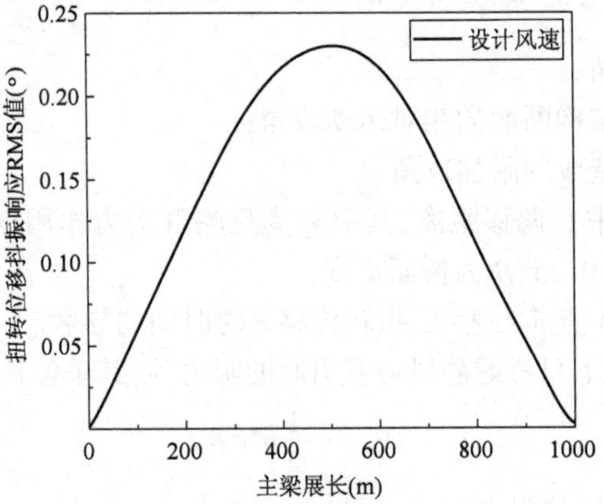

c)扭转位移响应

图 6.1.4 设计风速下主梁抖振位移响应 RMS 值

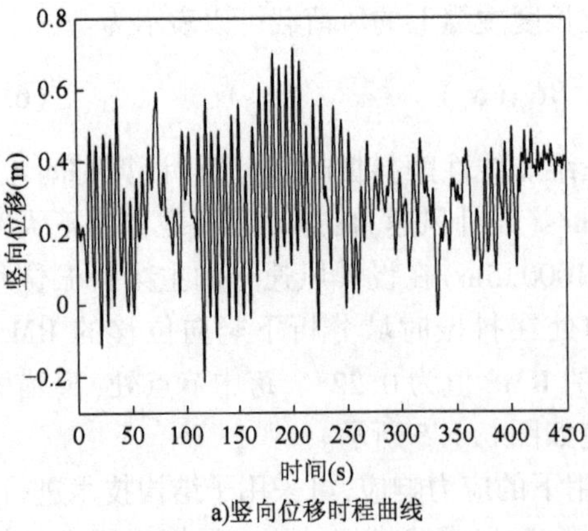

a)竖向位移时程曲线

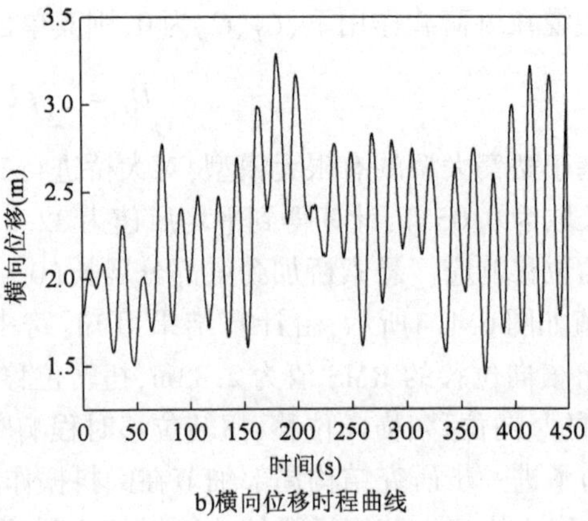

b)横向位移时程曲线

图 6.1.5

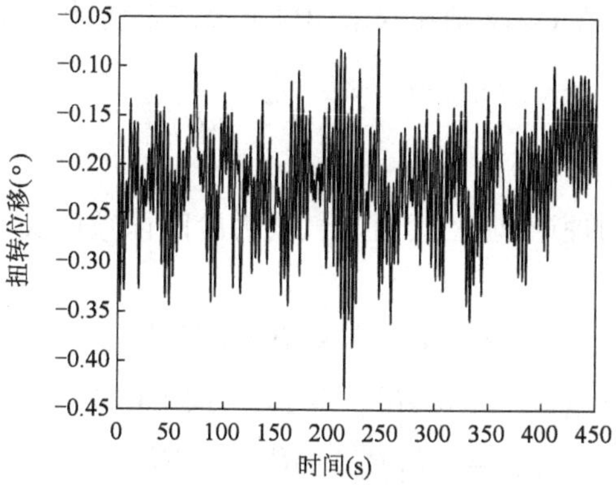

c)扭转位移时程曲线

图 6.1.5 设计风速下跨中节点处抖振位移时程响应

6.2 复气动导纳识别方法

6.2.1 传统气动导纳识别方法

早在 20 世纪 40 年代，Sear 等人就已经关注了机翼在非定常气流中的抖振力问题，并且从理论上推导了机翼断面在正弦脉动风作用下的气动力，从而导出了后来广为应用的机翼断面的理论气动导纳函数，即 Sears 函数。Sears 函数实质上是竖向脉动风速在机翼上引起的升力气动导纳，同时还发现升力和升力矩之间是恒定的倍数关系，因此，Sears 函数也可作为竖向脉动风速在机翼上引起的力矩气动导纳。另外，Sears 函数是在片条理论的基础上推导的，即脉动风速在展向是完全相关的，风速只随时间变化，忽略了紊流场的空间相关性。

由于桥梁断面的钝体性质和边界层大气紊流的复杂性，机翼断面的气动导纳 Sears 函数不再适用。Davenport 首先将气动导纳的概念引入桥梁的抖振分析，采用如下气动导纳公式来考虑脉动风的非定常特性和绕桥梁断面的有效流域内的总体相关性：

$$\chi(nH/U) = \frac{\sqrt{2\left(c\frac{nH}{U} - 1 + e^{c\frac{nH}{U}}\right)}}{c\frac{nH}{U}} \tag{6.2.1}$$

式中：n——风速脉动频率；

H——桥梁断面的高度；

c——反映脉动风速空间相关性程度的系数，$c=7$。

在高层建筑领域，Vickery 做了很多研究工作。他通过对棱柱的大量风洞试验研究发现，棱柱上的脉动阻力可用格栅模型估计，并通过试验数据得出了适用于阻力气动导纳的经验公式：

$$\chi(nD/U) = \frac{1}{\sqrt{1 + (2nD/U)^{4/3}}} \tag{6.2.2}$$

式中：D——物体迎风面的特征尺寸。

而对于缆索等圆形构件,Vickery 则建议采用以下公式来估计其气动导纳:

$$\chi(nD/U) = \frac{1}{\sqrt{1 + 4nD/U}} \tag{6.2.3}$$

式中:D——构件断面直径。

Scanlan 在传统颤抖振的理论基础上,通过气动力阶跃函数的关系,推导了抖振力分量中 6 个气动导纳和颤振导数的关系式:

$$\chi_{Lu} = -k(H_5^* - \mathrm{i}H_6^*)/(2C_L) \tag{6.2.4}$$

$$\chi_{Lw} = -k(H_1^* - \mathrm{i}H_4^*)/(C_L' + C_D) \tag{6.2.5}$$

$$\chi_{Du} = -k(P_1^* - \mathrm{i}P_4^*)/(2C_D) \tag{6.2.6}$$

$$\chi_{Dw} = -k(P_5^* - \mathrm{i}P_6^*)/(C_D') \tag{6.2.7}$$

$$\chi_{Mu} = -k(A_5^* - \mathrm{i}A_6^*)/(2C_M) \tag{6.2.8}$$

$$\chi_{Mw} = -k(A_1^* - \mathrm{i}A_4^*)/(C_M') \tag{6.2.9}$$

Scanlan 的推导为气动导纳的估计提供了一种理论方法。但推导过程中存在一个问题,即折减频率 $k = \omega b/U$ 的问题。与颤振导数相关的折减频率 k 和与气动导纳相关的折减频率 k 有着本质上的不同。与颤振导数相关的 k 主要依赖风速变化,并且圆频率为结构振动圆频率;而与气动导纳相关的 k 主要依赖脉动风速的频率成分变化,圆频率为脉动风速分量的圆频率。这样推导出来的气动导纳只和结构的几何外形有关,而和紊流特性无关,这与许多学者的研究不符。另外,还可以发现气动导纳χ_{Lw}和χ_{Mw}是不同的,这和 Sears 的推导是相悖的。因此,对 Scanlan 推导的气动导纳和颤振导数关系式的适用性还有待进一步的证实。

由于桥梁断面的钝体性质和边界层大气紊流的复杂性,气动导纳不宜采用 Sears 函数,也不能通过理论计算获得,因此,同颤振导数一样,它也需要通过风洞试验并结合适当的识别方法来确定。目前,已有很多研究学者对其进行了试验研究,取得了不少有用的试验数据和结果。

6.2.2 复气动导纳函数的识别理论

实际气动导纳函数是复数函数,以前的研究大多数只研究了气动导纳函数的幅值,而没有考虑气动导纳函数的相位影响。意大利学者 Cigada、Diana 等人开发了一种主动格栅技术,可以在风洞中控制形成单一频率的二维波动流,然后逐个测定气动导纳。他们还提出了复气动导纳的概念,它可以同时表示抖振力与来流之间在幅值与相位上的传递关系。这使关于气动导纳的研究前进了一大步,但存在一个较大的缺点,就是只能生成竖直方向的脉动分量,因而只能测定与竖向脉动分量相关的 3 个复气动导纳。

而抖振力一般由 Scanlan 表达式加上 6 个复气动导纳的修正来表达,具体表示为式(6.1.3)~式(6.1.5)。

编者在意大利学者研究的基础上提出了一种主动格栅技术,可以在风洞中同时产生单一频率的顺风向和竖直方向的两个脉动分量,还推导提出了分离频率识别法下 6 个复气动导纳的定义式,从而可以实现 6 个复气动导纳的同时测定。本节详细介绍这一方法。

下面根据谐波函数的性质,推导分离频率识别法下 6 个复气动导纳函数的定义式。

假设主动格栅同时产生的不同的单一频率的两个脉动分量为：

$$u(t) = A\cos(\omega_1 t + \varphi_1) \tag{6.2.10}$$

$$w(t) = B\cos(2\,\omega_2 t + \varphi_2) \tag{6.2.11}$$

持续时间为 T，对式(6.1.3)～式(6.1.5)两边取傅立叶变换，得

$$F[L_b(t)] = \frac{1}{2}\rho U^2 BD\left[2C_L\chi_{Lu}\frac{F[u(t)]}{U} + (C_L' + C_D)\chi_{Lw}\frac{F[w(t)]}{U}\right] \tag{6.2.12}$$

$$F[D_b(t)] = \frac{1}{2}\rho U^2 BD\left[2C_D\chi_{Du}\frac{F[u(t)]}{U} + (C_D' - C_L)\chi_{Dw}\frac{F[w(t)]}{U}\right] \tag{6.2.13}$$

$$F[M_b(t)] = \frac{1}{2}\rho U^2 B^2 D\left[2C_M\chi_{Mu}\frac{F[u(t)]}{U} + C_M'\chi_{Mw}\frac{F[w(t)]}{U}\right] \tag{6.2.14}$$

式中：$F[\ ]$——傅立叶变换运算符。

其中：

$$\begin{aligned}F[u(t)] &= \int_{-T/2}^{T/2} u(t)\,\mathrm{e}^{-\mathrm{i}\omega t}\mathrm{d}t \\ &= \int_{-T/2}^{T/2} A\cos(\omega_1 t + \varphi_1)\,\mathrm{e}^{-\mathrm{i}\omega t}\mathrm{d}t \\ &= \frac{AT}{2}\mathrm{e}^{\mathrm{i}\varphi_1}\frac{\sin[(\omega_1 - \omega)T/2]}{(\omega_1 - \omega)T/2} + \frac{AT}{2}\mathrm{e}^{-\mathrm{i}\varphi_1}\frac{\sin[(\omega_1 + \omega)T/2]}{(\omega_1 + \omega)T/2}\end{aligned} \tag{6.2.15}$$

$$\begin{aligned}F[w(t)] &= \int_{-T/2}^{T/2} w(t)\,\mathrm{e}^{-\mathrm{i}\omega t}\mathrm{d}t \\ &= \int_{-T/2}^{T/2} B\cos(\omega_2 t + \varphi_2)\,\mathrm{e}^{-\mathrm{i}\omega t}\mathrm{d}t \\ &= \frac{BT}{2}\mathrm{e}^{\mathrm{i}\varphi_2}\frac{\sin[(\omega_2 - \omega)T/2]}{(\omega_2 - \omega)T/2} + \frac{BT}{2}\mathrm{e}^{-\mathrm{i}\varphi_2}\frac{\sin[(\omega_2 + \omega)T/2]}{(\omega_2 + \omega)T/2}\end{aligned} \tag{6.2.16}$$

令

$$\frac{\sin[(\omega_1 - \omega)T/2]}{(\omega_1 - \omega)T/2} = \Theta(\omega_1 - \omega) \tag{6.2.17a}$$

$$\frac{\sin[(\omega_1 + \omega)T/2]}{(\omega_1 + \omega)T/2} = \Theta(\omega_1 + \omega) \tag{6.2.17b}$$

$$\frac{\sin[(\omega_2 - \omega)T/2]}{(\omega_2 - \omega)T/2} = \Theta(\omega_2 - \omega) \tag{6.2.17c}$$

$$\frac{\sin[(\omega_2 + \omega)T/2]}{(\omega_2 + \omega)T/2} = \Theta(\omega_2 + \omega) \tag{6.2.17d}$$

将式(6.2.17)代入式(6.2.15)、式(6.2.16)得

$$F[u(t)] = \frac{AT}{2}\mathrm{e}^{\mathrm{i}\varphi_1}\Theta(\omega_1 - \omega) + \frac{AT}{2}\mathrm{e}^{-\mathrm{i}\varphi_1}\Theta(\omega_1 + \omega) \tag{6.2.18}$$

$$F[w(t)] = \frac{BT}{2}\mathrm{e}^{\mathrm{i}\varphi_2}\Theta(\omega_2 - \omega) + \frac{BT}{2}\mathrm{e}^{-\mathrm{i}\varphi_2}\Theta(\omega_2 + \omega) \tag{6.2.19}$$

将式(6.2.18)、式(6.2.19)代入式(6.2.12)～式(6.2.14)，得

$$F[L_b(t)] = \frac{1}{2}\rho U^2 BDC_L \frac{2}{U}\chi_{Lu} \frac{AT}{2}[e^{i\varphi_1}\Theta(\omega_1-\omega)+e^{-i\varphi_1}\Theta(\omega_1+\omega)] + \frac{1}{2}\rho U^2 BD \frac{(C_L'+C_D)}{U}\chi_{Lw} \frac{BT}{2}[e^{i\varphi_2}\Theta(\omega_2-\omega)+e^{-i\varphi_2}\Theta(\omega_2+\omega)] \tag{6.2.20a}$$

$$F[D_b(t)] = \frac{1}{2}\rho U^2 BDC_D \frac{2}{U}\chi_{Du} \frac{AT}{2}[e^{i\varphi_1}\Theta(\omega_1-\omega)+e^{-i\varphi_1}\Theta(\omega_1+\omega)] + \frac{1}{2}\rho U^2 BD \frac{(C_D'-C_L)}{U}\chi_{Dw} \frac{BT}{2}[e^{i\varphi_2}\Theta(\omega_2-\omega)+e^{-i\varphi_2}\Theta(\omega_2+\omega)] \tag{6.2.20b}$$

$$F[M_b(t)] = \frac{1}{2}\rho U^2 B^2 DC_M \frac{2}{U}\chi_{Mu} \frac{AT}{2}[e^{i\varphi_1}\Theta(\omega_1-\omega)+e^{-i\varphi_1}\Theta(\omega_1+\omega)] + \frac{1}{2}\rho U^2 B^2 D \frac{C_M'}{U}\chi_{Mw} \frac{BT}{2}[e^{i\varphi_2}\Theta(\omega_2-\omega)+e^{-i\varphi_2}\Theta(\omega_2+\omega)] \tag{6.2.20c}$$

令

$$F[L_b(t)] = L_b(\omega) \tag{6.2.21a}$$

$$F[D_b(t)] = D_b(\omega) \tag{6.2.21b}$$

$$F[M_b(t)] = M_b(\omega) \tag{6.2.21c}$$

当 $\omega=\omega_1$ 时,则

$$L_b(\omega_1) = \frac{1}{2}\rho U^2 BDC_L \frac{2}{U}\chi_{Lu}\cdot \frac{AT}{2} e^{i\varphi_1} \tag{6.2.22a}$$

$$D_b(\omega_1) = \frac{1}{2}\rho U^2 BDC_D \frac{2}{U}\chi_{Du}\cdot \frac{AT}{2} e^{i\varphi_1} \tag{6.2.22b}$$

$$M_b(\omega_1) = \frac{1}{2}\rho U^2 B^2 DC_M \frac{2}{U}\chi_{Mu}\cdot \frac{AT}{2} e^{i\varphi_1} \tag{6.2.22c}$$

很容易由式(6.2.22)得

$$\chi_{Lu}(\omega_1) = \frac{L_b(\omega_1)}{\frac{1}{2}\rho U^2 BDC_L \frac{2}{U}\cdot \frac{AT}{2} e^{i\varphi_1}} \tag{6.2.23a}$$

$$\chi_{Du}(\omega_1) = \frac{D_b(\omega_1)}{\frac{1}{2}\rho U^2 BDC_D \frac{2}{U}\cdot \frac{AT}{2} e^{i\varphi_1}} \tag{6.2.23b}$$

$$\chi_{Mu}(\omega_1) = \frac{M_b(\omega_1)}{\frac{1}{2}\rho U^2 B^2 DC_M \frac{2}{U}\cdot \frac{AT}{2} e^{i\varphi_1}} \tag{6.2.23c}$$

当 $\omega=\omega_2$ 时,则

$$L_b(\omega_2) = \frac{1}{2}\rho U^2 BD \frac{C_L'+C_D}{U}\chi_{Lw}\cdot \frac{BT}{2} e^{i\varphi_2} \tag{6.2.24a}$$

$$D_b(\omega_2) = \frac{1}{2}\rho U^2 BD \frac{C_D'-C_L}{U}\chi_{Dw}\cdot \frac{BT}{2} e^{i\varphi_2} \tag{6.2.24b}$$

$$M_{\mathrm{b}}(\omega_2) = \frac{1}{2}\rho U^2 B^2 D \frac{C_M'}{U}\chi_{Mw} \cdot \frac{BT}{2}\mathrm{e}^{\mathrm{i}\varphi_2} \tag{6.2.24c}$$

很容易由式(6.2.24)得

$$\chi_{Lw}(\omega_2) = \frac{L_{\mathrm{b}}(\omega_2)}{\frac{1}{2}\rho U^2 BD \frac{C_L' + C_D}{U} \cdot \frac{BT}{2}\mathrm{e}^{\mathrm{i}\varphi_2}} \tag{6.2.25a}$$

$$\chi_{Dw}(\omega_2) = \frac{D_{\mathrm{b}}(\omega_2)}{\frac{1}{2}\rho U^2 BD \frac{C_D' - C_L}{U} \cdot \frac{BT}{2}\mathrm{e}^{\mathrm{i}\varphi_2}} \tag{6.2.25b}$$

$$\chi_{Mw}(\omega_2) = \frac{M_{\mathrm{b}}(\omega_2)}{\frac{1}{2}\rho U^2 B^2 D \frac{C_M'}{U} \cdot \frac{BT}{2}\mathrm{e}^{\mathrm{i}\varphi_2}} \tag{6.2.25c}$$

至此,6 个复气动导纳表达式已经给出,均为复数函数,这和 Sears 函数在形式上均为复数是一致的。

6.2.3 复气动导纳识别的试验研究

(1)试验测试装置

通过上面的理论推导给出了分离频率识别法下的 6 个复气动导纳定义式。本小节在 6.2.2节的理论基础上,开发一种主动格栅技术,产生单一频率的顺风向和竖向谐波脉动风,利用一种测量精度更高的三维眼镜蛇探针测量脉动风;利用开发的双天平水平测力装置直接测量模型上的抖振力。最后,对测量信号进行数据处理,直接得到 6 个复气动导纳函数。

图 6.2.1 和图 6.2.2 分别是开发主动格栅的实图和主动格栅的具体尺寸布置详图。主动格栅系统主要包括机械部分和运动控制部分。如图 6.2.1 所示,机械部分主要包括:外框架、固定杆、活动杆、主动叶栅、薄钢板、偏心轮和伺服电机。其中,外框架和固定杆起支撑作用;活动杆随主动叶栅上下运动;主动叶栅由运动控制系统控制以某一运动形式上下运动,从而产生竖向脉动分量;由于中间薄钢板的存在,主动叶栅上下运动的同时也使顺风向的风速发生变化,因此就产生了顺风向脉动分量。

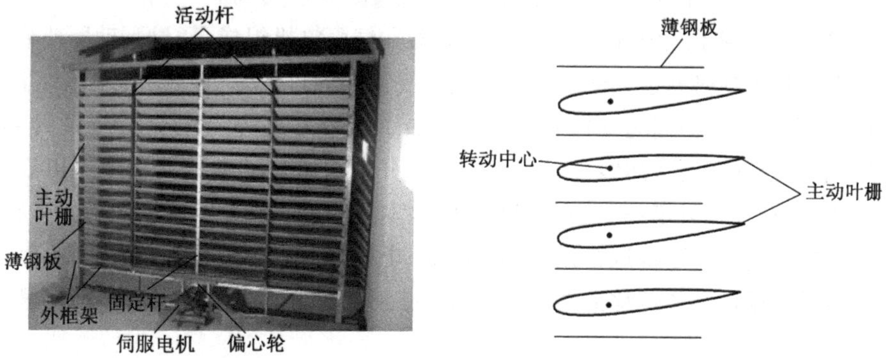

a)实物图　　b)简图

图 6.2.1 主动格栅

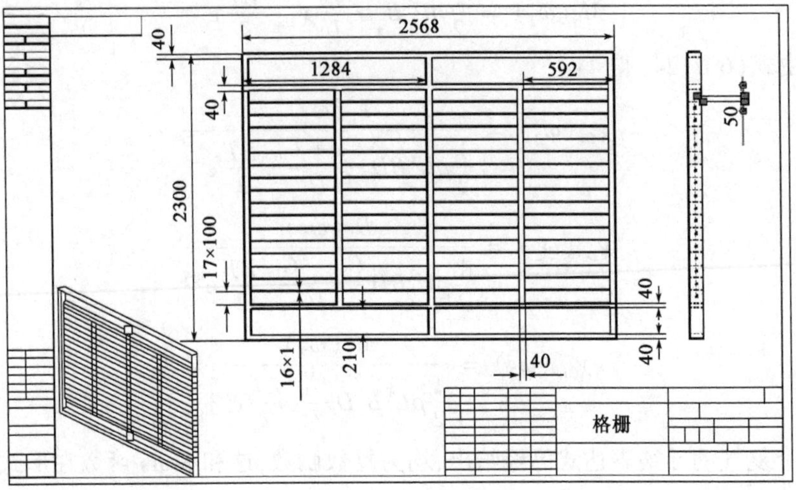

a)主动格栅整体概图

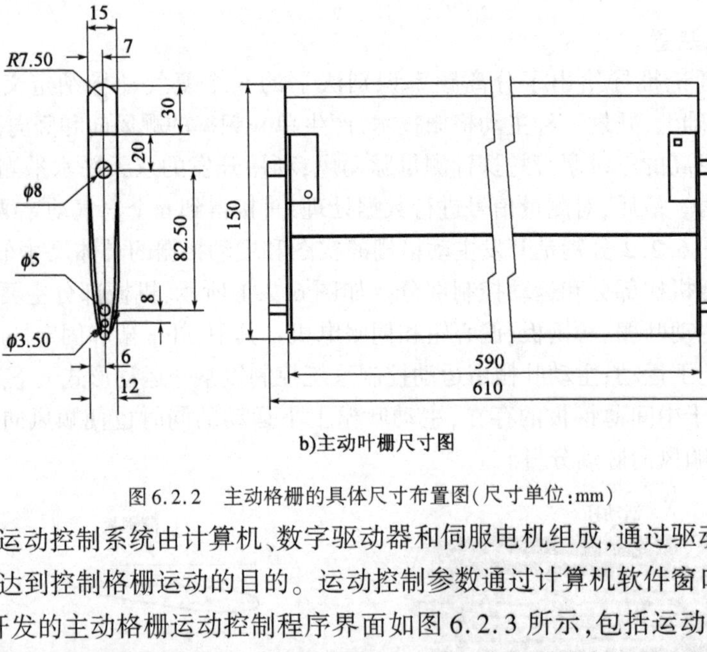

b)主动叶栅尺寸图

图6.2.2　主动格栅的具体尺寸布置图(尺寸单位:mm)

主动格栅运动控制系统由计算机、数字驱动器和伺服电机组成,通过驱动器改变伺服电机的运行状态来达到控制格栅运动的目的。运动控制参数通过计算机软件窗口与数字驱动器交换指令实现,开发的主动格栅运动控制程序界面如图 6.2.3 所示,包括运动参数控制框、驱动器控制按钮、运行控制和运动曲线显示窗口四个部分。通过运动参数控制框可以实现格栅运动的形式选择、振动频率设定;驱动器控制按钮可以指挥驱动器的开关及显示其运行状态;运行控制部分指挥电机驱动系统进行系统零位找寻、电机恒速运行及运行位置控制;运动曲线显示窗口实时显示格栅运动的位移曲线。可见,通过运动控制系统可以实现主动格栅系统的数控性能。

脉动风速采用眼镜蛇探针自带的采集系统采集数据,抖振力则采用 LMS 采集系统采集数据。这样脉动风速的测量与抖振力的测量不能同步,而复气动导纳函数的研究要求其必须同步测量。为了实现两者同步测量，研发了一个同步触发装置，如图 6.2.4 所示，只要同时给两个系统一个触发信号，就可以实现两种采集系统同时采集。

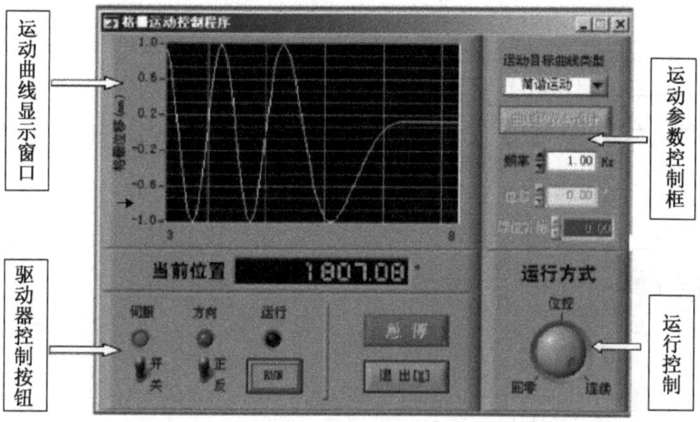

图 6.2.3 主动格栅运动控制程序界面

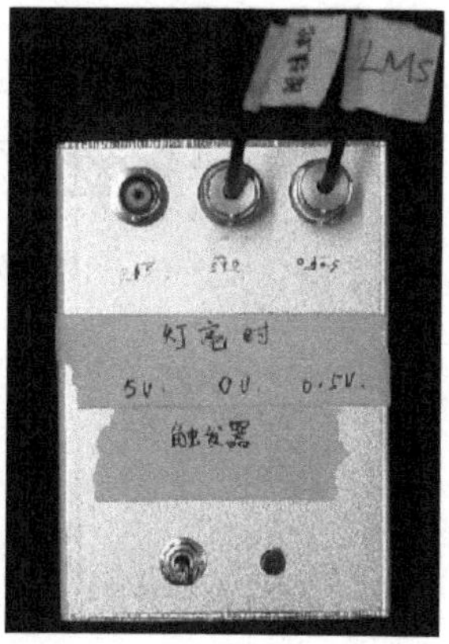

图 6.2.4 同步触发系统

另外，由于眼镜蛇探针无法放置在模型处，还要考虑风速测量点与模型之间的距离引起的相位差 $\Delta\theta$，相位差根据平均风速以及脉动频率可以通过式(6.2.26)计算：

$$\Delta\theta = 2\pi f\Delta/U \tag{6.2.26}$$

式中：Δ——风速测量点与模型之间的距离。

(2)复气动导纳测量流程

利用主动格栅产生紊流，把模型安装在双天平水平测力装置上，同时在模型位置处安装眼镜蛇探针，模型在来流紊流的作用下受到抖振力，利用测力系统测量模型上的抖振力信号，眼镜蛇探针测量来流的脉动风速信号，利用提出的分离频率识别法，由抖振力和脉动风速时程曲线求出 6 个复气动导纳，具体测量流程见图 6.2.5。

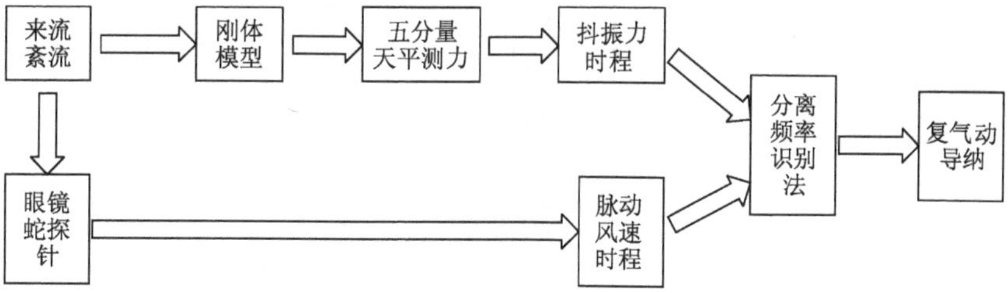

图 6.2.5 测量复气动导纳流程图

(3)典型桥梁断面复气动导纳测量

对三种典型桥梁断面进行复气动导纳试验研究，三种模型的截面如图 6.2.6 所示，测得的静力三分力系数结果如图 6.2.7 所示。

由于模型Ⅰ为对称截面，与薄平板类似，0°风攻角下升力和升力矩系数以及阻力系数导数均接近零，研究其气动导纳函数χ_{Dw}、χ_{Lu}和χ_{Mu}没有实际意义。因此，模型Ⅰ只研究了χ_{Du}、χ_{Lw}和χ_{Mw}的气动导纳函数。测得的结果见图6.2.8～图6.2.13。

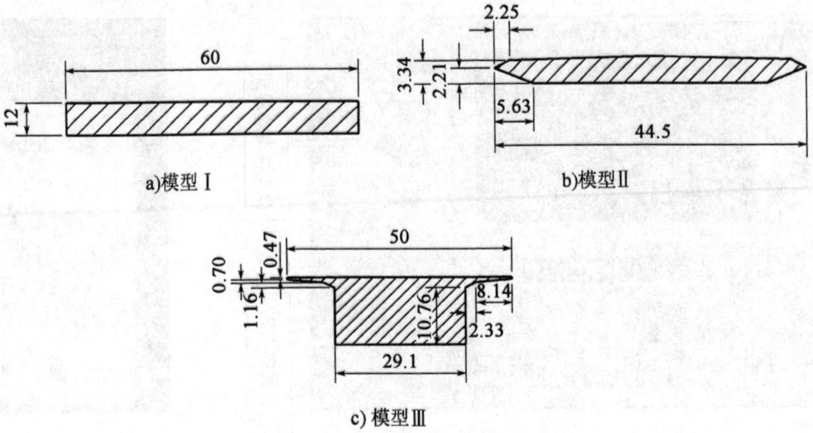

图6.2.6　三种模型的截面图（尺寸单位：cm）

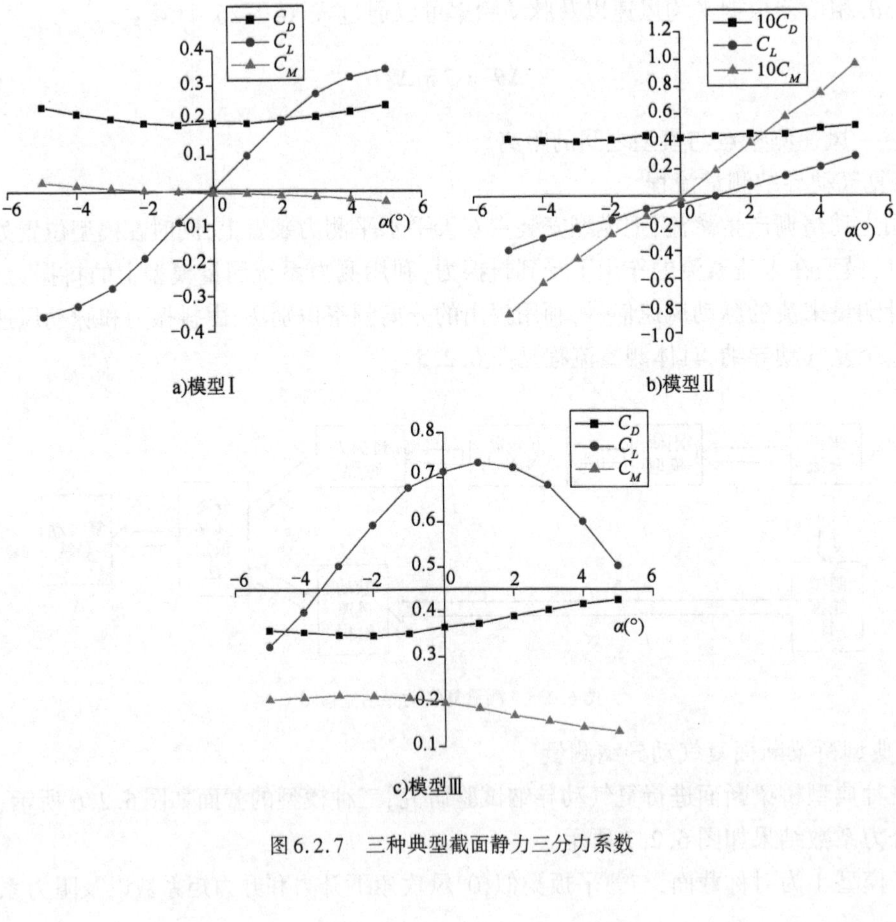

图6.2.7　三种典型截面静力三分力系数

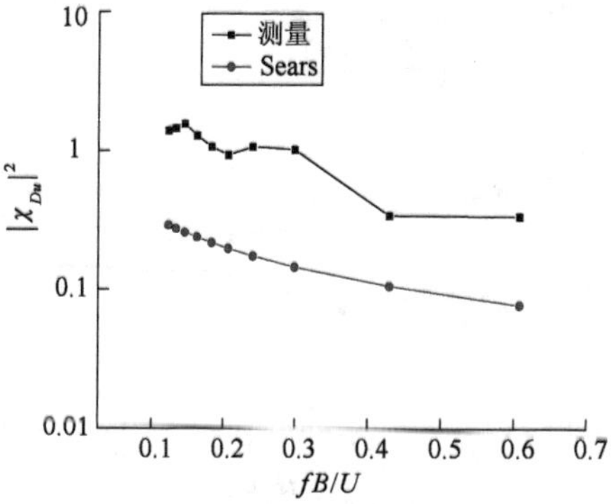

a) $|\chi_{Du}|^2$随折减频率的变化情况

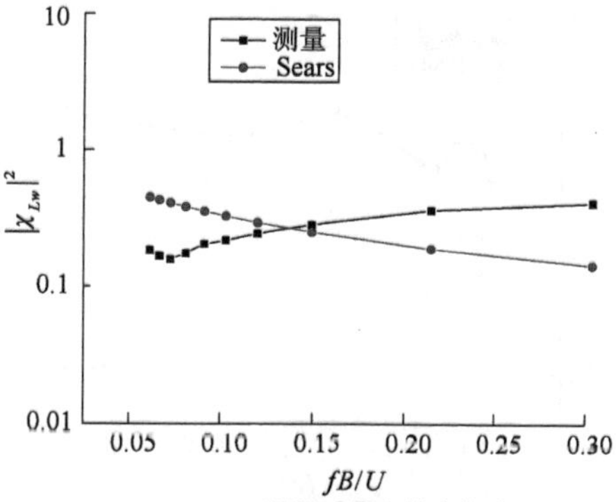

b) $|\chi_{Lw}|^2$随折减频率的变化情况

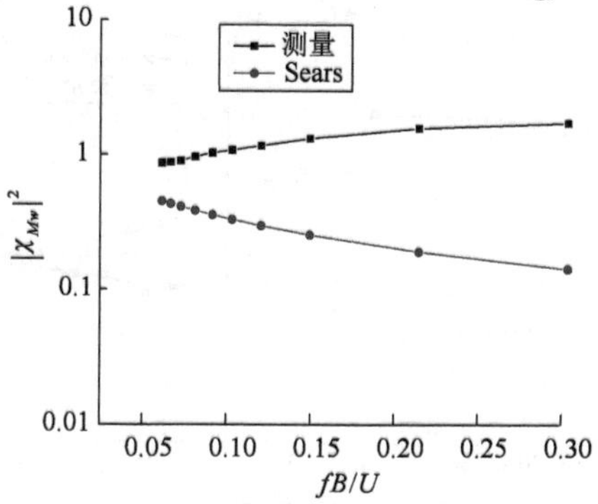

c) $|\chi_{Mw}|^2$随折减频率的变化情况

图 6.2.8 模型Ⅰ气动导纳函数幅值平方随折减频率的变化情况(0°风攻角,$f=1.5\text{Hz}$)

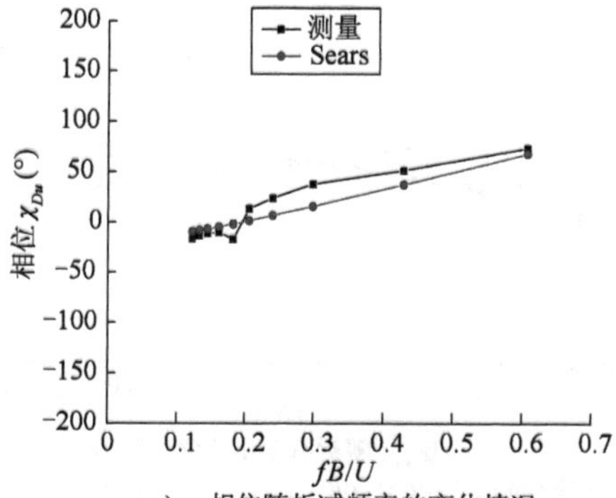

a)χ_{Du}相位随折减频率的变化情况

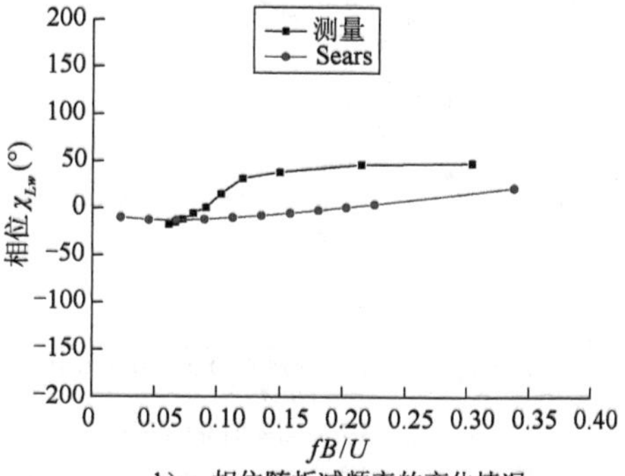

b)χ_{Lw}相位随折减频率的变化情况

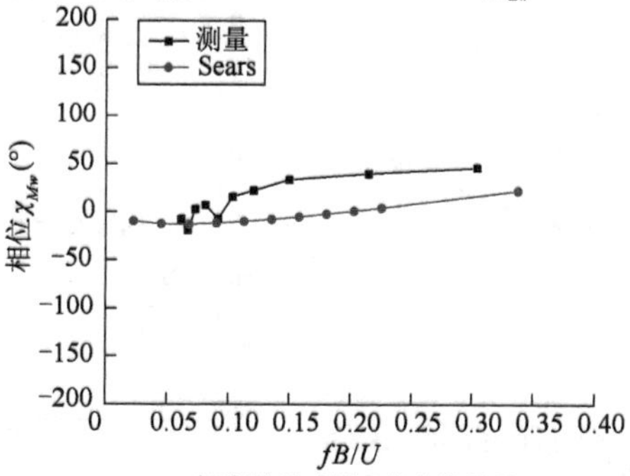

c)χ_{Mw}相位随折减频率的变化情况

图 6.2.9 模型Ⅰ气动导纳函数相位随折减频率的变化情况(0°风攻角,$f=1.5\text{Hz}$)

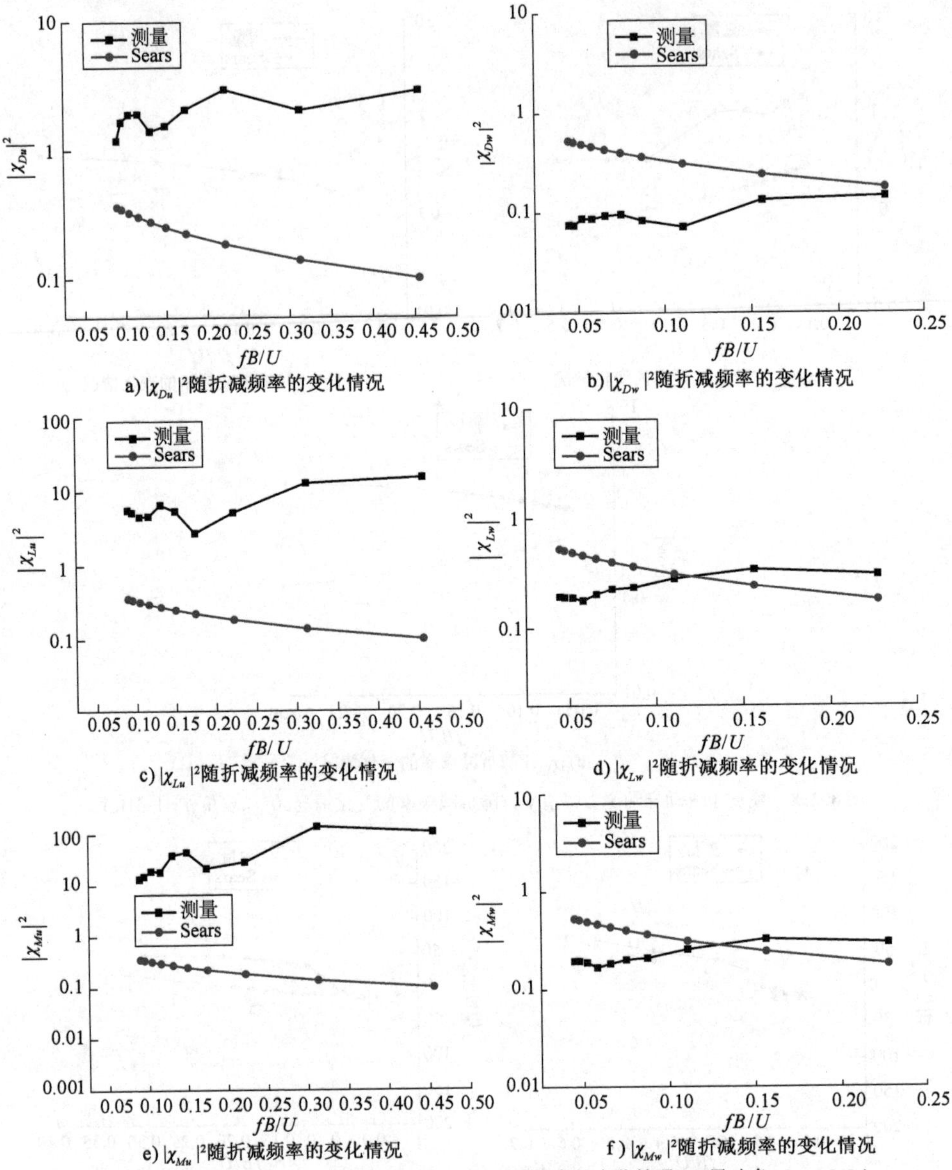

a) $|\chi_{Du}|^2$随折减频率的变化情况

b) $|\chi_{Dw}|^2$随折减频率的变化情况

c) $|\chi_{Lu}|^2$随折减频率的变化情况

d) $|\chi_{Lw}|^2$随折减频率的变化情况

e) $|\chi_{Mu}|^2$随折减频率的变化情况

f) $|\chi_{Mw}|^2$随折减频率的变化情况

图 6.2.10　模型Ⅱ气动导纳函数幅值平方随折减频率的变化情况(0°风攻角, $f=1.0$Hz)

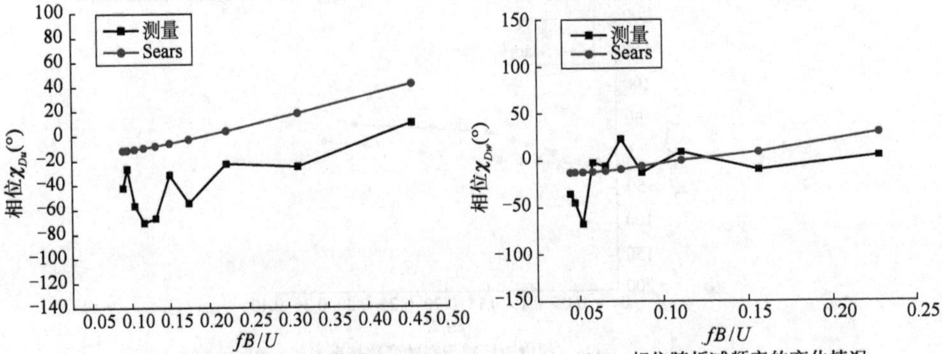

a) χ_{Du}相位随折减频率的变化情况

b) χ_{Dw}相位随折减频率的变化情况

图　6.2.11

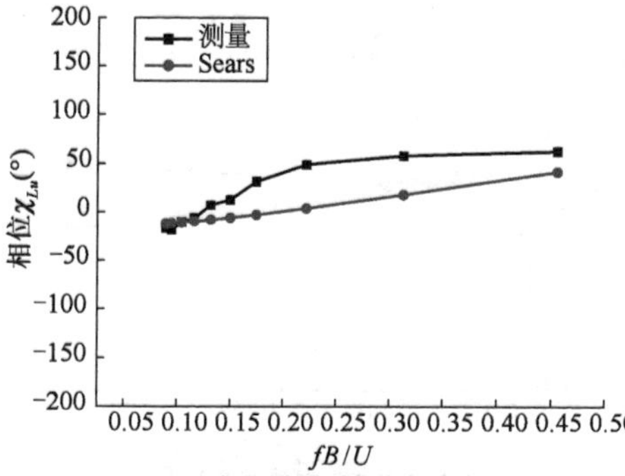

c)χ_{Lu}相位随折减频率的变化情况

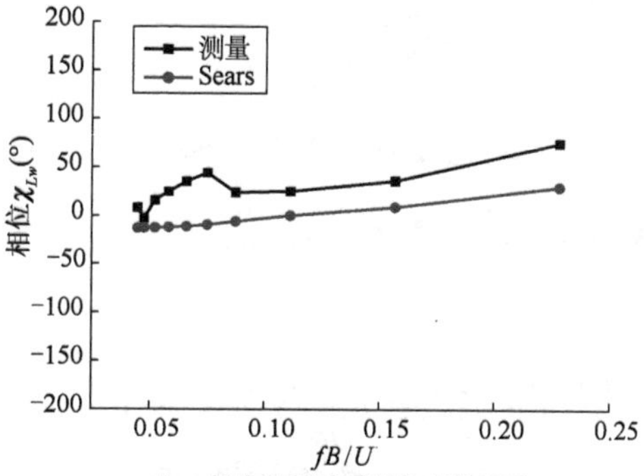

d)χ_{Lw}相位随折减频率的变化情况

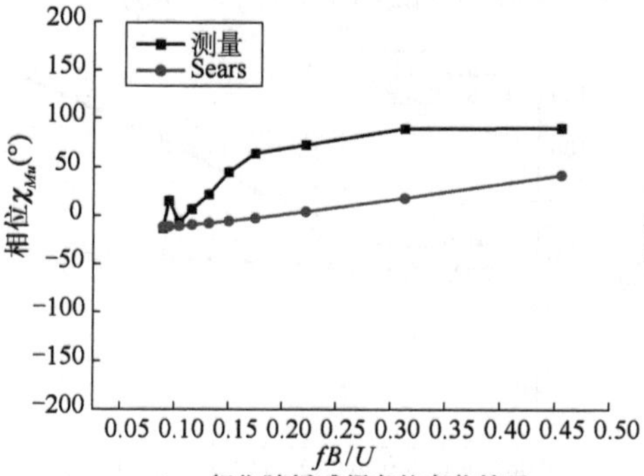

e)χ_{Mu}相位随折减频率的变化情况

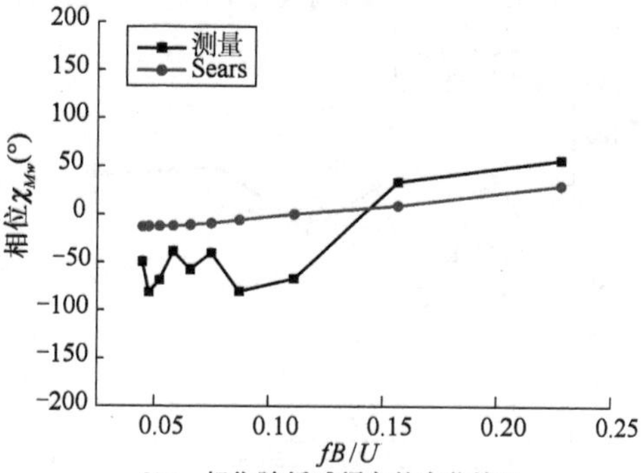

f)χ_{Mw}相位随折减频率的变化情况

图6.2.11　模型Ⅱ气动导纳函数相位随折减频率的变化情况(0°风攻角,$f=1.0$Hz)

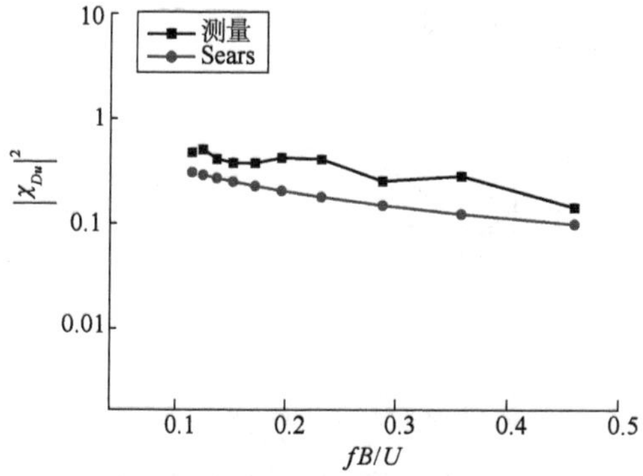

a)$|\chi_{Du}|^2$随折减频率的变化情况

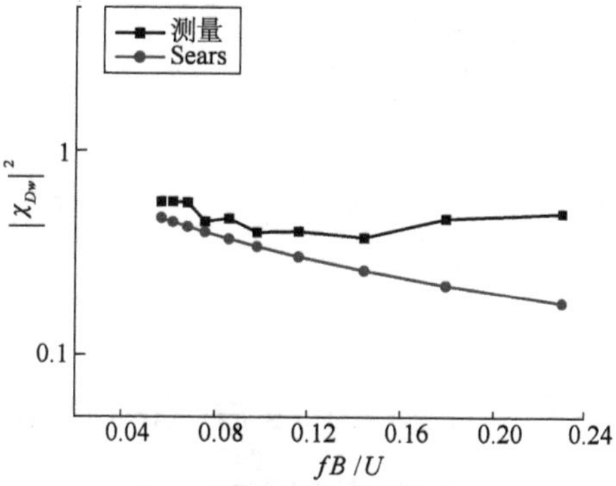

b)$|\chi_{Dw}|^2$随折减频率的变化情况

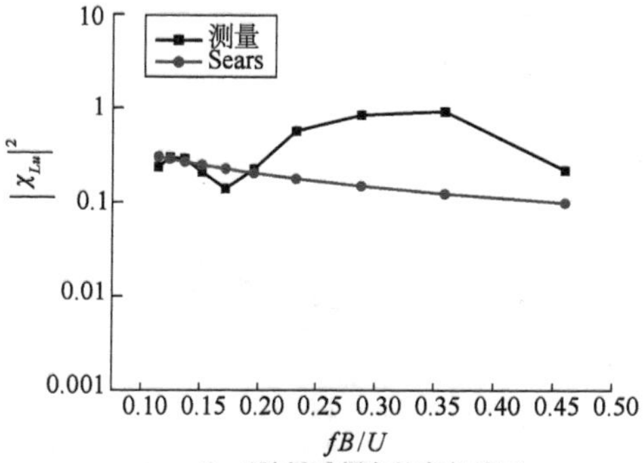

c)$|\chi_{Lu}|^2$随折减频率的变化情况

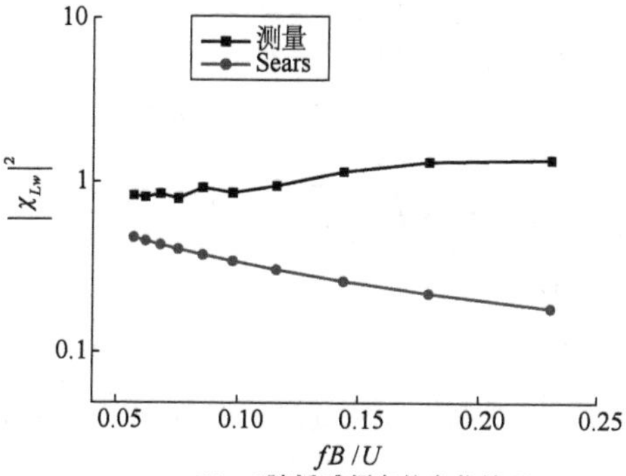

d)$|\chi_{Lw}|^2$随折减频率的变化情况

图　6.2.12

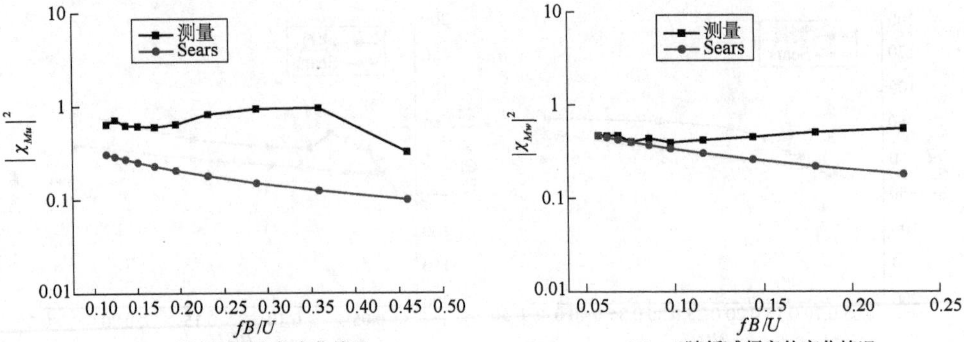

e)$|\chi_{Mu}|^2$随折减频率的变化情况　　f)$|\chi_{Mw}|^2$随折减频率的变化情况

图 6.2.12　模型Ⅲ气动导纳函数幅值平方随折减频率的变化情况(0°风攻角,$f=1.0$Hz)

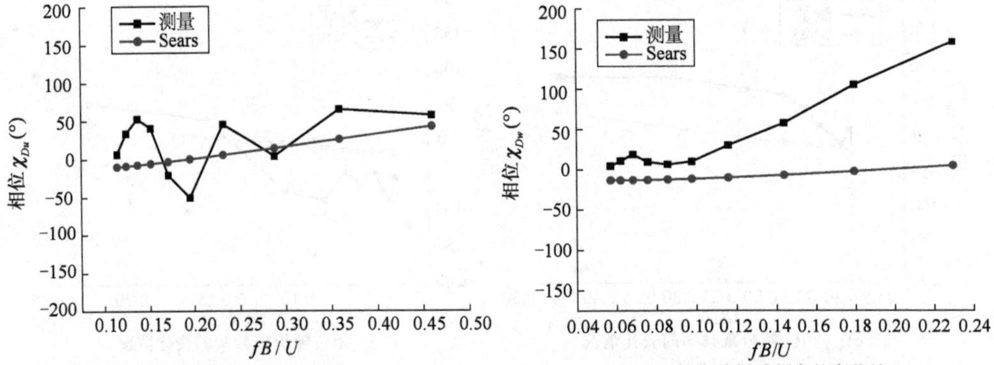

a)χ_{Du}相位随折减频率的变化情况　　b)χ_{Dw}相位随折减频率的变化情况

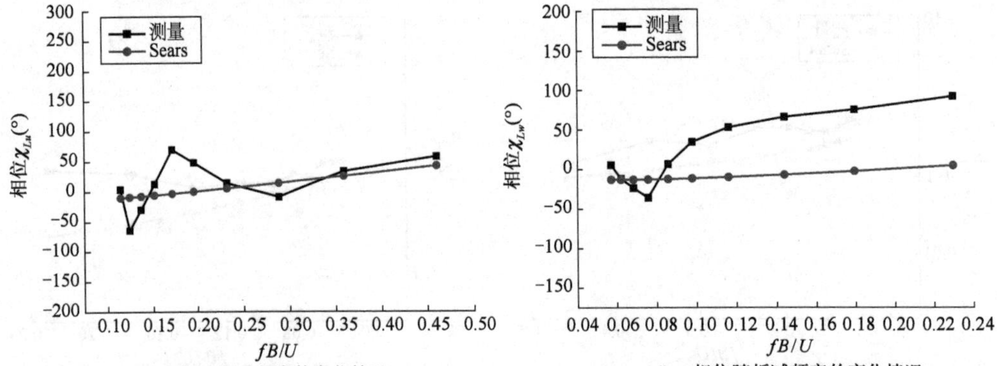

c)χ_{Lu}相位随折减频率的变化情况　　d)χ_{Lw}相位随折减频率的变化情况

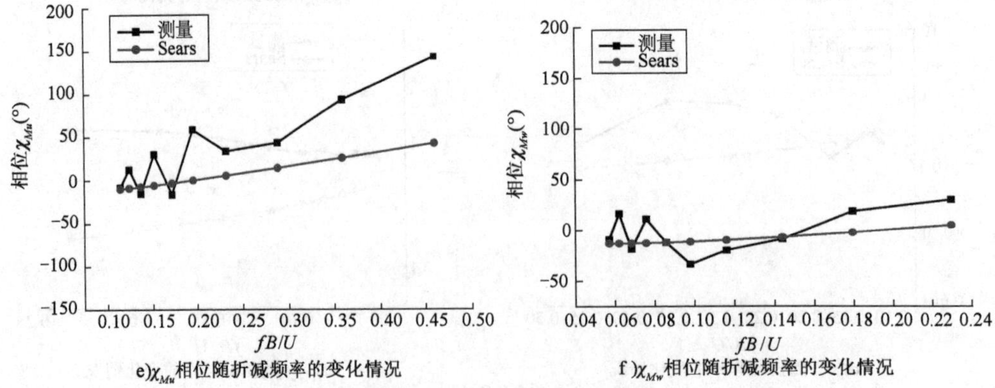

e)χ_{Mu}相位随折减频率的变化情况　　f)χ_{Mw}相位随折减频率的变化情况

图 6.2.13　模型Ⅲ气动导纳函数相位随折减频率的变化情况(0°风攻角,$f=1.0$Hz)

从图 6.2.10 模型Ⅱ气动导纳幅值谱可以看出，与顺风向脉动分量相关的气动导纳函数随着折减风速的增加而增加；与竖向脉动分量相关的气动导纳函数在低频区域小于 Sears 函数，在高频区域大于或接近 Sears 函数，变化规律与薄平板基本相似，这是因为模型Ⅱ是流线型断面，断面形式与薄平板类似。

从图 6.2.8 模型Ⅰ和图 6.2.12 模型Ⅲ气动导纳幅值谱可以看出，与顺风向脉动分量相关的气动导纳函数随着折减风速的增加有降低的趋势，与竖向脉动分量相关的气动导纳函数随着折减频率的增加有增加的趋势。模型Ⅰ和模型Ⅲ气动导纳函数幅值变化规律与模型Ⅱ和薄平板气动导纳函数幅值变化规律刚好相反。这可能由模型Ⅰ和模型Ⅲ为钝体断面所致。

从图 6.2.9、图 6.2.11 和图 6.2.13 相位谱可以看出，气动导纳函数相位的变化规律与薄平板的基本一致，当折减频率接近零时，相位角也接近零。

同样也研究了运动频率和风攻角对典型断面气动导纳函数的影响，限于篇幅，这里未给出具体的识别结果，得到的研究结论为：运动频率的变化对幅值影响较大，对相位影响较小。这说明紊流强度和空间相关性对气动导纳函数幅值有较大影响，对气动导纳函数相位影响不大。紊流强度越大，气动导纳函数幅值越小，说明紊流度增加将降低气动导纳的值。攻角变化对幅值影响较大，而对相位影响较小。气动导纳幅值随着攻角的增大而增大。

6.3 精细化抖振时域分析方法

尽管现有桥梁抖振理论和分析方法已广泛应用于大跨度桥梁工程的抗风设计，但目前大跨度桥梁颤抖振理论方法还不够完善，颤抖振分析专用程序通用性不强，没有考虑气动导纳函数的复数特性，忽略了实际抖振力与脉动风空间相关性的差异。

本节建立自激力时域气动力模型，构建 ANSYS 中模拟主梁自激力的虚拟自激力单元，实现与结构有限元模型的无缝结合，从根本上解决了三维颤抖振时域分析方法的通用性问题；建立考虑抖振力的空间相关性和气动导纳的修正的抖振力模型，提高了大桥颤抖振响应的计算精度。据此建立了基于新抖振力模型和虚拟自激力时域模型的桥梁抖振分析方法。

6.3.1 抖振时域分析气动力模型

基于准定常理论，考虑处于紊流场下任一时刻 t 结构某断面的运动状态，见图 6.3.1。直角坐标系下作用在结构单位长度上的气动力可以表达为：

$$F_y(t) = D(\alpha,t)\cos\psi - L(\alpha,t)\sin\psi \tag{6.3.1a}$$

$$F_z(t) = D(\alpha,t)\sin\psi + L(\alpha,t)\cos\psi \tag{6.3.1b}$$

$$M_x(t) = -M(\alpha,t) \tag{6.3.1c}$$

其中，风轴坐标系下单位长度上的气动力为：

$$D(\alpha,t) = \frac{1}{2}\rho V^2(t)BC_D(\alpha) \tag{6.3.2a}$$

$$L(\alpha,t) = \frac{1}{2}\rho V^2(t)BC_L(\alpha) \tag{6.3.2b}$$

$$M(\alpha,t) = \frac{1}{2}\rho V^2(t) B^2 C_M(\alpha) \tag{6.3.2c}$$

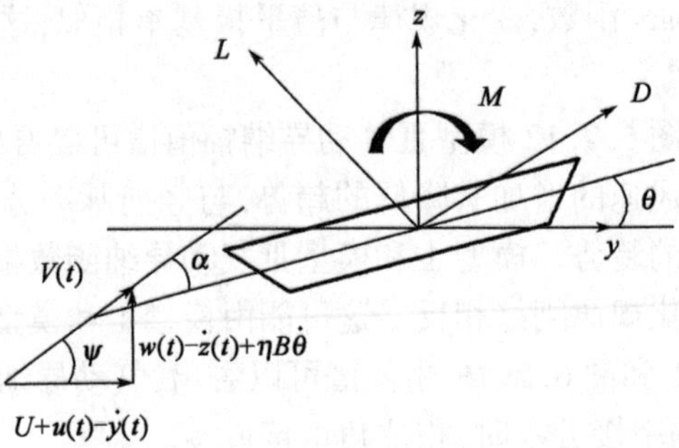

图 6.3.1　结构断面在时刻 t 的运动状态

相对风速与水平面的夹角为：

$$\psi(t) = \tan^{-1}\left[\frac{w(t) - \dot{z}(t) + \eta B\dot{\theta}}{U + u(t) - \dot{y}(t)}\right] \tag{6.3.3}$$

有效攻角为：

$$\alpha(t) = \psi(t) - \theta(t) \tag{6.3.4}$$

相对风速为：

$$V(t) = \sqrt{[U + u(t) - \dot{y}(t)]^2 + [w(t) - \dot{z}(t) + \eta B\dot{\theta}(t)]^2} \tag{6.3.5}$$

式中：ρ——空气密度；

U——平均风速；

B——截面宽度；

$\dot{y}(t)$、$\dot{z}(t)$、$\dot{\theta}(t)$——结构运动的速度和角速度；

η——反映气动力作用点与截面形心之间距离的系数，通常取 0.25；

C_D、C_L、C_M——静力三分力系数，由风洞静力节段模型试验或 CFD 计算得到。

由于结构振动位移 $y(t)$、$z(t)$、$\theta(t)$ 以及脉动风速 $u(t)$、$w(t)$ 均非常小，所以它们之间的乘积可以认为是微小量，忽略不计，则

$$V(t) = U^2 + 2Uu(t) - 2U\dot{y}(t) \tag{6.3.6}$$

假设结构做小幅振动，则

$$\psi(t) \approx \frac{w(t) - \dot{z}(t) + \eta B\dot{\theta}}{U + u(t) - \dot{y}(t)}, \quad \sin\psi \approx \psi, \quad \cos\psi \approx 1 - \psi^2/2 \tag{6.3.7}$$

$$C_D(\alpha) = C'_D\alpha + C_D \tag{6.3.8}$$

$$C_L(\alpha) = C'_L\alpha + C_L \tag{6.3.9}$$

$$C_M(\alpha) = C'_M\alpha + C_M \tag{6.3.10}$$

将式(6.3.2)、式(6.3.4)、式(6.3.6)~式(6.3.10)代入式(6.3.1),得

$$F_y(t) = \frac{1}{2}\rho U^2 BC_D + \frac{1}{2}\rho U^2 B\left[C_D \frac{2u(t)}{U} + (C_D' - C_L)\frac{w(t)}{U}\right] - \frac{1}{2}\rho U^2 BC_D \frac{\dot{y}(t)}{U} - \frac{1}{2}\rho U^2 B(C_D' - C_L)\frac{\dot{z}(t)}{U} + \frac{1}{2}\rho U^2 B(\eta B)(C_D' - C_L)\frac{\dot{\theta}}{U} - \frac{1}{2}\rho U^2 BC_D'\theta \tag{6.3.11a}$$

$$F_z(t) = \frac{1}{2}\rho U^2 BC_L + \frac{1}{2}\rho U^2 B\left[C_L \frac{2u(t)}{U} + (C_L' + C_D)\frac{w(t)}{U}\right] - \frac{1}{2}\rho U^2 BC_L \frac{\dot{y}(t)}{U} - \frac{1}{2}\rho U^2 B(C_L' + C_D)\frac{\dot{z}(t)}{U} + \frac{1}{2}\rho U^2 B(\eta B)(C_L' + C_D)\frac{\dot{\theta}}{U} - \frac{1}{2}\rho U^2 BC_L'\theta \tag{6.3.11b}$$

$$M_x(t) = -\frac{1}{2}\rho U^2 B^2 C_M - \frac{1}{2}\rho U^2 B^2\left[C_M \frac{2u(t)}{U} + C_M'\frac{w(t)}{U}\right] + \frac{1}{2}\rho U^2 B^2 C_M \frac{\dot{y}(t)}{U} + \frac{1}{2}\rho U^2 B^2 C_M'\frac{\dot{z}(t)}{U} - \frac{1}{2}\rho U^2 B^2(\eta B)C_M'\frac{\dot{\theta}}{U} + \frac{1}{2}\rho U^2 B^2 C_M'\theta \tag{6.3.11c}$$

由式(6.3.11)可知,单位长度上的结构气动力由三部分组成,式中第一项为静风力,第二项为抖振力,其余几项为自激力。静风荷载既不是时间的函数,也与结构运动无关,在 ANSYS 中直接以外荷载输入,不再细述。下面主要介绍自激力和抖振力的模拟。

(1)自激力模型

自激力与结构的运动有关,基于有限元理论,引入空间梁单元的位移插值函数。若假定 y、z、θ 取 Hermite 插值,则可以表示为:

$$[y(x) \quad z(x) \quad \theta(x)]^{\mathrm{T}} = [\boldsymbol{N}_y \quad \boldsymbol{N}_z \quad \boldsymbol{N}_\theta]^{\mathrm{T}} \boldsymbol{q}^e \tag{6.3.12}$$

式中:$\boldsymbol{q}^e$——单元 e 的节点位移矢量,$\boldsymbol{q}^e = \{q_1 \quad q_2 \quad \cdots \quad q_{12}\}^{\mathrm{T}}$,如图 6.3.2 所示;

q_1、q_7——沿 X_e 轴方向的位移;

q_2、q_8——沿 Y_e 轴方向的位移;

q_3、q_9——沿 Z_e 轴方向的位移;

q_4、q_{10}——沿 X_e 轴方向的转角;

q_5、q_{11}——沿 Y_e 轴方向的转角;

q_6、q_{12}——沿 Z_e 轴方向的转角。

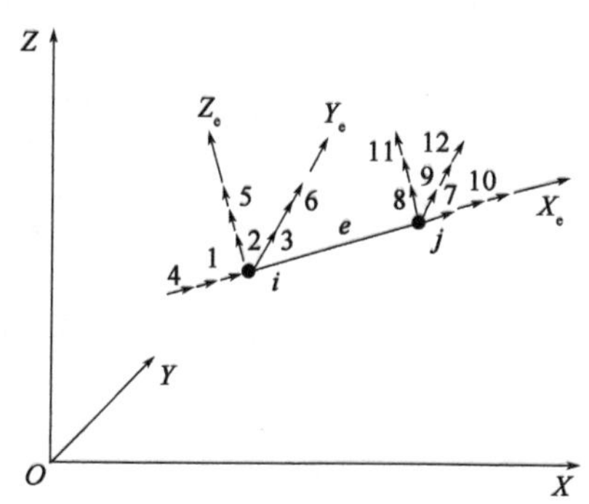

图 6.3.2 单元各自由度正方向

形函数矩阵 $\boldsymbol{N}$ 为:

$$\boldsymbol{N}=\begin{bmatrix}\boldsymbol{N}_y\\ \boldsymbol{N}_z\\ \boldsymbol{N}_\theta\end{bmatrix}=\begin{bmatrix}0 & N_1 & 0 & 0 & 0 & N_2 & 0 & N_3 & 0 & 0 & 0 & N_4\\ 0 & 0 & N_5 & 0 & N_6 & 0 & 0 & 0 & N_7 & 0 & N_8 & 0\\ 0 & 0 & 0 & N_9 & 0 & 0 & 0 & 0 & 0 & N_{10} & 0 & 0\end{bmatrix}$$

其中：$N_1=N_5=1-3\left(\frac{x}{L}\right)^2+2\left(\frac{x}{L}\right)^3$；$N_2=N_6=x-2L\left(\frac{x}{L}\right)^2+L\left(\frac{x}{L}\right)^3$；$N_3=N_7=3\left(\frac{x}{L}\right)^2-2\left(\frac{x}{L}\right)^3$；$N_4=N_8=-L\left(\frac{x}{L}\right)^2+L\left(\frac{x}{L}\right)^3$；$N_9=1-\frac{x}{L}$；$N_{10}=\frac{x}{L}$。

利用虚功原理，单元上的等效节点荷载可表示为：

$$\boldsymbol{F}_{\mathrm{se}}^e=\int_0^L \boldsymbol{N}^{\mathrm{T}}\boldsymbol{P}\mathrm{d}x \tag{6.3.13}$$

其中，$\boldsymbol{N}^{\mathrm{T}}=[\boldsymbol{N}_y{}^{\mathrm{T}}\quad \boldsymbol{N}_z{}^{\mathrm{T}}\quad \boldsymbol{N}_\theta{}^{\mathrm{T}}]$，$\boldsymbol{P}=\{F_y\quad F_z\quad M_x\}^{\mathrm{T}}$。将式(6.3.13)写成矩阵形式：

$$\boldsymbol{F}_{\mathrm{se}}^e=\boldsymbol{K}_{\mathrm{se}}^e\boldsymbol{q}^e+\boldsymbol{C}_{\mathrm{se}}^e\dot{\boldsymbol{q}}^e \tag{6.3.14}$$

式中：$\boldsymbol{K}_{\mathrm{se}}^e$、$\boldsymbol{C}_{\mathrm{se}}^e$——单元 e 的气动刚度矩阵和气动阻尼矩阵；

$\dot{\boldsymbol{q}}^e$——单元 e 的节点速度矢量，$\dot{\boldsymbol{q}}^e=\{\dot{q}_1\quad \dot{q}_2\quad \cdots\quad \dot{q}_{12}\}^{\mathrm{T}}$。

对式(6.3.13)进行积分，得气动刚度矩阵$\boldsymbol{K}_{\mathrm{se}}^e$和气动阻尼矩阵$\boldsymbol{C}_{\mathrm{se}}^e$：

$$\boldsymbol{K}_{\mathrm{se}}^e=\frac{1}{2}\rho U^2BL\begin{bmatrix}0 & 0 & 0 & 0 & 0 & 0 & 0 & 0 & 0 & 0 & 0 & 0\\ 0 & 0 & 0 & \frac{7}{20}a & 0 & 0 & 0 & 0 & 0 & \frac{3}{20}a & 0 & 0\\ 0 & 0 & 0 & \frac{7}{20}b & 0 & 0 & 0 & 0 & 0 & \frac{3}{20}b & 0 & 0\\ 0 & 0 & 0 & \frac{B}{3}c & 0 & 0 & 0 & 0 & 0 & \frac{B}{6}c & 0 & 0\\ 0 & 0 & 0 & \frac{L}{20}b & 0 & 0 & 0 & 0 & 0 & \frac{L}{30}b & 0 & 0\\ 0 & 0 & 0 & \frac{L}{20}a & 0 & 0 & 0 & 0 & 0 & \frac{L}{30}a & 0 & 0\\ 0 & 0 & 0 & 0 & 0 & 0 & 0 & 0 & 0 & 0 & 0 & 0\\ 0 & 0 & 0 & \frac{3}{20}a & 0 & 0 & 0 & 0 & 0 & \frac{7}{20}a & 0 & 0\\ 0 & 0 & 0 & \frac{3}{20}b & 0 & 0 & 0 & 0 & 0 & \frac{7}{20}b & 0 & 0\\ 0 & 0 & 0 & \frac{B}{6}c & 0 & 0 & 0 & 0 & 0 & \frac{B}{3}c & 0 & 0\\ 0 & 0 & 0 & \frac{-L}{30}b & 0 & 0 & 0 & 0 & 0 & \frac{-L}{20}b & 0 & 0\\ 0 & 0 & 0 & \frac{-L}{30}a & 0 & 0 & 0 & 0 & 0 & \frac{-L}{20}a & 0 & 0\end{bmatrix}$$

$$
\boldsymbol{C}_{\mathrm{se}}^{e}=\frac{1}{2}\rho UBL\begin{bmatrix}
0 & 0 & 0 & 0 & 0 & 0 & 0 & 0 & 0 & 0 & 0 & 0\\
0 & \frac{13}{35}d & \frac{13}{35}g & \frac{7}{20}j & \frac{11L}{210}g & \frac{11L}{210}d & 0 & \frac{9}{70}d & \frac{9}{70}g & \frac{3}{20}j & \frac{-13L}{420}g & \frac{-13L}{420}d\\
0 & \frac{13}{35}e & \frac{13}{35}h & \frac{7}{20}k & \frac{11L}{210}h & \frac{11L}{210}e & 0 & \frac{9}{70}e & \frac{9}{70}h & \frac{3}{20}k & \frac{-13L}{420}h & \frac{-13L}{420}e\\
0 & \frac{7B}{20}f & \frac{7B}{20}i & \frac{B}{3}m & \frac{BL}{20}i & \frac{BL}{20}f & 0 & \frac{3B}{20}f & \frac{3B}{20}i & \frac{B}{6}m & \frac{-LB}{30}i & \frac{-LB}{30}f\\
0 & \frac{11L}{210}e & \frac{11L}{210}h & \frac{L}{20}k & \frac{L^2}{105}h & \frac{L^2}{105}e & 0 & \frac{13L}{420}e & \frac{13L}{420}h & \frac{L}{30}k & \frac{-L^2}{140}h & \frac{-L^2}{140}e\\
0 & \frac{11L}{210}d & \frac{11L}{210}g & \frac{L}{20}j & \frac{L^2}{105}g & \frac{L^2}{105}d & 0 & \frac{13L}{420}d & \frac{13L}{420}g & \frac{L}{30}j & \frac{-L^2}{140}g & \frac{-L^2}{140}d\\
0 & 0 & 0 & 0 & 0 & 0 & 0 & 0 & 0 & 0 & 0 & 0\\
0 & \frac{9}{70}d & \frac{9}{70}g & \frac{3}{20}j & \frac{13L}{420}g & \frac{13L}{420}d & 0 & \frac{13}{35}d & \frac{13}{35}g & \frac{7}{20}j & \frac{-11L}{210}g & \frac{-11L}{210}d\\
0 & \frac{9}{70}e & \frac{9}{70}h & \frac{3}{20}k & \frac{13L}{420}h & \frac{13L}{420}e & 0 & \frac{13}{35}e & \frac{13}{35}h & \frac{7}{20}k & \frac{-11L}{210}h & \frac{-11L}{210}e\\
0 & \frac{3B}{20}f & \frac{3B}{20}i & \frac{B}{6}m & \frac{BL}{30}i & \frac{BL}{30}f & 0 & \frac{7B}{20}f & \frac{7B}{20}i & \frac{B}{3}m & \frac{-BL}{20}i & \frac{-BL}{20}f\\
0 & \frac{-13L}{420}e & \frac{-13L}{420}h & \frac{-L}{30}k & \frac{-L^2}{140}h & \frac{-L^2}{140}e & 0 & \frac{-11L}{210}e & \frac{-11L}{210}h & \frac{-L}{20}k & \frac{L^2}{105}h & \frac{L^2}{105}e\\
0 & \frac{-13L}{420}d & \frac{-13L}{420}g & \frac{-L}{30}j & \frac{-L^2}{140}g & \frac{-L^2}{140}d & 0 & \frac{-11L}{210}d & \frac{-11L}{210}g & \frac{-L}{20}j & \frac{L^2}{105}g & \frac{L^2}{105}d
\end{bmatrix}
$$

其中：$a=-C_D'$，$b=-C_L'$，$c=C_M'$，$d=-2C_D$，$e=-2C_L$，$f=2C_M$，$g=-(C_D'-C_L)$，$h=-(C_L'+C_D)$，$i=-C_M'$，$j=\eta B(C_D'-C_L)$，$k=\eta B(C_D+C_L')$，$m=-\eta BC_M'$。气动刚度矩阵$\boldsymbol{K}_{\mathrm{se}}^{e}$和气动阻尼矩阵$\boldsymbol{C}_{\mathrm{se}}^{e}$的形式还依赖于总体坐标系的方向。

单元气动刚度矩阵$\boldsymbol{K}_{\mathrm{se}}^{e}$和单元气动阻尼矩阵$\boldsymbol{C}_{\mathrm{se}}^{e}$在 ANSYS 中以 Matrix27 单元输入。ANSYS 中 Matrix27 单元是一种功能很强的单元，该单元具有两个节点，每个节点有 6 个自由度，其单元坐标系和总体坐标系平行；该单元没有固定的几何形状。跟其他结构分析单元不同的是，它可以通过实常数的方式输入对称或不对称的质量、刚度或阻尼矩阵。为将上述自激力荷载在 ANSYS 中实现，在结构每个单元上添加 1 对 Matrix27 单元（包括一个刚度单元和一个阻尼单元），该单元的节点即为结构上的节点。另外，需要注意的是，当考虑结构阻尼时，系统的质量 $\boldsymbol{M}$ 跟原来的桥梁一样，但刚度已经变为 $\boldsymbol{K}-\boldsymbol{K}_{\mathrm{se}}$，而不是原结构的 $\boldsymbol{K}$。因此，系统的瑞利阻尼为 $\boldsymbol{C}=\alpha\boldsymbol{M}+\beta(\boldsymbol{K}-\boldsymbol{K}_{\mathrm{se}})$（$\alpha$、$\beta$ 分别为瑞利阻尼系数），对单元气动阻尼矩阵进行修正后得$\boldsymbol{C}_{\mathrm{se}}'=\boldsymbol{C}_{\mathrm{se}}-\beta\boldsymbol{K}_{\mathrm{se}}$。由于静风力和抖振力与结构运动状态无关，可以直接在 ANSYS 中以荷载的形式输入。

（2）抖振力模型

目前桥梁结构抖振响应分析在气动导纳等方面采取了偏保守的处理方法，完全忽略了实际抖振力与脉动风空间相关性的差异。鉴于此，本节提出一种新的抖振力模型，可以考虑抖振力的空间相关性和气动导纳的修正。

作用于桥梁结构单位展长上的抖振力可表示为：

$$\boldsymbol{P}_{\mathrm{b}}^{e} = \begin{Bmatrix} D_{\mathrm{b}} \\ L_{\mathrm{b}} \\ M_{\mathrm{b}} \end{Bmatrix} = (\boldsymbol{C}_{\mathrm{b}u} u + \boldsymbol{C}_{\mathrm{b}w} w) \tag{6.3.15}$$

其中：

$$\boldsymbol{C}_{\mathrm{b}u} = \frac{1}{2}\rho UB \begin{Bmatrix} \chi_{Du} 2C_D \\ \chi_{Lu} 2C_L \\ \chi_{Mu} 2BC_M \end{Bmatrix}, \quad \boldsymbol{C}_{\mathrm{b}w} = \frac{1}{2}\rho UB \begin{Bmatrix} \chi_{Dw}(C'_D - C_L) \\ \chi_{Lw}(C'_L + C_D) \\ \chi_{Mw} BC'_M \end{Bmatrix} \tag{6.3.16}$$

假设单元长度足够小，将抖振力平均分配到单元两端节点上，则节点力可表示为：

$$\boldsymbol{P}_{\mathrm{b}i} = \frac{L}{2}\begin{Bmatrix} D_{\mathrm{b}} \\ L_{\mathrm{b}} \\ M_{b} \end{Bmatrix} = \frac{L}{2}(\boldsymbol{C}_{\mathrm{b}u} u + \boldsymbol{C}_{\mathrm{b}w} w), \quad \boldsymbol{P}_{\mathrm{b}j} = \frac{L}{2}\begin{Bmatrix} D_{\mathrm{b}} \\ L_{\mathrm{b}} \\ M_{\mathrm{b}} \end{Bmatrix} = \frac{L}{2}(\boldsymbol{C}_{\mathrm{b}u} u + \boldsymbol{C}_{\mathrm{b}w} w) \tag{6.3.17}$$

假设单元长度为 L，整体坐标系下的抖振力功率谱密度函数 $\boldsymbol{S}_{P_{\mathrm{b}}P_{\mathrm{b}}}(\omega)$ 为：

$$\boldsymbol{S}_{P_{\mathrm{b}}P_{\mathrm{b}}}(\omega) = \begin{bmatrix} \boldsymbol{S}_{P_{\mathrm{b}1}P_{\mathrm{b}1}}(\omega) & \boldsymbol{S}_{P_{\mathrm{b}1}P_{\mathrm{b}2}}(\omega) & \cdots & \boldsymbol{S}_{P_{\mathrm{b}1}P_{\mathrm{b}r}}(\omega) \\ \boldsymbol{S}_{P_{\mathrm{b}2}P_{\mathrm{b}1}}(\omega) & \boldsymbol{S}_{P_{\mathrm{b}2}P_{\mathrm{b}2}}(\omega) & \cdots & \boldsymbol{S}_{P_{\mathrm{b}2}P_{\mathrm{b}r}}(\omega) \\ \vdots & \vdots & & \vdots \\ \boldsymbol{S}_{P_{\mathrm{b}r}P_{\mathrm{b}1}}(\omega) & \boldsymbol{S}_{P_{\mathrm{b}r}P_{\mathrm{b}2}}(\omega) & \cdots & \boldsymbol{S}_{P_{\mathrm{b}r}P_{\mathrm{b}r}}(\omega) \end{bmatrix} \tag{6.3.18}$$

式中，抖振力的自功率谱密度函数 $\boldsymbol{S}_{P_{\mathrm{b}i}P_{\mathrm{b}i}}(\omega)$ 可以通过脉动分量 u 和 w 的功率谱密度函数得到，为：

$$\begin{aligned} \boldsymbol{S}_{P_{\mathrm{b}i}P_{\mathrm{b}i}}(\omega) &= L^2[\boldsymbol{C}_{\mathrm{b}u}\, \boldsymbol{S}_{uu}(\omega)\, \boldsymbol{C}_{\mathrm{b}u}^{\mathrm{T}} + \boldsymbol{C}_{\mathrm{b}w}\, \boldsymbol{S}_{ww}(\omega)\, \boldsymbol{C}_{\mathrm{b}w}^{\mathrm{T}}] \\ &= \begin{bmatrix} \boldsymbol{S}_{D_{\mathrm{b}i}D_{\mathrm{b}i}}(\omega) & \boldsymbol{S}_{D_{\mathrm{b}i}L_{\mathrm{b}i}}(\omega) & \boldsymbol{S}_{D_{\mathrm{b}i}M_{\mathrm{b}i}}(\omega) \\ \boldsymbol{S}_{L_{\mathrm{b}i}D_{\mathrm{b}i}}(\omega) & \boldsymbol{S}_{L_{\mathrm{b}i}L_{\mathrm{b}i}}(\omega) & \boldsymbol{S}_{L_{\mathrm{b}i}M_{\mathrm{b}i}}(\omega) \\ \boldsymbol{S}_{M_{\mathrm{b}i}D_{\mathrm{b}i}}(\omega) & \boldsymbol{S}_{M_{\mathrm{b}i}L_{\mathrm{b}i}}(\omega) & \boldsymbol{S}_{M_{\mathrm{b}i}M_{\mathrm{b}i}}(\omega) \end{bmatrix} \end{aligned} \tag{6.3.19}$$

式中：$\boldsymbol{S}_{uu}$、$\boldsymbol{S}_{ww}$——u 和 w 的功率谱密度函数。

而对于任意两点（i 和 j）抖振力的互功率谱密度函数，利用抖振力的空间相关性，可以表示为：

$$\boldsymbol{S}_{P_{\mathrm{b}i}P_{\mathrm{b}j}}(\omega) = \begin{bmatrix} \boldsymbol{S}_{D_{\mathrm{b}i}D_{\mathrm{b}j}}(\omega) & \boldsymbol{S}_{D_{\mathrm{b}i}L_{\mathrm{b}j}}(\omega) & \boldsymbol{S}_{D_{\mathrm{b}i}M_{\mathrm{b}j}}(\omega) \\ \boldsymbol{S}_{L_{\mathrm{b}i}D_{\mathrm{b}j}}(\omega) & \boldsymbol{S}_{L_{\mathrm{b}i}L_{\mathrm{b}j}}(\omega) & \boldsymbol{S}_{L_{\mathrm{b}i}M_{\mathrm{b}j}}(\omega) \\ \boldsymbol{S}_{M_{\mathrm{b}i}D_{\mathrm{b}j}}(\omega) & \boldsymbol{S}_{M_{\mathrm{b}i}L_{\mathrm{b}j}}(\omega) & \boldsymbol{S}_{M_{\mathrm{b}i}M_{\mathrm{b}j}}(\omega) \end{bmatrix} \tag{6.3.20}$$

其中：

$$\boldsymbol{S}_{D_{\mathrm{b}i}D_{\mathrm{b}j}}(\Delta,\omega) = \sqrt{\boldsymbol{S}_{D_{\mathrm{b}i}D_{\mathrm{b}i}}(z_i,\omega)\, \boldsymbol{S}_{D_{\mathrm{b}j}D_{\mathrm{b}j}}(z_j,\omega)} \cdot \exp\left\{ -C_{DD} \frac{\omega\Delta}{\pi[U(z_i) + U(z_j)]} \right\} \tag{6.3.21a}$$

$$S_{L_{bi}L_{bj}}(\Delta,\omega)=\sqrt{S_{L_{bi}L_{bi}}(z_i,\omega)\,S_{L_{bj}L_{bj}}(z_j,\omega)}\cdot\exp\left\{-C_{LL}\frac{\omega\Delta}{\pi[U(z_i)+U(z_j)]}\right\}\tag{6.3.21b}$$

$$S_{M_{bi}M_{bj}}(\Delta,\omega)=\sqrt{S_{M_{bi}M_{bi}}(z_i,\omega)\,S_{M_{bj}M_{bj}}(z_j,\omega)}\cdot\exp\left\{-C_{MM}\frac{\omega\Delta}{\pi[U(z_i)+U(z_j)]}\right\}\tag{6.3.21c}$$

$$\begin{aligned}S_{L_{bi}D_{bj}}(\Delta,\omega)&=S_{D_{bi}L_{bj}}(\Delta,\omega)\\&=\sqrt{S_{D_{bi}L_{bi}}(z_i,\omega)\,S_{D_{bj}L_{bj}}(z_j,\omega)}\cdot\exp\left\{-C_{DL}\frac{\omega\Delta}{\pi[U(z_i)+U(z_j)]}\right\}\end{aligned}\tag{6.3.21d}$$

$$\begin{aligned}S_{M_{bi}D_{bj}}(\Delta,\omega)&=S_{D_{bi}M_{bj}}(\Delta,\omega)\\&=\sqrt{S_{D_{bi}M_{bi}}(z_i,\omega)\,S_{D_{bj}M_{bj}}(z_j,\omega)}\cdot\exp\left\{-C_{DM}\frac{\omega\Delta}{\pi[U(z_i)+U(z_j)]}\right\}\end{aligned}\tag{6.3.21e}$$

$$\begin{aligned}S_{M_{bi}L_{bj}}(\Delta,\omega)&=S_{L_{bi}M_{bj}}(\Delta,\omega)\\&=\sqrt{S_{L_{bi}M_{bi}}(z_i,\omega)\,S_{L_{bj}M_{bj}}(z_j,\omega)}\cdot\exp\left\{-C_{LM}\frac{\omega\Delta}{\pi[U(z_i)+U(z_j)]}\right\}\end{aligned}\tag{6.3.21f}$$

式中：C——由风洞试验数据利用最小二乘曲线拟合得到的系数和指数衰减系数。

需要注意的是，由于气动导纳函数是复数函数，抖振力功率谱密度函数矩阵$S_{P_bP_b}(\omega)$是复数矩阵。像模拟脉动风速时程一样，利用谐波合成法获得抖振力的时程样本，结合静风荷载和自激力，在 ANSYS 中实现大跨度桥梁结构的抖振时域分析。

6.3.2 算例分析

采用提出的抖振时域分析方法对双肢薄壁高墩悬臂结构进行了抖振分析。结构模型、截面尺寸以及气动参数与第 5 章的参数相同，图 6.3.3 是结构有限元模型及坐标系统示意图。

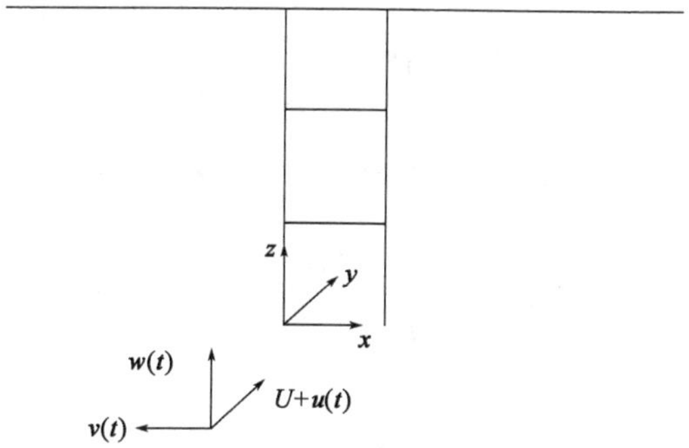

图 6.3.3 结构有限元模型及坐标系统

基于谐波合成法模拟脉动风，根据双肢薄壁高墩悬臂结构的结构形式以及自然风场的相关特性，将其三维脉动风场简化为墩上分别沿横桥向和顺桥向及主梁上分别沿横桥向和竖向的 6 个独立的一维脉动风场，如表 6.3.1 所示。模拟点的分布情况如图 6.3.4 所示，沿主梁等间距地分布了16个点,其间距为10.407m,沿两个桥墩分别等间距地分布了10个点,其间距为10.883m。模拟中横桥向及顺桥向风谱采用Simiu谱,竖向风谱采用Lumley-Panofsky谱,相干函数采用Davenport形式。

6个一维脉动风场 表6.3.1

编号	位置	方向	模拟点数
1	左墩	横桥向	9
2	左墩	顺桥向	9
3	右墩	横桥向	9
4	右墩	顺桥向	9
5	主梁	横桥向	16
6	主梁	竖向	16

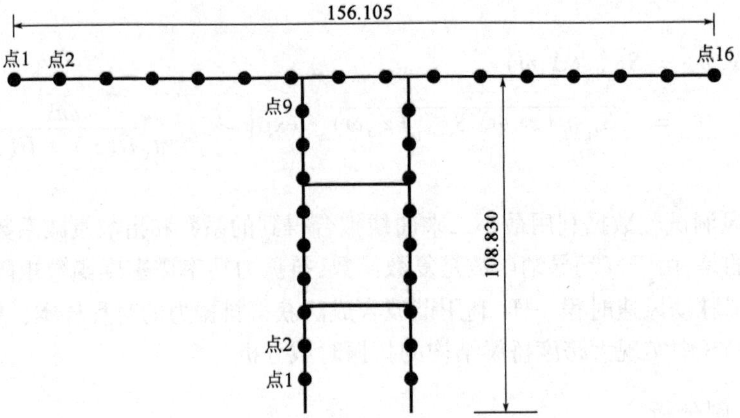

图6.3.4 模拟点位置(尺寸单位:m)

$$S_u(n,z) = 200u_*^2 \frac{f}{n(1+50f)^{5/3}} \tag{6.3.22a}$$

$$S_v(n,z) = 15u_*^2 \frac{f}{n(1+9.5f)^{5/3}} \tag{6.3.22b}$$

$$S_w(z,n) = 3.36u_*^2 \frac{f}{n(1+10f)^{5/3}} \tag{6.3.22c}$$

$$Coh_\varepsilon(n,s) = \exp\left[-\frac{2n\sqrt{C_{x\varepsilon}^2|x-x'|^2 + C_{z\varepsilon}^2|z-z'|^2}}{\overline{U}(z)+\overline{U}(z')}\right] \quad (\varepsilon = u、v、w) \tag{6.3.22d}$$

其中,$f = nz/\overline{U}(z)$;$u_* = K\overline{U}(z)/\ln\left(\frac{z}{z_0}\right)$为摩擦速度,$K$通常取0.4,$z_0$是粗糙长度;$C_{zu} = C_{zw} = 10$,$C_{xu} = C_{xw} = 16$,$C_{zv} = 6.5$,$C_{xv} = 10.72$。

图6.3.5、图6.3.6为墩上两点(相隔87.064m)横桥向脉动风的模拟结果。从图6.3.6可以看出,模拟脉动风的相关函数与目标值基本吻合,说明模拟结果的正确性。

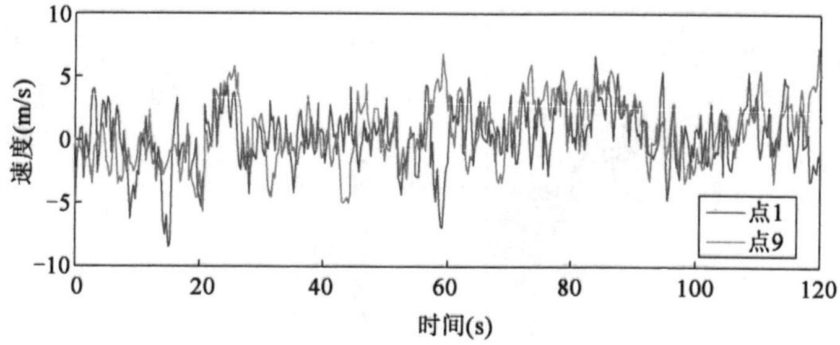

图 6.3.5　墩上两点横桥向脉动风时程

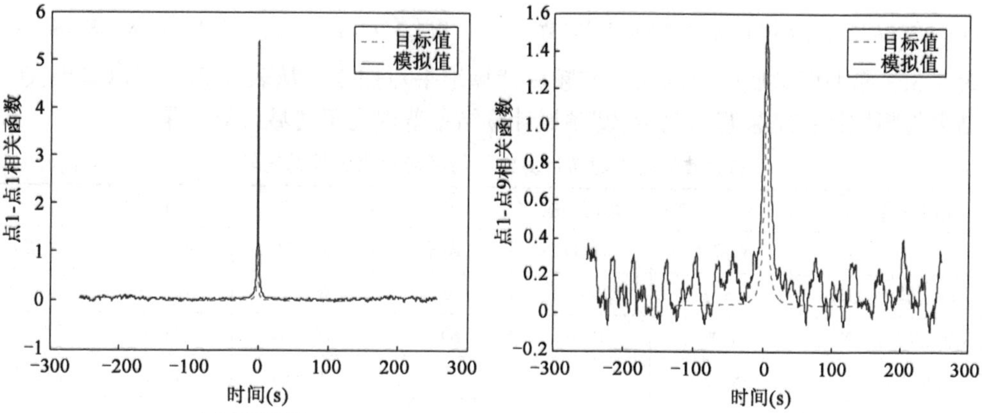

a)自相关函数　　b)互相关函数

图 6.3.6　墩上两点自相关及互相关函数

地表粗糙高度 $z_0 = 1.0\text{m}$，主梁处平均风速 $U = 20\text{m/s}$，系数 α 和 β 分别取 0.30 和 4.85，时间间隔和总时间分别为 0.5s 和 6144s。图 6.3.7 是左墩墩底内力脉动响应时程曲线，图 6.3.8 和图 6.3.9 分别是结构响应的功率谱密度函数。

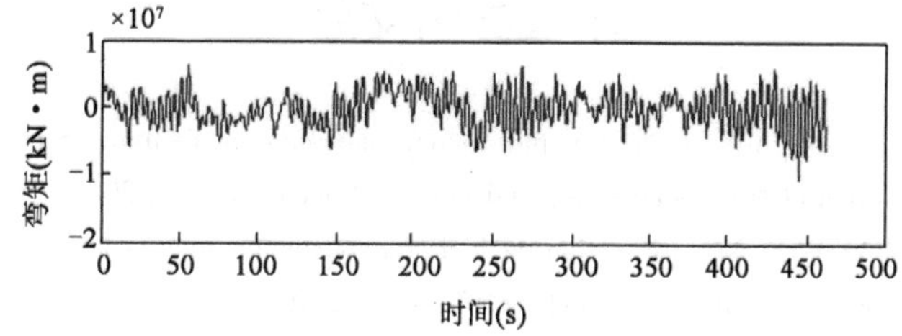

a)绕x轴弯矩

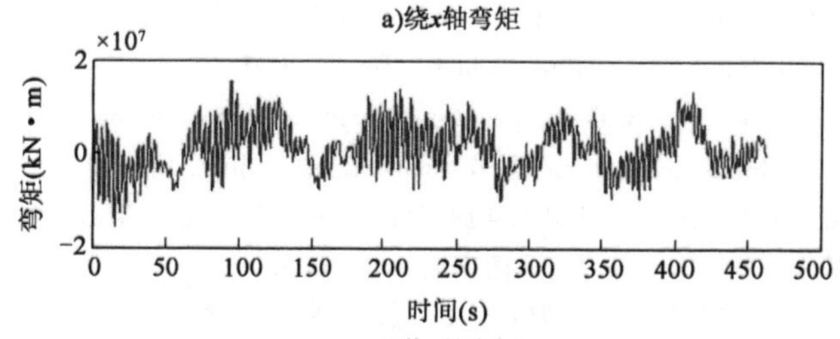

b)绕y轴弯矩

图 6.3.7　左墩墩底内力脉动响应时程曲线

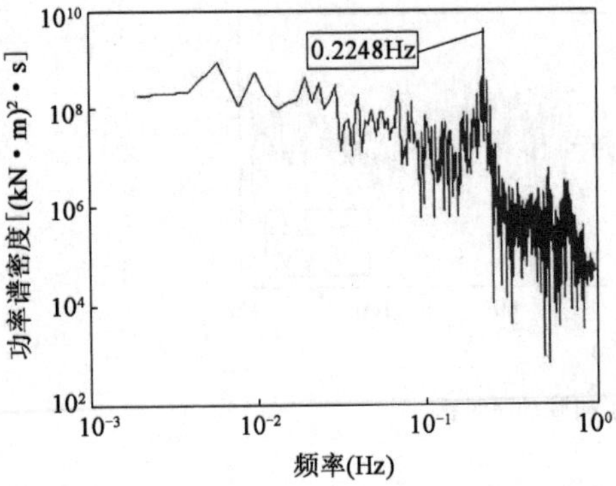

图 6.3.8　左墩墩底绕 x 轴弯矩的功率谱密度函数

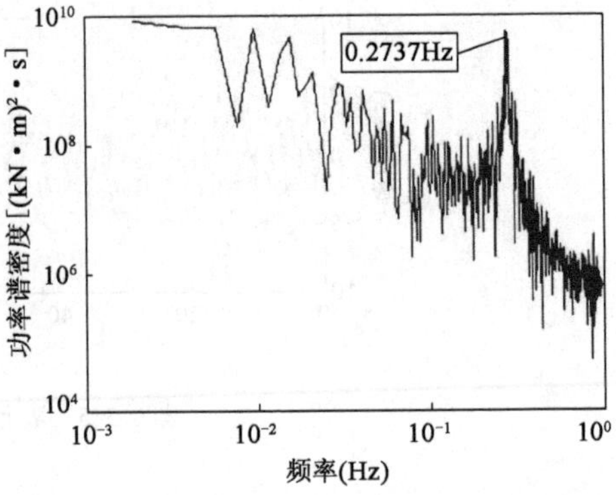

图 6.3.9　左墩墩底绕 y 轴弯矩的功率谱密度函数

表 6.3.2 是左墩墩底内力的时域与频域计算结果对照表。从表 6.3.2 可以看出：①时域计算结果与频域计算结果基本吻合；②频域计算结果普遍高于时域计算结果。

左墩墩底内力时域计算结果与频域计算结果的比较　　表 6.3.2

内力分量	均值响应			均方根响应		
i	频域法	时域法	误差	频域法	时域法	误差
沿 x 轴的剪力(kN)	268.31	250.63	7.05%	69.33	63.35	9.44%
沿 y 轴的剪力(kN)	0.00	10.66	5.69% *	187.34	174.70	7.24%
沿 z 轴的剪力(kN)	281.50	258.12	9.06%	201.10	219.97	8.58%
绕 x 轴的弯矩(kN·m)	18.09	16.48	9.11%	4872.50	4711.80	3.41%
绕 y 轴的弯矩(kN·m)	21181.01	21048.00	0.63%	6039.86	6066.10	0.42%
绕 z 轴的扭矩(kN·m)	1.03	20.12	1.56% *	1226.06	1231.80	0.47%

注：1. 标 * 的误差值 =（频域法的均值响应 − 时域法的均值响应）/频域法的均方根响应；
2. 频域法的计算结果参考文献[16]第 6 章的计算结果。

本章参考文献

[1] DIANA G, BRUNI S, CIGADA A, et al. Complex aerodynamic admittance function role in buffeting response of a bridge deck[J]. Journal of wind engineering and industrial aerodynamics, 2002, 90(12-15): 2057-2072.

[2] HATANAKA A, TANAKA H. New estimation method of aerodynamic admittance function[J]. Journal of wind engineering and industrial aerodynamics, 2002, 90(12-15): 2073-2086.

[3] PEIL U, BEHRENS M. Aerodynamic admittance models checked by full scale measurements[C]//Proceedings of the 11th Conference on Wind Engineering. Lobbock Texas, 2003.

[4] XIE J, XIANG H F. Identification of the aerodynamic admittance functions for bridge road decks[C]//Proce-dings of the 2nd Asia-Pacific Simposium on Wind Engineering. Beijing, China, 1989.

[5] 李明水. 连续大气湍流中大跨度桥梁的抖振响应[D]. 成都：西南交通大学，1993.

[6] 蒋永林. 斜拉桥抖振响应分析[D]. 成都：西南交通大学，2000.

[7] 马存明. 流线箱型桥梁断面三维气动导纳研究[D]. 成都：西南交通大学，2007.

[8] 靳欣华. 桥梁断面气动导纳识别理论及试验研究[D]. 上海：同济大学，2003.

[9] 张若雪. 桥梁结构气动参数识别的理论和试验研究[D]. 上海：同济大学，1998.

[10] DING Q, LEE P K K. Computer simulation of buffeting actions of suspension bridges under turbulent wind[J]. Computers and structures, 2000, 76(6): 787-797.

[11] SCANLAN R H. Role of indicial functions in buffeting analysis of bridges[J]. Journal of structural engineering, ASCE, 1984, 110(7): 1433-1446.

[12] JAIN A, JONES N P, SCANLAN R H. Coupled flutter and buffeting analysis of long-span bridges[J]. Journal of structural engineering, 1996, 122(7): 716-725.

[13] LIN Y K,LI Q C, SU T C. Application of a new wind turbulence model in predicting motion stability of wind-excited long-span bridges[J]. Journal of wind engineering and industrial aerodynamics, 1993, 49(1-3): 507-516.

[14] SUN D K, ZHI H, ZHANG W S, et al. Highly efficient and accurate buffeting analysis of complex structures[J]. Communication in numerical methods in engineering, 1998, 14(6): 559-567.

[15] XU Y L, SUN D K, KO J M, et al. Buffeting analysis of long-span bridges: a new algorithm[J]. Computers and structures, 1998, 68(4): 303-313.

[16] 韩艳. 桥梁结构复气动导纳函数与抖振精细化研究[D]. 长沙:湖南大学,2008.

第 7 章　桥梁涡激振动

大跨度桥梁主梁涡激振动与控制是桥梁工程的核心技术难题，也是桥梁抗风设计理论有待深入解决的关键科学问题。涡激振动是大跨度桥梁在低风速下较易出现的一种风致振动现象，是一种带有自激性质的风致限幅振动。尽管涡激振动不像颤振、驰振是一种发散性的振动，但由于其是低风速下较易发生的振动，且振幅过大时足以影响行车安全，因而在施工或者成桥阶段避免涡激振动或限制其振幅在可接受的范围之内具有十分重要的意义。

本章首先介绍涡激振动的相关理论，随后简要讲述桥梁涡激振动的研究进展。

7.1　涡激振动理论与方法

早在 1898 年，Strouhal 在竖琴的风致振动试验中就发现，当流体以一定速度经过圆柱时，圆柱表面会产生流动分离和尾流区域交替的涡旋脱落，使结构产生周期性变化的脉动力。涡旋脱落频率(简称涡脱频率)与来流风速、特征长度存在以下关系：

$$St = \frac{f_{\mathrm{u}}D}{U} \tag{7.1.1}$$

式中：St——斯托罗哈数(Strouhal number)；

f_{u}——涡旋脱落频率，Hz；

D——结构特征尺寸，m；

U——来流风速，m/s。

当涡旋脱落频率接近结构固有频率时，结构将发生大幅振动，称为“涡激振动”。涡激振动是一种具有自激性质的流固耦合问题，流体的作用引发了结构的振动，反之，结构的振动又对流体产生反馈作用，使结构维持风致限幅振动。同时，结构与流体的相互作用使涡脱频率发生“锁定”现象，在涡振风速区间内，涡脱频率不再遵循 Strouhal 涡脱频率公式，而是始终锁定在结构固有频率。

桥梁涡激振动通常受多种因素的影响，如来流风速、紊流度、结构外形、阻尼比等，现场实测可以获得斜拉索涡激振动最为真实的特征，但是通常易受现场各种因素的影响，无法系统地开展研究。对于风洞试验和数值模拟，通常需要较长的时间以及较强的计算能力。相对而言，采用理论模型研究桥梁涡激振动具有成本低、速度快等优点，可以系统地研究桥梁涡激振动的影响参数，也是深入探究涡振微观机理的重要手段之一。根据现有文献，分析涡振现象的有效途径之一是建立数学模型用于描述涡激力，因此国内外的学者不断地致力于建立一个数学模型来描述桥梁结构的涡激振动过程，但由于涡振机理复杂、影响因素众多，这样一个统一的涡激力数学模型尚未形成。目前所建立的涡激力数学模型均为半经验模型，这些模型都基于风洞和水洞试验或数值模拟结果，通过调整模型项次及参数使得模型计算结果接近真实情况。依据涡激力数学模型的建立原则,现有模型具体可分为单自由度模型和尾流振子模型。

7.1.1 单自由度涡激力模型

(1)简谐力模型

由于涡激振动的稳定振动现象与简谐力的波动类似,人们最初认为涡激力可以通过简谐力表示。Ruscheweyh 基于上述理解建立了简谐涡激力数学模型,如下式所示:

$$m(\ddot{y} + 2\xi\omega_n\dot{y} + \omega_n^2 y) = \frac{1}{2}\rho U^2 DC_L\sin(\omega t + \varphi) \tag{7.1.2}$$

式中:m——结构单位长度质量;

y、$\dot{y}$、$\ddot{y}$——结构竖弯振动的位移、速度和加速度;

ξ——结构的阻尼比;

ω_n——结构固有圆频率;

ρ——空气密度;

U——来流风速;

D——结构的横风向尺寸;

C_L——升力系数;

ω——涡旋脱落圆频率;

φ——初相位。

基于式(7.1.2)可得:

$$y_{max} = \frac{P}{K}\cdot\mu = \frac{\rho U^2 DC_L}{2m\omega_n^2}\cdot\frac{1}{\sqrt{(1-\beta^2)^2 + (2\xi\beta)^2}} \tag{7.1.3}$$

式中:P——涡激力幅值;

K——结构刚度;

μ——动力放大系数;

β——涡旋脱落圆频率与结构固有圆频率之比,$\beta = \omega/\omega_n$。

在涡振锁定区间内时,结构固有圆频率与涡旋脱落圆频率相近,可认为$\beta = 1$,此时涡激振动的最大无量纲振幅为:

$$\eta_{max} = \frac{y_{max}}{D} = \frac{\rho U^2 C_L}{2m\omega_n^2}\cdot\frac{1}{2\xi} = \frac{1}{4\pi}\cdot\frac{1}{Sc}\cdot\frac{1}{St^2}\cdot C_L \tag{7.1.4}$$

式中:Sc——Scruton 数,$Sc = 4\pi m\xi/\rho D^2$;

St——Strouhal 数,$St = D\omega/2\pi U$。

显而易见,结构的无量纲振幅与 Sc、St 及升力系数有关。Sc 取决于结构质量、阻尼比及截面形状,St 则由结构刚度、截面形状以及来流风速决定,升力系数则与结构的截面形状、结构的运动状态有关,且可能随雷诺数的变化而变化。同时,简谐涡激力数学模型能预测结构在稳定振动状态下的涡振振幅,欧洲规范中关于结构涡振最大振幅的估算公式就是基于式(7.1.4)并考虑展向相关性和振型修正系数建立的。然而,该数学模型是仅以涡振稳定阶段的振动现象为出发点建立的,忽略了涡振过程中的其他特征,因此不能反映涡激振动的自激、限幅以及振幅随风速变化等非线性特性。

(2)Griffin-Koopman 模型

1977 年,Griffin 和 Koopman 考虑将结构在涡激振动时受到的力分解为两部分,一部分为与结构振动速度同相位的激励力,另一部分则为与结构振动速度反相位的反馈力,由此建立的涡激力数学模型为:

$$\ddot{y} + 2\xi\omega_{\mathrm{n}}\dot{y} + \omega_{\mathrm{n}}^2 y = \frac{\omega^2(C_L - C_R)}{S_{\mathrm{G}}} \tag{7.1.5}$$

式中:C_L——激励力;

C_R——反馈力;

S_{G}——质量-阻尼参数,即 Skop-Griffin 数。

研究表明,该模型存在一定的局限性。首先,代表激励力和反馈力的力系数需要精确测量,但这在试验中难以实现;其次,该模型主要针对的是水流作用下的结构涡振现象;最后,Griffin 和 Koopman 采用强迫振动的方式进行试验,忽略了流固耦合作用,由此建立的涡激力数学模型并不能真实地反映涡振机理。

(3)Scanlan 经验模型

20 世纪 70 年代,Scanlan 将颤振导数的概念推广到桥梁的主梁截面上。此后,Scanlan 又将这一理论应用于桥梁涡振上,考虑用一个线性机械振子项表达涡脱力,于 1981 年建立了经典的 Scanlan 经验线性模型,如下式所示:

$$m(\ddot{y} + 2\xi\omega_{\mathrm{n}}\dot{y} + \omega_{\mathrm{n}}^2 y) = \frac{1}{2}\rho U^2 D\left[Y_1(K)\frac{\dot{y}}{U} + Y_2(K)\frac{y}{D} + C_L(K)\sin(\omega t + \varphi)\right] \tag{7.1.6}$$

式中:K——折算频率,$K = \omega_{\mathrm{n}} D/U$。

这一经验线性模型可以较为准确地预测桥梁主梁断面涡振最大振幅,但这仅是一个线性模型,模型中仅考虑了线性阻尼及线性刚度等,无法描述结构的非线性特性。

Scanlan 等学者意识到上述经验线性模型的不足,于 1986 年在经验线性模型的基础上引入了一个三次非线性阻尼力项,建立了 Scanlan 经验非线性数学模型,如下式所示:

$$m(\ddot{y} + 2\xi\omega_{\mathrm{n}}\dot{y} + \omega_{\mathrm{n}}^2 y) = \frac{1}{2}\rho U^2 D\left[Y_1(K)\left(1 - \varepsilon\frac{y^2}{D^2}\right)\frac{\dot{y}}{U} + Y_2(K)\frac{y}{D} + C_L(K)\sin(\omega t + \varphi)\right] \tag{7.1.7}$$

在该模型中,Y_1、Y_2、C_L和 ε 都是关于折算频率 K 的函数,需要对试验结果拟合后获取。通过分析发现,Scanlan 经验非线性模型可以反映结构物发生涡振时出现的自激和自限幅特征,得到了广泛的工程应用。但是,该模型在建立时并未从结构受到的实际涡激力出发,而是基于涡振响应识别涡激力参数,故难以确保由此获得的涡激力数学模型的可靠性。在实际应用过程中,发现 Scanlan 非线性涡激力数学模型的计算结果与风洞试验结果存在偏差。

(4) Vickery-Basu 模型

1983 年,Vickery 和 Basu 基于线性随机振动理论,将流固耦合造成的气动负阻尼纳入考虑,同时假定涡旋脱落引起的是窄带随机力,由此建立了针对圆柱截面构件的涡激力数学模型,并给出了涡振振幅预测公式,如下式所示:

$$\eta_{\max} = \frac{y_{\max}}{D} = \frac{\sigma_y}{D} \cdot k_p \tag{7.1.8}$$

式中:k_p——峰值因子,$k_p = \sqrt{2}[1 + 1.2/\tan(0.75Sc/4\pi K_a)]$;

σ_y——涡振位移根方差,可以通过下式求得:

$$\frac{\sigma_y}{D} = \frac{1}{St^2} \cdot \frac{C_C}{\sqrt{(Sc/4\pi) - K_a\{1 - [\sigma_y/(Da_L)]^2\}}} \cdot \sqrt{\frac{\rho D^2}{m}} \cdot \sqrt{\frac{D}{H}} \tag{7.1.9}$$

式中:C_C、K_a、a_L——模型中的待定参数;

H——杆件长度;

其余符号意义同前。

为了考虑湍流随机振动的作用,Vickery 和 Basu 在建立涡激力数学模型时进行了一些假定和近似,但这些假定和近似是否适用于均匀来流情况未得到验证,且该模型仅针对圆柱形截面。

(5) Larsen 广义非线性模型

1995 年,Larsen 基于 Scanlan 经验非线性模型,提出了广义非线性模型,如下式所示:

$$\ddot{\eta} + \mu f C_s \dot{\eta} + (2\pi f)^2 \eta = \mu f Ca(1 - \varepsilon|\eta|^{2\upsilon}) \cdot \dot{\eta} \tag{7.1.10}$$

式中:η——结构的无量纲振幅,$\eta = y/D$;

Ca——气动 Scruton 数;

f——结构固有频率;

μ——质量比,$\mu = \rho D^2/m$;

ε——气动非线性参数;

υ——气动指数。

参数 Ca、ε 和 υ 是通过测量典型风情况下的结构响应确定的。

与 Scanlan 经验非线性模型相比,Larsen 广义非线性模型采用形状参数将非线性项进行了参数化处理,实际上它与 Scanlan 模型形式相似,目前工程应用并不多。

7.1.2　两自由度涡激力模型

(1) 基于 Birkhoff 平板振子的数学模型

Birkhoff 将结构物后方尾流假定为可以转动的平板,用于计算静止圆柱体的 Strouhal 数。1964 年,Marris 证实了 Birkhoff 平板振子理论的适用性,将这一理论推广到圆柱体涡振研究中,并建立了数学模型,如下式所示:

$$\begin{cases} m\ddot{y} + c\dot{y} + ky = F \\ I\ddot{\theta} + c_w\dot{\theta} + k_w(\theta - \theta_o) = T \end{cases} \tag{7.1.11}$$

式中:c、k——结构阻尼和刚度;

F——结构受到的横流向力；

I、c_w、k_w——平板振子的虚拟质量、阻尼和刚度；

θ——平板振子的瞬时转动角；

θ_o——来流与结构物相对速度引起的攻角；

T——平板振子受到的外扭矩。

1979 年，Tamura 和 Matsui 基于试验中观察到的圆柱体涡激振动特征，应用 Birkhoff 平板振子理论，考虑平板振子长度会随着结构振动而发生周期性变化，建立的数学模型如下：

$$\begin{cases} \ddot{\eta} + \left[2\xi + n(\tau + C_D)\dfrac{v}{2\pi St}\right]\dot{\eta} + \eta = -\dfrac{n\tau v^2}{Q^2}\alpha \\ \ddot{\alpha} - 2\xi v\left(1 - \dfrac{4\tau^2}{C_{L0}^2}\alpha^2\right)\dot{\alpha} + v^2\alpha = -0.625\ddot{\eta} - 2\pi v St\dot{\eta} \\ -\tau\left(\alpha + \dfrac{2\pi St}{v}\dot{\eta}\right) = C_L \end{cases} \tag{7.1.12}$$

式中：n——质量比，$n=\rho d^2 s/2m$；

τ——常数，通过 Magnus 效应试验确定；

C_D——圆柱体的阻力系数；

v——无量纲流速；

α——平板振子的转动角位移；

ξ——气动阻尼；

C_{L0}——静止圆柱体的升力系数幅值；

Q——无量纲参数，$Q=2\pi St$。

Tamura 等提供了各参数在亚临界雷诺数区域内的建议取值，$\xi=0.038$，$St=0.2$，$\tau=1.16$，$C_D=1.2$，$C_{L0}=0.4$。对于给定圆柱体结构，基于其气动参数和动力特性等，通过数值迭代计算方法，如 Runge-Kutta 法或 Newmark 法等，即可获得该圆柱体的涡振最大振幅及涡振锁定区间。此外，Funakawa、Nakamura 都基于 Birkhoff 平板振子提出了涡激力数学模型。

(2) 基于 Bishop-Hassan 振子的数学模型

结构在涡激振动时，涡旋有规律地从结构物表面脱落，结构物表面的压力也会发生规律性的波动。基于上述机理，Bishop 等于 1964 年提出用 Van der Pol 振子描述涡旋脱落对圆柱体的作用力，Van der Pol 振子具有阻尼随着作用力振幅的增大而增大的特性。

1970 年，Hartlen 和 Currie 基于 Van der Pol 振子思想，将圆柱体振动速度与 Van der Pol 型弱振子耦合，建立了经典的尾流振子模型，形式如下：

$$\begin{cases} \ddot{y} + 2\xi\dot{y} + y = \alpha\beta^2 C_L \\ \ddot{C}_L - \alpha\beta\dot{C}_L + \dfrac{\gamma}{\beta}\dot{C}_L^3 + \beta^2 C_L = b\dot{y} \end{cases} \tag{7.1.13}$$

式中，α 与 γ 间存在着 $C_{L0}=\sqrt{4\alpha/3\gamma}$ 的关系，其中 C_{L0} 为静止圆柱体的升力系数幅值。

式(7.1.13)第二式中左边第二项和第三项分别代表升力的线性项和非线性项，这两项分别表征了升力与涡振振幅同步增大和升力增大范围有限的特征。当式(7.1.13)中待定参数合理选取后，该数学模型可以较好地重现圆柱体涡激振动时的多个物理现象，例如与试验获得的涡振振幅相吻合，以及重现涡振区间内的频率锁定现象。但是该模型并未从涡激振动机理出发，而仅将圆柱体涡振现象与 Van der Pol 解进行比对，进而建立了数学模型，缺乏明确的物理意义，且 Harden-Currie 模型不能体现圆柱体开始振动后振幅迅速增大阶段的喇叭口形状，也不能体现圆柱体涡激振动自限幅时的拐点形状。

1973 年，Skop 和 Griffin 对 Harden-Currie 模型进行了改进，修正了原模型中参数与物理参数不相关的问题，得到了以下模型：

$$\begin{cases} m(\ddot{y} + 2\xi\omega_{\mathrm{n}}\dot{y} + \omega_{\mathrm{n}}^2 y) = \dfrac{1}{2}\rho U^2 DLC_L \\ \dfrac{\ddot{C}_L}{\omega} - \left[C_{L0}^2 - \dfrac{4}{3}\left(\dfrac{\dot{C}_L}{\omega}\right)^2\right]G\dot{C}_L + \left(1 - \dfrac{4}{3}H\dot{C}_L^2\right)\omega C_L = F\dfrac{\dot{y}}{D} \end{cases} \tag{7.1.14}$$

式中：G、H、F——模型待定参数，可通过试验结果识别获得。

1974 年，Iwan 和 Blevins 基于流体动力学理论，假定从圆柱体表面脱落的涡旋表现为理想的卡门涡街，并假设来流作用在圆柱体上的力仅仅取决于来流相对于圆柱体的速度和加速度，由此建立与 Harden-Currie 模型形式相近的尾流振子模型，形式如下：

$$\begin{cases} \ddot{y} + 2\xi\omega_{\mathrm{n}}\dot{y} + \omega_{\mathrm{n}}^2 y = a_1''\ddot{z} + a_1''\dot{z}U/D \\ \ddot{z} + K'\dfrac{u_t}{D}\omega z = (a_3' - a_2')\dfrac{U}{D}\dot{z} - a_4'\dfrac{\dot{z}}{UD} + a_1'\ddot{y} + a_2'\dfrac{U}{D}\dot{y} \end{cases} \tag{7.1.15}$$

式中：$\dot{z}$——等效流体的横向加速度；

a_i——无量纲的常数($i=1,2,3,4$)，$a_i' = a_i/(a_0 + a_3)$，$a_i'' = \rho D^2 a_i/(m + a_3\rho D^2)$；

u_t——涡旋从柱体脱落后的平移速度；

K——比例常数，$K' = K/(a_0 + a_3)$。

由于 Iwan-Blevins 模型是从流体理论的角度出发，具有较明确的物理含义，因此，相较于 Harden-Currie 模型，该模型被认为更加先进。

1975 年，Landl 对 Harden-Currie 模型进行了改进，在原模型中添加了 $\gamma C_L^4 C_L$ 项，Landl 认为这个五次非线性项能够较好地吻合涡振滞回效应，但研究发现，该模型不能重现圆柱体在涡振锁定区间内涡振振幅随风速变化等特性。

1981 年，Dowell 对原有的非线性尾流振子模型进行了综述，并基于流体理论提出了新的尾流振子模型。该模型对升力振子要求严格，对于不同的振动频率，升力系数需要满足不同的条件，升力振子方程较为复杂，对参数识别准确性要求较高。

2004 年，Facchinetti 等对基于 Bishop-Hassan 振子建立的涡激力数学模型进行了综述和验证，结果表明，位移耦合模型不能应用于低 S_{G}数结构，且不能反映升力在进入涡振锁定区间时突然增大的现象；速度耦合模型无法重现升力与位移间的相位差，且不能较好地预测低 S_{G}数结构的涡振锁定区间；只有加速度耦合模型可以较好地对涡振的所有特征进行定性和定量分析。Gabbai 等以 Facchinetti 建议使用的加速度耦合模型为基础，使用 Monte-Carlo 法依次分析了该模型中五个待定参数的重要性，研究结果表明：M 作为表征尾流对结构影响大小的参数，对圆柱体涡振振幅的影响最大。

7.2 桥梁涡激振动研究进展

7.2.1 桥梁涡激振动实例及发生机理

(1)桥梁涡激振动实例

随着高强材料的应用以及施工机械和技术水平的提升，桥梁结构日益朝着大跨度、细长方向发展，与此同时，桥梁受风荷载影响越来越明显，近些年也频繁出现桥梁发生涡激振动而影响正常使用功能的相关报道。

始建于1998年，位于丹麦的大带桥(the Great Belt Bridge)是一座跨度1624m的箱形悬索桥。由于该桥跨径大，结构偏柔性，因此，丹麦方在该桥的设计阶段就考虑到了风致振动的影响。Allan Larsen对该桥施工阶段与成桥阶段的风致响应进行了全面的分析与风洞试验，发现该桥原设计断面在低风速下不可避免地会发生涡激振动。图1.2.2为此桥涡激振动的现场观测照片。于是他参考小带桥的抑振措施选择安装导流叶片，如图7.2.1所示，通过缩尺比1：60的试验发现一组安装在箱梁边缘的导流叶片可以有效抑制此桥发生涡激振动。

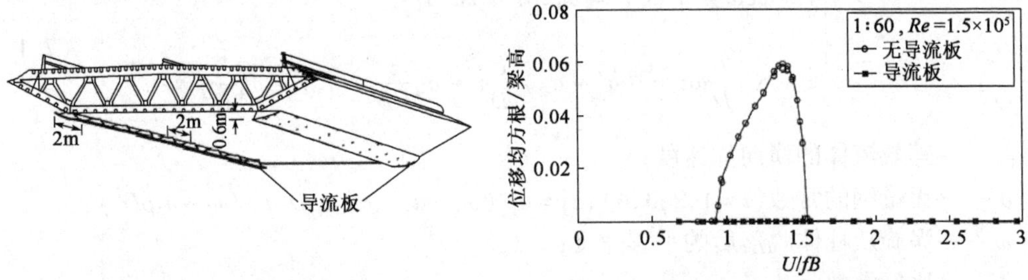

a)导流板尺寸及安装位置示意图　　b)安装导流板前后涡振振幅均方根

图7.2.1　丹麦大带桥箱梁断面安装导流叶片气动措施

建于2009年的浙江舟山西堠门大桥是一座两跨连续分体双箱钢梁悬索桥，它坐落在浙江舟山境内，主跨1650m，主缆矢高为165m，边跨578m，吊杆间距为18m。该桥于2009年12月25日建成通车并经受住了多次强台风的冲击，但在低风速下却频频发生涡振。现场实测已观测到其主梁有数十次明显的涡振响应，严重影响了行车舒适性与桥梁使用寿命。有学者对其进行了研究，研究表明类似于西堠门大桥主梁这样的扁平钢箱梁，雷诺数会在一定程度上影响它的涡振振动特性，增大阻尼比能使涡激振动幅值降低。西堠门大桥涡振抑制如图7.2.2所示，由图可知，安装3号导流板的效果最好，使原结构振幅降低50%以上。

1997年建成的日本东京湾通道大桥的主桥是一座跨径1630m的单箱三室钢箱梁连续梁桥。十跨为一联，两个主跨宽22.9m，跨径240m。此桥在建成之后，曾多次被观测到该桥主梁的竖向涡激振动，且振幅明显，最大振幅超过50cm。该桥后来通过安装调谐质量阻尼器(TMD)使第一、第二阶竖弯涡激振动降到了允许范围内。

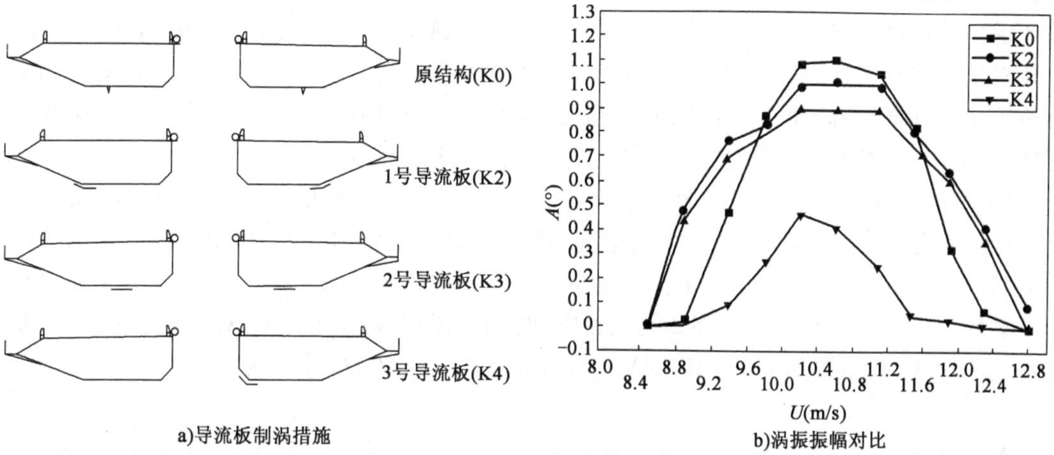

图 7.2.2　西堠门大桥涡振抑制

表 7.2.1 汇总了国内外著名桥梁的涡振实测数据，从此表可以看出，梁式桥、拱桥、斜拉桥、悬索桥等各个桥型均有可能出现涡激振动，而且发生涡振的部件不单是主梁，拱桥吊杆或其他附属设施皆有可能产生涡振。

实桥涡振发生情况统计　　表 7.2.1

桥型	所在地	桥名	主跨（m）	风速（m/s）	最大振幅（cm）
斜拉桥	英国	Kesssock 大桥	240.0	23.00 ~ 25.00	11.0
	英国	塞汶二桥	456.0	15.00 ~ 20.00	19.2(均方根)
	日本	Ishikari Kako 大桥	160.0	10.00	10.0
	韩国	Jindo 大桥	340.9	9.80 ~ 11.50	10.0
	加拿大	Wye 大桥	235.0	7.00 ~ 8.00	3.6
	美国	Fred Hartman 大桥	380.0	8.00 ~ 12.00	—
悬索桥	中国	西堠门大桥	1650.0	5.00 ~ 12.00	24.0
	丹麦	大海带东桥	1624.0	5.00 ~ 12.00	32.0
	美国	塔科马海峡桥	853.0	<18.40	—
	美国	Deer Isle 大桥	329.0	9.11	5.5
梁式桥	巴西	Rio-Niteroi 大桥	300.0	15.00 ~ 17.00	25.0
	日本	东京湾通道大桥	240.0	16.00 ~ 17.00	54.0
	俄罗斯	Wolga 大桥	155.0	11.60 ~ 15.60	65.0 ~ 70.0
	丹麦	大海带东桥引桥	193.0	16.00 ~ 20.00	10.0
拱桥	中国	九江长江大桥	216.0	6.40 ~ 13.20	100
	加拿大	Brasd'Or 大桥	152.4	8.90	12.7

(2)桥梁涡激振动发生机理

桥梁断面涡振与圆柱断面涡振存在显著不同，表现为：①桥梁断面分离点固定，而圆柱断面分离点不固定,其位置与雷诺数和结构运动状态有关;②桥梁断面一般不考虑顺风向振动但需考虑扭转振动,圆柱断面不考虑扭转振动但需考虑顺风向振动;③由于桥梁断面不对称,风攻角对结构涡振特性有显著影响,而圆柱断面一般不考虑风攻角影响。此外,圆柱断面涡旋脱落位置位于断面后部,即分离点下游,而桥梁断面由于存在构造折点,在结构顶端尾端及中央开槽处都存在流动分离,即绕整个结构表面都存在脱落涡旋。

Paidoussis 等总结了不同断面涡振的发生机制,指出类矩形断面或桥梁断面涡振主要与 4 种典型涡脱有关:顶端涡脱(LEVS)、尾端涡脱(TEVS)、交错边缘涡脱(AEVS)以及顶端撞击涡脱(ILEV),见图 7.2.3。上述 4 种涡脱现象对应 2 类涡振驱动机制:单剪切层涡振驱动机制和双剪切层涡振驱动机制。上述 2 类涡振驱动机制与断面宽高比有关,对于类矩形断面,断面宽高比小于 3 时,主要为 LEVS 和 AEVS,断面宽高比大于 10 时,主要为 TEVS。

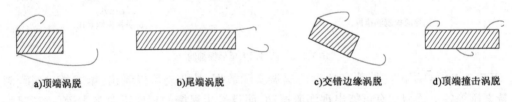

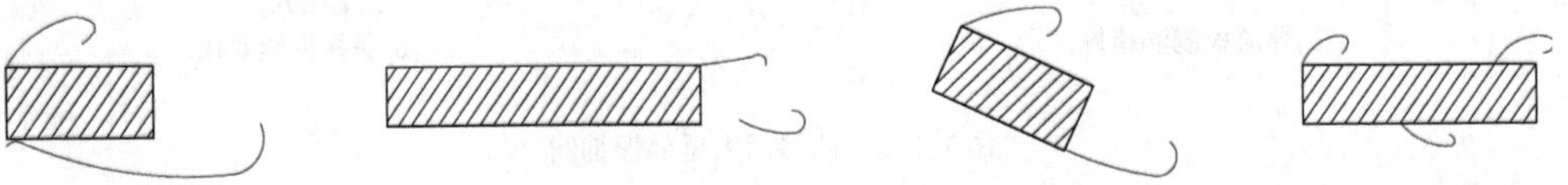

图 7.2.3　类矩形断面涡振发生机制

7.2.2　桥梁涡激振动影响因素

影响桥梁断面涡激振动性能的因素众多,主要包括气动外形、雷诺数效应、紊流强度、质量-阻尼参数等。

(1)气动外形

涡激振动对结构的气动外形高度敏感,桥梁断面形状是影响其涡振性能的重要因素。对于桥梁结构,断面形状的细微变化都可能在很大程度上影响其涡振特性,这是因为桥梁断面的气动外形决定了来流分离点位置、分离程度、是否再附、再附位置、是否涡脱及涡脱频率等,而这些物理特性对涡振是否发生以及涡振振幅大小均有显著影响。改变桥梁气动外形的方式多种多样,但目前研究的重点和热点主要集中于考察栏杆位置和形状及透风率、是否设置中央开槽及开槽宽度等对桥梁涡振性能的影响。

(2)雷诺数效应

对于桥梁结构而言,风洞试验的模型需要按一定的比例进行缩尺,导致模型的雷诺数与实桥存在较大差异,但以往的研究普遍认为桥梁断面不同于圆柱体断面,由于其尖角使来流迅速分离,故试验结果受雷诺数的影响可忽略不计。然而,1998 年丹麦大带桥东引桥在约 18m/s 风速下发生了大幅涡激振动,对应的 Strouhal 数为 0.21,但前期的风洞试验研究显示该桥的涡振起振风速为 23m/s 左右,试验获得的 Strouhal 数为 0.16。Schewe 等针对这一现象在增压风洞中进行了风洞试验,研究了其涡振性能和流场演变,结果证实风洞试验和实桥涡振性能的差异是由雷诺数效应引起的,雷诺数对桥梁断面周围流场及其 Strouhal 数都有一定的影响。

(3)紊流强度

相对于均匀来流,有关湍流场下结构涡振性能的研究开展较少。传统观点认为,湍流能够有效抑制结构涡激振动，考虑湍流效应是偏安全的。湍流对结构涡激振动的抑制机理主要有两个方面：①湍流增强了涡旋涡量耗散，从而减弱了涡旋强度；②湍流减弱了涡激力的展向相关性，从而抑制结构涡振响应。

Kawatani 等研究了紊流强度和紊流积分尺度对不同长宽比的矩形断面和箱形断面涡振响应的影响，结果表明，紊流强度的增加使涡振振幅减小，甚至使矩形断面不再出现涡振。当紊流积分尺度增大时，矩形断面受到明显影响，其涡振振幅将增大，但箱形断面受影响较小，其涡振振幅没有显著变化。大量研究表明紊流将抑制桥梁断面的涡激振动，均匀来流下的涡振振幅往往偏大，但在极少数情况下，紊流可能增大桥梁断面的涡振响应。Matsumoto 等研究了箱梁断面的涡振性能，试验结果显示，在紊流情况下，来流分离点更靠前，桥梁断面的涡振振幅也显著增大。

(4)质量-阻尼参数

结构涡振性能受质量-阻尼参数影响显著，质量-阻尼参数具体指质量比 $m^* = \rho_s/\rho_f$（ρ_s 和 ρ_f 分别为结构密度和流体密度）和结构阻尼比 ξ。研究表明：结构质量-阻尼参数越大，结构涡振幅值越小，锁定区间也越窄。同一质量-阻尼参数下，结构质量比决定涡振区间的大小，阻尼比决定涡振幅值的大小。

有关质量-阻尼参数对结构涡振性能影响的研究多针对圆形断面。Scruton 最早研究了圆柱断面涡振最大振幅随 Scruton 数（$Sc = \pi m^* \xi/2$）的变化规律。Vickery 等也提出了类似的质量-阻尼参数 $K_s = \pi^2 m^* \xi$。后来 Griffin 等在研究尾流振子模型时，也提出了相应的质量-阻尼参数 $S_G = 2St\pi^3 m^* \xi$。

Hansen 针对不同宽高比矩形断面的研究表明：采用传统 Scruton 数定义方法，结构最不利涡振响应随 Scruton 数的变化规律较离散，导致预测不同 Scruton 数下结构涡振响应有较大误差。因此，Hansen 提出类矩形断面 Scruton 数采用 $Sc = 4\pi M\xi/(\rho DB)$，其中 B 和 D 分别为断面宽度和高度。Marra 等在宽高比 4∶1 的矩形断面涡振研究中采用了类似的 Scruton 数定义方式，研究表明：涡振最大振动幅值随 Scruton 数呈平滑指数衰减的趋势，可以通过离散 Scruton 数下试验结果对其他 Scruton 数下结构涡振响应进行预测。

7.2.3 桥梁涡激振动气动控制措施

涡振属于限幅振动，不会出现类似颤振的振幅发散现象，但过大的振幅会影响桥梁行车安全、构件疲劳寿命以及公众观感。《抗风规范》并未限制涡振发生与否，而是对涡振的振幅大小进行了限定。根据《抗风规范》的要求，主梁竖弯涡振振幅应当满足：

$$h_c < [h_a] = \gamma_b 0.04/f_b \tag{7.2.1}$$

式中：h_c——竖弯涡振振幅；

$[h_a]$——竖弯涡振振幅允许值；

f_b——竖弯涡振区间对应振动频率；

γ_b——涡激振动分项系数，当采用风洞试验结果时，取 1.0；当采用虚拟风洞试验结果时，取 0.8。

对于扭转涡振，应当满足：

$$\theta_c < [\theta_a] = \gamma_t 4.56/(Bf_t) \tag{7.2.2}$$

式中：θ_c——扭转涡振振幅；

$[\theta_a]$——扭转涡振振幅允许值；

f_t——扭转涡振区间对应振动频率；

B——主梁宽度；

γ_t——涡激振动分项系数，当采用风洞试验结果时，取1.0；当采用虚拟风洞试验结果时，取0.8。

结合《抗风规范》说明，涡振气动控制的目的是增强主梁涡振稳定性，消除涡振或降低涡振振幅至规范许用要求之下。分体式箱梁是涡振控制对象之一，需要作为一类典型主梁断面单独列出。表7.2.2～表7.2.5分别给出了涡振气动控制方面针对双边主梁断面、整体式箱梁断面、分体式箱梁断面以及桁架梁断面的部分重要研究成果。其中，4类断面的常见形式可分别参考示意图。必须说明的是，主梁涡振气动优化对外形非常敏感，该表仅可作为涡振气动优化的借鉴，具体的优化方案必须通过风洞试验或数值分析确定。

(1)双边主梁断面

双边主梁断面具有较钝的气动外形，涡旋脱落点多，频率覆盖区域广，其涡振性能往往较差。与颤振不同，涡振会以高阶振动形式出现，因此在采用该类断面建设刚度较大的中小跨度桥梁时，也应当考虑到其涡振振幅可能超限，并采用适当的抑振措施。常见的涡振抑振方法包括且不限于栏杆和检修轨道调节，风嘴优化，加装水平隔流板、稳定板、抑流板等，如表7.2.2所示。

涡振控制（双边主梁断面）　　表7.2.2

措施	示意图	形状优化	位置优化	补充说明
栏杆	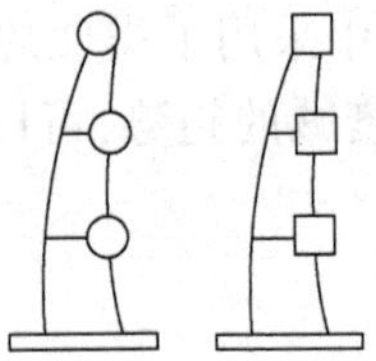	圆截面栏杆通常优于方截面栏杆，可减弱甚至消除涡振		栏杆优化范围包括检修轨道栏杆、防撞栏杆等
风嘴	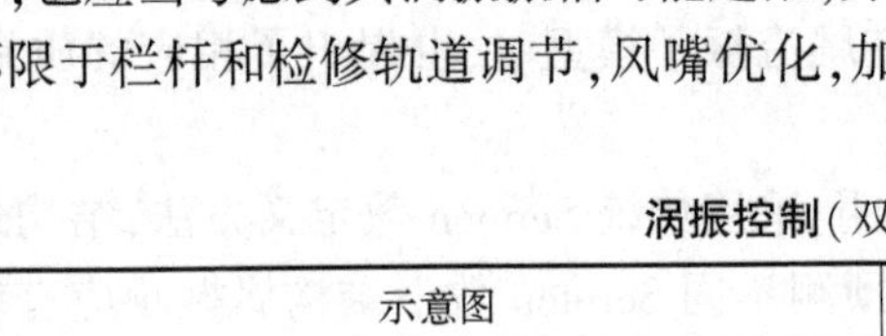	较尖的风嘴可以增加主梁的气动流线性，通常可降低竖弯涡振振幅		①较尖的风嘴可能令涡振的最不利风攻角由正转负；②较尖的风嘴有诱发扭转涡振的可能；③调整风嘴形状对宽高比很大的主梁断面控制效果不明显

续上表

措施	示意图	形状优化	位置优化	补充说明
水平隔流板	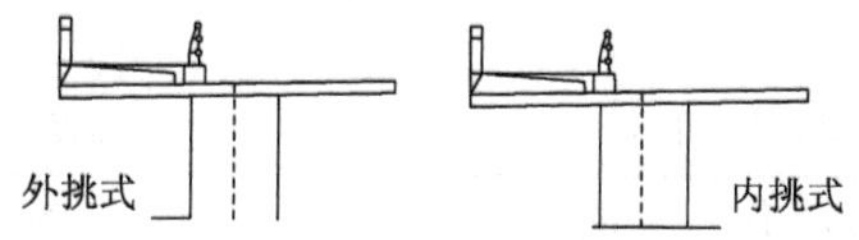	增加悬挑宽度通常能提高涡振控制效果	①外挑式水平隔流板对竖弯涡振有明显的抑制效果,对扭转涡振效果未知; ②内挑式水平隔流板能同时抑制竖弯涡振和扭转涡振	①可能令涡振的最不利风攻角由负转正; ②可以通过在隔流板上开孔降低成本,但最优开孔率需要优化
检修轨道	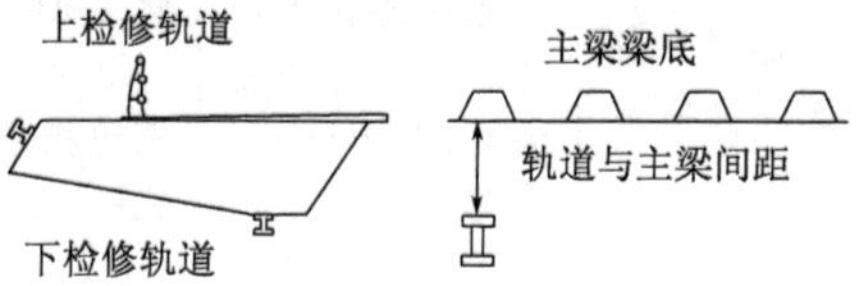		①增加检修车轨道与主梁的间距通常能减小涡振振幅; ②对于流线型边主梁,在风嘴上缘和底板中部同时设置检修轨道能减小涡振振幅	①优化检修车轨道位置对涡振控制非常重要; ②对负攻角涡振的控制效果更为显著
抑流板	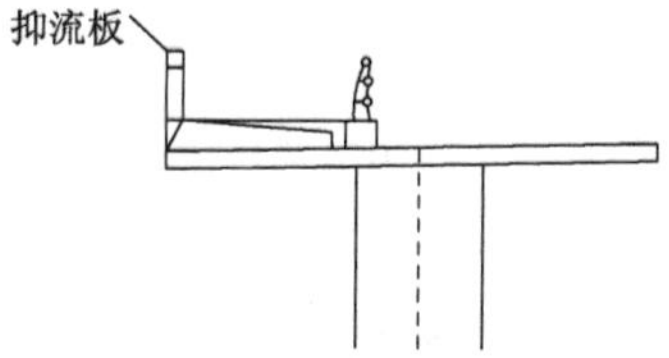	较宽的抑流板控制效果通常较好,且增幅明显		①对于极钝断面仍然有良好的抑振效果; ②对扭转涡振抑制效果明显; ③可能激发0°风攻角下的竖弯涡振
稳定板	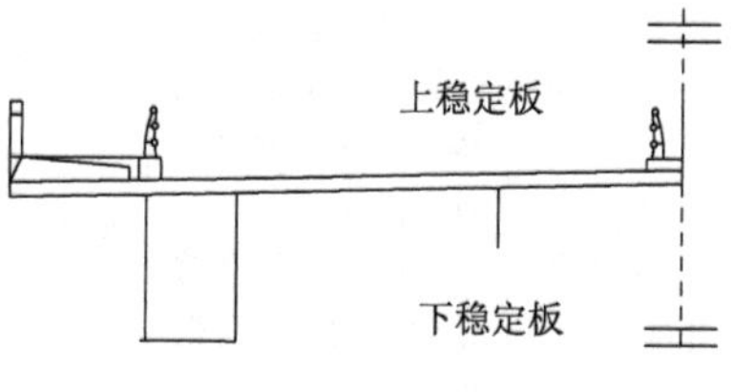	下稳定板高度宜等于或大于横梁高度	①下稳定板对控制竖弯涡振较为有效; ②采用上下稳定板组合的形式能同时抑制竖弯涡振和扭转涡振	①下稳定板宜采用2片或2片以上,在下部空间均匀排列; ②上稳定板可通过改变栏杆透风率实现; ③与抑流板组合,控制效果相辅相成

(2)整体式箱梁断面

整体式箱梁断面本身具有较好的流线型气动外形,但成桥阶段安装的栏杆、检修轨道等必要附属物会削弱其流线程度,造成涡旋脱落;同时,不恰当的风嘴角度也容易产生底部涡旋。因此,针对整体式箱梁断面的涡振优化,以增强断面流线程度为主要目标,常见的涡振抑振方法包括且不限于栏杆和检修轨道调节,风嘴优化,加装导流板、分流板、抑流板等,如表7.2.3所示。

涡振控制(整体式箱梁断面)　　表7.2.3

措施	示意图	形状优化	位置优化	补充说明
栏杆	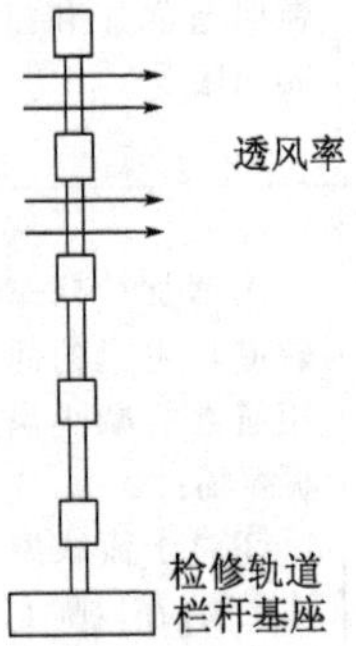	①栏杆外形影响涡振的振幅,对是否产生涡振影响不大,圆截面栏杆通常有较好的抗涡振能力; ②增加栏杆透风率能降低涡振振幅	①对风嘴根部检修轨道栏杆的优化效果可能优于对防撞栏杆的优化效果; ②检修轨道栏杆的基座可能成为决定性因素	①栏杆通常是流线型箱梁出现涡振的原因,需要详细优化; ②栏杆主要影响整体式箱梁的竖弯涡振; ③栏杆优化范围包括检修轨道栏杆、防撞栏杆等
风嘴	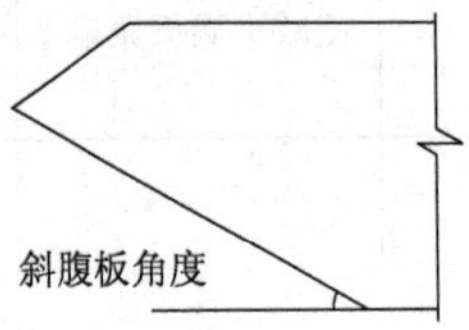	①斜腹板角较大时(≥16°),风嘴宜宽而尖; ②斜腹板角较小时(<16°),风嘴宜短而钝		①斜腹板角度减小,有利于提高颤振临界风速; ②应避免在风嘴上方增设人行道板等钝化风嘴的构件
检修轨道	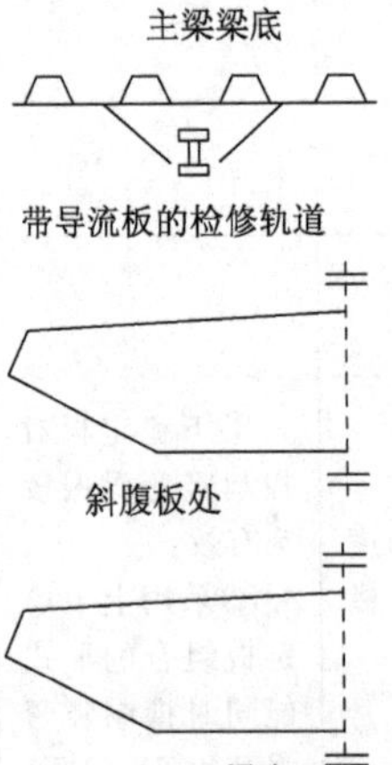	①当检修轨道位于梁底时,在轨道两侧安装导流板通常能抑制涡振振幅,当主梁为流线型箱梁时效果更为显著; ②检修轨道导流板的抑振效果与导流板宽度有关; ③若采用单侧导流板,应保留靠近主梁中心的内侧导流板	①检修轨道位于斜腹板处时主梁的涡振稳定性通常优于位于梁底时的; ②当检修轨道位于斜腹板处时,改变轨道位置对涡振控制影响有限; ③当检修轨道位于梁底时,将轨道向内移动通常能降低涡振振幅; ④当检修轨道已经装有导流板时,移动轨道位置对涡振控制影响有限	①当检修轨道安装于梁底时,检修轨道内移可能对扭转涡振不利; ②对于较钝主梁断面,为检修轨道添加导流板抑振效果不明显; ③对于带挑臂的钝体箱梁,安装主梁导流板后,再调节检修轨道位置对涡振影响不大

续上表

措施	示意图	形状优化	位置优化	补充说明
主梁导流板	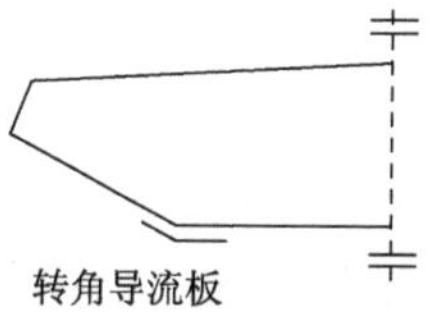		在斜腹板下缘转角处安装导流板对消除竖弯涡振有利	①导流板的涡振控制效果受雷诺数影响较大，基于小尺度模型得到的优化方案不一定适用于实际结构，必须在大比例模型试验中进行检验；②对于带挑臂的钝体主梁，导流板控制效果有限
分流板	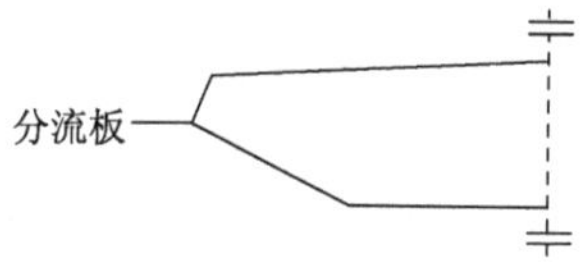	增加分流板宽度通常能增强抑振效果		①对于流线型箱梁，分流板主要应对竖弯涡振；②增设分流板对扭转涡振控制效果有限，甚至可能不利
抑流板	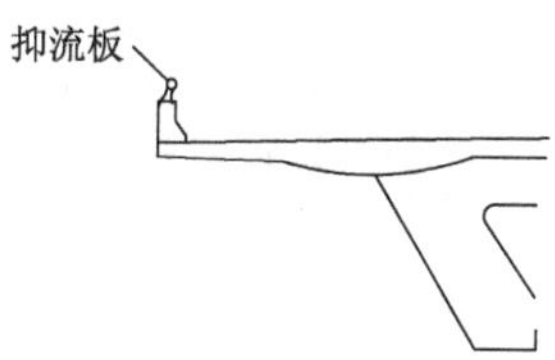		可设置于栏杆处，通过将栏杆上部挡风板外翻实现	①在降低涡振振幅的同时对颤振稳定性有利；②可能激发0°风攻角下的竖弯涡振

(3)分体式箱梁断面

分体式箱梁断面具有优秀的颤振抑振能力，常被用于超大跨度桥梁建设。但是，主梁开槽也容易导致涡振性能下降，特别是梁体之间的空隙给涡旋脱落和发展创造了额外的空间。针对该类桥梁的涡振控制方法，除了考虑针对整体式箱梁的措施外，还可以针对开槽部分进行特殊处理，如加装水平隔流板、内侧导流板、格栅等。常见措施包括且不限于表7.2.4所列。

涡振控制(分体式箱梁断面) 表7.2.4

措施	示意图	形状优化	位置优化	补充说明
风嘴	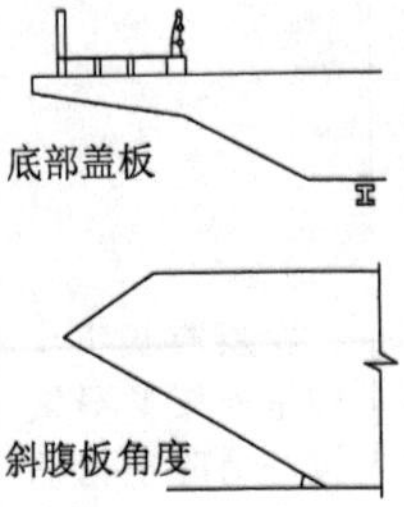	在悬臂端人行道板下部增设盖板,形成流线型风嘴,对竖弯涡振有抑制效果		减小斜腹板角度能显著抑制高风速段涡振振幅,但是对低风速段涡振可能不利
水平隔流板	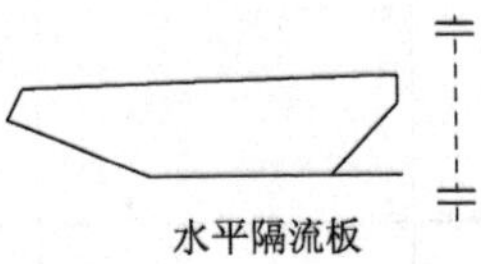	水平隔流板宽度对涡振的抑制效果呈现先增加后减小的趋势	水平隔流板宜置于开槽内侧	对扭转涡振的抑制效果大于对竖弯涡振的抑制效果
导流板	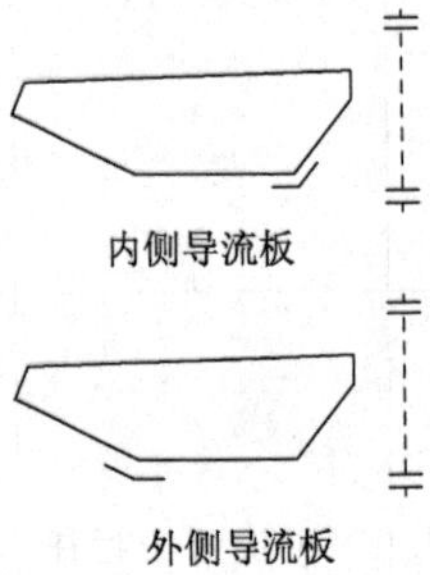	可以仅保留导流板向上折起的部分,以缩减成本	①外侧导流板的作用可能优于内侧导流板; ②若主梁开槽部分未进行倒角,则内侧导流板对竖弯涡振抑制效果较好; ③若主梁开槽部分已有倒角,则内侧导流板对扭转涡振抑制效果较好	①导流板的涡振控制效果受雷诺数影响较大,导流板的倾角、高度、长度等都需要在大比例节段模型中进行细致研究; ②内侧未倒角的主梁宜采用外侧导流板
抑流板	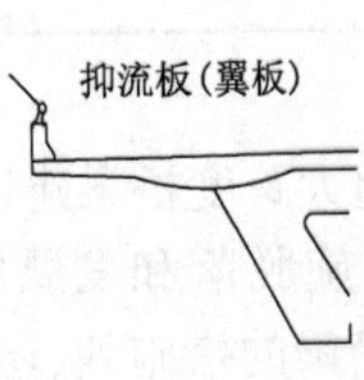		可设置于栏杆处,通过将栏杆上部挡风板外翻实现	①对扭转涡振的抑制效果大于对竖弯涡振的抑制效果; ②在降低涡振振幅的同时对提升颤振稳定性有利

续上表

措施	示意图	形状优化	位置优化	补充说明
格栅	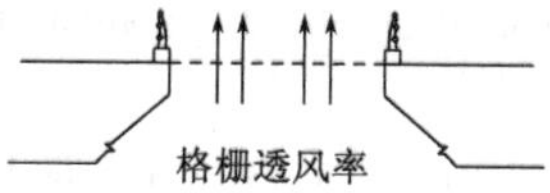	减小格栅透风率有利于涡振控制		①安装格栅或者减小格栅透风率与颤振控制背道而驰，需要综合考虑； ②对负攻角竖弯涡振的抑制效果优于正攻角
风障	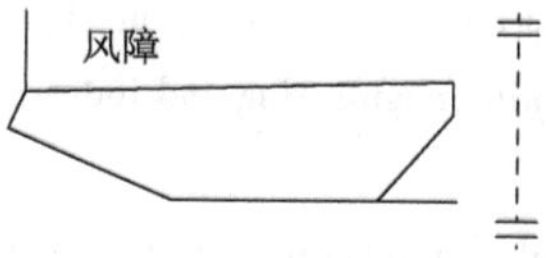	风障高度宜进行优化		①改善行车环境，但显著增加风阻系数； ②对正攻角涡振的控制效果较好

(4)桁架梁断面

桁架梁断面具有众多轴向通长构件(弦杆、腹杆和车行道板)，其涡旋脱落位置极多，但主导涡振的涡旋仍然以行车道附近的流场演变特性为主。针对该类断面的涡振控制措施可以着眼于改善行车道附近的流场，如加装风障影响行车道上部涡旋演变，或采用双边梁形式时加装下稳定板抑制梁间涡旋，如表 7.2.5 所示。

涡振控制(桁架梁断面)　　表 7.2.5

措施	示意图	形状优化	位置优化	补充说明
风障	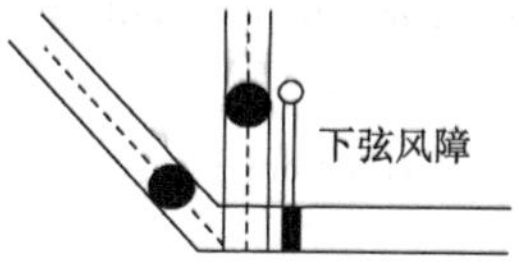		在下弦处设置风障通常能在一定程度上抑制涡振	①显著提升颤振临界风速，需要综合考虑； ②增加风障透风率能改善颤振稳定性不足的情况
稳定板	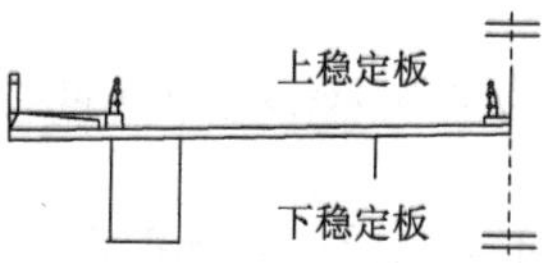	稳定板的涡振控制能力与稳定板高度成正相关	宜采用下稳定板控制竖向涡振	当行车道采用双边梁形式时，安装稳定板能降低涡振振幅

本章参考文献

[1] GRIFFIN O M, KOOPMAN G H. The vortex-excited lift and reaction forces on resonantly vibrating cylinders [J]. Journal of sound & vibration, 1977, 54(3): 435-448.

[2] GRIFFIN O M. Vortex-excited cross-flow vibrations of a single cylindrical tube[J]. Journal of pressure vessel technology, 1980, 102(2): 158-166.

[3] SCANLAN R H. State-of-the-art methods for calculating flutter, vortex-induced, and buffeting-response of bridge structures[R]. Washington: Federal Highway Administration Report, 1981.

[4] SIMIU E, SCANLAN R H. Wind effects on structures[M]. New York: John Wiley and Sons Inc., 1996.

[5] VICKERY B J, BASU R I. Across-wind vibrations of structures of circular cross-section. Part I. Development of a mathematical model for two-dimensional conditions[J]. Journal of wind engineering and industrial aerodynamics, 1983, 12(1): 49-73.

[6] BASU R I, VICKERY B J. Across-wind vibrations of structure of circular cross-section. Part II. Development of a mathematical model for full-scale application[J]. Journal of wind engineering and industrial aerodynamics, 1983, 12(1): 75-97.

[7] LARSEN A. A generalized model for assessment of vortex-induced vibrations of flexible structures[J]. Journal of wind engineering and industrial aerodynamics, 1995, 57(2-3): 281-294.

[8] BIRKHOFF G. Formation of vortex streets[J]. Journal of applied physics, 1953, 24(1): 98-103.

[9] MARRIS A W. A review on vortex streets, periodic wakes, and induced vibration phenomena[J]. Journal of basic engineering, 1964, 86(2): 185-193.

[10] TAMURA Y, MATSUI G. Wake-oscillator model of vortex-induced oscillation of circular cylinder[C]//Proc. of 5th International Conference on Wind Engineering. Fort Collins, 1979.

[11] TAMURA Y. Wake-oscillator model of vortex-induced oscillation of circular cylinder[J]. Wind engineering, 1980, 1981(10): 1085-1094.

[12] FUNAKAWA M. The vibration of a cylinder caused by wake force in a flow[J]. Bulletin of JSME, 1969, 12 (53): 1003-1010.

[13] NAKAMURA Y. Vortex excitation of a circular cylinder treated as a binary flutter[R]. Research Inst. for Applied Mechanics, 1969.

[14] BISHOP R E D, HASSAN A Y. The lift and drag forces on a circular cylinder oscillating in a flowing fluid [J]. Proceedings of the royal society of London, 1964, 277(1368): 32-50.

[15] HARTLEN R T, CURRIE I G. Lift-oscillator model of vortex-induced vibration[J]. Journal of the engineering mechanics division, 1970, 96(1): 577-591.

[16] SKOP R A, GRIFFIN O M. A model for the vortex-excited resonant response of bluff cylinders[J]. Journal of sound and vibration, 1973, 27(2): 225-233.

[17] IWAN W D, BLEVINS R D. A model for vortex induced oscillation of structures[J]. Appl Mech, 1974, 41 (3): 581-585.

[18] LANDL R. A mathematical model for vortex-excited vibrations of bluff bodies[J]. Journal of sound and vibration, 1975, 42(2): 219-234.

[19] DOWELL E H. Non-linear oscillator models in bluff body aero-elasticity[J]. Journal of sound and vibration, 1981, 75(2): 251-264.

[20] FACCHINETTI M L, LANGRE E D , BIOLLEY F. Coupling of structure and wake oscillators in vortex-induced vibrations[J]. Journal of fluids and structures, 2004, 19(2): 123-140.

[21] GABBAI R D, HIEBERT J. Sensitivity analysis of a generic wake-body model for the vortex-induced vibration of a rigid circular cylinder using Monte Carlo simulations[C]// ASME International Conference on Ocean, 2011.

[22] 葛耀君,赵林,许坤. 大跨桥梁主梁涡激振动研究进展与思考[J]. 中国公路学报,2019,32(10):1-18.

[23] WU T, KAREEM A. An overview of vortex-induced vibration (VIV) of bridge decks[J]. Frontiers of structural and civil engineering, 2012, 6(4): 335-347.

[24] PAIDOUSSIS M P, PRICE S J, LANGRE E D. Fluid-structure interactions: cross-flow-induced instabilities[M]. Combridge: Cambridge University Press, 2010.

[25] SCHEWE G, LARSEN A. Reynolds number effects in the flow around a bluff bridge deck cross section[J]. Journal of wind engineering and industrial aerodynamics, 1998(74): 829-838.

[26] SCHEWE G. Reynolds-number effects in flow around more-or-less bluff bodies[J]. Journal of wind engineering and industrial aerodynamics, 2001, 89(14-15): 1267-1289.

[27] KAWATANI M, TODA N, SATO M, et al. Vortex-induced torsional oscillations of bridge girders with basic sections in turbulent flows[J]. Journal of wind engineering and industrial aerodynamics, 1999, 83(1): 327-336.

[28] MATSUMOTO M, SHIRAISHI N, SHIRATO H, et al. Mechanism of and turbulence effect on vortex-induced oscillations for bridge box girders[J]. Journal of wind engineering and industrial aerodynamics, 1993, 49(1-3): 467-476.

[29] SCRUTON C. On the wind excited oscillations of stacks, Towers and Masts[C]//Proceedings of the Symposium Wind effects on Buildings and Structures. London: HMSO, 1963: 798-836.

[30] VICKERY B, WATKINS R. Flow-induced vibration of cylindrical structures[M]. Amsterdam: Elsevire, 1964.

[31] GRIFFIN O M, SKOP R A, KOOPMAN G H. The vortex-induced resonant vibration of circular cylinders[J]. Journal of sound and vibration, 1973, 31(2): 235-249.

[32] HANSEN S O. Vortex-induced vibration-the Scruton number revisited[J]. Proceedings of the institution of civil engineers-structures and buildings, 2013, 166(10): 560-571.

[33] MARRA A M, MANNINI C, BARTOLI G. Van der pol-type equation for modeling vortex-induced oscillations of bridge decks[J]. Journal of wind engineering and industrial aerodynamics, 2011, 99(6/7): 776-785.

[34] 钱国伟,曹丰产,葛耀君. Ⅱ型叠合梁斜拉桥涡振性能及气动控制措施研究[J]. 振动与冲击,2015,34(2):176-181.

[35] NAGAO F,UTSUNOMIYA H, YOSHIOKA E, et al. Effects of handrails on separated shear flow and vortex-induced oscillation[J]. Journal of wind engineering and industrial aerodynamics, 1997(69): 819-827.

[36] MURAKAMI T, TAKEDA K, TAKAO M, et al. Investigation on aerodynamic and structural countermeasures for cable-stayed bridge with 2-edge Ⅰ-shaped girder[J]. Journal of wind engineering and industrial aerodynamics, 2002, 90(12-15): 2143-2151.

[37] 颜宇光,杨詠昕,周锐. 开口断面主梁斜拉桥的涡激振动控制试验研究[J]. 中国科技论文,2015,10(7):760-764,787.

[38] KOGA T. Improvement of aeroelastic instability of shallow π section[J]. Journal of wind engineering and industrial aerodynamics, 2001, 89(14-15): 1445-1457.

[39] 龙俊贤,周旭辉,李前名,等. 带高防护结构的边箱叠合梁斜拉桥涡振性能及抑振措施研究[J]. 铁道科学与工程学报,2021,18(1):119-127.

[40] 李春光,黄静文,张记,等. 边主梁叠合梁涡振性能气动优化措施风洞试验研究[J]. 振动与冲击,2018,

37(17):86-92.
[41] 李春光,毛禹,颜虎斌,等.带输送机边主梁斜拉桥涡振性能及抑振措施试验研究[J/OL].西南交通大学学报,[2021-07-12].
[42] 曹丰产,葛耀君,吴腾.钢箱梁斜拉桥涡激振动及气动控制措施研究[C]//中国土木工程学会桥梁与结构工程分会风工程委员会.第十三届全国结构风工程学术会议论文集.2007.
[43] 李永乐,侯光阳,向活跃,等.大跨度悬索桥钢箱主梁涡振性能优化风洞试验研究[J].空气动力学学报,2011,29(6):702-708.
[44] 管青海,李加武,胡兆同,等.栏杆对典型桥梁断面涡激振动的影响研究[J].振动与冲击,2014,33(3):150-156.
[45] 李春光,张记,樊永波,等.宽幅流线型钢箱梁涡振性能气动优化措施研究[J].桥梁建设,2017,47(1):35-40.
[46] LARSEN A , WALL A. Shaping of bridge box girders to avoid vortex shedding response[J]. Journal of wind engineering and industrial aerodynamics, 2012, 104-106: 159-165.
[47] BRUNO L , KHRIS S. The validity of 2D numerical simulations of vortical structures around a bridge deck [J]. Mathematical and computer modelling, 2003, 37(7-8): 795-828.
[48] 孙延国,廖海黎,李明水.基于节段模型试验的悬索桥涡振抑振措施[J].西南交通大学学报,2012,47(2):218-223,264.
[49] 陈斌,孔令智.扁平钢箱梁涡振抑制措施研究[C]//中国土木工程学会桥梁与结构工程分会风工程委员会.第十四届全国结构风工程学术会议论文集.2009.
[50] 鲜荣,廖海黎,李明水.大比例主梁节段模型涡激振动风洞试验分析[J].实验流体力学,2009,23(4):15-20.
[51] 张建,郑史雄,唐煜,等.基于节段模型试验的悬索桥涡振性能优化研究[J].实验流体力学,2015,29(2):48-54.
[52] 张文明,葛耀君,杨詠昕,等.带挑臂箱梁涡振气动控制试验[J].哈尔滨工业大学学报,2010,42(12):1948-1952,1989.
[53] LARSEN A, ESDAHL S, ANDERSEN J E, et al. Storebaelt suspension bridge—vortex shedding excitation and mitigation by guide vanes[J]. Journal of wind engineering and industrial aerodynamics, 2000, 88(2-3): 283-296.
[54] LARSEN A, POULIN S. Vortex-shedding excitation of box-girder bridges and mitigation[J]. Structural engineering international, 2005, 15(4): 258-263.
[55] 龙俊贤,李前名,任达程,等.上跨铁路桥梁主梁涡振性能及抑振措施研究[J].中外公路,2021,41(2):148-153.
[56] 李春光,张佳,韩艳,等.栏杆基石对闭口箱梁桥梁涡振性能影响的机理[J].中国公路学报,2019,32(10):150-157.
[57] 李春光,陈政清,韩阳.带悬挑人行道板流线型箱梁涡振性能研究[J].振动与冲击,2014,33(24):19-25.
[58] 欧阳克俭,陈政清,韩艳,等.桥面中央开口悬索桥涡激振动与制涡试验研究[J].振动与冲击,2009,28(7):199-202,223.
[59] 何晗欣,李加武,周建龙.中央开槽箱形断面斜拉桥的涡激振动试验与分析[J].桥梁建设,2012,42(2):34-40.
[60] 周建龙.桥梁结构涡激振动及其控制[D].西安:长安大学,2010.
[61] YANG Y X , ZHOU R , GE Y J, et al. Aerodynamic instability performance of twin box girders for long-span bridges[J]. Journal of wind engineering and industrial aerodynamics, 2015, 145: 196-208.

[62] 徐泉,王武刚,廖海黎,等.基于大尺度节段模型的悬索桥涡激振动控制气动措施研究[J].四川建筑,2007(3):110-112.

[63] 杨詠昕,周锐,葛耀君.大跨度分体箱梁桥梁涡振性能及其控制[J].土木工程学报,2014,47(12):107-114.

[64] 廖海黎,王骑,李明水.嘉绍大桥分体式钢箱梁涡激振动特性风洞试验研究[C]//中国土木工程学会桥梁与结构工程分会风工程委员会.第十四届全国结构风工程学术会议论文集.2009.

[65] LARSEN A. Aerodynamic aspects of the final design of the 1624m suspension bridge across the Great Belt[J]. Journal of wind engineering and industrial aerodynamics, 1993, 48(2): 261-285.

[66] 汪正华,杨詠昕,葛耀君.分体式钢箱梁涡激振动控制试验[J].沈阳建筑大学学报(自然科学版),2010,26(3):433-438.

[67] 张伟,魏志刚,杨詠昕,等.基于高低雷诺数试验的分离双箱涡振性能对比[J].同济大学学报(自然科学版),2008(1):6-11.

[68] LAROSE G L, D'AUTEUIL A. On the Reynolds number sensitivity of the aerodynamics of bluff bodies with sharp edges[J]. Journal of wind engineering and industrial aerodynamics, 2006, 94(5): 365-376.

[69] 李玲瑶,葛耀君.大跨度桥梁中央开槽断面的涡振控制试验[J].华中科技大学学报(自然科学版),2008,36(12):112-115.

[70] LARSEN A, SAVAGE M, LAFRENIÈRE A, et al. Investigation of vortex response of a twin box bridge section at high and low Reynolds numbers[J]. Journal of wind engineering and industrial aerodynamics, 2008, 96(6-7): 934-944.

[71] 刘高,刘天成.分体式钝体双箱钢箱梁斜拉桥节段模型风洞试验研究[J].土木工程学报,2010,43(S2):49-54.

[72] 罗东伟.开槽箱梁涡激振动及其控制措施研究[D].上海:同济大学,2013.

[73] 王骑,林道锦,廖海黎,等.分体式钢箱梁涡激振动特性及制振措施风洞试验研究[J].公路,2013(7):294-299.

[74] 李永乐,苏洋,武兵,等.风屏障对大跨度桁架桥风致振动及车辆风载荷的综合影响研究[J].振动与冲击,2016,35(12):141-146,159.

[75] 冯丛,华旭刚,胡腾飞,等.箱桁梁断面斜拉桥涡振性能及抑振措施的研究[J].铁道建筑,2016(2):9-13.

第8章　特殊细长构件风致振动

随着新材料及新技术的应用,现代桥梁日益向着大跨度及超大跨度的方向发展,与此同时,桥梁结构中一些构件的长细比也进一步增大,如钢桥塔、桁架桥中的桁梁,拱桥的吊杆,斜拉桥的斜拉索,桥梁灯柱等。这些桥梁结构中的构件多为钢结构,且以圆形、矩形、H形等截面为主,长细比大、钢结构质量轻、阻尼比小,这些特点致使此类结构在风作用下的气动稳定性极差,容易发生多种有害风致振动,从而导致构件受到一定程度的损伤,影响桥梁使用寿命及运营安全。

本章以典型细长构件为例,探讨其风致振动问题。首先,简单介绍驰振的相关概念。随后,陆续以钢桥塔、灯柱、拉索为例,探讨细长构件出现的驰振、涡激振动、风雨振等风致振动现象。

8.1　驰振稳定性

8.1.1　经典驰振理论

(1)弯曲驰振

横风向弯曲驰振是一种细长结构易发生的发散式振动,输电线裹冰后常在横风向产生这类形式的振动。其主要原因是空气动力产生的负阻尼,在振动产生后愈演愈烈,直到很大的振幅而破坏,是一种发散式的自激振动。

当气流经过一个在垂直方向上处于微振动状态的细长物体时,即使气流是攻角与风速都不变的定常流,物体与气流之间的相对攻角也会不停地随时间变化而变化。由气动三分力曲线可以看出,相对攻角的变化必然导致三分力的变化,而三分力的这一变化部分形成了动力荷载,即气动自激力。由于按相对攻角变化建立的气动自激力理论,忽略了非定常流场的存在,仍将气流看成是定常的,将这种理论称为准定常理论(quasi-steady theory),相应的气动力称为准定常力。现有研究表明:驰振基本由准定常力控制,在静态条件下所得到的三分力系数随攻角变化的曲线,可以作为建立驰振现象的理论基础。

对于一维结构的稳定性的研究,常用的方法是先拟定一个作用在结构上的气动力模型,然后列出结构响应的运动方程,最后考察静态平衡位置附近位移的小扰动的稳定性。在图8.1.1中,弹簧支承的结构模型受到速度为U的稳定流的作用。对于任一横截面,其弹簧刚度为k_y,结构阻尼比为ζ_y,单位长度质量为m。

如果模型以速度$\dot{y}$垂直平移,那么,流动相对于结构模型的角度$\alpha = -\arctan(\frac{\ddot{y}}{U})$。

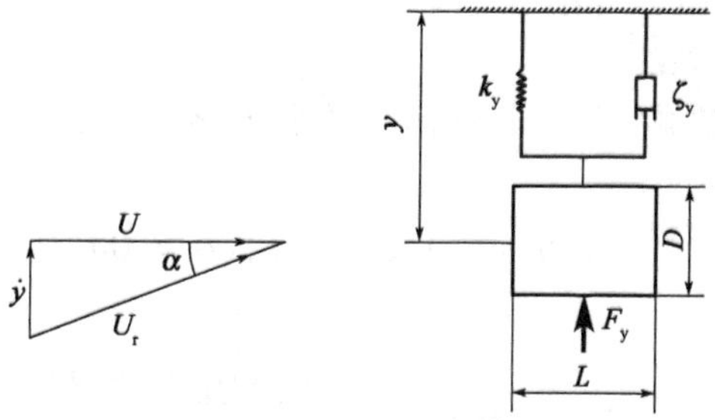

图 8.1.1 单自由度振动示意图

因为阻力系数和升力系数与风向有关,所以单位长度上阻力和升力可以写成:

阻力:

$$F_D(\alpha) = \frac{1}{2}\rho U_r^2 D C_D(\alpha) \tag{8.1.1}$$

升力:

$$F_L(\alpha) = \frac{1}{2}\rho U_r^2 D C_L(\alpha) \tag{8.1.2}$$

这里根据空气动力学的意义定义攻角 α。在从左到右的流动中,逐渐让模型顺时针旋转,即增大攻角。相当于模型的运动速度为:

$$U_r^2 = \dot{y}^2 + U^2 \tag{8.1.3}$$

将阻力和升力在铅直方向上投影,得作用在单位长度模型上的净铅直力为:

$$F_y = \frac{1}{2}\rho U^2 D C_y(\alpha) \tag{8.1.4}$$

式中:C_y——铅直力系数,且有

$$C_y(\alpha) = \frac{U_r^2}{U^2}[C_L(\alpha)\cos\alpha + C_D(\alpha)\sin\alpha] \tag{8.1.5}$$

式中:C_L、C_D——升力气动系数和阻力气动系数;

C_y——横截面、攻角和雷诺数的函数。

由此可以得到截面的运动方程:

$$m\ddot{y} + 2m\zeta_y\omega_y\dot{y} + k_y = \frac{1}{2}\rho U^2 D C_y(\alpha) \tag{8.1.6}$$

式中:ω_y——模型固有频率,rad/s,可通过式(8.1.7)计算。

$$\omega_y = \sqrt{\frac{k_y}{m}} \tag{8.1.7}$$

基于准定常理论,设 α 和 $\dot{y}$ 等都很小,为使问题简化,让 $C_y(\alpha)$ 在 $\alpha=0$ 附近进行泰勒展开(当考察其他角度的稳定性时,也可以在其他角度附近展开):

$$\begin{aligned} C_y(\alpha) &= C_y(\alpha=0) + \frac{\partial C_y(\alpha=0)}{\partial\alpha}\cdot\alpha + o(\alpha^2) \\ &= C_L(\alpha=0) - \left[\frac{\partial C_L(\alpha=0)}{\partial\alpha} + C_D(\alpha=0)\right]\times\frac{\dot{y}}{U} + o(\alpha^2) \end{aligned} \tag{8.1.8}$$

攻角较小时，$\alpha=-\frac{\dot{y}}{U}$，$\frac{\partial C_y}{\partial\alpha}=\frac{\partial C_L}{\partial\alpha}+C_D$。

忽略二阶无穷小量的影响，并将气动阻尼项移到等号右边，便得到简化后的运动微分方程：

$$\ddot{y}+2\zeta_r\omega_r\dot{y}+\omega_y^2 y=C_L(\alpha=0) \tag{8.1.9}$$

其中：

$$2\zeta_r\omega_r=2\zeta_y\omega_y+\frac{\rho UD}{2m}\cdot\frac{\partial C_y(\alpha=0)}{\partial\alpha} \tag{8.1.10}$$

式(8.1.10)右端第一项为结构阻尼系数，第二项为空气动力阻尼系数。由结构动力学可得，当阻尼系数 $2\zeta_r\omega_r>0$ 时，振动随着时间而减弱，结构是稳定的；当 $2\zeta_r\omega_r<0$ 即出现负阻尼时，振动将逐渐无限增大，出现不稳定现象；当 $2\zeta_r\omega_r=0$ 时，为判断是否稳定的临界值。令

$$2\zeta_y\omega_y+\frac{\rho UD}{2m}\cdot\frac{\partial C_y(\alpha=0)}{\partial\alpha}=0 \tag{8.1.11}$$

因为 $2\zeta_y\omega_y$ 通常为正值，如果不稳定振动发生，式(8.1.11)第二项必须小于零，也就意味着

$$\frac{\partial C_y(\alpha=0)}{\partial\alpha}=\frac{\partial C_L(\alpha=0)}{\partial\alpha}+C_D(\alpha=0)<0 \tag{8.1.12}$$

该式即为著名的 Glauert-Den Hartog 判别式，它仅是必要条件，充分条件是 $2\zeta_r\omega_y<0$。

从式(8.1.12)可以看到，对于圆形结构，因为对称性的存在，升力系数并不随攻角 α 的变化而变化，即保持一定值不变，所以 $\frac{\partial C_L(\alpha=0)}{\partial\alpha}=0$，而阻力系数 $C_D(\alpha=0)$ 为正值，是不可能发生驰振的。只有其他非圆截面形式，或者圆截面上再附加其他形式的截面，如输电线上裹冰，才有可能发生不稳定的驰振现象。

应该指出，上述结论是根据式(8.1.8)线性展开而得到的。在真实结构中，因为作用在结构上的流体力不可能随 α 无限增大，而应受到限制，即 $C_y(\alpha)$ 实际上是 α 的非线性函数，对此已有相关文献讨论过。因此超过临界状态仍能有确定的稳态驰振的响应，但响应一般是很大的，工程上常常不予采用。

通过求解式(8.1.10)可以求得不稳定振动起始点所需要的最小折合速度。不稳定起始点的最小流速为：

$$\frac{U}{f_y D}=-\frac{4m(2\pi\zeta_y)}{\rho D^2}\Big/\left(\frac{\partial C_L}{\partial\alpha}+C_D\right) \tag{8.1.13}$$

式中：$f_y=\frac{\omega_y}{2\pi}$——模型的固有频率，Hz。

如果 $\frac{\partial C_L}{\partial\alpha}\geqslant 0$，那么模型始终是稳定的。只有当 $\frac{\partial C_L}{\partial\alpha}<0$ 和折合速度 U/f_yD 超过 $-\frac{4m(2\pi\zeta_y)}{\rho D^2}\Big/\left(\frac{\partial C_L}{\partial\alpha}+C_D\right)$ 时，模型才可能是不稳定的。

驰振分析是一种基于准定常理论的振动分析。当结构的振动频率较低时，我们就可以采用准定常力方法去研究结构的振动，即在每一瞬时，将非定常力等效为在定常流场中结构和流

体的相对运动所产生的准定常力。Parkinson 和 Smith 等许多学者均证明了该方法在结构单自由度横风向弯曲驰振中的正确性。

(2)扭转驰振

如图 8.1.2 所示,相对于弯曲驰振的相对攻角与其平移速度$\dot{y}$成比例,扭转驰振的相对攻角与其自身扭转角 θ 和扭转角速度$\dot{\theta}$相关。

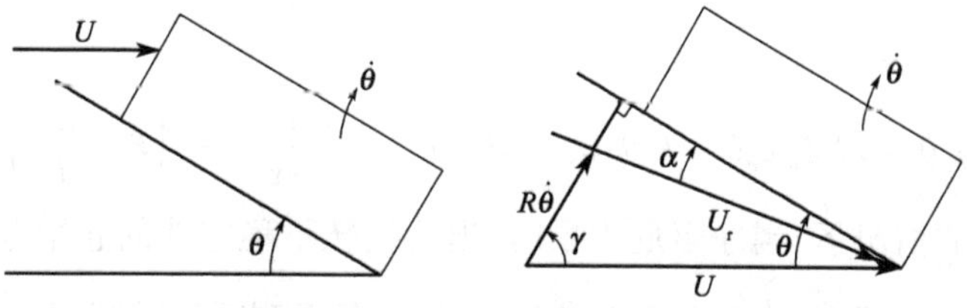

图 8.1.2　基于准定常理论的扭转驰振分析模型

当模型转动时,来流的攻角发生变化。选择一个合适的特征长度 R 后便可以定义出一个逼近平均流场的相对速度。这个方法在涡轮叶片的失速颤振中已经被证明是有效的,则攻角和相对速度是:

$$\begin{cases}\alpha = \theta - \arctan[R\dot{\theta}\sin\gamma/(U - R\dot{\theta}\cos\gamma)] \\ U_{\mathrm{r}}^2 = (R\dot{\theta}\sin\gamma)^2 + (U - R\dot{\theta}\cos\gamma)^2\end{cases} \tag{8.1.14}$$

式中,$\gamma = \dfrac{\pi}{2} - \theta$,其余参数见图 8.1.2。

可以看出尽管扭转速度对有效攻角有影响,但有效攻角主要取决于扭转角。R 是一个考虑扭转角速度对相对攻角的影响时的特征半径,这一方法被广泛用于很多种不同的截面形式。当截面形式为矩形时,R 通常取为 $D/2$。这种选取 R 的方式考虑了产生扭转力矩的部位主要在截面的外侧边缘。对于较小的攻角和角速度,式(8.1.14)可以简化为:

$$\begin{cases}U_{\mathrm{r}} \approx U \\ \alpha \approx \theta - R\dot{\theta}/U\end{cases} \tag{8.1.15}$$

在每单位长度横截面上的扭矩为:

$$F_{\mathrm{m}} = \frac{1}{2}\rho U^2 D^2 C_{\mathrm{m}} \tag{8.1.16}$$

其中,扭矩系数 C_{m} 为:

$$C_{\mathrm{m}} = \frac{U_{\mathrm{r}}^2}{U^2}C_M \approx C_M \tag{8.1.17}$$

式中:C_M——风洞试验中测得的围绕旋转点的扭矩系数。

图 8.1.2 中弹性固定的截面将会对施加在它上面的气动力扭矩动态地做出反应。截面的扭转响应微分方程如下:

$$I_\theta\ddot{\theta} + 2I_\theta\zeta_\theta\omega_\theta\dot{\theta} + k_\theta\theta = \frac{1}{2}\rho U^2 D^2 C_{\mathrm{m}} \tag{8.1.18}$$

在旋转角度较小时,可以把式(8.1.18)线性化,以确定扭转不稳定性的起始点。

小攻角时,将 C_m 在 $\alpha=0$ 附近进行泰勒展开(当考察其他角度的稳定性时,也可以在其他角度附近展开):

$$C_m(\alpha) = C_m(\alpha = 0) + \frac{\partial C_m(\alpha = 0)}{\partial \alpha}\alpha + o(\alpha^2) \tag{8.1.19}$$

$C_m(\alpha=0)$ 只产生一个静位移,对稳定性没有影响,并去掉二阶小量的影响,得到线性化的运动方程为:

$$I_\theta \ddot{\theta} + 2I_\theta \zeta_\theta \omega_\theta \dot{\theta} + k_\theta \theta = \frac{1}{2}\rho U^2 D^2 \frac{\partial C_m(\alpha = 0)}{\partial \alpha}\left(\theta - \frac{R\dot{\theta}}{U}\right) \tag{8.1.20}$$

在结构阻尼低的情况下,当净阻尼为零时,出现扭转不稳定性的起始点。

将式(8.1.20)中右端关于 $\dot{\theta}$ 的项移到左端,整理后得到系统总阻尼为:

$$C_\theta = 2I_\theta \zeta_\theta \omega_\theta + \frac{1}{2}\rho U^2 D^2 \frac{\partial C_M(\alpha = 0)}{\partial \alpha}R \tag{8.1.21}$$

式(8.1.21)右端第一项为结构阻尼系数,第二项为空气动力阻尼系数。由结构动力学可得,当阻尼系数 $C_\theta>0$ 时,振动随着时间而减弱,结构是稳定的;当 $C_\theta<0$ 即出现负阻尼时,振动将逐渐无限增大,出现不稳定现象;当 $C_\theta=0$ 时,为判定是否稳定的临界值,即

$$2I_\theta \zeta_\theta \omega_\theta + \frac{1}{2}\rho U^2 D^2 \frac{\partial C_M(\alpha = 0)}{\partial \alpha}R = 0 \tag{8.1.22}$$

因为 $2I_\theta\zeta_\theta\omega_\theta$ 通常为正值,如果不稳定振动发生,式(8.1.21)第二项必须小于零,即可以写成:

$$\frac{\partial C_m}{\partial \alpha} < 0 \tag{8.1.23}$$

通过求解式(8.1.22)可以得到不稳定振动起始点所需要的最小折合速度。不稳定起始点的最小流速为:

$$\frac{U}{f_\theta D} = -\frac{\dfrac{4I_\theta(2\pi\zeta_\theta)}{\rho D^3 R}}{\dfrac{\partial C_M(\alpha = 0)}{\partial \alpha}} \tag{8.1.24}$$

式中:$f_\theta=\dfrac{\omega_0}{2\pi}$——模型的固有频率,Hz;

I_θ——单位长度截面对扭转轴线的转动惯量;

ζ_θ——结构的阻尼因子。

当有不稳定性存在的时候,截面在从左到右的流动中做顺时针方向旋转,因而当 $\dfrac{\partial C_M(\alpha=0)}{\partial \alpha}<0$ 时,截面顺时针方向的扭矩一定减小。

8.1.2 尾流驰振

当两根拉索沿风向斜列时,来流方向的下游拉索比上游拉索发生更强烈的风致振动,称为

尾流驰振(wake galloping)。上游拉索的尾流区中存在一个不稳定驰振区。如果下游拉索正好位于这一不稳定区中,其振幅就会不断加大,直至达到一个稳态大振幅的极限环。当两拉索距离较远,超出尾流驰振不稳定区时,就不会发生尾流驰振。

尾流驰振分析基于二维片条理论,考虑两个圆柱体,上游柱体产生尾流,下游柱体处于尾流之中。假设下游柱体截面中心位置为(X,Y),并在水平与垂直两个方向弹性悬挂,顺风向和横风向坐标X、Y都以上游柱体的截面中心为原点,则下游柱体的运动方程用该柱体偏离坐标点(X,Y)的位移量(x,y)表示为:

$$m\ddot{x} + d_x\dot{x} + K_{xx}x + K_{xy}y = F_x \tag{8.1.25}$$

$$m\ddot{y} + d_y\dot{y} + K_{yx}x + K_{yy}y = F_y \tag{8.1.26}$$

式中: m——下游柱体单位长度质量;

d_x、d_y——两个方向的阻尼系数;

$K_{rs}(r,s=x,y)$——约束下游柱体运动的直接弹簧常数和交叉耦合弹簧常数;

F_x、F_y——x和y方向的气动力分量。

如果定义C_x和C_y为相对于自由来流动压$\rho U^2/2$作用在位于(X,Y)处柱体上的平均定常力系数,采用类似于前面的准定常气动力理论,x和y方向上的准定常气动力可表示为:

$$F_x = \frac{1}{2}\rho U^2 D\left[\left(\frac{\partial C_x}{\partial x}x + \frac{\partial C_x}{\partial y}y\right) + C_y\frac{\dot{y}}{U_{xv}} - 2C_x\frac{\dot{x}}{U_{xv}}\right] \tag{8.1.27}$$

$$F_y = \frac{1}{2}\rho U^2 D\left[\left(\frac{\partial C_y}{\partial x}x + \frac{\partial C_y}{\partial y}y\right) + C_x\frac{\dot{y}}{U_{xv}} - 2C_y\frac{\dot{x}}{U_{xv}}\right] \tag{8.1.28}$$

式中:U——上游自由流速度;

U_{xv}——(X,Y)处x方向的尾流平均速度;

D——柱体的横风向投影尺寸。

C_x、C_y及其导数可通过风洞模型试验得到。

将式(8.1.27)、式(8.1.28)代入式(8.1.25)、式(8.1.26),并将方程右端项移至左边,得到尾流驰振的齐次运动方程,由方程的非零解条件可以导出驰振发生风速。

国外研究表明,发生尾流驰振的临界风速可近似表示为:

$$U_{\omega c} = cf_k D\left(\frac{m\xi}{\rho D^2}\right)^{\frac{1}{2}} \tag{8.1.29}$$

式中:c——常数,当沿风向上、下游拉索间距为2~6倍拉索直径时,取$c=25$;当上、下游拉索间距为10~20倍拉索直径时,取$c=80$。式(8.1.29)表明,发生尾流驰振的临界风速与模态频率成正比,与Scruton数的平方根也成正比。

8.2 钢桥塔涡激振动与驰振

对于施工阶段的桥塔,由于没有拉索、主梁等的约束,桥塔对风的作用很敏感。尤其是纯钢桥塔,其刚度和阻尼更低,在风的作用下更容易发生大的涡振,可能严重影响施工人员的作业和结构的安全。

某双塔双索面分离式钢箱梁斜拉桥，跨径布置为50m + 180m + 500m + 180m + 50m = 960m。桥塔为中央独柱形钢塔，西主塔高166.0m，东主塔高164.4m。塔柱采用切角矩形断面，切角尺寸为0.8m×0.8m，底部断面为16.0m（横桥向）×9.5m（顺桥向），横桥侧塔柱竖向外轮廓斜率为10.87：100，塔身通过圆弧段过渡到塔顶，塔顶断面为6.0m（横桥向）×6.4m（顺桥向），其中西桥塔构造图如图8.2.1所示。桥塔施工时，采用分段吊装。根据桥塔节段重量，选用永茂建机STT3330型塔式起重机。施工时在钢塔上设置塔式起重机附墙，在保证塔式起重机自由高度的前提下，附墙和钢塔安装交叉进行。由于在桥塔施工过程中桥塔与塔式起重机通过附墙连接，故两者实际上为一组合体系，如图8.2.2所示。

考虑到桥塔和塔式起重机组合体系为钢结构，质量轻、阻尼小，且整个组合体系高度较高，对风的作用较为敏感；同时，桥址区地处台风影响区，易受大风天气影响，因此，针对该桥的桥塔和塔式起重机组合体系开展抗风性能研究十分必要。

8.2.1 钢桥塔动力特性

采用ANSYS有限元分析软件建立了桥塔和塔式起重机组合体系的三维有限元分析模型，如图8.2.3所示。定义 X 为桥顺向，Y 为竖向，Z 为桥侧向。桥塔和塔式起重机均采用BEAM4空间梁单元模拟，塔式起重机上的平衡重、变幅车以及挂钩等二期恒载通过MASS21质量点单元模拟。根据设计资料，桥塔和塔式起重机均是钢结构，建模时其材料特性参数如表8.2.1所示，其中密度为根据设计资料提供的总重量除以钢结构总体积后得到的等效密度。附墙与塔式起重机和桥塔的连接均采用铰支座方式，而桥塔和塔式起重机底部均与地面固结。最终建立的桥塔和塔式起重机组合体系的三维有限元分析模型如图8.2.3所示。

主要材料特性参数 表8.2.1

构件	弹性模量(GPa)	泊松比	密度(kg/m^3)
桥塔	210	0.3	12037.77
塔式起重机	210	0.3	10422.08 ~ 19839.79

根据上述建立的桥塔和塔式起重机组合体系有限元模型，可计算出组合体系的动力特性，如表8.2.2所示。对应的代表性关键振型如图8.2.4与图8.2.5所示。从表8.2.2中可以看出，桥塔和塔式起重机组合体系的一阶顺桥向弯曲频率和一阶横桥向弯曲频率分别为0.1786Hz和0.2022Hz，这些参数为气弹模型设计提供了重要依据。

桥塔和塔式起重机组合体系动力特性 表8.2.2

模态阶次	频率(Hz)	振型描述	模态阶次	频率(Hz)	振型描述
1	0.1786	桥塔和塔式起重机一阶顺桥向弯曲	6	0.9099	塔式起重机三阶顺桥向弯曲
2	0.1929	塔式起重机吊臂旋转	7	1.2574	塔式起重机吊臂弯曲
3	0.2022	桥塔和塔式起重机一阶横桥向弯曲	8	1.3768	桥塔和塔式起重机顺桥向弯曲
4	0.4515	塔式起重机二阶顺桥向弯曲	9	1.4624	塔式起重机吊臂弯曲
5	0.5832	塔式起重机二阶横桥向弯曲	10	1.5106	塔式起重机吊臂弯曲

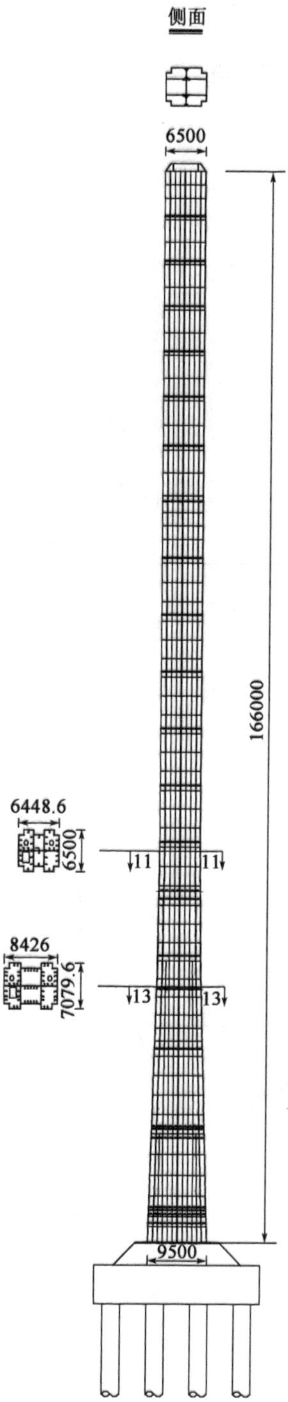

图 8.2.1　西桥塔构造图
(尺寸单位:mm)

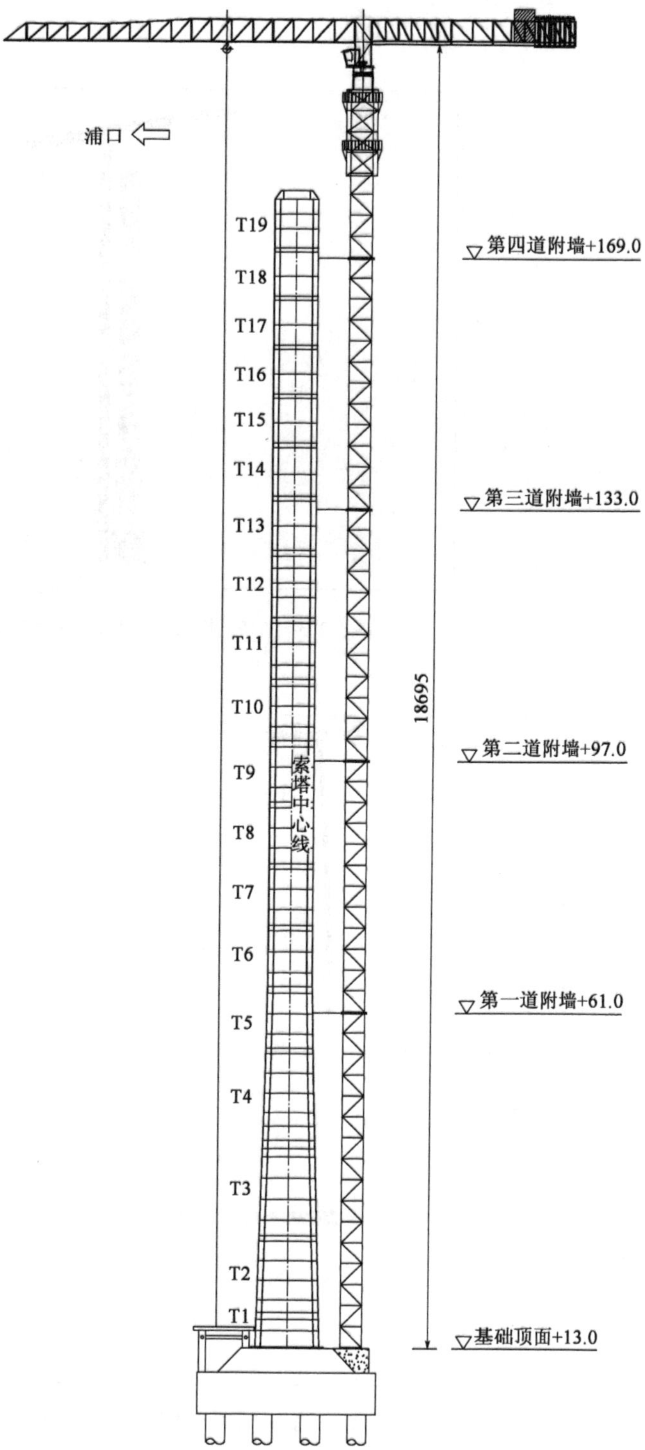

图 8.2.2　桥塔和塔式起重机组合体系构造图
(尺寸单位:mm;高程单位:m)

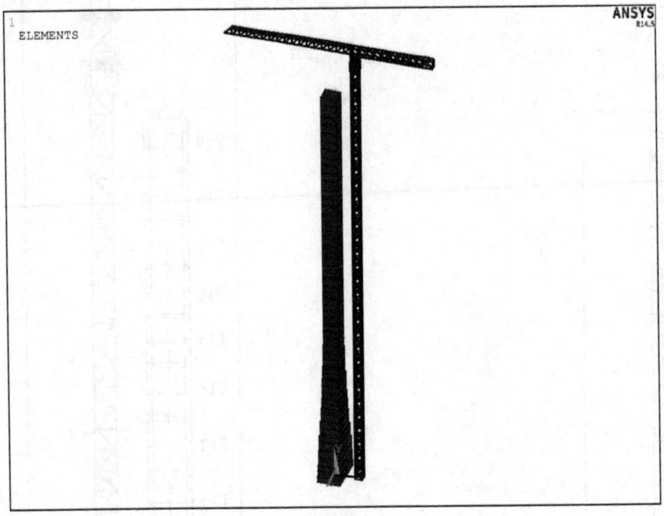

图 8.2.3　桥塔和塔式起重机组合体系三维有限元模型

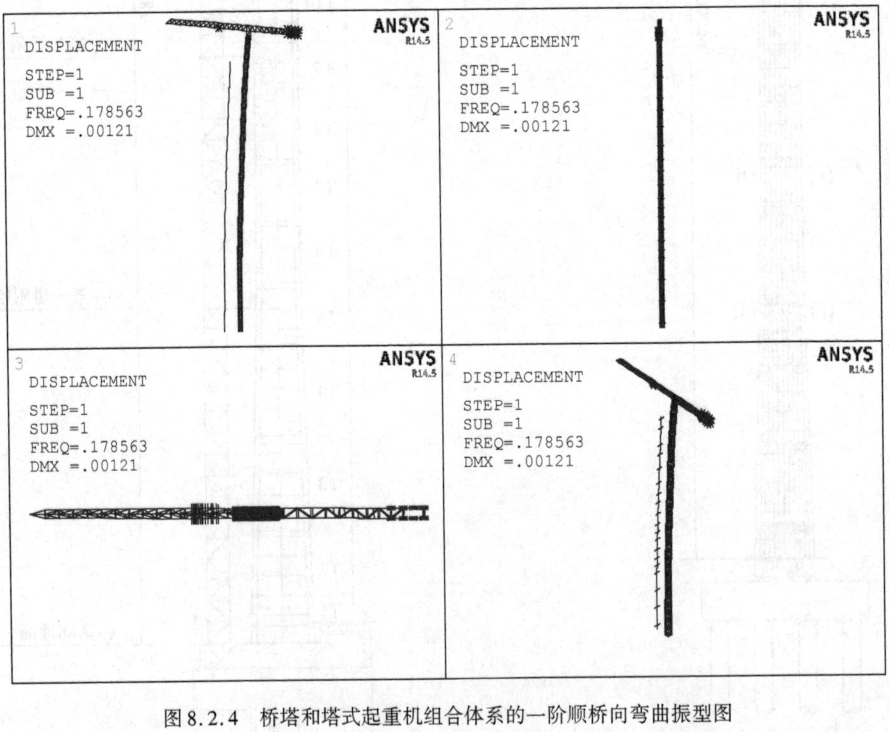

图 8.2.4　桥塔和塔式起重机组合体系的一阶顺桥向弯曲振型图

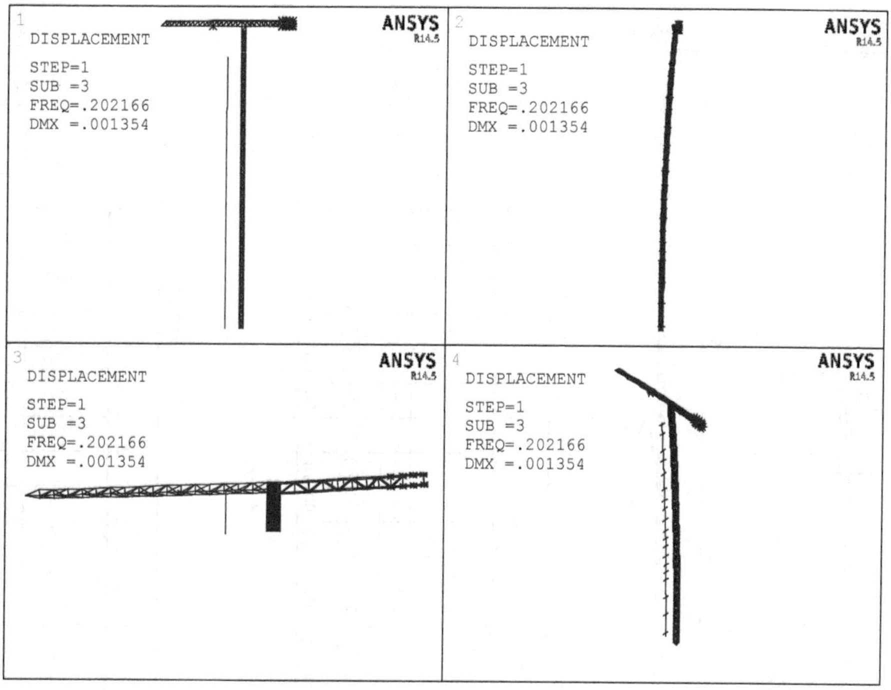

图 8.2.5　桥塔和塔式起重机组合体系的一阶横桥向弯曲振型图

8.2.2　气弹模型设计

试验采用 1∶75 的几何缩尺比进行桥塔和塔式起重机组合体系气弹模型的设计与制作，模型设计时采用刚性骨架加外衣与配重的设计方法，其中刚性骨架用于模拟结构刚度，外衣用于模拟结构的气动外形，配重用于模拟结构的质量特性。

(1)钢桥塔模型

桥塔塔柱的顺向弯曲及横向弯曲均需满足相似性要求，芯梁采用优质 A3 钢加工成矩形截面。经反复计算芯梁截面尺寸，并由 ANSYS 计算校核，最终确定的塔柱芯梁设计如图 8.2.6 所示。桥塔外衣用 ABS 板制成，并严格满足气动外形的相似性要求。塔柱模型全高 2227.4mm，在塔柱长度范围内共分 24 段，各段之间有 2mm 的空隙，以消除桥塔外衣对模型刚度的影响。铅配重对称布置于桥塔边缘的指定位置，以使桥塔质量满足相似性要求，最终确定的桥塔外衣设计如图 8.2.7 所示。

(2)塔式起重机模型

塔式起重机芯梁用 A3 钢制成，为方便加工，将塔式起重机芯梁设计为矩形截面。设计塔式起重机芯梁时，先利用有限元模型计算塔式起重机各构件的弯曲刚度，分构件设计出塔式起重机芯梁的截面尺寸，其中，塔式起重机标准节段的设计如图 8.2.8 所示，其余节段与之类似。塔式起重机外衣用 ABS 板制成，外衣直接贴在芯梁表面，且外衣分段间距为 2mm。铅配重用于调节塔式起重机分段的质量，使之满足质量相似性要求。

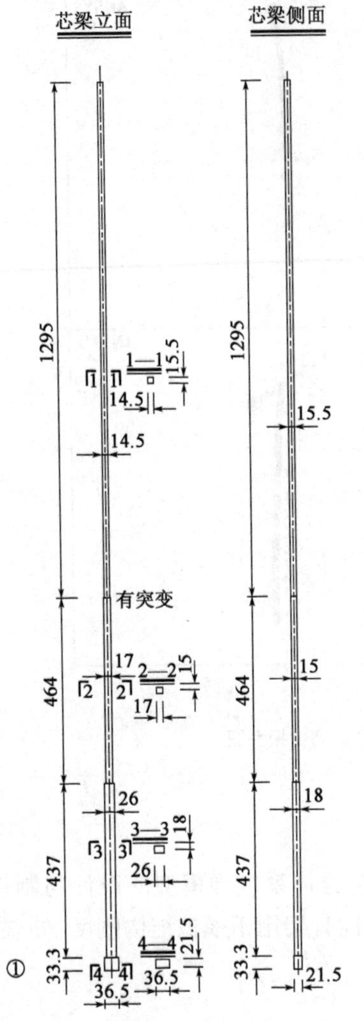

图 8.2.6　桥塔塔柱芯梁设计(尺寸单位:mm)

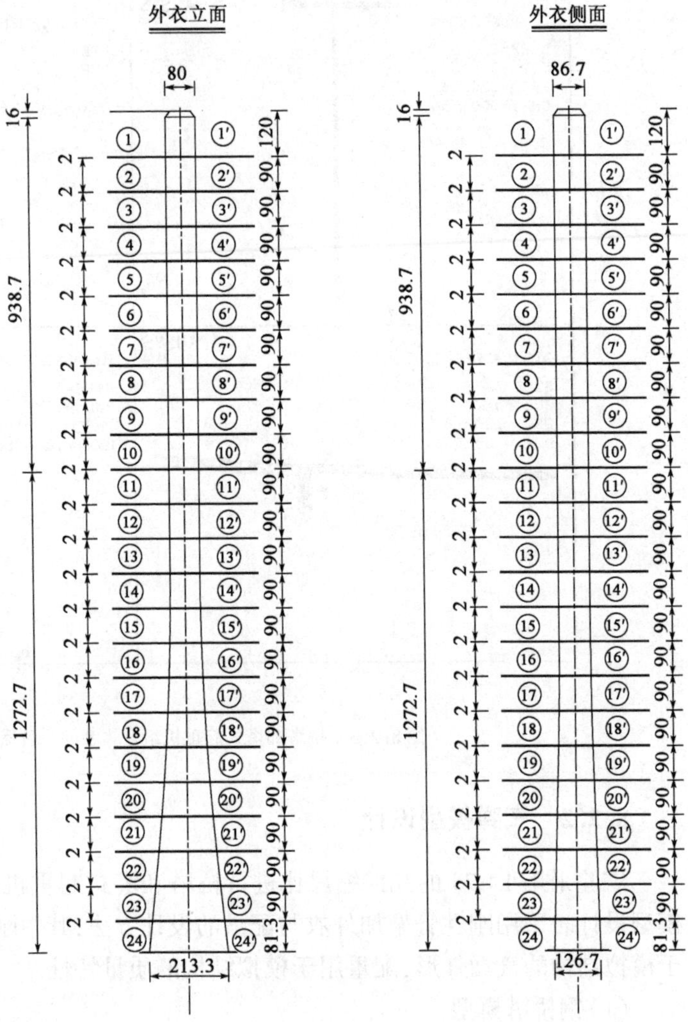

图 8.2.7　桥塔塔柱外衣设计(尺寸单位:mm)

制作完成的桥塔和塔式起重机组合体系气弹模型如图 8.2.9 所示。通过人工激励的方式测量桥塔和塔式起重机模型的自振频率和阻尼比,气弹模型动力特性参数如表 8.2.3 所示。

气动弹性模型频率实测值与目标值对比　　表 8.2.3

振型	实桥频率(Hz)	模型实测频率(Hz)	频率比值	风速比	阻尼比
桥塔和塔式起重机一阶顺桥向弯曲	0.1786	2.54	14.2	5.25	约 0.2%
桥塔和塔式起重机一阶横桥向弯曲	0.2022	2.86	14.1	5.32	

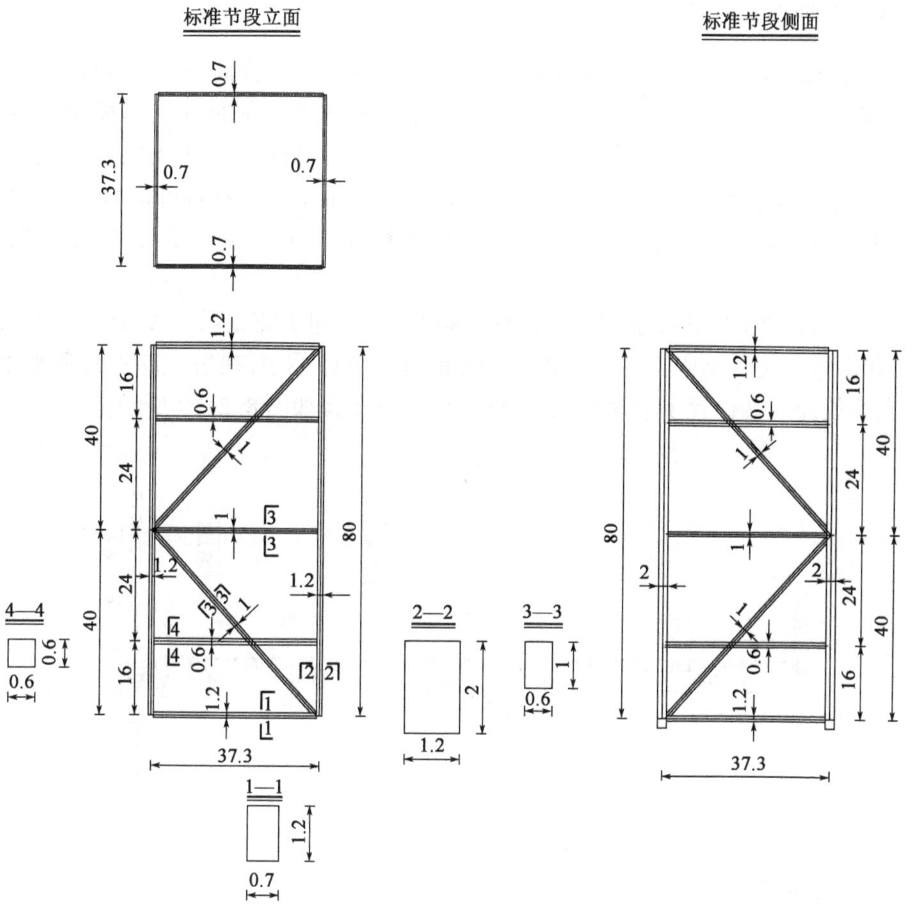

图 8.2.8　塔式起重机标准节段设计(尺寸单位:mm)

图 8.2.9　风洞中桥塔和塔式起重机组合体系气弹模型

8.2.3 气弹模型风洞试验

气弹模型风洞试验能较为真实地模拟结构的动力特性，也能较为准确地反映结构与空气间的相互作用，其主要用于测量结构的气动弹性响应。在通过气弹模型全面模拟结构动力特性和三维流动特性的条件下，考察结构的静动力稳定性和风致振动特性。通过均匀流场中的气弹模型试验，考察桥塔结构发生涡激振动、驰振的可能性。通过湍流场中的气弹模型试验，测定结构在不同风速下的抖振响应，用于评价结构的强度和舒适度。

采用英国 IMETRUM 非接触式应变位移视频测量仪，同步测量塔顶及 65% 高度桥塔位置的顺桥向和横桥向位移响应。在桥塔和塔式起重机组合体系中，在塔式起重机顶水平起重臂的前端、支撑处及后端设置 3 个动态位移测试点，测点布置如图 8.2.10 所示。

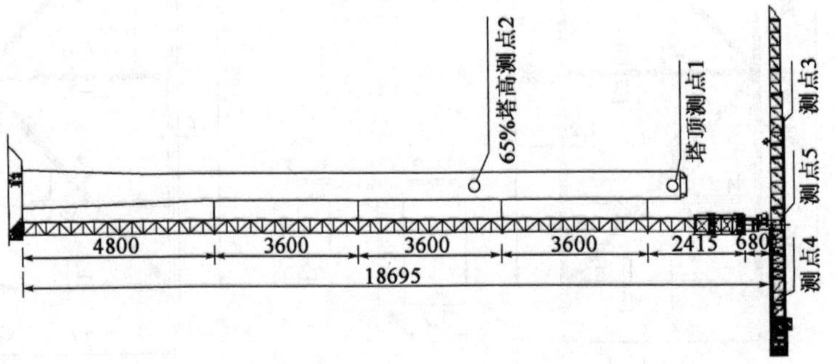

图 8.2.10 桥塔和塔式起重机组合体系测点布置图(尺寸单位：cm)

(1)钢桥塔风致振动响应

对于均匀流场中的风洞试验，考虑到来流方向的不确定性，除了来流风向角 $\beta = 0°$（即来流方向与桥轴线垂直）外，根据桥塔结构外形的对称特性，进行了风向角 β 分别为 15°、30°、60°、90°（其中角度以模型俯览时逆时针转动为正方向）时的试验。在每一种来流风向角工况下，考虑到试验风速比为 1 : 7.5，试验过程中为了捕获桥塔可能存在的涡激振动风速区间，试验风速从 1.5m/s 开始，每 0.25m/s（相当于实桥风速为 1.9m/s）为一级试验风速，逐级增加，直至约 8m/s（相当于实桥约 60m/s，远高于施工状态设计风速 34.9m/s）。

图 8.2.11 ~ 图 8.2.20 分别给出了不同风向角下裸塔塔顶及 65% 塔高处的顺桥向及横桥向风致振动响应根方差。其中，均匀流中的 0°风向角裸塔气动弹性模型试验结果如图 8.2.11 与图 8.2.12 所示，裸塔气弹模型在 0°风向角下出现明显的大幅顺桥向涡激振动现象，最大实桥振动响应均方差达到 1.28m，涡振风速区间出现在较宽的 12 ~ 32m/s 范围内。随着风速增长，当风速达到 47m/s 后，裸塔气弹模型发生大幅发散性驰振现象。随着风向角的增加，桥塔风致振动响应显著减弱，没有发生明显的涡激振动和驰振现象。试验表明，裸塔状态在常遇风速下会出现涡激振动现象，且在高风速下会出现较危险的发散性驰振现象，在裸塔施工时应特别注意。

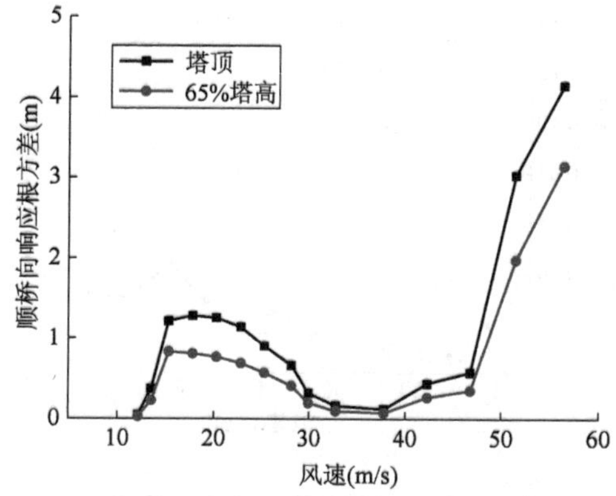

图 8.2.11　0°风向角下顺桥向风振响应

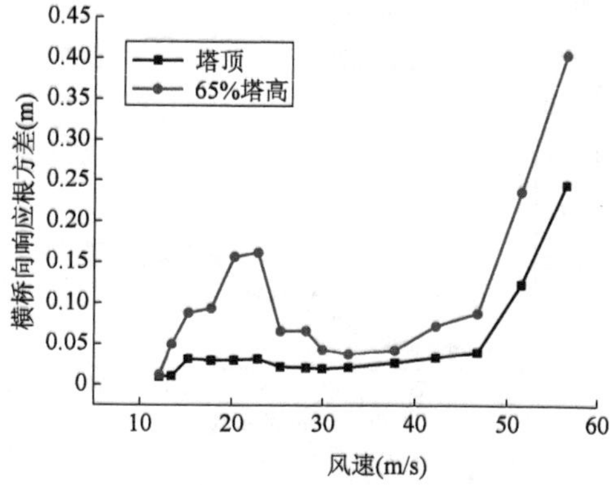

图 8.2.12　0°风向角下横桥向风振响应

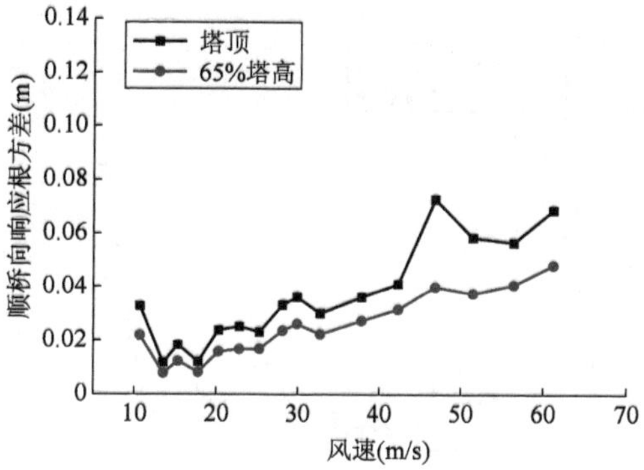

图 8.2.13　15°风向角下顺桥向风振响应

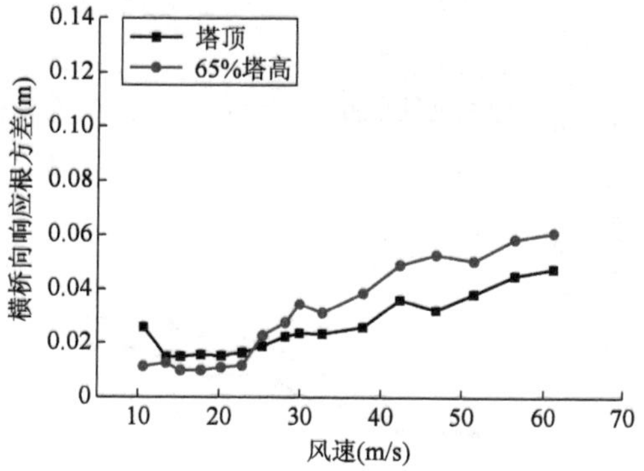

图 8.2.14　15°风向角下横桥向风振响应

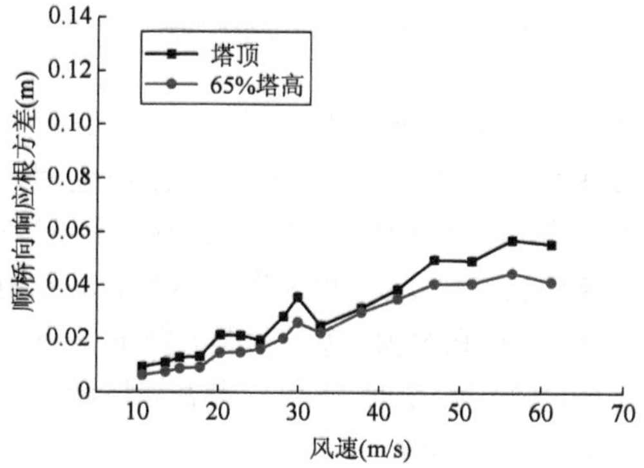

图 8.2.15　30°风向角下顺桥向风振响应

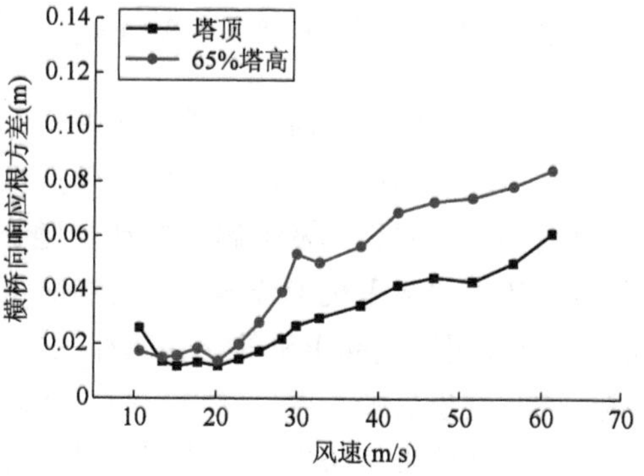

图 8.2.16　30°风向角下横桥向风振响应

(2)桥塔和塔式起重机组合体系风致振动响应

在裸塔施工时,施工方在桥塔附近采用塔式起重机的方式进行施工,如图 8.2.9 所示。为考察施工时塔式起重机的存在对裸塔风致振动的影响,针对桥塔和塔式起重机组合体系进行了气弹模型风洞试验研究。鉴于安装塔式起重机后组合结构为单向对称结构,因此试验过程中分别进行了 0°、±15°、±30°、±60°、±90°风向角的测试试验,试验过程中组合结构阻尼比为 0.22%,试验在均匀流中进行。

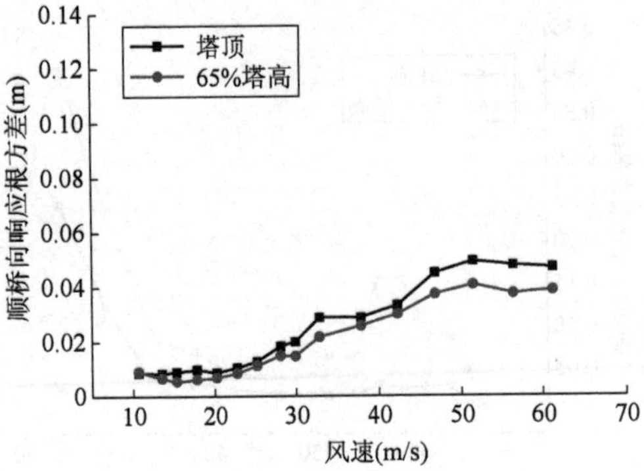

图 8.2.17　60°风向角下顺桥向风振响应

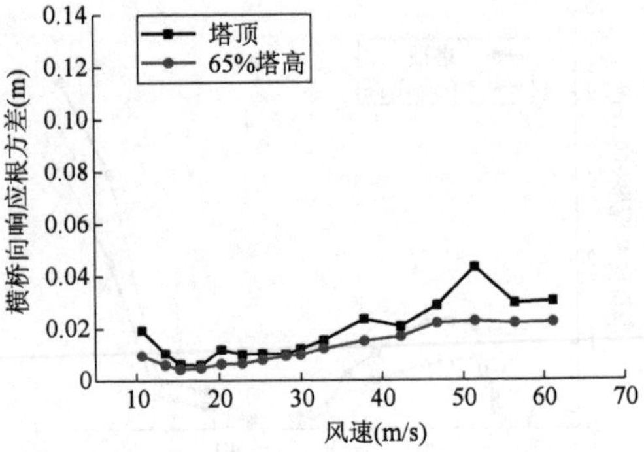

图 8.2.18　60°风向角下横桥向风振响应

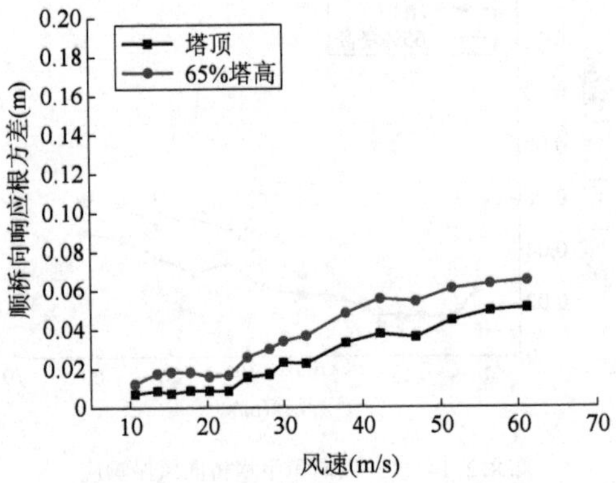

图 8.2.19　90°风向角下顺桥向风振响应

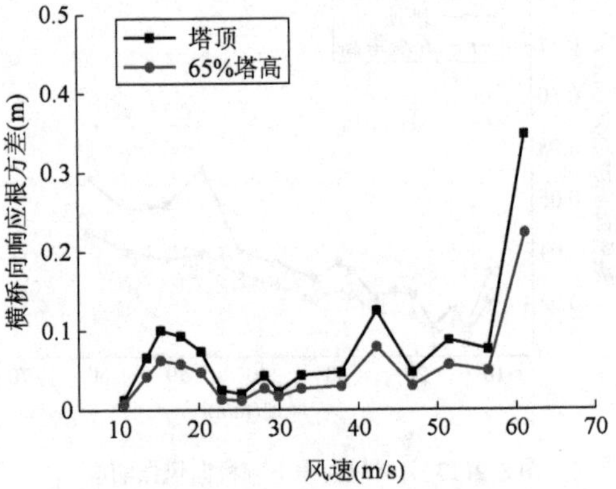

图 8.2.20　90°风向角下横桥向风振响应

图 8.2.21 给出了均匀流中桥塔和塔式起重机组合体系 0°风向角下顺桥向、横桥向和扭转响应均方差。由图可知,桥塔和塔式起重机组合体系状态在均匀流场中的风振响应相比裸塔状态显著减小,并且未发生涡激振动和驰振现象。另外,在 ±15°、±30°、±60°、±90°风向角下,桥塔和塔式起重机组合体系下的响应也远比裸塔状态要小,且也未发生涡激振动和驰振现象。结果表明塔式起重机的存在能抑制桥塔的涡激振动和驰振,这可以大大降低桥塔施工的风险。同时,也反映了今后在考虑施工状态下桥塔的施工安全时,不仅应考查裸塔状态桥塔的涡激响应,还应考查桥塔和塔式起重机组合体系下的涡激响应。

针对上述塔式起重机的存在能抑制桥塔涡激振动现象,分析原因认为:①桥塔和塔式起重机组合体系的频率相对于裸塔状态有所改变,塔式起重机的存在改变了流体涡旋脱落频率;②由于塔式起重机是桁架结构体系,它的存在会对桥塔尾部规则的涡旋脱落产生干扰,从而使塔式起重机结构起到了抑制桥塔涡振和驰振的有利作用,并最终提高了桥塔和塔式起重机组合体系的气动稳定性能。在上述因素的综合作用下,当塔式起重机存在时,桥塔的风致振动响应大大降低,因此采用塔式起重机方式施工时,有利于提高桥塔的施工安全。

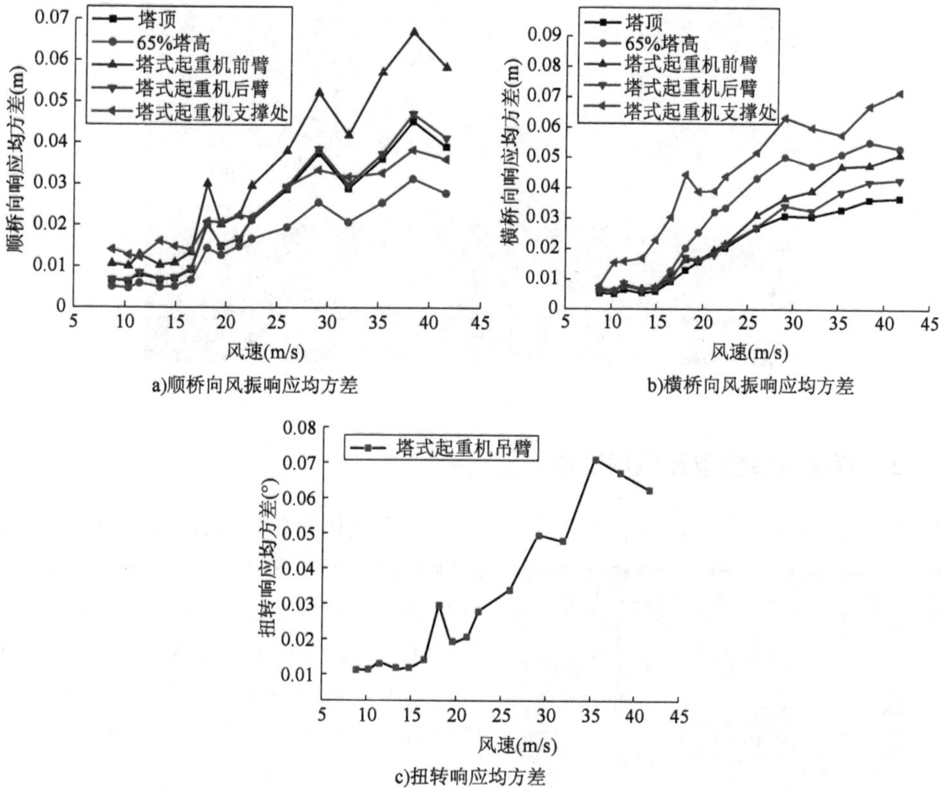

a)顺桥向风振响应均方差

b)横桥向风振响应均方差

c)扭转响应均方差

图 8.2.21 均匀流中桥塔和塔式起重机组合体系 0°风向角下风振响应曲线

8.3 锥形圆灯柱涡激振动

8.3.1 工程概况

图 8.3.1 为某座跨海悬索桥,沿桥梁长度方向两侧设置了照明路灯,灯柱高 12m,采用变截面空心圆的形式,由钢板卷制而成,灯柱下部直径为 0.2m,上部直径为 0.1m,通过法兰盘固定在桥面上,灯柱沿高度方向有一道明显的焊缝,各灯柱的焊缝沿周向随机分布。根据现场调查,在常遇风速(6 ~ 8m/s)下,部分灯柱存在明显的二阶振动现象,同时伴随着一定的声响。鉴于桥址位置良好的风场特性,以及灯柱结构大长细比和相对较低的质量比,初步判断灯柱发生的振动为涡激振动。由于发生的频率较高,容易引起灯柱的疲劳破坏。另外,灯柱沿高度方向存在明显的焊缝,在一定风向角下会存在升力负斜率、单侧分离流再附等现象。现场观察显示,桥上存在一部分没有发生涡激振动的灯柱,各灯柱设计尺寸均一致,仅焊缝与来流风速的相对位置不相同,焊缝的存在影响了灯柱近表面流场,特定的焊缝位置可能是部分灯柱发生涡激振动的主要原因。因此,有必要对该桥的灯柱开展涡振振动特性及焊缝影响研究。

图 8.3.1　灯柱现场布置图

8.3.2　灯柱气弹模型及风洞试验布置

灯柱模型高度 H 为 2.4m，底部直径为 0.04m，顶部直径为 0.02m，模型质量为 1.4kg，风洞试验布置如图 8.3.2 所示。模型芯梁采用多段空心薄壁铝管焊接，外衣采用泡沫圆管并覆盖柔性 PVC 薄膜，外衣不提供额外的刚度，这确保了灯柱模型较低的质量比和阻尼比，同时也保证了模型表面的光滑性，图 8.3.3 为模型示意图。通过自由振动试验测量了灯柱模型的自振频率及阻尼比，模型参数如表 8.3.1 所示。由于加工精度影响，模型第三阶自振频率与灯柱原型存在误差，误差的存在会影响涡激振动的风速锁定区间，但不会改变其气动特性。灯柱模型较低的质量比和 Scruton 数为风致振动提供了必要条件。

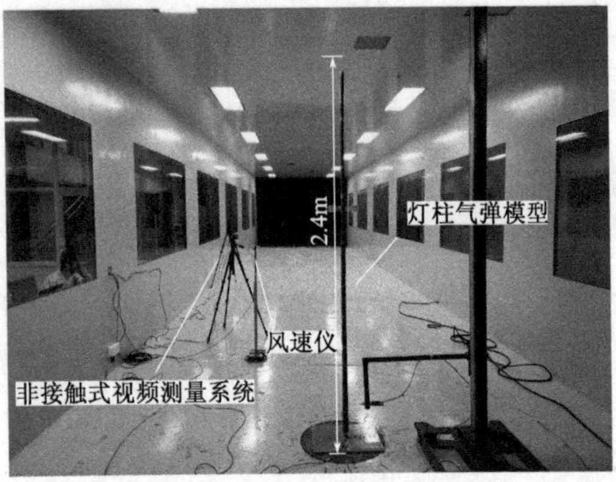

图 8.3.2　风洞中灯柱模型和试验装置

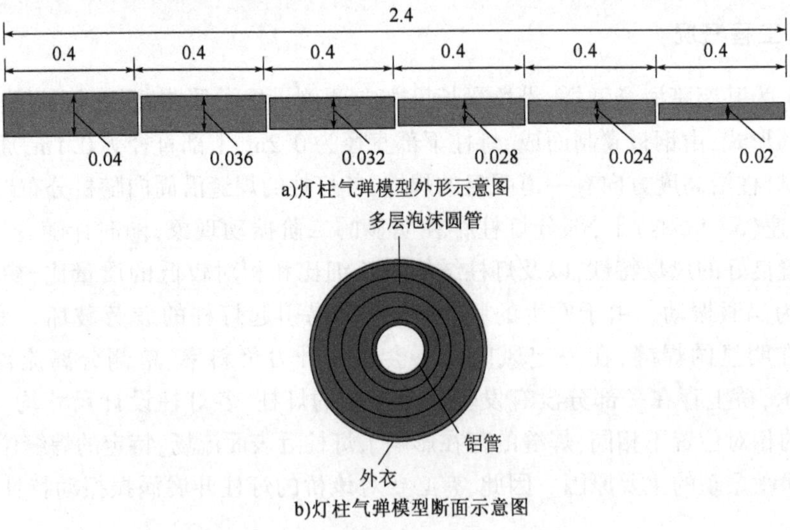

图 8.3.3　灯柱气弹模型示意图(尺寸单位：m)

试验采用 Imetrume 非接触式视频测量仪同时测量灯柱 1/2 点、顶点位置顺风向和垂直风向的位移，采样频率为 100Hz，每个工况采样时间为 40s。采用 Cobra 探针测量来流风速，采样频率为 1000Hz，采样时间为 32.14s。

灯柱模型与原型参数对比表 表 8.3.1

参数	模型	原型	缩尺比
顶部直径-底部直径(m)	6 段等截面(0.04-0.02)	0.2-0.1	1∶5
长度 H(m)	2.4	12	1∶5
阻尼比 ζ (%)	0.31	—	—
单位长度质量(kg/m)	0.61	14.43	$1:4.89^2$
Scruton 数 $m\zeta/\rho D^2$	0.669	—	—
第一阶频率 f(Hz)	3.55	1.5076	$\sqrt{5.54}:1$
第二阶频率 f(Hz)	17.22	7.2287	$\sqrt{5.67}:1$
第三阶频率 f(Hz)	23.21	18.708	$\sqrt{1.54}:1$

原灯柱沿高度方向存在厚度 1 ~ 2mm 和宽度 5 ~ 12mm 的焊缝，如图 8.3.4 所示。受缩尺比限制，本节选取了厚度 1.2mm、宽度 4mm 的板条粘贴在灯柱模型表面模拟焊缝，较大尺寸焊缝可能会放大其作用效果。图 8.3.5 给出了模拟焊缝的尺寸及相对位置定义。原灯柱顶部存在长 2m 的悬臂结构，为简化研究，试验没有考虑悬臂结构的影响。

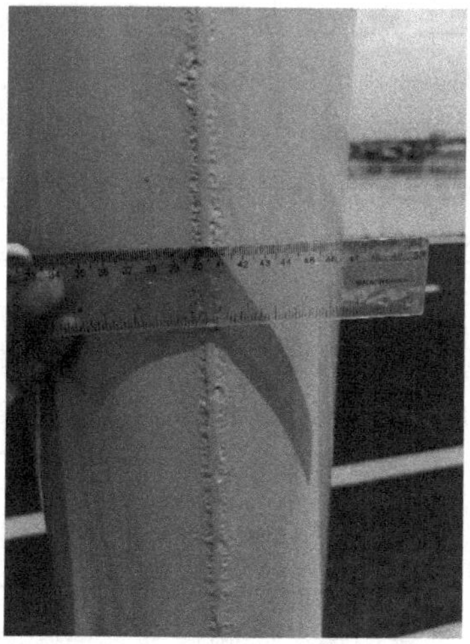

图 8.3.4 原灯柱焊缝图

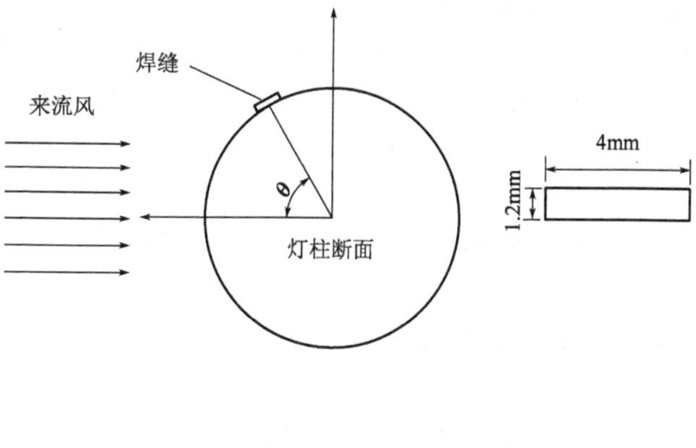

图 8.3.5 模型焊缝设置及尺寸图

8.3.3 灯柱气弹模型风洞试验

(1)无焊缝灯柱涡激振动

首先对无焊缝情况下的灯柱进行试验,记录不同来流风速下灯柱垂直风向和顺风向的位移响应,图8.3.6为灯柱顶点位移均方根随风速的变化及其运动轨迹图。从图8.3.6可知,当风速为2.7~4.0m/s时,灯柱位移均方根先增大后减小,运动轨迹表现为较稳定的等幅振动,符合涡激振动限速限幅的特点。灯柱在锁定区域内位移均方根显著增大,垂直风向位移均方根约为顺风向的2倍,锁定区外两个方向的位移均方根值较小。当风速为3.13m/s时,灯柱位移均方根达到最大值,其运动轨迹呈现清晰的椭圆形;接着,随着风速的增大或减小,灯柱涡激振动逐渐离开锁定区域,运动轨迹呈现无规律的随机振动现象。

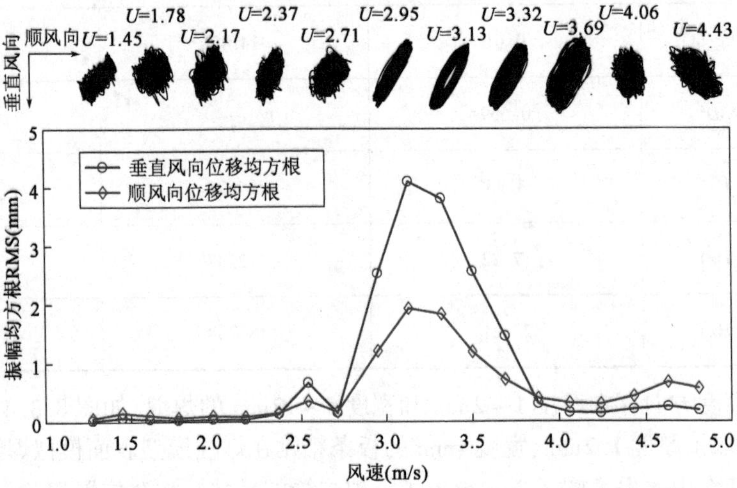

图8.3.6 不同来流风速下灯柱顶点运动轨迹及位移均方根

(2)无焊缝灯柱多模态涡激振动

为研究变截面圆灯柱涡激振动位移响应特性,本节对灯柱中点和顶点各风速下的位移频谱进行分析。图8.3.7为不同风速下灯柱中点和顶点位置的位移频谱图,从图中可以看出,灯柱中点和顶点振动频率基本一致,随着风速的增加,涡脱频率逐渐增加,灯柱振动主导频率随之增加,当风速在3.17m/s附近时,灯柱发生了涡激振动锁定现象,涡激振动以第二阶频率为主,伴随少量的第一、三阶频率。锁定区外灯柱发生多个模态的耦合振动,主导频率随风速同步增大,低风速下以第一阶频率为主导频率,高风速下以第三阶频率为主导频率。文献[6]和文献[7]指出在均匀流作用下,灯柱发生二阶涡激振动,在阵风作用下,灯柱发生一阶抖振。本节风洞试验结果与现场观察和相关文献结论符合,模型与原灯柱均发生了明显的二阶涡激振动。

对涡激振动锁定区域内外三个典型风速(风速2.26m/s、风速3.35m/s、风速4.26m/s)下的灯柱顶点位移进行时频分析,时频分析采用小波变换方法,采用Bump小波,结果如图8.3.8所示。从图8.3.8可以看出,当风速为2.26m/s时,灯柱振动频率以第一阶频率为主导频率且基本参与整个振动过程,第二、三阶频率仅间断参与振动过程。当风速为3.35m/s时,灯柱发生涡激振动锁定现象,灯柱以第二阶频率为主导频率全程参与振动,振动过程伴随着幅值较小的第一、三阶频率。当风速增大到4.26m/s时,灯柱脱离锁定区域,灯柱振动频率集中在第二、三阶频率,同时出现少量更高阶的模态频率。

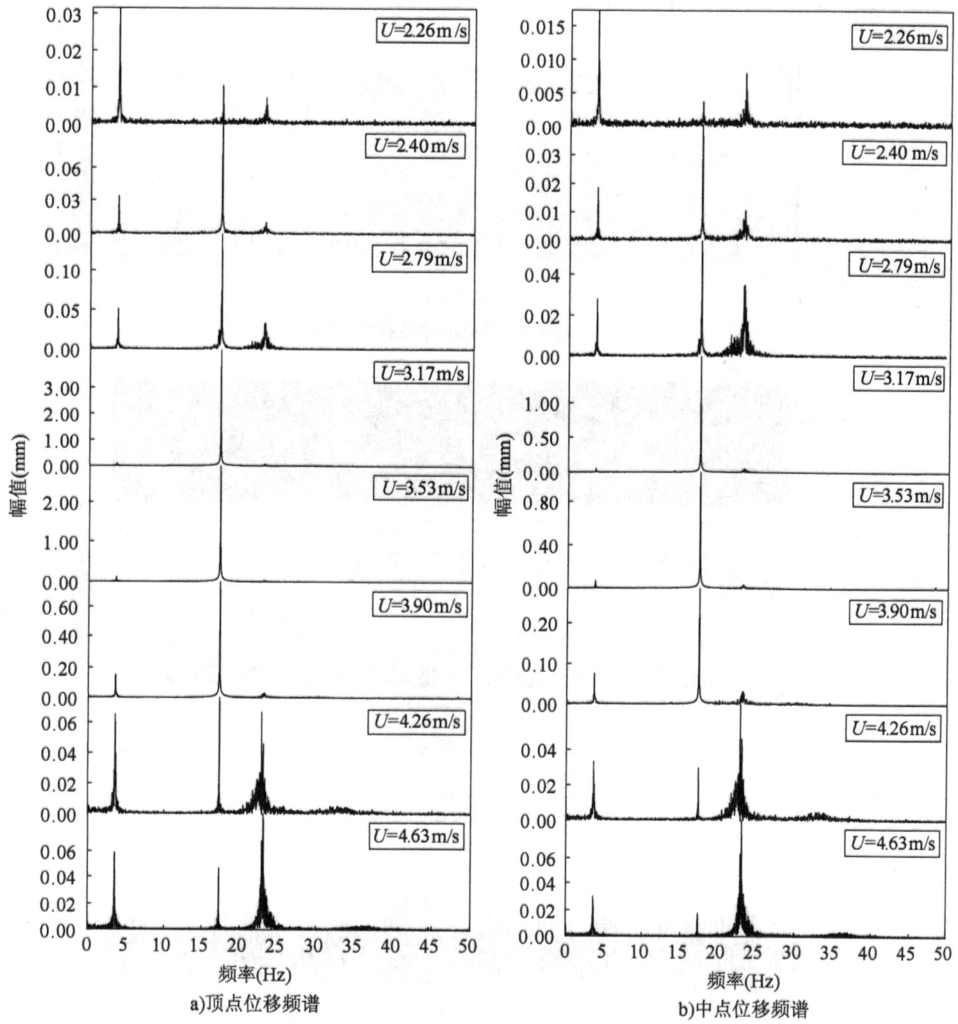

图8.3.7 不同风速下灯柱顶点和中点位移频谱图

灯柱在锁定区内基本以单一模态为主,发生较大振幅的涡激振动,锁定区外呈现多个模态耦合振动,振动幅值较小,随着风速的增加,多模态振动频率也增加。其原因可能是直径沿灯柱高度方向逐渐变化,涡脱频率也发生改变,多个不同的涡脱频率造成了多模态涡激振动。灯柱周围风场条件较好,常处于大风天气,因此容易出现振幅较小的高阶多模态涡激振动问题,虽然多模态涡激振动幅值远小于单一模态涡激振动幅值,不会给灯柱带来直接的破坏,但是其高频小振幅的特点给灯柱结构带来了潜在的风险,应该引起重视。

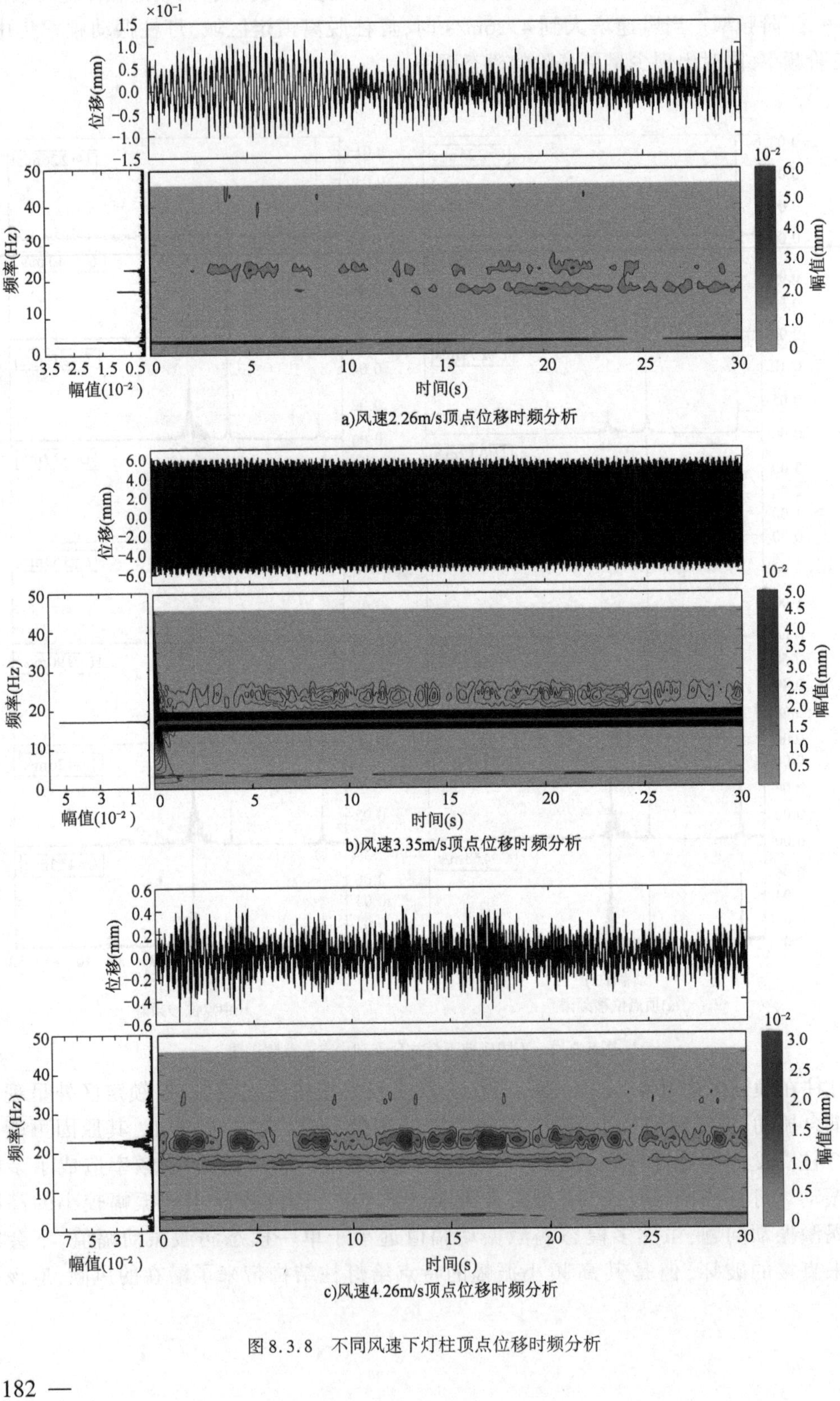

a)风速2.26m/s顶点位移时频分析

b)风速3.35m/s顶点位移时频分析

c)风速4.26m/s顶点位移时频分析

图 8.3.8　不同风速下灯柱顶点位移时频分析

(3)焊缝位置对涡激振动的影响

图8.3.9是焊缝在不同位置时,灯柱涡激振动最大位移响应图,图8.3.10是灯柱在不同焊缝位置及风速下,涡激振动位移响应等高线图。从图8.3.9和图8.3.10可以看到,焊缝的存在改变了灯柱的气动性能,灯柱涡激响应受焊缝位置的影响显著,不同的焊缝位置表现出完全不同的振动特性。焊缝位置在0°~180°之间存在三个不稳定区域,三个区域均表现为与图8.3.6类似的限速限幅涡激振动。当焊缝在0°和180°附近时,焊缝位于正迎风面和正背风面,灯柱受焊缝影响较小,灯柱的锁定风速区域和位移大小与无焊缝工况基本一致。当焊缝角度从0°位置增大或者从180°位置减小时,焊缝对灯柱的涡激振动产生了明显的抑制效果,灯柱涡激振动位移逐渐减小,当焊缝角度位于40°和140°附近时,灯柱涡激响应基本消失,此时抑制效果最强。当焊缝角度从40°继续增加或者从140°继续减小时,焊缝对灯柱涡激振动的抑制效果逐渐减弱,灯柱位移响应逐渐增加。当焊缝位于55°~80°范围内时,焊缝对灯柱涡激振动产生了明显的增强效果,涡激位移响应相较无焊缝工况明显增大,其位移峰值和起振风速均明显增大,当焊缝在60°附近时,灯柱位移响应达到最大值,其位移峰值为无焊缝工况的1.37倍。

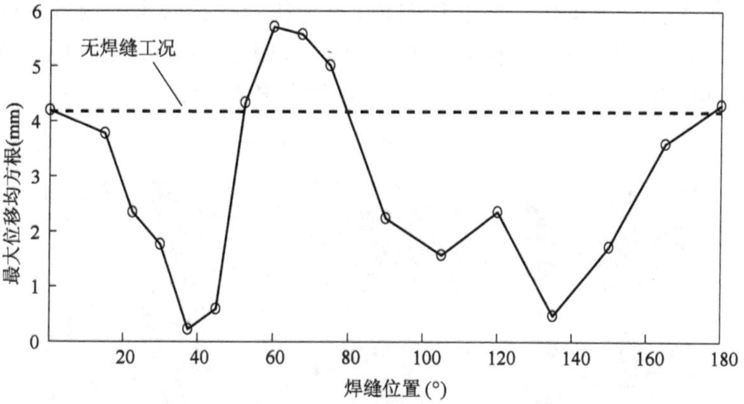

图8.3.9 灯柱最大位移随焊缝位置变化图

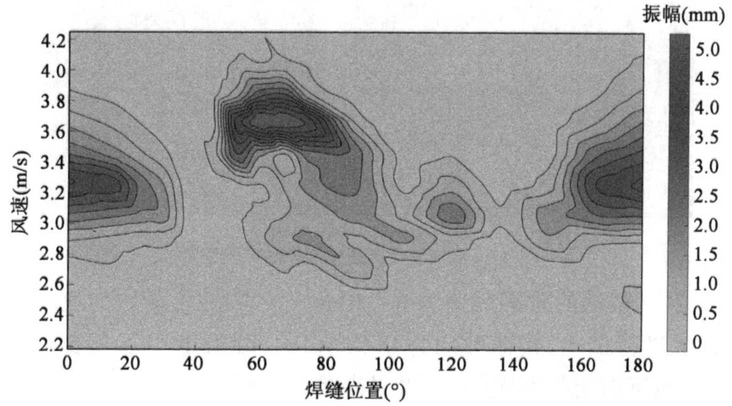

图8.3.10 灯柱涡激响应等高线图

带焊缝的灯柱与带人工水线的风雨振拉索相似,两者的存在改变了截面形状,影响了圆柱近表面的流动机制,使圆柱表现出不同的振动特性。本节试验的结果与带人工水线的拉索风雨振研究存在相同点，焊缝和人工水线的位置对振动响应具有明显的影响，当焊缝和人工水线在圆柱特定位置时，振动响应明显增大。杜晓庆对0°风向角下带人工水线的拉索圆柱模型进行了同步测力测压试验，将水线位置分为亚临界区域(0°～20°)、单侧分离再附流区域(20°～60°)、增强的亚临界区域(60°～90°)、亚临界区域(≥90°)四个影响区域，不同的水线位置会增强或抑制卡门涡脱，当水线在增强的亚临界区域(60°～90°)时，圆柱升力系数和阻力系数发生强烈的波动，流体涡脱强度明显高于无水线工况。Schewe 提出在亚临界雷诺数范围内，圆柱近表面存在自由剪切层的变化，可能导致流体再附着，形成分离泡。Ekmekci 等采用 PIV 技术研究了不同位置的细线对圆柱近表面分离剪切层和尾流的影响，试验发现细线的存在改变了结构的尾流特征，同时观察到了剪切层的分离再附、大尺度卡门涡脱以及剪切层不稳定现象。

8.3.4 灯柱节段测压模型及风洞试验布置

灯柱节段测压模型长 0.91m，采用等截面形式，直径 D 为 0.16m，端板直径为 $2.5D$。在圆柱中间位置设置两圈测点，间距为 15cm，定义为 Ring A 和 Ring B，每圈设置 66 个测压孔，节段模型总共设置了 132 个测压孔。采用 DSM300 电子压力扫描阀系统测量灯柱周向及焊缝位置的风压分布，采样频率为 330Hz，采样时间为 60s。采用 TFI Cobra 眼镜蛇风速仪测量来流风速，采样频率为 1000Hz，采样时间为 32.14s。通过风洞转盘测试焊缝位置对圆柱气动特性的影响。灯柱节段测压模型风洞试验布置如图 8.3.11 所示。

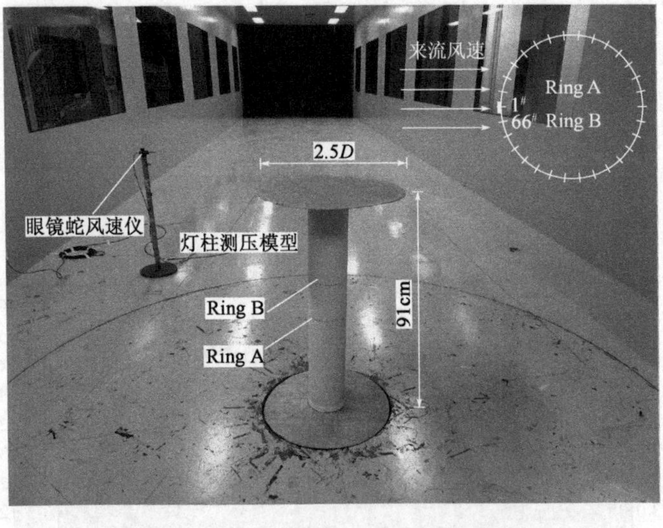

图 8.3.11 灯柱节段测压模型风洞试验布置图

实际灯柱发生涡激振动的常遇风速为 6～10m/s，对应的雷诺数为亚临界区域(TRBL0)，本节选取风速 8m/s 进行试验，雷诺数约为 0.91×10^5，湍流度小于 0.5%，风洞阻塞率约为 0.54%，阻塞率和湍流度对流场影响较小，可以满足试验要求。

节段测压模型选取了与实际情况接近的焊缝尺寸，采用厚 2mm、宽 8mm 的弧形 ABS 板条粘贴在圆柱表面模拟实际灯柱的焊缝，这样可以较好地反映实际灯柱的气动特性，图 8.3.12 为焊缝尺寸以及焊缝位置 θ 示意图。

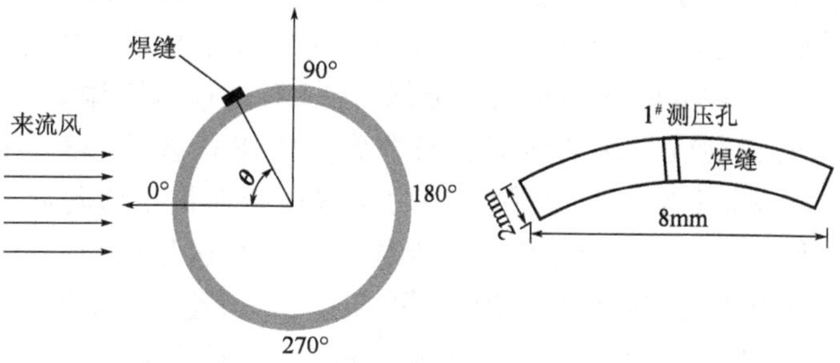

图 8.3.12　焊缝位置及尺寸示意图

8.3.5　灯柱节段测压模型风洞试验

(1)试验可靠性验证

为验证试验的可靠性,首先对光滑圆柱开展测压试验。Farell 和 Blessmann、Du 和 Gu 通过试验研究了光滑圆柱在亚临界雷诺数区域的压力分布,图 8.3.13 为本节所测圆柱平均压力分布系数和参考文献[8]和[11]的结果。从图中可以看到,本节所测 Ring A 和 Ring B 平均压力分布曲线基本重合,与参考文献所测结果吻合较好,说明本节试验结果是可靠、准确的,可为后续分析提供依据。

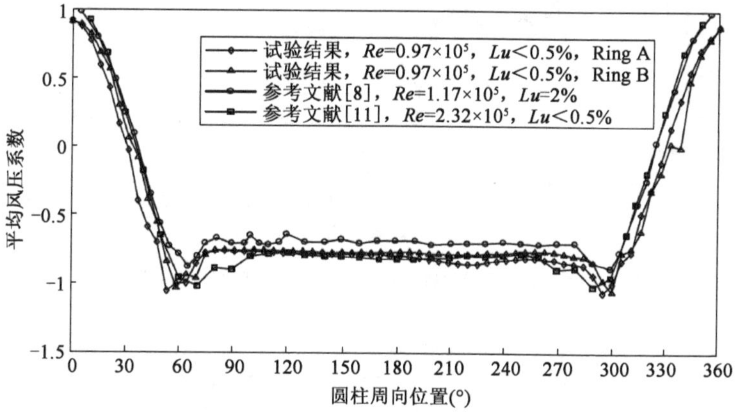

图 8.3.13　光滑圆柱周向压力分布对比

(2)焊缝对灯柱气动力的影响

为了研究焊缝对灯柱涡激振动的作用机理,本节首先开展了带焊缝灯柱的节段模型测压试验。试验通过风洞转盘测量不同焊缝位置的灯柱压力分布,转盘每次转动角度为 3°,测试了 0° ~ 180°范围内共 61 个工况,气动力系数通过对圆柱周向压力积分得到。

图 8.3.14 和图 8.3.15 是不同焊缝位置的灯柱平均气动力系数和脉动气动力系数,本节将 0° ~ 180°焊缝位置分为 A ~ E 五个影响区域。当焊缝位置在 A 区域(0° ~ 18°)时,灯柱平均气动力和脉动气动力基本保持不变,平均升力系数约为 0,平均阻力系数约为 1.4,脉动升力系数约为 0.2,脉动阻力系数约为 0,气动力系数与光滑圆柱类似,在该区域内,焊缝对灯柱气动力影响较小。当焊缝位置在 B 区域(18° ~ 33°)时,平均气动力和脉动气动力随焊缝角度的增

加基本呈线性变化，平均升力大幅增加至0.7附近，平均阻力轻微降低至1.0附近，脉动升力相较A区域降低0.1左右，脉动升力的数值在一定程度上可以反映流体涡脱的强度，脉动升力数值降低，表明灯柱的流体涡脱强度降低，焊缝对灯柱涡激振动产生了抑制作用，且随着焊缝角度的增加，抑制效果逐渐增强。当焊缝位置在C区域(33°~63°)时，灯柱平均气动力和脉动气动力基本不发生变化，脉动升力始终保持在最小值附近，在该区域内，焊缝对灯柱涡激振动产生了较强的抑制效果。当焊缝位置在D区域(63°~78°)时，灯柱气动力发生显著的变化，平均升力迅速降低到0附近，平均阻力回升至1.4附近，与此同时，脉动升力迅速增加，在78°位置流体涡脱强度达到最大值，焊缝对灯柱涡激振动产生了明显的增强效果。当超过D区域(63°~78°)后，灯柱脉动升力迅速回落，焊缝的抑制作用基本消失，灯柱气动力系数与A区域和光滑圆柱基本一致，对于亚临界雷诺数区域的光滑圆柱，其涡脱分离点通常位于70°~80°范围内，其原因可能是焊缝此时位于原分离点后侧，流体涡脱受焊缝影响较小。

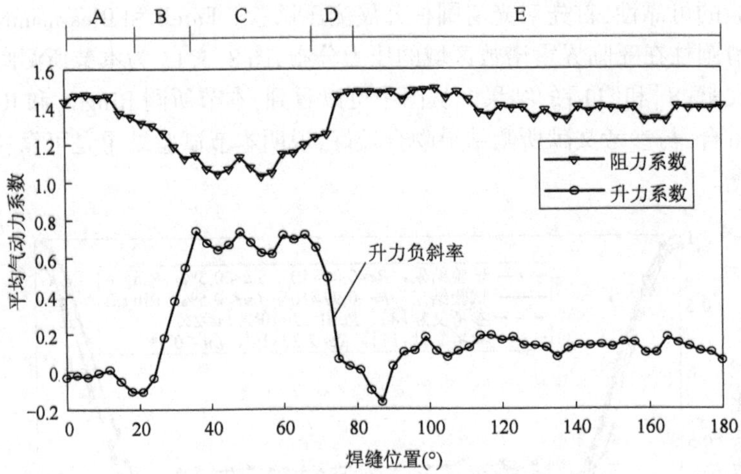

图8.3.14 不同焊缝位置灯柱平均升力系数和平均阻力系数

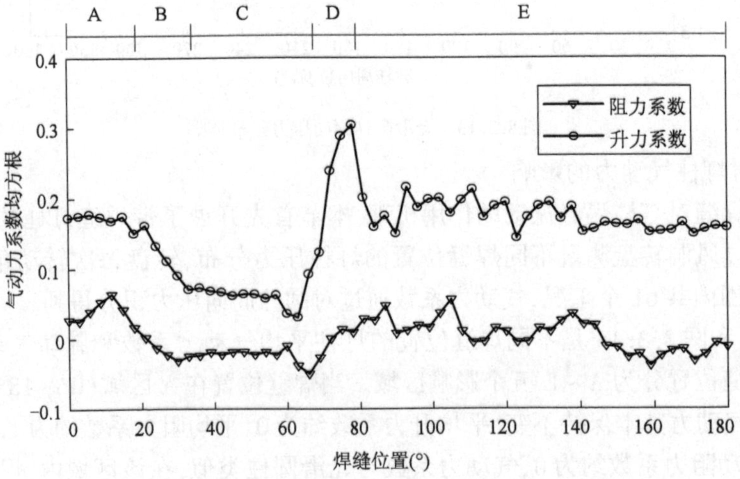

图8.3.15 不同焊缝位置灯柱脉动升力系数和脉动阻力系数

(3)焊缝对升力频谱的影响

为了进一步分析不同焊缝位置灯柱的流体涡脱特性,本节对带焊缝和不带焊缝的灯柱升力时程进行了频谱分析,频谱分析采用快速傅立叶变换(FFT),升力时程通过周向测压孔积分获得,图 8.3.16 是光滑圆柱以及 A ~ E 五个焊缝区域的升力频谱。从图 8.3.16a)、b)可以看到,当焊缝位置在 12°,即 A 区域(0° ~ 18°)时,灯柱气动性能受焊缝影响较小,升力频谱幅值、St 与光滑圆柱工况基本一致,频谱幅值约为 0.4,St 为 0.167。从图 8.3.16c)、d)、e)可以看到,当焊缝位置在 B 区域(18° ~ 33°)和 C 区域(33° ~ 63°)时,随着焊缝角度的增加,升力频谱的幅值逐渐降低,当焊缝位置在 54°时,频谱峰值约为光滑圆柱的 0.5 倍,升力频谱的幅值可以用来评估流体卡门涡脱强度,较低的频谱幅值说明焊缝抑制了流体涡脱。图 8.3.16f)、g)是焊缝位置在 D 区域(63° ~ 78°)时的升力频谱,此时焊缝位于原分离点附近,频谱峰值明显高于光滑圆柱,流体卡门涡脱被增强。如图 8.3.16h)所示,当焊缝位于 E 区域(78° ~ 180°)时,灯柱升力频谱峰值降低至 0.4 附近,St 为 0.168,与光滑圆柱基本一致。考虑到焊缝此时位于原分离点后侧,灯柱的流体卡门涡脱受焊缝影响较小。

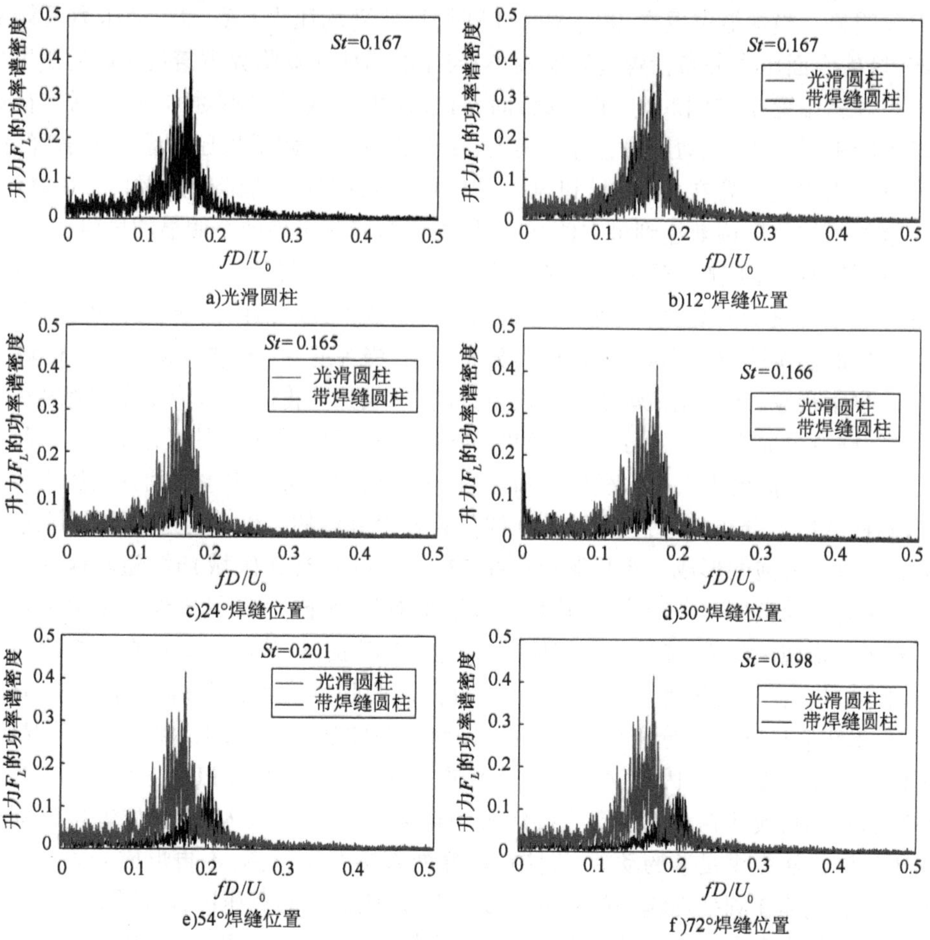

a)光滑圆柱　b)12°焊缝位置　c)24°焊缝位置　d)30°焊缝位置　e)54°焊缝位置　f)72°焊缝位置

图　8.3.16

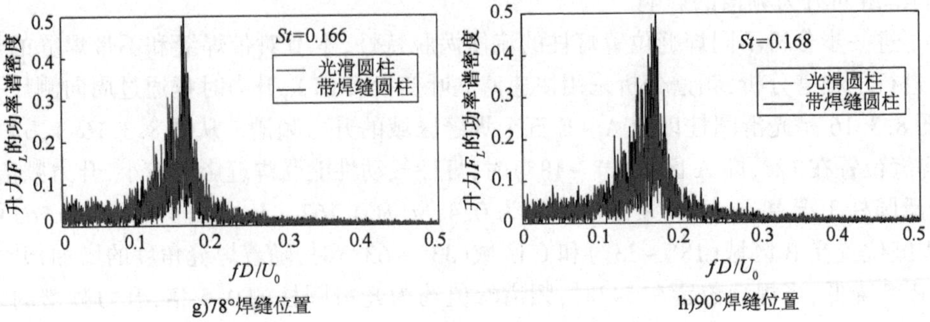

图 8.3.16 光滑及不同焊缝位置的圆柱升力频谱

(4)焊缝对灯柱压力分布的影响及作用机理分析

本节选取了光滑圆柱以及 10 个典型焊缝位置圆柱的平均风压系数和脉动风压系数,以分析焊缝对灯柱周向风压的影响,其中脉动风压系数为扫描阀测量风压的标准差,圆柱风压系数如图 8.3.17 所示。从图 8.3.17 可以看到,对于不同的焊缝位置,灯柱平均压力系数和脉动压力系数差异明显。当焊缝位置在 18°(A 区域)时,灯柱平均压力系数和脉动压力系数基本呈对称分布,灯柱表面压力分布受焊缝影响较小,与光滑圆柱在亚临界雷诺数区域的压力分布基本一致。当焊缝位置在 27°和 30°(B 区域)时,灯柱压力系数呈现不对称分布,圆柱在焊缝一侧出现较大的平均负压,脉动压力也轻微增大,在焊缝位置后侧平均压力系数显著降低,随后又迅速回升。当焊缝位置在 45°、51°和 60°(C 区域)时,圆柱在焊缝侧的平均负压继续增大,在焊缝位置的平均负压逐渐达到最大值,脉动压力在焊缝侧出现两个明显的峰值,第一个峰值在焊缝附近,其对应角度随着焊缝角度的增大而增大,第二个峰值在圆柱表面约 100°的位置,基本不随焊缝位置改变而改变。通常认为平均压力系数不连续点附近或者脉动压力系数极值点附近为圆柱的涡旋脱落分离点,圆柱压力分布表明,当焊缝在 45°、51°和 60°(C 区域)时,可能存在分离再附现象,流体先在焊缝位置发生分离,形成分离再附泡附着在圆柱焊缝后侧的表面,随后在圆柱背风面再次发生分离,分离再附作用干扰了灯柱正常的卡门涡脱,因此灯柱涡激振动被抑制。Du 提出当人工水线位于圆柱的 30°~58°时,带人工水线圆柱的压力分布与临界雷诺数圆柱的压力分布类似,在圆柱上水线位置发生分离的自由剪切层中存在层流-湍流的转捩,可能导致分离泡的形成。当焊缝位置在 72°、75°和 78°(D 区域)时,随着焊缝角度的增加,焊缝后侧的平均负压逐渐减小,平均风压逐渐呈对称分布,脉动风压仅出现单个较大的峰值,说明分离再附现象消失,流体在焊缝附近直接发生涡脱,且分离点保持在焊缝附近。同时可以看到脉动风压在焊缝附近显著增大,说明流体涡脱强度变大,圆柱涡激振动被增强。Du 发现当人工水线靠近圆柱原分离点时,圆柱卡门涡脱被增强,提出人工水线修正了圆柱的分离点,使圆柱展向相关性变大,因此涡激振动被增强。Ekmekci 等采用 PIV 技术记录了当绊线位于原分离点附近时,流体在水线位置直接涡脱的现象。在 D 区域内,焊缝位置接近圆柱原分离点,由于流体无法提供足够的动能,流体在焊缝处直接发生分离,不再形成分离再附泡。由于焊缝的存在,流体在圆柱焊缝侧的分离涡旋变大,形成更大的负压区,与此同时,脉动风压显著提高,因此灯柱表现为涡激振动增强的形式。当焊缝位置在 78°及之后(E 区域)时,焊缝位于圆柱分离点后侧,压力分布模式与光滑圆柱基本一致,焊缝对圆柱压力分布影响较小。

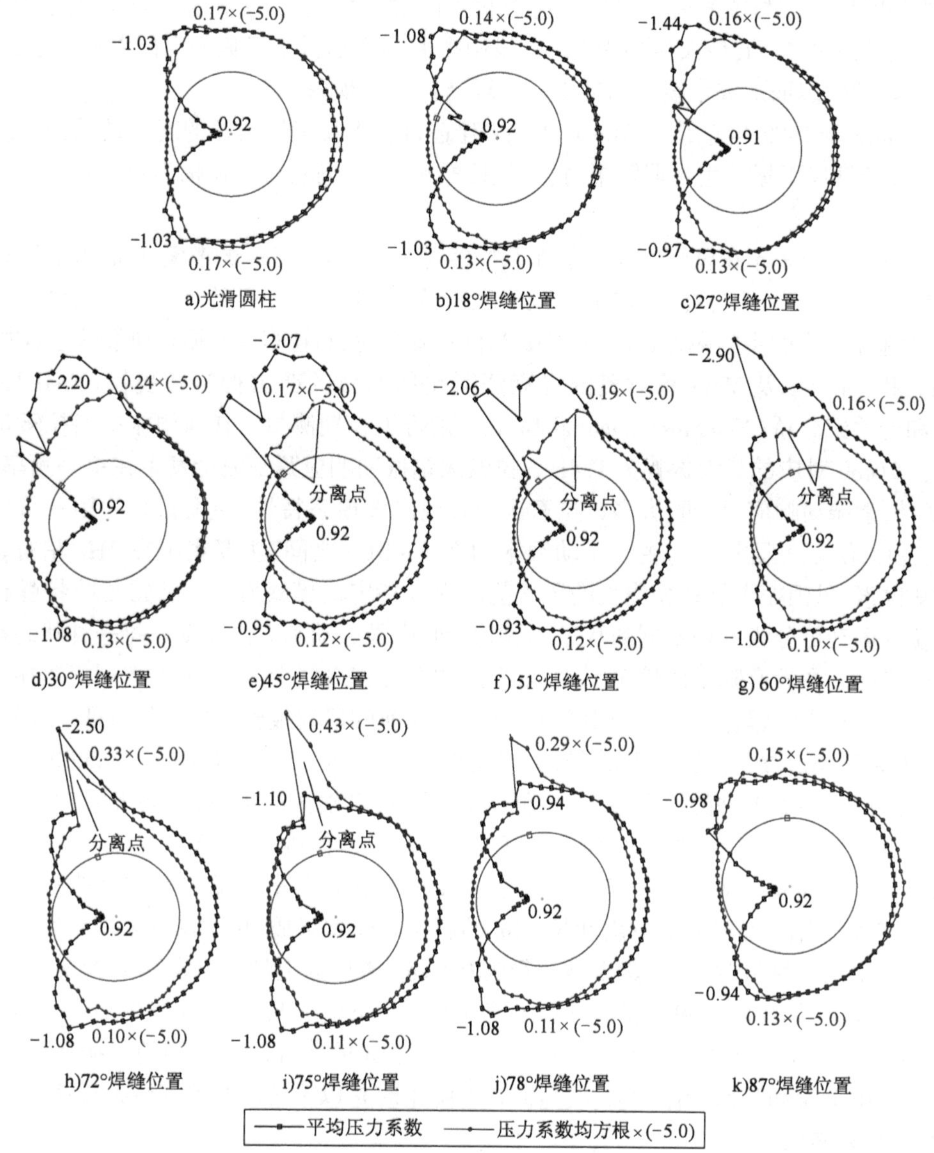

图 8.3.17　不同焊缝位置的灯柱周向风压分布(图中圆圈代表灯柱断面,矩形代表焊缝)

8.4　拉索风雨振

8.4.1　现场观察

Hikami 和 Shiraishi 于 1988 年首次观察到名港西桥(Meikonishi Bridge)拉索风雨振现象。他们对 24 根拉索进行了长达 5 个月的监测,监测的斜拉索长度从 65m 到 200m 不等,外径为 140mm,注浆前、后锚索质量分别为 37kg/m、51kg/m。测量了斜拉索的面内加速度、风速、风向和降雨强度。测量发现,直径大的拉索振动只发生在雨天和刮风时。因此,产生较大振动的原因是风雨的共同作用。当拉索沿风向呈几何形状下降时,就会发生风雨振。雨天风速为 14m/s 时,拉索发生较大的振动,最大振幅为 55cm,风雨振的频率远低于经典的卡门涡激振动,在 1 ~ 3Hz 范围内,拉索表面形成水线并出现沿拉索环向振荡的现象。

Yoshimura 于 1992 年总结了 Aratsu Bridge 建造过程中拉索风雨振的观测结果,通过观察,发现大多数拉索风雨振发生在弱降雨时,并且拉索顺风向倾斜,最大振幅为 60cm,约为拉索直径的 3.5 倍。

Geurts 等于 1998 年在风雨的天气条件下观察到 Erasmus Bridge 的缆索和桥面的显著振动,拉索最大振幅达 70cm,约为直径的 3 倍。发生大幅振动的拉索风偏角约为 25°,风速约为 14m/s,第二、三阶振型对应的主频率为 0.8 ~ 1.2Hz,当停止降雨时,斜拉索大幅振动现象迅速消失。

Main 和 Jones 以及 Main 等对美国得克萨斯州休斯敦的弗雷德哈特曼桥(Fred Hartman Bridge)和老兵纪念桥(Veterans Memorial Bridge)进行了长期测量。在风雨振中斜拉索位移均方根可达 51cm,对应的最大振幅为 1.4m。拉索大幅振动响应几乎完全发生在单一频率下,是平面内的拉索振动响应,然而,大多数拉索振动表现出多模态特性,主要振型为第一阶到第四阶振型,并以第二、三阶振型为主。振动频率均在 1 ~ 3Hz 之间,主要集中在 2Hz 左右。对于给定的斜拉索,风雨振可能在相当大的风速范围内以特定的模式发生。弗雷德哈特曼桥上观测到的拉索振动可分为三种不同的状态:无雨振动、中雨振动和大雨振动。每一种状态都表现出不同的特征。在没有降雨的情况下,高阶模态的振动相对较少,与经典的卡门涡激振动相吻合。大部分的拉索大幅振动都与中雨有关,并且与先前的研究报告有相似的特征。在暴雨、低风速、多种频率模态参与下,观测到了较大振幅的拉索振动。Main 和 Jones 在 2000 年进一步分析了被测拉索振动事件的模态参与,并研究了降雨对风雨振的影响,结果表明,在有降雨的大风速范围内,低阶模态振动较大,而在无降雨的小风速范围内,高阶模态振动响应较小。

2003 年,Matsumoto 等在室外建立了一个全尺寸的试验台来测量拉索在自然天气条件下的响应。该系统由高 23.5m 的钢塔和长 30m 的斜拉索模型组成,拉索模型采用与实际斜拉索表面相同的聚乙烯材料制成,拉索模型外径为 0.11m,模型的上端固定在塔上 21m 高度处,下端固定在地面上,加速度计和位移计分别安装在距拉索下端 2.8m 和 2.0m 的地方。他们观察到,电缆振动在有雨和无雨时都发生,但表现出截然不同的特征。在相同的风振条件下,无降雨时拉索以第七阶和第八阶振型振动,然而在有降雨时是以第三阶和第四阶振型振动。此外,有降雨时,振幅较大。

Scott Phelan 等在 2006 年对老兵纪念桥斜拉索的响应进行了监测。他们的结论是,风雨振发生在风、雨联合条件下,风速为 6 ~ 14m/s,拉索相对风偏角为 10° ~ 52°,风偏角为 30° ~ 35°时拉索振动最大。风速为 7 ~ 11m/s,风垂直于拉索平面且不下雨时,也观察到受风速限制的拉索振动,然而,这种类型的响应出现在更高阶的模式下,振幅更小,与卡门涡引起的振动相对应。

陈政清等在 2007 年对斜拉桥洞庭湖大桥进行了连续的现场测量,他们观察到,在平均风速为 6 ~ 14m/s (主梁高度处)、平均风向(相对风偏角)为 10° ~ 50°、小雨至中雨(小于 8mm/h)的情况下,会出现较大的风雨振,其最大加速度幅值达到 10g。此外,还观察到拉索振动的二维性和存在多种模态的参与,振动面内加速度响应幅值约为面外加速度响应幅值的 2 倍。在所有的拉索风雨振事件中,拉索以第三阶模式为主,但在振动演化过程中,主导模态会发生变化。

Zuo 等对弗雷德哈特曼桥和老兵纪念桥进行了两次长期的实地测量。根据他们的研究，拉索风雨振不同于经典的卡门涡激振动，尽管两者都是有限的。特别要指出的是，风雨振以较低的频率发生在更高的风速下，其振幅大于涡激振动。他们指出了拉索风雨振的三维特性的重要性，并指出风雨振可能是由一种新型的涡旋脱落引起的，而不是经典的卡门涡旋脱落。他们还指出，斜拉索的振动模式与风速和风向有关，在相同攻角条件下，高阶振型通常发生在高风速条件下。对于同一振型，随着风偏角偏离 90°，所需风速增大。此外，他们还观察到，没有降雨时，拉索也出现了大幅振动，并且这些振动与风雨振有类似的特点。最后指出，降雨可能不是拉索风雨振的现场条件，而是促进或增强了风雨振。上述现场测量条件和参数如表 8.4.1 所示。

风雨振现场实测

表 8.4.1

作者	桥名	斜拉索参数	天气	最大振幅(cm)	模态/频率
Hikami 和 Shiraishi (1988)	名港西桥 (Meikonishi Bridge)	$D=140$mm $L=65\sim200$m	$U=5\sim17$m/s $\beta>0°$ 有降雨	55	单阶模态： 第一阶到第四阶/ 1.0~3.0Hz
Yoshimura (1992)	荒津桥 (Aratsu Bridge)	—	$U=10\sim18$m/s 有降雨	60	单阶模态： 第一阶或第二阶
Matsumoto 等 (1995)	—	$D=140\sim200$mm	$U=6\sim17$m/s 有降雨	240	单阶模态： 第一节或第二阶/ 0.56~1.12Hz
Geurts 等(1998)	伊拉斯谟桥 (Erasmus Bridge)	$D=160\sim225$mm $L=85\sim300$m	$U=5\sim17$m/s $\beta=25°$ 有降雨	70	单阶模态： 第二阶或更高/ 0.8~1.2Hz
Scott Phelan 等 (2006)	老兵纪念桥 (Veterans Memorial Bridge)	$D=114$mm $L=51$m,57m,97m	$U=6\sim14$m/s $\alpha=21.6°$, $\beta^*=10°\sim52°$ 有降雨	—	单阶模态：第二阶； 多模态：第二阶到更高
陈政清等(2007)	洞庭湖大桥	$D=119$mm $L=122$m	$U=6\sim14$m/s $\alpha=35.2°$, $\beta^*=10°\sim50°$ 有降雨	—	主导模态： 第三阶/3.2Hz
Main 和 Jones (1999) Main 等(2001) Zuo 等(2008)	老兵纪念桥 弗雷德哈特曼桥 (Fred Hartman Bridge)	$D=107\sim194$mm $L=87\sim198$m	$U=5\sim13$m/s $\alpha=21°\sim49°$ $\beta>0$ 或 $\beta<0$ 有或没有降雨	140	多模态： 第二阶到第六阶

现场实测数据是在没有人为干扰的情况下，在实际条件下直接获得的，具有一定的说服力和实用价值。根据现场观测结果，将风雨振的出现条件和响应特性总结如下：

①大、中、小雨状态下皆可能发生拉索的风雨振,发生大幅振动的风速一般为 8 ~ 18m/s;

②长索发生风雨振的可能性较大,但即使是竖平面内倾角达 69°的短索,也观测到了风雨振现象;

③风雨振一般发生在 PE 护套包裹的具有光滑表面的拉索上,拉索直径一般为 110 ~ 200mm;

④发生风雨振时,振动频率一般小于 3Hz,振动主模态为拉索的第二到三阶模态,特别细长的拉索也可能是第四阶模态;

⑤风雨振与风向、风攻角有关,背风索面(索向风的来流方向倾倒)容易发生激振,因此常出现一个索面振动而另一个索面不振动的现象;

⑥振动以拉索面内振动为主,但也伴有面外的振动,因而振动轨迹呈椭圆形;

⑦振动幅值一般都在 2 倍拉索直径以上,英国第二塞文桥(Second Severn Crossing)振动最强烈,振幅可达数米;

⑧风雨振与桥址处地形有关,平坦地面或大片水面上的斜拉桥易发生风雨振,也就是说,风的湍流度越低,越容易发生风雨振;

⑨上雨线的形成,是发生拉索风雨振的必要条件,但其复杂的机理,仍是当前的研究难点之一。

8.4.2 风洞试验研究

拉索的风雨振受多种参数的影响,如拉索的倾角、风偏角、风速、水线的位置、雨量的大小、拉索的阻尼、拉索的振动频率等,现场观测只能得到拉索部分参数满足一定要求时的风雨振,无法人为地控制参数进行参数分析,因而也无法深入理解各类参数对拉索风雨振的影响程度。而风洞试验能够在实验室内再现拉索风雨振的基本特征,常用于分析拉索风雨振的机理和研究减振措施的有效性。

目前研究拉索风雨振的风洞试验主要有:

①人工模拟降雨条件下拉索模型的风洞试验,简称人工降雨试验,主要有人工降雨测振与测压试验。

②采用人工水线模拟实际拉索水线效果的带人工水线拉索模型的风洞试验,简称人工水线试验,主要有人工水线测振、测力、测压试验。

(1)人工降雨节段模型试验

人工降雨试验是在风洞内通过人工模拟降雨,提供与实际拉索发生风雨振相类似的风雨条件,对通过弹簧悬挂在固定支架上的拉索节段模型进行试验的一种形式。

人工降雨试验能较为真实地反映拉索风雨振的情况,是其他试验方法的基础,常用于研究拉索风雨振的机理和各种减振措施的有效性。在人工降雨试验中,可根据研究目的的不同调整风速、风向角、湍流度、降雨量、拉索倾角、结构阻尼、模型直径、模型质量、模型振动频率等试验参数。人工降雨试验有助于研究者掌握对拉索风雨振影响最大的因素——水线的形状和位置、风速、雨量、风向及结构振动之间的耦合关系,掌握拉索风雨振的基本规律。在此基础上进一步进行其他参数的试验研究,并进行理论分析。

目前,研究者采用的拉索节段模型的直径和表面材料与实际拉索相同,模型长度根据风洞的条件一般为1.5~9.5m。也有研究者采用缩尺节段模型。为保证试验的可靠性,试验时一般直接采用实际拉索的护套作为试验模型,这样可以保证在试验过程中Reynolds数和Strouhal数相似,从而保证了拉索表面气动力特性与实际拉索的相似性。但由于实际拉索质量很大,为了增大振幅便于观测,只用拉索外套作为试验模型,忽略了内部钢丝束的质量效应,放弃了Scruton数的模拟。迄今为止,各国学者进行了一定数量的人工降雨试验,各试验的参数见表8.4.2。

拉索人工降雨试验汇总 表8.4.2

试验人员	风洞 宽度(m)× 高度(m)	模型 直径(cm)× 长度(cm)	模型质量 (kg/m)	模型外包材料	试验风速 (m/s)	研究因素
Hikami等	2.5×1.5	14×260	—	PE	6~8	频率、上水线
Matsumoto等	10×3	14/16×950	—	PE	0~15	空间姿态、材料、阻尼
Verviebe等	2.7×1.8	10×200	—	PE	2~30	重现空间姿态
Flamand	7×6	16×700	16.0	PE	6~13	重现风雨振
Larose等	4×4	25×600	14.0	PE	9~12	阻尼
何向东等	1.34×1.54	13.9/16.9×200	11.6/15.8	PE	0.5~20	直径、风偏角、阻尼、雨量
顾明等	15×2	35×350	—	PE	3~10	空间姿态、上水线
李文勃等	3×2.5	13.9/15.8×250	8.2/10.4	PE	1~15	雨量、直径、频率、阻尼、空间姿态
李永乐等	1.34×1.54	20×270	—	PE	6~15	风速、雨量、倾角、风偏角、阻尼

①Hikami和Shiraishi通过人工降雨试验,首先在风洞内再现了斜拉索风雨振现象。试验证实了Meiko桥上观测到的拉索振动是一种新的振动形式,这种拉索的大幅振动是在风雨共同作用下发生的,因此称之为拉索的风雨振。为进一步掌握拉索风雨振的特点,Hikami和Shiraishi进行了拉索风雨振的参数研究,研究了风速和振动频率对振动的影响。研究得到了在三种振动频率(1Hz、2Hz、3Hz)下,拉索风雨振在不同风速下的振幅变化,上、下水线位置随风速的变化趋势以及拉索振动时上水线的振荡范围。他们还在试验的基础上进一步分析了拉索风雨振的发生机理。他们认为有两种可能的机理:一是Den Hartog驰振机理,二是类似裹冰输电线的弯扭两自由度驰振机理。

②Matsumoto等通过一系列风洞试验研究了具有不同风偏角和倾角的圆柱体在有/无雨情况下的气动特性,试图解释拉索风雨振的机理。他们分析了拉索表面光滑度、拉索的表面材料、来流湍流度等因素对拉索风雨振的影响;观察了水线的形成和变化过程;提出了轴

向流的概念。他们认为,在低风速范围内拉索振动属于限速振动,而在高风速范围内拉索振动属于发散型振动,前者与涡激振动有关,而后者由于测得的升力系数为负,所以与驰振有关;湍流度的提高能使在均匀流中失稳的拉索保持稳定;拉索的风雨振对偏角、倾角、上水线的位置相当敏感。

③Verviebe 和 Ruscheweyh 对斜拉桥拉索及拱桥钢吊杆进行了风雨振研究,认为拉索风雨振有三种可能的机理:

a. 顺风向振动,这一振动发生在雷诺数超临界范围内,两根水线在拉索背风面对称振荡。

b. 横风向振动,这一振动发生在雷诺数亚临界范围内,两根水线作不对称振荡,其振荡频率与拉索的自振频率相同。

c. 两个方向振动的耦合,这一振动发生在雷诺数超临界范围内,仅在拉索截面下方背风侧有一条水线。a 和 b 两种振动可能发生在垂直吊杆上。另外,他们认为,风雨振是一种自激振动;水线的运动对拉索的运动起很大作用,拉索发生风雨振时,水线振荡频率同拉索振荡频率相同。

④Flamand 通过拉索的人工降雨试验,认为表面受污染的拉索才会发生风雨振;拉索的风雨振是两自由度失稳,即只有在水线发生振荡的前提下,拉索才会发生风雨振;拉索表面缠一定高度的螺旋线可有效干扰上水线运动,从而使拉索在风雨作用下保持稳定。

⑤Larose 和 Smitt 通过人工降雨试验,观测了两根平行拉索在风雨作用下的动力响应;研究了表面缠绕螺旋线对拉索风雨振的抑制作用;分析了提高拉索的结构阻尼对拉索风雨振的影响。研究认为拉索表面缠绕螺旋线和提高拉索结构阻尼可有效抑制拉索的风雨振。

⑥何向东等通过拉索人工降雨试验,研究了直径 139mm 和 169mm 两种规格拉索的风雨振现象,结果表明,附设阻尼及气动措施对抑制两种直径模型的风雨振动均非常有效,并比较了椭圆形花索的制振效果。

⑦顾明等通过拉索的人工降雨试验,成功再现了拉索风雨振现象。然后通过一系列试验,研究了风速、倾角、风向角、拉索模型振动频率等重要参数对拉索风雨振的影响;测量了拉索发生风雨振时的气动阻尼;研究了提高拉索结构阻尼、拉索表面缠绕螺旋线等减振措施的作用。

⑧李文勃等通过拉索人工降雨试验,成功再现了直径为 139mm 和 158mm 两种规格拉索的风雨振现象,发现在风雨条件下,拉索表面存在一层很薄但不连续的水膜,并分析了多个参数对拉索风雨振的影响;研究了表面缠绕螺旋线和表面凹坑对拉索风雨振的影响,发现这两种措施都很有效,但不合适的表面凹坑选择会导致风雨振现象,需要对气动措施参数进行优化;测量了运动拉索表面的气动力状况。

⑨李永乐等通过拉索人工降雨试验,成功再现了直径为 200mm 拉索的风雨振现象,其主要结论有:

a. 在拉索倾角 $\alpha=25°$ 或 $30°$ 且风偏角 β 为 $25°$、$30°$、$35°$ 组合情况下斜拉索易发生风雨振,均方根振幅可达 214mm,最大单振幅可达 406mm。

b. 斜拉索风雨振中心起振风速约为 12m/s。

c. 斜拉索在小雨甚至“毛毛雨”的情况下易发生风雨振,过大的降雨量对风雨振有抑制作用。

d. 斜拉索风雨振对结构阻尼比较敏感,振幅随阻尼比的增加而迅速减小。

根据前述风洞试验研究成果，可以归纳出以下拉索风雨振人工降雨试验主要结论：

a. 拉索发生风雨振的振幅远远大于无降雨时的振动，且风雨振是一种限速、限幅振动。

b. 当倾角为30°和风向角为30°～35°时，拉索最容易发生风雨振。风向角对拉索风雨振的影响大于倾角的影响。

c. 随着拉索频率的增大，拉索振幅显著减小。

d. 上水线的形成以及在拉索表面周向振荡是拉索发生风雨振的基本条件，上水线的位置随着风速的增加有上移的趋势。风向角对上水线的影响大于倾角的影响。

e. 当拉索的结构阻尼提高到一定程度时，可有效抑制拉索节段模型风雨振的发生。但拉索节段模型与实际拉索之间的结构阻尼的相似关系尚待进一步的研究。

f. 在一定风速范围内，风可以提高拉索的结构阻尼，而有风有雨时拉索的阻尼比有风无雨时大幅减小，即拉索在有风有雨时出现较大的负阻尼。

g. 采用缠绕螺旋线的气动措施能有效抑制拉索的风雨振，但必须谨慎选择螺旋线的直径、缠绕间距和缠绕方向。

同时，上述人工降雨节段模型试验研究也反映出以下缺点：

a. 国内人工降雨大都采用等间距排列的水龙头洒水，国外人工降雨模拟情况介绍很少，人工降雨条件的模拟不精细。

b. 尽管已经对多种影响斜拉索风雨振的因素进行了风洞试验，但是还缺少对影响因素进行必要的分类和系统研究。

c. 现场观测结果表明，降雨强度是影响斜拉索风雨振的一个重要因素，显然雨量的影响还没有体现到已有的拉索风雨振研究中，特别是风速和雨量的不同组合。人工降雨试验是研究拉索风雨振机理的重要基础性试验方法。但由于影响因素多，且拉索能否发生风雨振对这些因素及其组合效应非常敏感，因而国内外能在风洞中模拟降雨条件下成功再现拉索风雨振现象的试验并不是很多。

(2)人工水线节段模型试验

人工水线试验是在风洞中将人工水线安装在拉索节段模型上进行的一种试验。根据人工水线与拉索的连接形式和试验测量内容的不同，人工水线试验可分为：固定人工水线测振试验、固定人工水线测力试验、固定人工水线测压试验和运动人工水线测振试验。

该类试验方法主要用于拉索风雨振的机理研究。试验采用各种形状、尺寸的条状物粘贴(固定)或通过弹簧连接(可运动)在拉索节段模型的表面，模拟雨水在拉索表面形成的水线，人工水线平行于拉索模型的轴线。这种模型通过弹簧悬挂在支架上可进行测振试验；模型固定在测力天平上进行测力试验；模型固定在支架上进行测压试验。

固定人工水线可研究水线在拉索表面的位置、水线形状和水线大小等参数对拉索风雨振的影响。可通过测力或表面测压得到带人工水线的气动力与水线位置的相互关系，为进一步的理论分析提供试验依据。运动人工水线测振试验可模拟水线在拉索表面的运动，可更为真实地模拟实际拉索发生风雨振时的运动现象，用于研究拉索振动和水线运动之间的耦合关系。

各国学者为了探索拉索发生风雨振的机理和特点，进行了一系列人工水线的风洞试验，见表8.4.3。

人工水线拉索试验部分情况 表8.4.3

试验人员	风洞宽度(m)×高度(m)	模型直径(cm)	水线形状	水线姿态	试验内容
Yamaguchi	—	—	圆形	二维	固定水线测力
Matsumoto	0.75×1	5	扁平状	水平有偏角	固定水线测振测压
Bosdogianni	0.35×0.35	4	半椭圆形	—	固定水线测振
顾明等	3×2.5	11/10	圆形、半圆	二维	固定水线测力测振
杜晓庆	14×15×2	35	圆弧形	二维	固定水线测压
李文勃	3×2.5	13.9/15.1	圆形,半圆薄膜水线	二维、三维	固定水线测力测压

①Yamaguchi 在裹冰输电线驰振的研究中受到启发,用八面柱体代替圆柱体节段模型,进行了一系列测力试验,试验得到了不同 d/D 比值(d 为小圆柱体的直径,D 为八面体圆柱体的平均直径)时圆柱体的三分力系数随风攻角的变化规律。虽然 Yamaguchi 的试验模型与拉索发生风雨振时的实际情况相差甚远,但得到的结果却使得进一步的理论分析成为可能。

②Matsumoto 对带人工水线的圆柱体进行了测振和测压试验,研究了湍流度、上水线位置、风速、风攻角等参数对带人工水线圆柱体的气动性能的影响,并测得了强迫振动时带人工水线拉索表面的压力分布。Matsumoto 认为湍流度的增加可减小拉索发生风雨振的可能性;人工上水线在某些位置可剧烈地改变拉索的气动性能。

③Bosdogianni 在圆柱表面布置两根实心棒来模拟水线,研究了水线位置、形状及来流风倾角对带人工水线圆柱体的气动性能的影响。其认为下水线几乎不改变拉索振动幅值,特定来流风条件会诱发拉索剧烈振动,水线的形状对拉索风雨振的影响不大。

④同济大学是国内外较早进行拉索人工水线试验研究的科研机构之一。顾明和杜晓庆等通过一系列固定人工水线测振风洞试验,研究了水线在拉索风雨振中的作用;研究了风向角、质量、振动频率、结构阻尼及 Scruton 数等参数对拉索风雨振的影响。研究表明:水线的形状、大小对拉索风雨振的影响不大;上水线的位置对拉索风雨振起关键作用;拉索的振动频率、结构阻尼的增大将提高起振风速;当 Scruton 数相同,其他参数不同时,拉索模型振动特性不同;带人工水线的拉索在风向角为0°时的响应可用 Den Hartog 机制来解释,而风向角不为0°时,拉索表现为限速振动或限速和驰振的混合振动。

⑤彭天波在风洞中采用测力天平测得了带固定人工水线拉索节段模型在不同风攻角时的气动力,进而得到了模型的升力、阻力系数随攻角变化的曲线,并对气动力进行了谱分析。试验结果表明:下水线对气动力系数的影响不大;阻力系数的变化相对比较平滑;升力系数曲线在某一攻角处达到最大值,之后随着攻角的增大急剧减小;当攻角大于某一临界值时,上水线将改变模型的 Strouhal 数,卡门涡脱频率降低。

⑥吕强设计了两种大小不同的人工水线,通过测力天平得到固定人工水线拉索模型的气动力随上水线位置的变化曲线。通过分析发现:在水线移动到拉索模型的分离点附近时,C_D、C_L、C_M 曲线都有剧烈的变化,在40°~50°附近存在一个转折点。在此转折点处,阻力突然增加,在60°附近达到最大值,此后逐渐减小;在转折点之后,升力系数曲线有一个很剧烈的下降,出现了较大的负斜率;而 C_M 在转折点之前单调减小,转折点之后单调增加。从试验中还

发现,尽管不同大小水线模型的气动力系数的基本趋势很接近,但曲线的转折点位置有很大的区别。

⑦黄麟在固定人工水线试验的基础上设计了运动人工水线的试验装置。研究了水线振动与拉索振动之间的耦合关系;分析了风速、水线平衡角和阻尼比等参数对拉索振动的影响。并在频域上比较了固定水线模型与运动水线模型振动的区别。通过谱分析发现:虽然拉索模型以单一频率振动,但人工水线的振动却含有丰富的频率成分,其中以 f_1、$f_2=2f_1$、$f_3=3f_1$、$f_4=4f_1$ 四个频率最为明显。另外,试验结果还表明:水线平衡角和不稳定区域随风速增大而增大,水线平衡角增大的速度大于不稳定区域增大速度。当风速在一定范围内时,水线振动平衡位置处于不稳定区域内,模型发生大幅振动;当小于或超过一定风速范围时,水线处于不稳定区域以外,拉索不发生大幅振动。

⑧杜晓庆通过一系列带人工水线拉索模型的测压试验,对光拉索模型和各种带人工水线拉索模型的气动性能进行了详细的研究。对光拉索模型,考察了风向角对其的影响;对带人工水线拉索模型,研究了水线位置、风向角、下水线、水线尺寸和风速等参数的影响,并得到上述各种参数下上、下水线表面的风压分布规律。

⑨李文勃通过带人工水线二维拉索模型测力试验,研究了带人工水线光索的静力气动特性和带人工水线的气动措施拉索静力气动特性;通过带人工水线三维拉索模型测力试验,研究了带人工水线光索的静力气动特性和带人工水线的气动措施拉索静力气动特性;通过三维拉索模型测压试验,研究了无水线静止拉索的气动特性、带固定水线振动拉索的气动特性和带运动水线振动拉索的气动特性。

本章参考文献

[1] SOLARI G. Mathematical model to predict 3-D wind loading on buildings[J]. Journal of engineering mechanics, 1985, 111(2): 254-276.

[2] SAFAK E, FOUTCH D A. Coupled vibrations of rectangular buildings subjected to normally-incident random wind loads[J]. Journal of wind engineering and industrial aerodynamics, 1987, 26(2): 129-148.

[3] MODI V J, WELT F. Damping of wind induced oscillations through liquid sloshing[J]. Journal of wind engineering and industrial aerodynamics, 1988, 30(1-3): 85-94.

[4] 苏洋,李鹏,胡朋,等.施工态下塔式起重机对钢桥塔涡激振动影响的风洞试验[J].公路交通科技,2020,37(9):67-72,89.

[5] 周旭辉,韩艳,颜虎斌,等.基于风洞试验的变截面圆灯柱涡激振动与影响因素研究[J].中国公路学报,2021,34(6):48-56.

[6] FLATHER W. Wind induced vibration of pole structures[D]. Winnipeg: University of Manitoba, 1997.

[7] 杜晓庆,张烨,顾明.临界雷诺数下带人工水线斜拉索气动性能研究[J].振动与冲击,2013,32(9):46-49,129.

[8] DU X Q, GU M, CHEN S R. Aerodynamic characteristics of an inclined and yawed circular cylinder with artificial rivulet[J]. Journal of fluids and structures, 2013, 43: 64-82.

[9] SCHEWE, GUNTER. Reynolds-number-effects in flow around a rectangular cylinder with aspect ratio 1∶5[J]. Journal of fluids and structures, 2013, 39: 15-26.

[10] EKMEKCI A, ROCKWELL D. Control of flow past a circular cylinder via a spanwise surface wire: effect of the wire scale[J]. Experiments in fluids, 2011, 51(3): 753-769.

[11] FARELL C, BLESSMANN J. On critical flow around smooth circular cylinders[J]. Journal of fluid mechanics, 1983, 136: 375-391.

[12] HIKAMI Y, SHIRAISHI N. Rain-wind induced vibrations of cables stayed bridges[J]. Journal of wind engineering and industrial aerodynamics , 1988, 29(1-3): 408-418.

[13] YOSHIMURA T. Aerodynamic stability of four medium span bridges in Kyushu district[J]. Journal of wind engineering and industrial aerodynamics, 1992, 42(1-3): 1203-1214.

[14] GEURTS C, VROUWENVELDER T, VAN STAALDUINEN, et al. Numerical modeling of rain-wind-induced vibration: Erasmus bridge, Rotterdam[J]. Structural engineering international, 1998, 8(2): 129-135.

[15] MAIN J A, JONES N P. Full-scale measurements of stay cable vibration[C]//Proceedings of the 10th International Conference on Wind Engineering. Copenhagen, Denmark, 1999.

[16] MAIN J A, JONES N P. A comparison of full-scale measurements of stay cable vibration[J]. Advanced technology in structural engineering, 2000: 1-8.

[17] MATSUMOTO M, SHIRATO H, YAGI T, et al. Field observation of the full-scale wind-induced cable vibration[J]. Journal of wind engineering and industrial aerodynamics,2003, 91(1-2): 13-26.

[18] SCOTT PHELAN R, SARKAR P, et al. Full-scale measurements to investigate rain-wind induced cable-stay vibration and its mitigation[J]. Journal of bridge engineering, 2006, 3: 293-304.

[19] 陈政清.桥梁风工程[M]. 北京:人民交通出版社, 2005.

[20] ZUO D L, JONES N P, MAIN J A. Field observation of vortex- and rain-wind-induced stay-cable vibrations in a three-dimensional environment[J]. Journal of wind engineering and industrial aerodynamics, 2008, 96: 1124-1133.

[21] ZUO D L, JONES N P. Interpretation of field observations of wind-and rain-wind induced stay cable vibrations [J]. Journal of wind engineering and industrial aerodynamics,2010, 98: 73-87.

[22] MATSUMOTO M, KZTAZAWA M, SHIRATO H, et al. Response characteristics of rain-wind induced vibration of stay-cables of cable-stayed bridges[J]. Journal of wind engineering and industrial aerodynamics, 1995, 57(2-3): 323-333.

[23] LAROSE G L, SMITT L W. Rain/wind induced vibrations of parallel stay cables[J]. Proceedings of the LABSE conference, 1999: 301-310.

[24] VERVIEBE C, RUSCHEWEYH H. Recent research results concerning the exciting mechanisms of rain-wind induced vibrations[J]. Journal of wind engineering and industrial aerodynamics. 1998, 74-76: 1005-1013.

[25] YAMAGUCHI H, FUJINO Y. Stayed cable dynamics and its vibration control[J]. Bridge aerodynamic, 1998: 235-253.

[26] 顾明,杜晓庆.带人工雨线的斜拉桥拉索模型测压试验研究[J].空气动力学学报,2005,23(4): 419-424.

[27] FLAMAND O. Rain-wind induced vibration of cables[J]. Journal of wind engineering and industrial aerodynamics, 1995, 57(2-3): 353-362.

[28] MATSUMOTO M, YAGI T, SHIG-EMURA Y, et al. Vortex-induced cable vibration of cable-stayed bridges at high reduced wind velocity[J]. Journal of wind engineering and industrial aerodynamics, 2001, 89(7-8): 633-647.

[29] 何向东,廖海黎,李明水,等.斜拉索风雨振动试验研究[C]//第十一届全国结构风工程学术会议论文集.三亚,2004.

[30] 李文勃.斜拉桥拉索风雨激振及气动减振措施研究[D].上海:同济大学,2002.

[31] 李永乐,卢伟,陶齐宇,等.斜拉桥拉索风-雨致振动特性风洞试验研究[J].实验流体力学,2007,21(4):36-40,44.
[32] YAMAGUCHI H. Analytical study on growth mechanism of rain vibration of cable[J]. Journal of wind engineering and industrial aerodynamics, 1990, 33(1-2): 73-80.
[33] BOSDOGIANNI A, OLIVARI D. Wind-and rain-induced oscillations of cables of stayed bridges[J]. Journal of wind engineering and industrial aerodynamics, 1996, 64(2): 171-185.
[34] 刘慈军.斜拉桥拉索风致振动研究[D].上海:同济大学,1999.
[35] 彭天波.斜拉桥拉索风雨振的机理研究[D].上海:同济大学,2000.
[36] 吕强.斜拉桥拉索风雨振的理论研究[D].上海:同济大学,2001.
[37] 黄麟.斜拉桥拉索风雨振的稳定性研究[D].上海:同济大学,2002.
[38] 杜晓庆.斜拉桥拉索风雨振研究[D].上海:同济大学,2003.

第 9 章　建筑风荷载与风致响应

建筑根据高度和层数可以分为低层、多层和高层建筑。风灾调查表明,低矮房屋破坏或倒塌造成的损失在风灾损失中占据主要地位。为此,风工程界针对低矮房屋风荷载特性开展了大量的测试工作。基于现场实测,比较重要的有英国艾尔斯伯里(Aylesbury)试验楼、西尔斯(Silsoe)结构试验楼和美国德州理工大学(Texas Tech University,TTU)实验楼等。而在风洞试验方面,影响较大的有加拿大西安大略大学(University of Western Ontario,UWO)和美国科罗拉多州立大学(Colorado State University)。对于高层建筑,由于其结构趋于柔性,容易受到自然界中的风作用影响,因此在结构设计过程中风荷载是一个重要的考虑因素。针对 20 世纪的一些高层建筑,包括纽约帝国大厦、伦敦 Royex House、纽约世贸中心双子塔以及加拿大多伦多商业法院大楼(Commerce Court Building),学者们都开展了风荷载研究,包括风洞试验和现场实测。基于现场实测和风洞试验等测试方法,学者们发展了建筑风荷载及风致响应的计算方法。

基于随机振动理论,Davenport 于 20 世纪 60 年代提出了结构风致振动的计算方法。在此基础上,Harris 和 Vickery 对该方法进行了完善。该方法将风速视为平稳随机过程,从频域的角度分析了风荷载和风致响应的特性。根据该方法的计算思路,本章讲述建筑风荷载及其响应的计算,主要涉及顺风向的情况,适当介绍横风向和扭转的情况。

9.1　建筑风荷载

如前所述,根据风速的特性,可以将其分为平均风速和脉动风速。相应地,当风作用在结构上时,产生的风荷载也可以划分为平均风荷载和脉动风荷载,前者为静力荷载,而后者为动力荷载。

9.1.1　平均风荷载

作用在建筑物上某一位置处的平均风荷载可通过下式计算:

$$P_i = 0.5\rho \bar{v}_i^2 \overline{C}_{p_i} \tag{9.1.1}$$

式中:ρ——空气质量密度,一般取 1.225kg/m³;

$\bar{v}_i$——该位置处实际的平均风速;

$\overline{C}_{p_i}$——建筑物上该位置处的平均风压系数。

风压系数 C_{p_i} 通常由风洞试验获得,其定义为结构物表面上某点处的净风压力 w_i 与结构物前方来流的平均动压之比,即

$$C_{p_i} = \frac{w_i}{0.5\rho \bar{v}_i^2} \tag{9.1.2}$$

式中：$\bar{v}_i$——试验时参考高度的平均风速。

C_{p_i}存在随机性，因此计算时取其平均值，即平均风压系数 $\overline{C}_{p_i}$，其与气流绕建筑物流动的规律密切相关。对于建筑物上的不同位置，平均风压系数 $\overline{C}_{p_i}$ 也存在差异。在实际工程中，通常考虑一个面上的平均风压系数，即我国规范所说的风荷载体型系数 μ_s。假定一个截面包含 n 个测点，则该截面的风荷载体型系数计算如下：

$$\mu_s = \frac{\sum_{i=1}^{n} \overline{C}_{p_i} A_i}{A} \tag{9.1.3}$$

式中：A_i——某一测点所附属的面积；

A——计算截面的总面积，$A = \sum_{i=1}^{n} A_i$。

如图9.1.1所示，截面上有4个测点，对应的平均风压系数和附属面积分别为 $\overline{C}_{p_i}$ 和 A_i，则该截面的风荷载体型系数为：

$$\mu_s = \frac{\sum_{i=1}^{4} \overline{C}_{p_i} A_i}{\sum_{i=1}^{4} A_i} = \frac{\overline{C}_{p_1} A_1 + \overline{C}_{p_2} A_2 + \overline{C}_{p_3} A_3 + \overline{C}_{p_4} A_4}{A_1 + A_2 + A_3 + A_4}$$

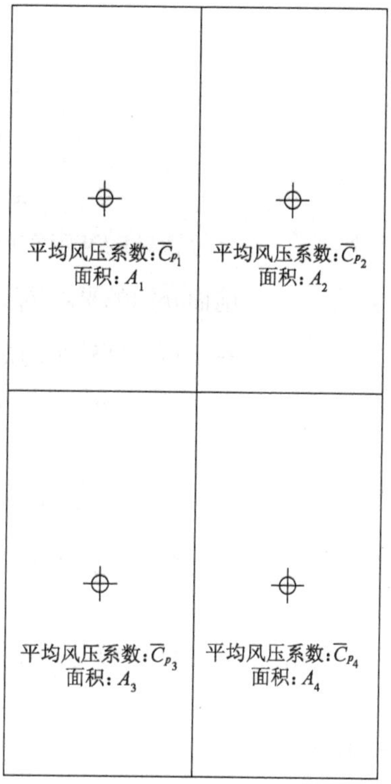

图9.1.1　测点平均风压系数

由于建筑物的设计使用年限通常为50～100年，因此在选用平均风速时考虑的是长期使用过程中可能遇到的强风。在第2章中讨论平均风特性时，我们提到了基本风速。对于建筑结构而言，基本风速为B类地面粗糙度、离地面10m高度处、50年一遇的10min平均风速。根据基本风速，定义基本风压值为：

$$w_0 = 0.5\rho v_{10}^2 \tag{9.1.4}$$

根据《建筑结构荷载规范》（GB 50009—2012）（以下简称《建筑结构荷载规范》），基本风压值不得小于0.3kN/m^2。

定义高度变化系数 μ_z 为任意高度处的平均风压 $w(z)$ 与基本风压 w_0 之比，即

$$\mu_z = \frac{w(z)}{w_0} \tag{9.1.5}$$

此时，建筑物某一面上的平均风荷载可通过下式计算：

$$P_c = 0.5\rho v_i^2 \mu_s = \mu_s w(z) = \mu_s \mu_z w_0 \tag{9.1.6}$$

9.1.2　脉动风荷载

以平均风速的方向为 x 方向，垂直于平均风速的水平方向为 y 方向，竖直方向为 z 方向，构建一个右手坐标系。通常，我们称 x 方向为顺风向，y 方向为横风向，z 方向为竖向。这三个方向均存在脉动风速分量，相应地会产生脉动风荷载。

对于顺风向的风速 $V(t)$，它可以划分为平均风速和脉动风速，即

$$V(t) = \bar{v} + v(t) \tag{9.1.7}$$

式中：$\bar{v}$——平均风速；

$v(t)$——顺风向的脉动风速。

基于准定常假定(quasi-steady assumption)，即结构物上的风压脉动与风速脉动是同步的，对于某一时刻 t 而言，作用在建筑表面某一位置的风荷载为：

$$\begin{aligned} P_i(t) &= 0.5\rho V^2(t) C_{p_i} \\ &= 0.5\rho[\bar{v} + v(t)]^2 C_{p_i} \\ &= 0.5\rho[\bar{v}^2 + 2\bar{v}v(t) + v^2(t)] C_{p_i} \\ &= 0.5\rho\bar{v}^2 C_{p_i} + 0.5\rho[2\bar{v}v(t) + v^2(t)] C_{p_i} \\ &= \bar{p}_i + p_i(t) \end{aligned} \tag{9.1.8}$$

式中：C_{p_i}——该位置处的准定常风压系数，具有随机性。式(9.1.8)中第一部分 $\bar{p}_i = 0.5\rho\bar{v}^2 C_{p_i}$ 为前面介绍的平均风荷载，第二部分 $p_i(t) = 0.5\rho[2\bar{v}v(t) + v^2(t)] C_{p_i}$ 为脉动风荷载。

对于紊流度较小的情况，即 $v(t) \ll \bar{v}$ 时，C_{p_i} 近似等于平均风压系数 $\bar{C}_{p_i}$，故而有

$$P_i(t) \approx 0.5\rho\bar{v}^2 \bar{C}_{p_i}^2 + 0.5\rho[2\bar{v}v(t) + v^2(t)] \bar{C}_{p_i}^2 \tag{9.1.9}$$

此时，

$$\bar{p}_i \approx 0.5\rho\bar{v}^2 \bar{C}_{p_i}^2; \quad p_i(t) = 0.5\rho[2\bar{v}v(t) + v^2(t)] \bar{C}_{p_i}^2 \tag{9.1.10}$$

考虑到 $v(t) \ll \bar{v}$，在脉动风荷载计算中，忽略含有 $v^2(t)$ 的部分，即

$$p_i(t) \approx \rho\bar{v}v(t) \bar{C}_{p_i}^2 \tag{9.1.11}$$

根据式(9.1.11)，脉动风荷载的方差为：

$$D[p_i(t)] \approx \rho^2\bar{v}^2 \bar{C}_{p_i}^2 D[v(t)] \tag{9.1.12}$$

式中：$D[\ ]$——方差。

9.1.3 规范风荷载

同时考虑风的静力和动力影响，《建筑结构荷载规范》对于建筑主要受力结构和围护结构的风荷载计算分别进行了说明。

对于主要受力结构，风荷载标准值 w_k 应按下式计算：

$$w_k = \beta_z \mu_s \mu_z w_0 \tag{9.1.13}$$

式中：β_z——风振系数，表示的是静动力风荷载与静力风荷载的比值。

对于围护结构，风荷载标准值 w_k 应按下式计算：

$$w_k = \beta_{gz} \mu_{sl} \mu_z w_0 \tag{9.1.14}$$

式中：μ_{sl}——风荷载局部体型系数；

β_{gz}——阵风系数，表示的是时距为 1 ~ 3s 的阵风风速与 10min 平均风速的比值。

9.1.4 脉动风谱

风速属于随机过程，对于任意固定的时刻 t_i，风速 $V(t_i)$ 均为随机变量。通常而言，将风速

视为平稳过程。对于平稳过程,相关函数描述了其随时间变化的特性,功率谱密度描述了其随频率变化的特性。由于功率谱密度要求均值为0,因此在相关函数和功率谱密度的分析中考虑的是脉动风速 $v(t)$。

对于均值为0的平稳随机过程 $X(t)$,相关函数的定义如下:

$$R_X(t_1,t_2) = E[X(t_1)X(t_2)] = R_X(t_2-t_1) \tag{9.1.15}$$

式中:$E[\ ]$——期望。

相关函数与功率谱密度存在如下关系:

$$S_X(\omega) = \frac{1}{2\pi}\int_{-\infty}^{\infty} R_X(t)\mathrm{e}^{-\mathrm{i}\omega t}\mathrm{d}t \tag{9.1.16}$$

$$R_X(t) = \int_{-\infty}^{\infty} S_X(\omega)\mathrm{e}^{\mathrm{i}\omega t}\mathrm{d}\omega \tag{9.1.17}$$

式中:ω——圆频率,rad/s。

令

$$G_X(\omega) = \begin{cases} 2S_X(\omega) & (\omega \geqslant 0) \\ 0 & (\omega < 0) \end{cases} \tag{9.1.18}$$

根据 $S_X(\omega)$ 和 $G_X(\omega)$ 的频率定义范围,将 $S_X(\omega)$ 称为双边功率谱密度,$G_X(\omega)$ 称为单边功率谱密度。当采用自然频率 n(Hz)描述功率谱密度时,有

$$S_X(n) = 2\pi G_X(\omega) \tag{9.1.19}$$

针对顺风向脉动风速功率谱密度(简称脉动风谱),不少学者开展了研究,提出了许多脉动风谱模型。其中,Davenport 建议的脉动风谱形式如下:

$$\frac{nS_v(n)}{\bar{v}_{10}^2} = \frac{4kx^2}{(1+x^2)^{4/3}} \tag{9.1.20}$$

式中,$x=1200\dfrac{n}{\bar{v}_{10}}$;$\bar{v}_{10}$ 为10m高度处的平均风速(m/s);k 为地面粗糙度系数,可通过下式计算:

$$\sigma_v^2 = 6k\bar{v}_{10}^2 = 6u_*^2 \tag{9.1.21}$$

式中:σ_v、u_*——脉动风速标准差和纵向摩擦速度。

Kaimal 提出的脉动风谱形式如下:

$$\frac{nS_v(n)}{u_*^2} = \frac{200x}{(1+50x)^{5/3}} \tag{9.1.22}$$

式中,$x=\dfrac{nz}{\bar{v}_z}$,$\bar{v}_z$ 表示 z 高度处的平均风速(m/s);$u_*^2=\sigma_v^2/6$。

9.2 建筑风致响应

由于风速可以划分为顺风向、横风向和竖向,因此结构也存在多个方向的响应,包括顺风向、横风向以及扭转。通常而言,顺风向的荷载占据主要地位,是结构设计的控制荷载。因此,接下来主要讨论顺风向的结构风致响应。

对于顺风向而言,其响应包括平均风响应和脉动风效应。下面分别讨论平均风响应和脉动风响应的计算过程。

9.2.1 平均风响应

对于建筑而言,某一高度 h 处的平均风响应 $\bar{s}(h)$(位移、剪力、弯矩等)可通过下式计算:

$$\bar{s}(h) = \int_0^H \bar{q}(z) i(h,z) \mathrm{d}z \tag{9.2.1}$$

式中:H——建筑高度;

$i(h,z)$——某一高度 z 处作用一个单位力在 h 高度处产生的响应,即结构力学中涉及的影响线;

$\bar{q}(z)$——z 高度处的线平均风荷载,可通过下式计算:

$$\bar{q}(z) = \int_0^{B(z)} \bar{p}(x,z) \mathrm{d}x \tag{9.2.2}$$

式中:$B(z)$——建筑物在 z 高度处的迎风面宽度;

$\bar{p}(x,z)$——某一点处的平均风荷载。

9.2.2 脉动风响应

将建筑简化成一维的竖向悬臂结构,假定其自由度为 n,可以列出如下的运动方程:

$$\boldsymbol{M}\ddot{\boldsymbol{y}}_{\mathrm{d}}(t) + \boldsymbol{C}\dot{\boldsymbol{y}}_{\mathrm{d}}(t) + \boldsymbol{K}\boldsymbol{y}_{\mathrm{d}}(t) = \boldsymbol{F}(t) \tag{9.2.3}$$

式中:$\boldsymbol{M}$、$\boldsymbol{C}$、$\boldsymbol{K}$——结构的质量、阻尼和刚度矩阵,它们均为 $n \times n$ 的矩阵;

$\boldsymbol{y}_{\mathrm{d}}(t)$——不同位置处的位移集合,为 $n \times 1$ 的向量;

$\boldsymbol{F}(t)$——不同位置的风荷载集合,也是 $n \times 1$ 的向量。

基于振型叠加法,有

$$\boldsymbol{y}_{\mathrm{d}}(t) = \boldsymbol{\Phi}\boldsymbol{u}(t) \tag{9.2.4}$$

式中:$\boldsymbol{\Phi}$——$n \times n$ 的振型矩阵;

$\boldsymbol{u}(t)$——$n \times 1$ 的广义位移向量。

对于某一高度 z 处的顺风向动位移 $y_{\mathrm{d}}(z,t)$,有

$$y_{\mathrm{d}}(z,t) = \sum_{k=1}^{n} y_{\mathrm{d}k}(z,t) = \sum_{k=1}^{n} \varphi_k(z) u_k(t) \tag{9.2.5}$$

式中:$y_{\mathrm{d}k}(z,t)$——第 k 阶振型的动位移;

$\varphi_k(z)$——第 k 阶振型在高度 z 处的值;

$u_k(t)$——对应第 k 阶振型的广义位移。

将式(9.2.4)代入式(9.2.3),可以得出:

$$\boldsymbol{M\Phi}\ddot{\boldsymbol{u}}(t) + \boldsymbol{C\Phi}\dot{\boldsymbol{u}}(t) + \boldsymbol{K\Phi}\boldsymbol{u}(t) = \boldsymbol{F}(t) \tag{9.2.6}$$

上式两边同时左乘 $\boldsymbol{\Phi}^{\mathrm{T}}$,可以得到:

$$\boldsymbol{M}^*\ddot{\boldsymbol{u}}(t) + \boldsymbol{C}^*\dot{\boldsymbol{u}}(t) + \boldsymbol{K}^*\boldsymbol{u}(t) = \boldsymbol{Q}(t) \tag{9.2.7}$$

式中:$\boldsymbol{M}^*$、$\boldsymbol{C}^*$、$\boldsymbol{K}^*$——广义质量、阻尼和刚度矩阵,$\boldsymbol{M}^* = \boldsymbol{\Phi}^{\mathrm{T}}\boldsymbol{M\Phi}$,$\boldsymbol{C}^* = \boldsymbol{\Phi}^{\mathrm{T}}\boldsymbol{C\Phi}$,$\boldsymbol{K}^* = \boldsymbol{\Phi}^{\mathrm{T}}\boldsymbol{K\Phi}$;

$\boldsymbol{Q}(t)$——广义脉动风荷载,$\boldsymbol{Q}(t) = \boldsymbol{\Phi}^{\mathrm{T}}\boldsymbol{F}(t)$。

对于质量矩阵和刚度矩阵,振型关于它们是正交的。假定阻尼采用瑞利(Rayleigh)阻尼,则

$$\boldsymbol{C} = \alpha\boldsymbol{M} + \beta\boldsymbol{K} \tag{9.2.8}$$

式中：α、β——比例系数。

此时，振型关于阻尼矩阵也是正交的。这时，$\boldsymbol{M}^*$、$\boldsymbol{C}^*$ 和 $\boldsymbol{K}^*$ 均为对角矩阵，且对角元素 M_{kk}^*、C_{kk}^* 和 K_{kk}^* 满足如下关系：

$$C_{kk}^* = 2M_{kk}^*\xi_k\omega_k;\quad K_{kk}^* = M_{kk}^*\omega_k^2 \tag{9.2.9}$$

式中：ξ_k、ω_k——第 k 阶振型的阻尼比和固有频率。

因此，对于第 k 阶振型，有

$$M_{kk}^*\ddot{u}_k(t) + 2M_{kk}^*\xi_k\omega_k\dot{u}_k(t) + M_{kk}^*\omega_k^2 u(t) = Q_k(t) \tag{9.2.10}$$

其中：

$$Q_k(t) = \sum_{l=1}^{\infty}\varphi_k(z_l)F(z_l,t) = \int_0^H\int_0^{B(z)} p(x,z,t)\varphi_k(z)\mathrm{d}x\mathrm{d}z \tag{9.2.11}$$

式中：$p(x,z,t)$——某一点处的脉动风荷载，基于准定常假定，可通过下式计算：

$$p(x,z,t) = \rho\overline{C}_p(x,z)\bar{v}(z)v(x,z,t) \tag{9.2.12}$$

$\overline{C}_p(x,z)$——某点的平均风压系数；

$\bar{v}(z)$、$v(x,z,t)$——z 高度处的平均风速和脉动风速。

基于频域法，结构的风致响应计算流程如图 9.2.1 所示。

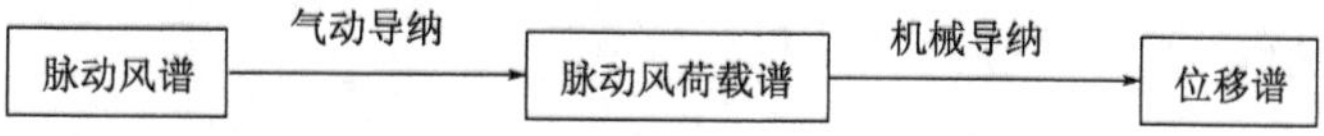

图 9.2.1　结构风致响应计算流程图

在《建筑结构荷载规范》中，脉动风谱 $S_v(x,z,f)$ 的形式建议采用 Davenport 谱，其形式如下：

$$\frac{fS_v(f)}{\bar{v}_{10}^2} = \frac{4kx_f^2}{(1+x_f^2)^{4/3}} \tag{9.2.13}$$

式中，f 为自然频率(Hz)；$x_f = 1200f/\bar{v}_{10}$；$\bar{v}_{10}$ 为 10m 高度处的平均风速；k 为地面粗糙度系数。

显然，Davenport 谱的形式与位置无关。对于不同位置的两点 M_i 和 M_j，假定其坐标分别为 (x_i,z_i) 和 (x_j,z_j)，则它们的脉动风互谱可通过下式计算：

$$S_v(x_i,x_j,z_i,z_j,f) = \sqrt{S_v(x_i,z_i,f)S_v(x_j,z_j,f)}\,Coh(x_i,x_j,z_i,z_j,f) \tag{9.2.14}$$

式中：$Coh(x_i,x_j,z_i,z_j,f)$——相干函数，可采用如下形式：

$$Coh(x_i,x_j,z_i,z_j,f) = \mathrm{e}^{-c} \tag{9.2.15}$$

其中：

$$c = \frac{f[c_x^2(x_i-x_j)^2 + c_z^2(z_i-z_j)^2]^{1/2}}{\bar{v}_{10}}\quad 或\quad c = \frac{f[c_x^2(x_i-x_j)^2 + c_z^2(z_i-z_j)^2]^{1/2}}{[\bar{v}(z_i)+\bar{v}(z_j)]/2} \tag{9.2.16}$$

式中：$\bar{v}(z_i)$、$\bar{v}(z_j)$——z_i 和 z_j 高度处的平均风速；

c_x、c_z——衰减系数，建议取 $c_x=10$ 和 $c_z=16$。

根据维纳-辛钦定理，有

$$S(f) = \int_{-\infty}^{\infty} R(\tau) \mathrm{e}^{-\mathrm{i}2\pi f\tau} \mathrm{d}\tau \tag{9.2.17}$$

结合式(9.2.17)和式(9.2.12),有

$$\begin{aligned}
S_p(x_i,x_j,z_i,z_j,f) &= \int_{-\infty}^{\infty} R_p(x_i,x_j,z_i,z_j,\tau) \mathrm{e}^{-\mathrm{i}2\pi f\tau} \mathrm{d}\tau \\
&= \int_{-\infty}^{\infty} E[p_i(x_i,z_i,t) p_j(x_j,z_j,t+\tau)] \mathrm{e}^{-\mathrm{i}2\pi f\tau} \mathrm{d}\tau \\
&= \int_{-\infty}^{\infty} E[\rho^2 \overline{C}_p(x_i,z_i) \overline{C}_p(x_j,z_j) \bar{v}(z_i) \bar{v}(z_j) v(x_i,z_i,t) v(x_j,z_j,t+\tau)] \mathrm{e}^{-\mathrm{i}2\pi f\tau} \mathrm{d}\tau \\
&= \int_{-\infty}^{\infty} \rho^2 \overline{C}_p(x_i,z_i) \overline{C}_p(x_j,z_j) \bar{v}(z_i) \bar{v}(z_j) R_v(x_i,x_j,z_i,z_j,\tau) \mathrm{e}^{-\mathrm{i}2\pi f\tau} \mathrm{d}\tau \\
&= \rho^2 \overline{C}_p(x_i,z_i) \overline{C}_p(x_j,z_j) \bar{v}(z_i) \bar{v}(z_j) S_v(x_i,x_j,z_i,z_j,f)
\end{aligned} \tag{9.2.18}$$

根据式(9.2.11),第 l 阶振型和第 m 阶振型的广义荷载互谱可计算如下:

$$\begin{aligned}
S_{Q_lQ_m}(f) &= \int_{-\infty}^{\infty} R_{Q_lQ_m}(\tau) \mathrm{e}^{-\mathrm{i}2\pi f\tau} \mathrm{d}\tau \\
&= \int_{-\infty}^{\infty} E[Q_l(t) Q_m(t+\tau)] \mathrm{e}^{-\mathrm{i}2\pi f\tau} \mathrm{d}\tau \\
&= \int_{-\infty}^{\infty} E\left[\int_0^H \int_0^{B(z_i)} p(x_i,z_i,t) \varphi_l(z_i) \mathrm{d}x_i \mathrm{d}z_i \int_0^H \int_0^{B(z_j)} p(x_j,z_j,t+\tau) \varphi_m(z_j) \mathrm{d}x_j \mathrm{d}z_j\right] \mathrm{e}^{-\mathrm{i}2\pi f\tau} \mathrm{d}\tau \\
&= \int_0^H \int_0^H \int_0^{B(z_i)} \int_0^{B(z_j)} \varphi_l(z_i) \varphi_m(z_j) \left(\int_{-\infty}^{\infty} E[p(x_i,z_i,t) p(x_j,z_j,t+\tau)] \mathrm{e}^{-\mathrm{i}2\pi f\tau} \mathrm{d}\tau\right) \mathrm{d}x_i \mathrm{d}x_j \mathrm{d}z_i \mathrm{d}z_j \\
&= \int_0^H \int_0^H \int_0^{B(z_i)} \int_0^{B(z_j)} \varphi_l(z_i) \varphi_m(z_j) \left(\int_{-\infty}^{\infty} R_p(x_i,x_j,z_i,z_j,\tau) \mathrm{e}^{-\mathrm{i}2\pi f\tau} \mathrm{d}\tau\right) \mathrm{d}x_i \mathrm{d}x_j \mathrm{d}z_i \mathrm{d}z_j \\
&= \int_0^H \int_0^H \int_0^{B(z_i)} \int_0^{B(z_j)} \varphi_l(z_i) \varphi_m(z_j) S_p(x_i,x_j,z_i,z_j,\tau) \mathrm{d}x_i \mathrm{d}x_j \mathrm{d}z_i \mathrm{d}z_j
\end{aligned} \tag{9.2.19}$$

将式(9.2.18)代入式(9.2.19),有

$$\begin{aligned}
S_{Q_lQ_m}(f) = \int_0^H \int_0^H \int_0^{B(z_i)} \int_0^{B(z_j)} & \varphi_l(z_i) \varphi_m(z_j) \rho^2 \overline{C}_p(x_i,z_i) \overline{C}_p(x_j,z_j) \cdot \\
& \bar{v}(z_i) \bar{v}(z_j) S_v(x_i,x_j,z_i,z_j,f) \mathrm{d}x_i \mathrm{d}x_j \mathrm{d}z_i \mathrm{d}z_j
\end{aligned} \tag{9.2.20}$$

对于式(9.2.7)而言,其频响函数矩阵形式为:

$$\boldsymbol{H}(f) = [-(2\pi f)^2 \boldsymbol{M}^* + \mathrm{i}(2\pi f) \boldsymbol{C}^* + \boldsymbol{K}^*]^{-1} \tag{9.2.21}$$

其对角元素为:

$$\begin{aligned}
H_{kk}(f) &= \frac{1}{-(2\pi f)^2 M_{kk}^* + \mathrm{i}(2\pi f) C_{kk}^* + K_{kk}^*} \\
&= \frac{1}{-(2\pi f)^2 M_{kk}^* + \mathrm{i}(2\pi f) 2M_{kk}^* \xi_k (2\pi f_k) + M_{kk}^* (2\pi f_k)^2} \\
&= \frac{1}{M_{kk}^* (2\pi f_k)^2 \left[1 - \left(\frac{f}{f_k}\right)^2 + \mathrm{i}2\xi_k \frac{f}{f_k}\right]}
\end{aligned} \tag{9.2.22}$$

根据随机振动理论，可以得到结构水平脉动位移的功率谱密度 $S_{y_d}(z,f)$，结果如下：

$$S_{y_d}(z,f) = \sum_{l=1}^{n}\sum_{m=1}^{n}\varphi_l(z)\varphi_m(z)H_l^*(f)H_m^*(f)S_{Q_lQ_m}(f) \tag{9.2.23}$$

脉动位移的方差为：

$$\sigma_{y_d}^2(z) = \int_0^\infty S_{y_d}(z,f)\,\mathrm{d}f \tag{9.2.24}$$

当忽略广义荷载功率谱的交叉项时，可以得出第 j 阶振型的脉动位移方差为：

$$\sigma_{y_{dj}}^2(z) = \varphi_j^2(z)\int_0^\infty |H_j^*(f)|^2 S_{Q_j}(f)\,\mathrm{d}f \tag{9.2.25}$$

其中：

$$|H_j^*(f)|^2 = \frac{1}{(M_j^*)^2(2\pi f_j)^4\left\{\left[1-\left(\frac{f}{f_j}\right)^2\right]^2+\left(2\xi_j\frac{f}{f_j}\right)^2\right\}} \tag{9.2.26}$$

式(9.2.25)可分为三部分，即

$$\sigma_{y_{dj}}^2(z) = \varphi_j^2(z)\int_0^{f_j-\Delta f_j/2}|H_j^*(f)|^2 S_{Q_j}(f)\,\mathrm{d}f + \varphi_j^2(z)\int_{f_j-\Delta f_j/2}^{f_j+\Delta f_j/2}|H_j^*(f)|^2 S_{Q_j}(f)\,\mathrm{d}f + \varphi_j^2(z)\int_{f_j+\Delta f_j/2}^{\infty}|H_j^*(f)|^2 S_{Q_j}(f)\,\mathrm{d}f \tag{9.2.27}$$

对于第一部分，$|H_j^*(f)|^2$ 接近于一个常数$\dfrac{1}{(M_j^*)^2(2\pi f_j)^4}$，该部分积分结果称为背景响应(background response)；第二部分是结构第 j 阶固有频率 f_j 附近的一个宽度为 Δf_j 的窄带范围，在这个范围内 $S_{Q_j}(f)\approx S_{Q_j}(f_j)$，这部分积分称为共振响应(resonant response)；第三部分积分值通常较小，可以忽略。因此，式(9.2.27)可以通过下式近似计算：

$$\begin{aligned}\sigma_{y_{dj}}^2(z) &\approx \frac{1}{(M_j^*)^2(2\pi f_j)^4}\varphi_j^2(z)\int_0^{f_j-\Delta f_j/2}S_{Q_j}(f)\,\mathrm{d}f + S_{Q_j}(f_j)\varphi_j^2(z)\int_{f_j-\Delta f_j/2}^{f_j+\Delta f_j/2}|H_j^*(f)|^2\mathrm{d}f\\ &\approx \frac{1}{(M_j^*)^2(2\pi f_j)^4}\varphi_j^2(z)\int_0^\infty S_{Q_j}(f)\,\mathrm{d}f + S_{Q_j}(f_j)\varphi_j^2(z)\int_0^\infty|H_j^*(f)|^2\mathrm{d}f\\ &= \frac{1}{(M_j^*)^2(2\pi f_j)^4}\varphi_j^2(z)\int_0^\infty S_{Q_j}(f)\,\mathrm{d}f + S_{Q_j}(f_j)\varphi_j^2(z)\,|H_j^*(f_j)|^2\Delta f_j\end{aligned} \tag{9.2.28}$$

假定 σ_{Bj} 和 σ_{Rj} 分别表示背景响应和共振响应的标准差，则

$$\sigma_{Bj}^2(z) = \frac{1}{(M_j^*)^2(2\pi f_j)^4}\varphi_j^2(z)\int_0^\infty S_{Q_j}(f)\,\mathrm{d}f \tag{9.2.29}$$

$$\sigma_{Rj}^2(z) = S_{Q_j}(f_j)\varphi_j^2(z)\,|H_j^*(f_j)|^2\Delta f_j \tag{9.2.30}$$

其中带宽 Δf_j 可计算如下：

$$\Delta f_j = \frac{\int_0^\infty |H_j^*(f)|^2\mathrm{d}f}{|H_j^*(f_j)|^2} = \pi\xi_j f_j \tag{9.2.31}$$

将式(9.2.31)代入式(9.2.30)，得：

$$\begin{aligned}\sigma_{Rj}^2(z) &= S_{Q_j}(f_j)\varphi_j^2(z)\,|H_j^*(f_j)|^2\Delta f_j \\ &= S_{Q_j}(f_j)\varphi_j^2(z)\,\frac{1}{(M_j^*)^2\,(2\pi f_j)^4(2\xi_j)^2}\pi\xi_j f_j \\ &= \frac{S_{Q_j}(f_j)\varphi_j^2(z)}{64\pi^3\,(M_j^*)^2 f_j^3\xi_j}\end{aligned} \tag{9.2.32}$$

对于脉动风荷载谱而言,其峰值频率远低于结构自振频率,因此高阶振型的共振响应要明显小于第一阶振型。在通常的计算中,高层建筑结构的共振响应可以仅考虑一阶响应,忽略二阶以上的情况,即

$$\sigma_R^2(z) \approx \sigma_{R1}^2(z) = \frac{S_{Q_1}(f_1)\varphi_1^2(z)}{64\pi^3\,(M_1^*)^2 f_1^3\xi_1} \tag{9.2.33}$$

上述介绍主要围绕结构的脉动位移,对于其他响应 $s(z)$(剪力、弯矩等),可将式(9.2.5)改写成如下形式:

$$s_d(z,t) = \sum_{k=1}^{\infty} A_k(z)u_k(t) \tag{9.2.34}$$

式中:$A_k(z)$——第 k 阶振型对应的惯性力在 z 高度处产生的响应,采用影响函数,有

$$A_k(z) = \int_0^H m(z_i)\,(2\pi f_k)^2\varphi_k(z_i)\,i(z,z_i)\,dz_i \tag{9.2.35}$$

结构的风致响应由平均风响应和脉动风响应叠加而成,按 SRSS(square root of the sum of the squares)方法计算,形式如下:

$$s(z) = \bar{s}(z) + \sqrt{[g_B\sigma_B(z)]^2 + [g_R\sigma_R(z)]^2} \tag{9.2.36}$$

对于响应,$\sigma_B(z)$ 和 $\sigma_R(z)$ 可计算如下:

$$\sigma_B(z) = \sqrt{\sum_{j=1}^{n}\sigma_{Bj}^2(z)} = \sqrt{\sum_{j=1}^{n}\frac{1}{(M_j^*)^2\,(2\pi f_j)^4}A_j^2(z)\int_0^{\infty}S_{Q_j}(f)\,df} \tag{9.2.37}$$

$$\sigma_R(z) \approx \sigma_{R1}(z) = \sqrt{\frac{S_{Q_1}(f_1)A_1^2(z)}{64\pi^3\,(M_1^*)^2 f_1^3\xi_1}} \tag{9.2.38}$$

式中:g_B、g_R——背景峰值因子和共振峰值因子。通常而言,考虑到背景响应的"准静态特性",取 $g_B = 3.5$;共振峰值因子则按下式计算:

$$g_R = \sqrt{2\ln(f_1T)} + \frac{\gamma}{\sqrt{2\ln(f_1T)}} \tag{9.2.39}$$

γ——欧拉常数,约等于 0.5772;

f_1——结构第一阶固有频率,Hz;

T——脉动风时距,通常取 10min。

9.3 顺风向等效静力风荷载

等效静力风荷载(equivalent static wind load,ESWL)是一种考虑了动力荷载效应的静风荷载,可以得到考虑平均风荷载和动力风荷载作用的结构最大响应,便于在结构设计中使用。针对等效静力风荷载的研究,目前提出了多种方法,包括荷载-响应相关法(load-response-correlation method,LRC 法)、背景分量与共振分量的组合法、阵风荷载因子法(gust loading factor method,GLF 法)、惯性风荷载法(GBJ 法)以及通用等效风荷载法(Universal ESWL)等。

9.3.1 荷载-响应相关法

考虑不同位置间脉动风荷载的相关性,采用准静态的方式将高层建筑表面任一点的瞬时背景响应 $s(z,t)$ 表述如下:

$$s_{\mathrm{B}}(z,t) = \int_0^H \int_0^{B(z)} p(x,z_i,t) i(z,z_i) \mathrm{d}x \mathrm{d}z_i \tag{9.3.1}$$

同样地,$p(x,z_i,t)$ 表示坐标为 (x,z_i) 的某一点处的脉动风荷载,$i(z,z_i)$ 为影响函数。此时,背景响应的方差为:

$$\sigma_{\mathrm{B}}^2(z) = \int_0^H \int_0^H \int_0^{B(z_i)} \int_0^{B(z_j)} \mathrm{Cov}_{p_ip_j}(x_i,x_j,z_i,z_j,t) i(z,z_i) i(z,z_j) \mathrm{d}x_i \mathrm{d}x_j \mathrm{d}z_i \mathrm{d}z_j \tag{9.3.2}$$

式中:$\mathrm{Cov}_{p_ip_j}(x_i,x_j,z_i,z_j,t)$——任意两点脉动风荷载(面荷载)之间的协方差。

最终的峰值响应仅考虑平均风响应和背景响应的叠加,即

$$r(z) = \bar{r}(z) + g_{\mathrm{B}}\sigma_{\mathrm{B}}(z) \tag{9.3.3}$$

相应地,等效静风荷载 $\hat{q}(z)$ 由平均风荷载和等效背景风荷载组成,形式为:

$$\hat{q}(z) = \bar{q}(z) + \hat{q}_{\mathrm{B}}(z) = \bar{p}(z) + g_{\mathrm{B}}\rho_{\mathrm{qr}}(z)\sigma_{\mathrm{q}}(z) \tag{9.3.4}$$

式中:$\sigma_{\mathrm{q}}(z)$——脉动风荷载(线荷载)的均方根值;

$\rho_{\mathrm{qr}}(z)$——z 高度处的脉动风荷载与背景风致响应的相关系数,即

$$\begin{aligned}\rho_{\mathrm{qr}}(z) &= \frac{E[q(z,t)s_{\mathrm{B}}(z,t)]}{\sigma_{\mathrm{q}}(z)\sigma_{\mathrm{B}}(z)} \\ &= \frac{E[q(z,t)\int_0^H q(z_i,t)i(z,z_i)\mathrm{d}z_i]}{\sigma_{\mathrm{q}}(z)\sigma_{\mathrm{B}}(z)} \\ &= \frac{\int_0^H E[q(z,t)q(z_i,t)]i(z,z_i)\mathrm{d}z_i}{\sigma_{\mathrm{q}}(z)\sigma_{\mathrm{B}}(z)}\end{aligned} \tag{9.3.5}$$

$\rho_{\mathrm{qr}}(z)$ 的作用是根据荷载与响应之间的相关性对峰值荷载进行折减,因此该方法被称为荷载-响应相关法。

理论上来说,该方法在考虑平均风响应和背景风响应导致的峰值响应时较为准确。然而,由于影响函数 $i(z,z_i)$ 众多,因此对应的等效静风荷载有多组,在工程应用时有些不便。

9.3.2 背景分量与共振分量的组合法

如前所述,LRC 法表述的是平均风和背景风响应叠加而成的等效静风荷载。背景分量与共振分量的组合法则是结合 LRC 法考虑共振分量对应的等效静风荷载。

Holmes 提出将 LRC 法与等效风振惯性力相结合,进而得出平均风荷载、背景风荷载和考虑第 n 阶振型惯性风荷载叠加而成的等效静风荷载。此时,结构在风荷载作用下的峰值响应为:

$$\hat{s}(z) = \bar{s}(z) + \sqrt{[g_{\mathrm{B}}\sigma_{\mathrm{B}}(z)]^2 + \sum_{j=1}^{n}[g_{\mathrm{R}}\sigma_{\mathrm{R}j}(z)]^2} \tag{9.3.6}$$

式中，峰值背景响应 $g_B\sigma_B(z)$ 采用 LRC 法计算，$\sigma_{Rj}(z)$ 为第 j 阶振型的响应均方根，可通过式(9.2.32)计算。式(9.3.6)对应的等效静风荷载 $\hat{q}(z)$ 为：

$$\hat{q}(z) = \bar{q}(z) + W_B\hat{q}_B(z) + \sum_{j=1}^{n} W_{Rj}\hat{q}_{Rj}(z) \tag{9.3.7}$$

式中：$\hat{q}_B(z)$——背景等效风荷载，计算方法与 LRC 法一致，第 j 阶振型对应的共振等效风荷载 $\hat{q}_{Rj}(z)$ 计算如下：

$$\hat{q}_{Rj}(z) = g_R m(z)\,(2\pi f_j)^2\sigma_{Rj}(z)\varphi_j(z) \tag{9.3.8}$$

W_B、W_{Rj}——背景风荷载和第 j 阶振型惯性风荷载的权重系数，计算如下：

$$W_B = \frac{g_B\sigma_B(z)}{\sqrt{g_B^2\sigma_B^2(z) + \sum_{j=1}^{n} g_R^2\sigma_{Rj}^2(z)}} \tag{9.3.9}$$

$$W_{Rj} = \frac{g_R\sigma_{Rj}(z)}{\sqrt{g_B^2\sigma_B^2(z) + \sum_{j=1}^{n} g_R^2\sigma_{Rj}^2(z)}} \tag{9.3.10}$$

显然，式(9.3.6)仅考虑有限阶振型的共振响应，同时忽略了各振型之间的交叉项。不过，对于高层建筑而言，这些不足对顺风向响应分析的影响较小，因为一般的高层建筑以侧向振动为主，且不同阶的自振频率分布较为稀疏。

9.3.3 阵风荷载因子法

加拿大国家规范定义的等效静风荷载形式如下：

$$\hat{q}(z) = G\bar{q}(z) \tag{9.3.11}$$

式中：G——阵风荷载因子，其定义为结构峰值位移响应与平均位移响应之比，即

$$G = \frac{\hat{y}}{\bar{y}} = \frac{\bar{y} + \hat{y}_d}{\bar{y}} = 1 + \frac{g\sigma_{y_d}}{\bar{y}} \tag{9.3.12}$$

G 的具体计算可参见文献[1]。

9.3.4 惯性风荷载法

不同于加拿大国家规范，我国的《建筑结构荷载规范》在由振型的惯性力定义风振系数中得到等效静风荷载，该方法称为惯性风荷载法。由于该方法早期是在我国《建筑结构荷载规范》(GBJ 9—1987)中采用，因此又被称为 GBJ 法。

根据该方法，等效静风荷载计算如下：

$$\hat{q}(z) = \beta(z)\bar{q}(z) \tag{9.3.13}$$

式中：$\beta(z)$——风振系数，具体计算可参考《建筑结构荷载规范》。

9.3.5 通用等效风荷载法

根据协方差积分法，有

$$\hat{\boldsymbol{y}} = \boldsymbol{\beta}\hat{\boldsymbol{q}} \tag{9.3.14}$$

式中：$\hat{\boldsymbol{y}}$——风致位移向量；

$\hat{\boldsymbol{q}}$——等效风荷载向量；

$\boldsymbol{\beta}$——结构影响线矩阵。

基于式(9.3.14)，有

$$\hat{\boldsymbol{q}} = \boldsymbol{\beta}^{-1}\hat{\boldsymbol{y}} \tag{9.3.15}$$

该方法不仅可用于分析高层建筑的等效静风荷载，也可用于分析大跨屋盖结构的情况。

9.4 横风向和扭转等效静力风荷载

横风向的风致振动与风的湍流部分以及建筑物尾部的涡旋有关，无法采用顺风向的振动理论进行分析。下面是我国《建筑结构荷载规范》提出的计算公式。

9.4.1 横风向等效静力风荷载

(1)圆形截面结构

第 j 阶振型的横风向等效静风荷载标准值 $w_{Lk,j}$ (kN/m²)可按下式计算：

$$w_{Lk,j} = |\lambda_j| v_{cr}^2 \varphi_j(z)/12800\xi_j \tag{9.4.1}$$

式中：λ_j——计算系数；

v_{cr}——临界风速；

$\varphi_j(z)$——结构第 j 阶振型系数；

ξ_j——结构第 j 阶振型阻尼比。

各系数的取值可参考《建筑结构荷载规范》。

(2)矩形截面结构

横风向等效静风荷载标准值 w_{Lk} (kN/m²)可按下式计算：

$$w_{Lk} = g w_0 \mu_z C'_L \sqrt{1 + R_L^2} \tag{9.4.2}$$

式中：g——峰值因子，可取2.5；

C'_L——横风向风力系数；

R_L——横风向共振因子。

相应系数的取值可参考《建筑结构荷载规范》。应用式(9.4.2)时，高层建筑需要满足如下条件：

①建筑的平面形状和质量在整个高度范围内基本一致；

②高宽比 $H/\sqrt{BD}$ 在4～8之间，深宽比 D/B 在0.5～2之间，其中 B 为迎风面宽度，D 为结构顺风向的厚度；

③$v_H T_{L1}/\sqrt{BD} \leqslant 10$，$T_{L1}$ 为结构横风向的第一阶自振周期，v_H 为结构顶部风速。

9.4.2 扭转等效静力风荷载

与结构的横风向振动类似，扭转振动也是由脉动风和建筑物尾部的涡旋引起。在《建筑结构荷载规范》中，针对矩形截面，提出了如下扭转等效静风荷载计算式：

$$w_{Tk} = 1.8 g w_0 \mu_H C'_T \left(\frac{z}{H}\right)^{0.9} \sqrt{1 + R_T^2} \tag{9.4.3}$$

式中：g——峰值因子，可取2.5；

μ_H——结构顶部风压高度变化系数；

C'_T——扭矩系数；

R_T——扭转共振因子。

相应系数的取值可参考《建筑结构荷载规范》。应用式(9.4.3)时，高层建筑需要满足如下条件：

①建筑的平面形状在整个高度范围内基本一致；

②刚度及质量的偏心率(偏心距/回转半径)小于0.2；

③高宽比 $H/\sqrt{BD} \leqslant 6$，深宽比 D/B 在1.5~5之间，$v_H T_{T1}/\sqrt{BD} \leqslant 10$，其中 B 为迎风面宽度，D 为结构顺风向的厚度，T_{T1} 为结构第一阶扭转自振周期，v_H 为结构顶部风速。

本章参考文献

[1] 黄本才，汪丛军. 结构抗风分析原理及应用[M]. 2版. 上海：同济大学出版社，2008.

[2] HOLMES J D. Wind loading of structures[M]. London：Spon Press，2001.

[3] SIMIU E，SCANLAN R H. Wind effects on structures-fundamentals and applications to design[M]. New York：John Wiley & Sons，Inc.，1996.

[4] 中华人民共和国住房和城乡建设部. 建筑结构荷载规范：GB 50009—2012[S]. 北京：中国建筑工业出版社，2012.

[5] NRCC. National Building Code of Canada (NBCC)[S]. Ottawa：Canadian Commission on Building and Fire Code，National Researoh Council of Canada，2015.

[6] COCHRAN L S. Wind-tunnel modelling of low-rise structures[D]. Fort Collins，Colorado：Colorado State University，1992.

[7] APPERLEY L，SURRY D，STATHOPOULOS T，et al. Comparative measurements of wind pressure on a model of the full-scale experimental house at Aylesbury，England[J]. Journal of wind engineering and industrial aerodynamics，1979，4(3-4)：207-228.

[8] RICHARDSON G M，ROBERTSON A P，HOXEY R P，et al. Full-scale and model investigations of pressures on an industrial/agricultural building[J]. Journal of wind engineering and industrial aerodynamics，1990，36(Part 2)：1053-1062.

[9] LEVITAN M L，MEHTA K C. Texas Tech field experiments for wind loads part 1：building and pressure measuring system[J]. Journal of wind engineering and industrial aerodynamics，1992，43(1-3)：1565-1576.

[10] HO T C E，SURRY D，MORRISH D，et al. The UWO contribution to the NIST aerodynamic database for wind loads on low buildings：part 1. Archiving format and basic aerodynamic data[J]. Journal of wind engineering and industrial aerodynamics，2005，93(1)：1-30.

[11] HOLMES J D，COCHRAN L S. Probability distributions of extreme pressure coefficients[J]. Journal of wind engineering and industrial aerodynamics，2003，91(7)：893-901.

[12] DALGLEISH W A. Comparison of model/full-scale wind pressures on a high-rise building[J]. Journal of in-

dustrial aerodynamics, 1975, 1: 55-66.

[13] DAVENPORT A G. The application of statistical concepts to the wind loading of structures[J]. Proceedings Institution of Civil Engineers. 1961,19(4):449-472.

[14] DAVENPORT A G. The buffeting of structures by gusts[C]//Proceedings, International Conference on Wind Effects on Buildings and Structures, Teddington, U.K., 1963.

[15] DAVENPORT A G. Note on the distribution of the largest value of a random function with application to gust loading[J]. Proceedings of the institute of civil engineers, 1964, 28(2): 187-196.

[16] DRYDEN H L, HILL G C. Wind pressure on a model of the Empire State Building [J]. Journal of research of the national bureau of standards, 1933, 10: 493-523.

[17] HARRIS R I. The response of structures to gusts[C]//Proceedings, International Conference on Wind Effects on Buildings and Structures, Teddington, U.K., 1963.

[18] HOLMES J D. Effective static load distributions in wind engineering[J]. Journal of wind engineering and industrial aerodynamics, 2002, 90(2): 91-109.

[19] NEWBERRY C W, EATON K J, MAYNE J R. The nature of gust loading on tall buildings[C]//Proceedings, International Research Seminar on Wind Effects on Building and Structures. Ottawa, Canada, 1967.

[20] RATHBUN J C. Wind forces on a tall building[J]. Transactions, American society of civil engineers, 1940, 105: 1-41.

[21] SPARKS P R, SCHIFF S D, REINHOLD T A. Wind damage to envelopes of houses and consequent insurance losses[J]. Journal of wind engineering and industrial aerodynamics, 1994, 53(1): 145-155.

[22] TEMPLIN J T, COOPER K R. Design and performance of a multi-degree-of-freedom aeroelastic building model [J]. Journal of wind engineering and industrial aerodynamics, 1981, 8: 157-175.

[23] VICKERY B J. On the assessment of wind effects on elastic structures[J]. Australian civil engineering transactions CE, 1966, 8: 183-192.

第10章 风洞试验方法

风洞试验是依据运动的相似性原理,将被试验对象(飞机、大型建筑、结构等)制作成模型或直接放置于风洞管道内,通过驱动装置使风道产生一股人工可控制的气流,模拟试验对象在气流作用下的性态,进而获得相关参数,以确定试验对象的稳定性、安全性等性能。

对建筑物模型进行风荷载试验,从根本上改变了传统的设计方法和规范。针对大型建筑物如大桥、电视塔、大型水坝、高层建筑群、大跨度屋盖等超限建筑和结构,我国《建筑结构荷载规范》建议进行风洞试验。对于大型工厂、矿山群等也可以制作模型,在风洞中进行防止污染和扩散的试验。

本章主要分为四个部分:第一部分简要介绍边界层风洞的基本概念,第二部分和第三部分介绍针对桥梁开展的节段模型和全桥气动弹性模型风洞试验,第四部分讲述建筑的风洞试验。

10.1 边界层风洞

空气动力学是发展航空航天技术及其他工业技术的一门基础科学。目前进行空气动力学研究的手段主要有三种:理论空气动力学、实验空气动力学和计算流体动力学(CFD)。虽然理论空气动力学和计算流体动力学有了高度的发展,但实验空气动力学仍是目前进行飞行器设计必需的一种手段。同样,实验空气动力学也广泛应用于一般工业与民用建筑设计中,特别是在大跨、高耸结构的设计中,风洞试验更是必不可少的。

风洞是指在一个按一定要求设计的管道系统内,采用动力装置驱动可控制的气流,根据运动的相对性和相似性原理进行各种气动力试验的设备,其装置见图10.1.1。

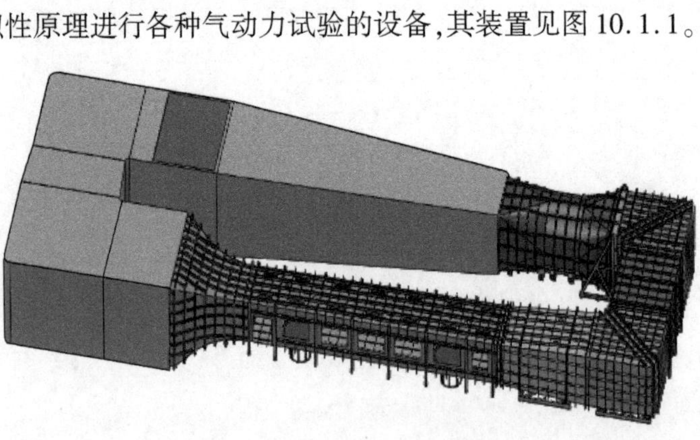

图10.1.1 风洞构造示意图

风洞是空气动力学研究和飞行器研制、大型桥梁设计的最基本的试验设备,具有如下特点:

①风洞中的气流参数，如速度、压力、密度、温度等，都可以比较准确地控制，并且随时可以改变，因而风洞试验可以方便、可靠地满足各种试验要求；

②风洞试验在室内进行，一般不受大气环境（如季节、昼夜、风雨、气温等）变化的影响，可以连续进行试验，因而风洞的利用率很高；

③风洞试验时，试验数据的测量既方便又准确，而且比较安全；

④风洞试验可以测试结构物的空气静力性能和空气动力性能。

风洞试验的不足之处主要表现在如下几点：

①风洞试验不能同时满足相似律所提出的所有相似准则，如雷诺数（Re）等；

②在风洞试验中，气流是有边界的，不可避免地存在洞壁的影响，称为洞壁干扰。同时，模型支撑系统会影响模型流场，称为支架干扰，这些都会影响流场的几何相似。

尽管风洞试验有以上一些不足，但其仍具有足够的可靠性，因而世界各国先后建造了许多风洞，并且不断更新改进。

10.1.1　边界层风洞的分类和用途

20 世纪 50 年代和 60 年代初，建筑物和桥梁风洞试验都是在为研究飞行器空气动力学性能而建的“航空风洞”的均匀流场中进行的，而试验结果往往与实地观测结果不一致，原因显然在于风洞中的均匀气流与实际自然风的湍流之间存在明显差别。20 世纪 50 年代末，丹麦的杰森对风洞模拟相似率问题做了重要的阐述，认为必须模拟大气边界层气流的特性。

1965 年，加拿大西安大略大学建成了世界上第一个大气边界层风洞，即具有较长试验段、能够模拟大气边界层内自然风的一些重要湍流特性的风洞。紧接着，在美国的科罗拉多州立大学，舍马克教授也负责建造了一个大气边界层风洞，并首次用被动模拟方法对大气边界层的风特性进行了模拟，使结构抗风试验进入了精细化的新阶段，世界各地也随之建成了许多不同尺寸的边界层风洞，从而大大促进了结构风工程的研究。

在早期的风洞中，大气边界层主要研究大气剪切流场的模拟。而近期，除注意剪切流场的模拟外，已认识到流场湍流结构特性模拟的重要性，特别是对大跨桥梁、高层建筑和高耸结构的风载和风振试验具有十分重要的意义。

工业空气动力学主要研究大气边界层中风与地球表面上人类活动及其劳动成果间的相互作用，它是由经典的空气动力学与气象学、气候学、结构动力学、建筑工程等相互渗透和促进而形成的。当大气流过地面时，地面上的构造物及地表物如草、庄稼、树木、房屋、结构物等给大气以摩擦阻力。这种摩擦力向上传递，随高度增加而逐渐减弱，直到某一高度处可忽略。这样一层受地面摩擦力影响的大气层称为大气边界层，距地面 300 ~ 2000m。大气边界层的特性对风工程或工业空气动力学问题的研究及工程实践具有非常重要的意义。早在 1930 年左右，英国国家物理实验室就已经利用航空风洞进行有关建筑物和构筑物受风的影响的研究工作。1940 年，美国塔科马海峡桥的风毁（图 1.2.1）使得风荷载和风振问题引起了各国有关人士的注意，对桥梁的风振研究起了很大的推动作用。我国从 1950 年开始风工程与工业空气动力学研究，最早是研究风对建筑和结构的作用，风的作用表现为平均风荷载、脉动风荷载、风振等，这些主要是通过利用边界层风洞进行缩尺模型试验来研究的，主要包括高层建筑的测压试验、风荷载试验和气动弹性模型试验。从20世纪80年代开始,我国开始对桥梁结构的抗风进行系统的研究,并先后建立了许多座大气边界层风洞,目前国内最大的大气边界层风洞为西南交通大学的XNJD-3号风洞(长36m,宽22.5m,高4.5m),风洞试验的开展促进了大跨度桥梁、高层建筑、大型体育场馆、输电线塔等结构的设计。

边界层风洞根据其用途的不同可以分为建筑风洞、环境风洞、汽车专用风洞等,其中建筑风洞主要进行土木工程结构的抗风研究,如高层建筑、大型桥梁、输电线塔等结构的抗风研究;环境风洞主要用于研究大气污染扩散和对质量迁移进行模拟等;汽车专用风洞主要为汽车空气动力设计提供必要的参数和气动检验。

10.1.2 边界层风洞的构造与特点

边界层风洞属于常规的低速风洞,其基本形式有直流式和回流式两种。两者之间的比较见表10.1.1。

直流式风洞和回流式风洞的比较　　表10.1.1

形式	直流式风洞	回流式风洞
优点	造价低	气流品质容易控制
缺点	试验段气流品质容易受外界大气环境的影响	噪声小
	当试验段尺寸较大时,噪声非常大	可以形成增压运行
	无法形成增压运转	造价高

(1)直流式风洞的构造及特点

直流式风洞构造见图10.1.2,这种类型的风洞通过风扇系统的驱动,气流连续地从外界大气通过进气口进入风洞,然后通过排气口排到外界大气中。气流从进口段进入风洞,通过蜂窝器变得较为均匀,然后通过收缩段将速度提高,进入试验段,流过试验段后再通过扩散段到达出口,进入大气中。

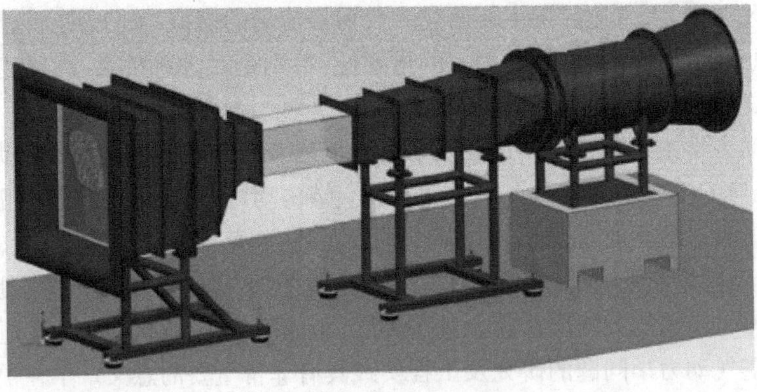

图10.1.2　典型直流式低速风洞

(2)回流式风洞的构造和特点

回流式风洞构造见图10.1.3,这种风洞通过风扇系统的驱动,气流连续地在风洞回路内流动。其特点是试验段气流品质容易控制,不会受到外界大气环境的影响,风洞运转时噪声对环境的影响小,并可以实现增压($P_0>1\times10^5$Pa)运行,但其造价较高。

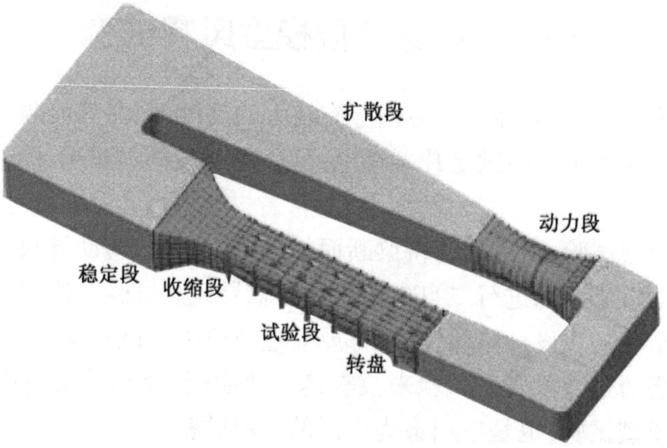

图 10.1.3 典型回流式低速风洞

回流式风洞是应用比较广泛的一种风洞，现对其各部件的功能和基本原理进行介绍。

①试验段。

试验段是风洞中模拟流场，进行模型空气动力试验的部件，是整个风洞的核心。为了模拟实际结构的流场，必须要求试验段具有一定的几何尺寸和气流速度，另外，还应保证试验段的气流稳定、速度大小和方向在空间分布均匀、原始湍流度低、静压梯度低以及噪声小等。回流式风洞的试验段长度一般应是其横截面面积当量直径的 1.5 ~ 2.5 倍。

②扩散段。

低速风洞的扩压段是一种沿气流方向扩张的管道，又称为扩散段。其作用是使气流减速，使动能转变为压力能，以减少风洞中空气的能量损失，降低风洞工作需要的功率。大量实验证明，三维扩张角的最佳值是 5° ~ 6°。

③稳定段。

稳定段是一段横截面相同的管道，其特点是横截面面积大，气流速度低，并有一定的长度。稳定段一般都装有整流装置，使来自上游的紊乱、不均匀气流稳定下来，使涡旋衰减，使气流的速度和方向均匀性提高。

所谓整流装置，是指蜂窝器和整流网，蜂窝器由许多方形或六角形小格子构成，形如蜂窝。蜂窝器对气流起导向作用，并可使大涡旋的尺度减小，使气流的横向湍流度降低。整流网是由直径较小的钢丝形成的小网眼金属网，可有一层或数层。整流网可以使大尺度的涡旋分割为小尺度的涡旋，而小尺度的涡旋可在整流网后的稳定段内迅速衰减，从而使气流的湍流度特别是轴向湍流度明显减小。

④收缩段。

收缩段是一段顺滑过渡曲线形管道，在低速风洞中位于稳定段与试验段之间，其主要功能是使来自稳定段的气流均匀地加速，并有助于试验段流场品质（气流均匀性、湍流度等）得到改善。收缩段的设计要保证气流稳定、流向平直、流速均匀。

⑤动力段。

低速风洞的动力段，一般由动力段外壳、风扇、电机、整流罩、导向片、止旋片等构成。动力段的主要功能是向风洞内的气流补充能量，保证气流以一定的速度运转。

10.2 桥梁节段模型风洞试验

桥梁结构一般为柔长结构，在一个方向上有较大的尺度，而在其他两个方向上则尺度相对较小。风对桥梁结构的作用近似满足片条理论，可通过节段模型试验来研究桥梁结构的风致振动响应。

通过桥梁节段模型试验，可以测得桥梁断面的三分力系数、气动导数等气动参数；同时，可通过节段模型试验对桥梁结构进行二自由度的颤振临界风速试验实测和涡激振动响应。

在大跨度桥梁结构初步设计阶段，一般都要通过节段模型试验来进行气动选型；对于一般大跨度桥梁结构也要通过节段模型试验来检验其气动性能，因此桥梁结构节段模型试验是十分重要的桥梁结构模型试验，也是应用最为广泛的风洞试验。

节段模型试验根据其测试响应的不同可以分为测力试验和测振试验。下面分别从相似性要求、悬挂方式、试验用途和试验方法几个角度进行介绍。

10.2.1 弹性悬挂节段模型试验

(1)试验用途

测定桥梁结构的非定常气动力特性(气动导数、气动导纳)以及在非定常气动力作用下的稳定性和振动响应(颤振和涡激振动)。测定桥梁结构主梁断面在非定常气动力作用下的表面压力分布，分析不同时刻的主梁断面压力分布变化情况。

(2)悬挂方式

节段模型弹性悬挂系统通过 8 根弹簧及其支撑装置将模型悬挂在风洞内。模型通过两端的端轴连接系统与弹簧相连，如图 10.2.1 所示。弹性悬挂系统能使节段模型产生竖向平动及绕节段模型截面重心转动的二自由度运动。支撑装置应具有改变模型攻角和约束任一自由度的机构，并可根据需要设置附加阻尼装置用于改变弹性悬挂系统的阻尼。

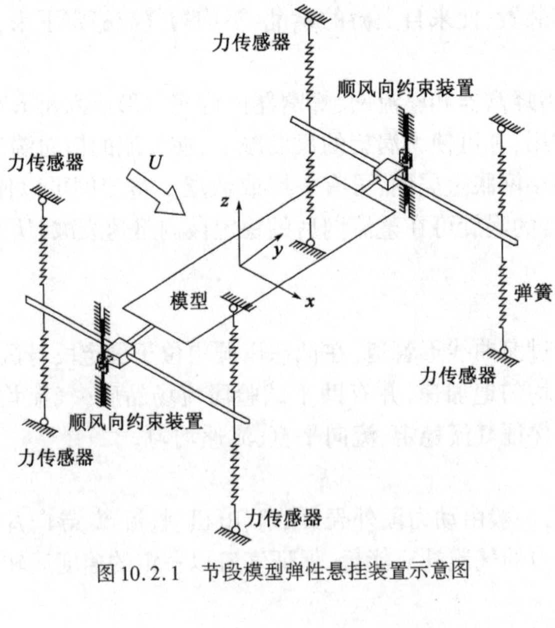

图 10.2.1 节段模型弹性悬挂装置示意图

(3)相似准则

桥梁节段模型测振试验是测定桥梁颤振稳定性能、涡激振动性能、气动稳定措施效果以及静力三分力特性的关键,因此在桥梁节段模型的设计中,要严格模拟其气动外形及其广义质量特性和频率特性。节段模型的气动特性之所以能在很大程度上反映全桥的气动特性,主要基于以下原理:加劲梁结构是全桥的主要反馈吸能构件,这里说的吸能构件主要是指能通过自身运动从气流中利用反馈影响机制而获得能量的构件,即桥梁中通常所说的存在自激力的构件,非吸能构件如主缆只承受静风力荷载与随机抖振力荷载,不存在自激力。因此在气动外形上只需模拟吸能构件的外形,但由于桥梁风振时是全桥参振,因此吸能构件即加劲梁本身的质量不具备代表性,必须采用等效竖弯质量与等效扭转质量以反映其他非反馈吸能构件的参振特点。

桥梁主梁节段模型风洞试验要求主梁模型与实桥之间满足以下相似条件,即

①几何外形相似;

②弹性参数相似:$\frac{U}{\omega_b B}$,$\frac{U}{\omega_t B}$或$\frac{\omega_t}{\omega_b}$(频率比);

③惯性参数相似:$\frac{m}{\rho b^2}$,$\frac{J_m}{\rho b^4}$或$\frac{r}{b}$(惯性半径比);

④阻尼参数相似:ξ_h,ξ_t(阻尼比)。

其中,U为平均风速;ω_b、ω_t为弯曲和扭转振动固有圆频率(rad/s);B为桥宽;b为半桥宽;m、J_m为空气密度;r为惯性半径;ξ_h、ξ_t为竖向弯曲、扭转振动的阻尼比。节段模型参数缩尺比见表10.2.1。

节段模型参数缩尺比 表10.2.1

参数名称	符号	单位	表达式	缩尺比
梁长	L	mm	L_p	$1/n$
梁宽	B	mm	B_p	$1/n$
梁高	H	mm	H_p	$1/n$
单位长度质量	m	kg/m	M_p	$1/n^2$
单位长度质量惯性矩	J_m	kg·m²/m	I_p	$1/n^4$
结构阻尼比	ξ	—	ξ	1
时间	T	s	t_p	m/n
风速	V	m/s	V_p	$1/m$
频率	f	Hz	f_p	n/m

注:表中的m值可根据风洞风速范围任意选取。

(4)试验步骤及方式

①结构动力特性选取。

开始进行弹性悬挂节段模型测振试验之前,首先需要通过有限元软件建模获得桥梁结构的动力特性参数,包括各阶振型频率及相应的模态质量。由于弹簧自由悬挂节段模型试验系统只能模拟一阶竖向振动与一阶扭转振动振型,因此试验振型的选取就需要特别注意。假设

一阶正对称竖向频率为f_{h1},一阶正对称扭转频率为f_{t1},扭弯频率比为$\varepsilon_1=\frac{f_{t1}}{f_{h1}}$,一阶反对称竖弯频率为$f_{h2}$,一阶反对称扭弯频率为$f_{t2}$,扭弯频率比为$\varepsilon_2=\frac{f_{t2}}{f_{h2}}$,如果扭弯频率比$\varepsilon_1$与$\varepsilon_2$相差较大,通常选择扭弯频率比较小的频率组合进行风振试验,当两者相近时,则需要分别对两种频率组合进行试验,以验证桥梁的气动性能。

②节段模型系统质量控制。

节段模型自由悬挂系统质量是否准确模拟,关系到节段模型系统的振动频率以及气动响应测试的正确与否。在进行试验之前,需要控制节段模型弹性悬挂系统的振动参与质量与实桥节段缩尺后的模态质量相同。这里质量不仅包括竖向模态质量,也包括扭转模态质量。

节段模型自由悬挂系统的质量主要由以下几部分组成:

a. 节段模型本身的质量;

b. 节段模型与弹簧连接所需杆件的质量;

c. 悬挂系统的上下 8 根弹簧质量的 1/3 计入模型振动系统;

d. 配重,上述三项质量之和与实桥节段缩尺后竖向模态质量之差。

③确定弹簧刚度。

根据试验需要,选定一风速比 m,根据式(10.2.1)(模型频率与实桥频率比等于缩尺比 n/风速比 m)

$$\frac{f_{hm}}{f_{hs}}=\frac{n}{m} \tag{10.2.1}$$

可以得到该风速比下节段模型所需的竖向振动频率为$f_{hm}=\frac{n}{m}f_{hs}$。

由$\sqrt{\frac{k_h}{m_h}}=2\pi f_{hm}$可得到竖向弹簧需要提供的总刚度$k_h$,再由$k_h/8$可计算得到每根弹簧所需刚度。

④确定弹簧悬挂间距。

假设弹簧固定位置距模型悬挂中心的距离为r,则根据竖向力与扭矩做功相等的条件,可推出$k_t=k_h r^2$(扭转刚度=竖向刚度×弹簧支点与模型扭心的距离平方),其中,k_t、k_h分别为节段模型弹性悬挂系统的扭转刚度、竖向刚度。

假定f_h和f_t分别表示竖向和扭转振动频率(Hz),则有

$$\sqrt{\frac{k_h}{m_h}}=2\pi f_h \tag{10.2.2}$$

$$\sqrt{\frac{k_h\cdot r^2}{m_t}}=2\pi f_t \tag{10.2.3}$$

若扭弯比$\frac{f_t}{f_h}=\varepsilon$,可得弹簧距模型扭转中心的距离$r=\varepsilon\sqrt{\frac{m_t}{m_h}}$。

⑤调控扭转质量。

根据r值固定弹簧悬挂位置,设置弹性悬挂模型,通过初试激励法测试出当前悬挂系统的

竖向及扭转频率 f_h 和 f_t。根据 $\frac{f_t}{f_h}=\varepsilon$ 相似来调控扭转质量，通过移动配重块位置，使扭转频率与竖向频率比值满足实桥的扭转频率比。扭转质量可由下式计算：$m_t=\frac{\sqrt{k_h\cdot r^2}}{(2\pi f_t)^2}$。

考虑到桥梁涡激振动通常发生在常遇低风速区间，而颤振检验风速相比而言要高得多，因此采取两种不同的风速比分别进行颤振和涡振检验试验。简而言之，进行颤振检验风速测试时，根据风洞的风速调节范围和实桥的颤振临界风速，调节弹性悬挂节段模型的弹簧刚度，以获得较小的风速比（例如风速比 $m=1:5$），使试验风速换算到实桥能满足检验颤振临界风速的要求。当进行涡激振动性能测试时，则需要增大弹簧刚度，以获得相对较大的风速比（例如风速比 $m=1:1$），如此可以容易地捕捉主梁的涡振风速区间，获得准确的试验结果。

试验的攻角范围一般为 $-3°\sim+3°$，特殊情况（如主梁有超高角）时可取为 $-5°\sim+5°$，攻角变化步长为1°。根据试验目的的不同可分别在均匀流场和湍流风中进行。试验风速范围应至少满足换算到实桥时的颤振检验风速或使主梁产生 1°~5°的扭转振幅、梁宽的 1/100~1/20 的竖向振幅的要求。试验结果通过以攻角为参数的气动阻尼-折算风速、气动导数-折算风速、振动响应-风速等关系曲线表示。

（5）试验案例

①工程背景。

牂牁江特大桥初步设计方案为孔跨布置为 4×40m 预应力混凝土 T 梁 +（1200+425）m 双塔双跨钢桁梁悬索桥。主桥结构形式为双塔双跨钢桁梁悬索桥，主缆矢跨比 1：10，桥型布置如图 10.2.2 所示。主梁采用钢桁梁，桁高 7.5m，左右主桁中心间距为 28m。主梁断面图如图 10.2.3 所示。

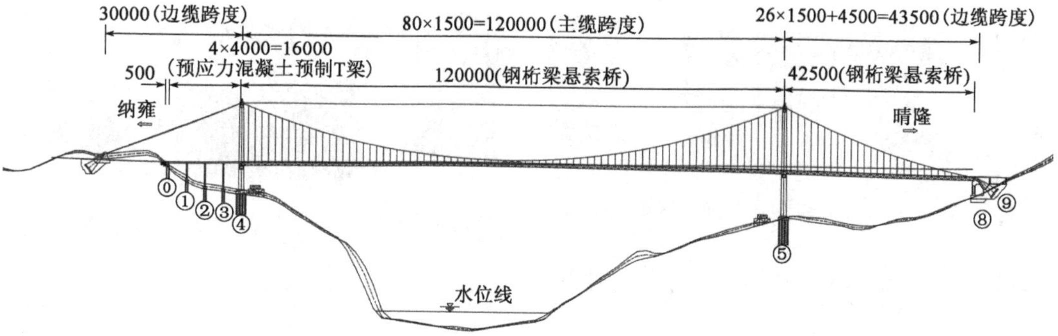

图 10.2.2 牂牁江特大桥桥型布置图（尺寸单位：cm）

②主梁节段模型设计与制作。

由于桥梁主梁涡激振动响应对主梁几何外部构造十分敏感，为了尽可能真实地模拟主梁细部构造，同时考虑桥梁断面的雷诺数效应，在试验条件允许的情况下模型的比例越大，试验结果越接近真实桥梁断面的情形。综合考虑模型几何外形、质量以及风洞条件等因素，最终确定牂牁江特大桥主梁节段模型的几何缩尺比为 $\lambda_L=1:50$。

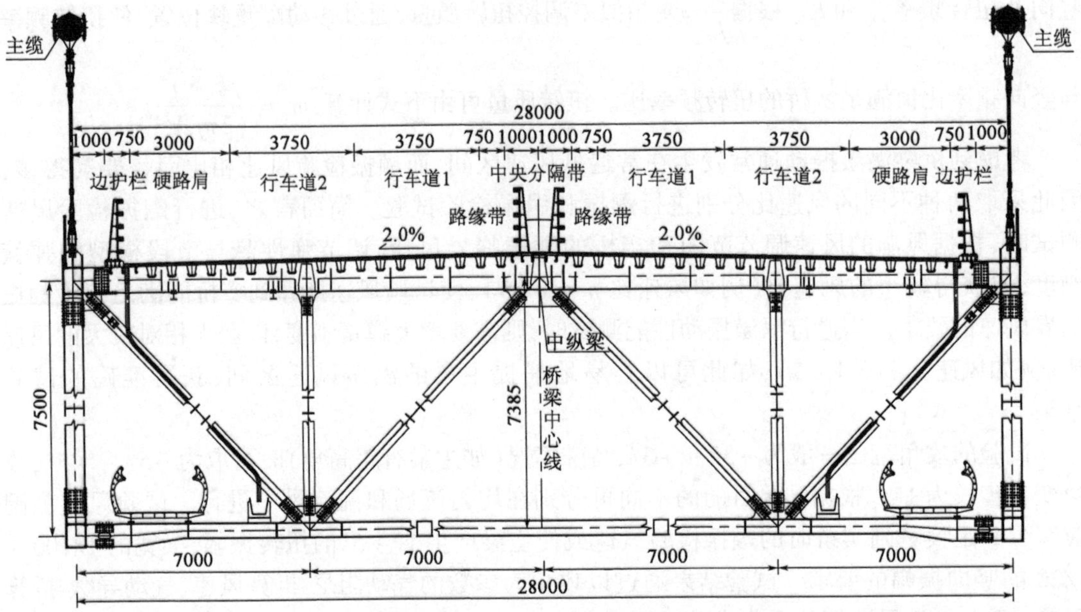

图 10.2.3 牂牁江特大桥主梁断面图(尺寸单位:mm)

为了减少节段模型端部三维流动的影响,主梁模型长度取 $L=1.5\text{m}$,主梁宽度 $B=0.56\text{m}$,模型高度 $H=0.15\text{m}$,模型长宽比约 2.68。主梁常规比例节段模型骨架采用不锈钢框架制作而成,外衣采用优质 PVC 制作,以保证几何外形的相似。模型两端采用轻质 PVC 板作为端板,以保证主梁断面附近气流的二元特性。主梁上的检修道栏杆、防撞护栏以及水槽等附属设施采用 ABS 板制作,并模拟了栏杆及护栏的形状与透风率。其中设计方案主跨主梁 1∶50 节段模型如图 10.2.4 所示。

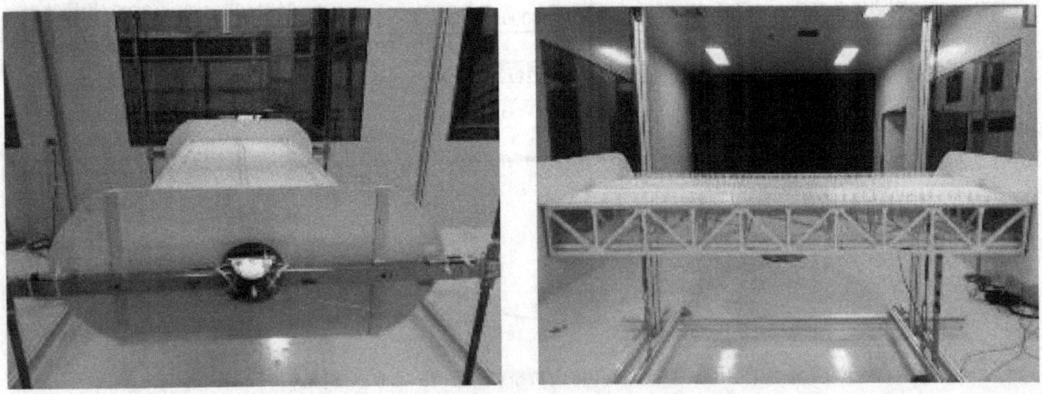

图 10.2.4 牂牁江特大桥主跨主梁 1∶50 节段模型

③测振试验系统。

节段模型自由振动悬挂系统通过 8 根弹簧连接固定在风洞顶壁以及地面上的 4 根钢梁实现,模型通过两端的端轴连接系统与弹簧相连,如图 10.2.5 所示。节段模型仅模拟竖弯及扭转两阶模态。

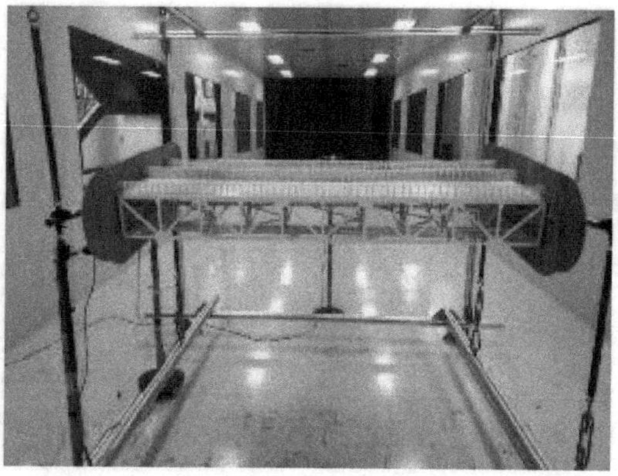

图 10.2.5 主梁 1∶50 节段模型弹性悬挂自由振动试验系统

在模型的正下方两端布置 4 个激光位移计,以测试主梁断面的振动位移响应时程信号,经 A/D 转换后,由计算机采集数据,并实时监控,采样频率设置为 500Hz。在模型的上游侧主梁高度处设置了眼镜蛇风速仪,以监测并记录来流风速、湍流度等参数。每一工况试验完成后,将记录数据导出,采用专门编写的 MATLAB 程序进行处理,从而得到主梁断面的风致振动试验结果。

本试验用到的仪器简介如下:

①眼镜蛇风速仪。

风速监测仪器为澳大利亚 TFI 公司眼镜蛇风速测量系统,眼镜蛇探针长度 155mm,探头最大宽度 2.6mm,风速测试精度 0.3m/s,偏角测试精度 1°,16 位 A/D 采样。其外形及数据采集原理如图 10.2.6 所示。

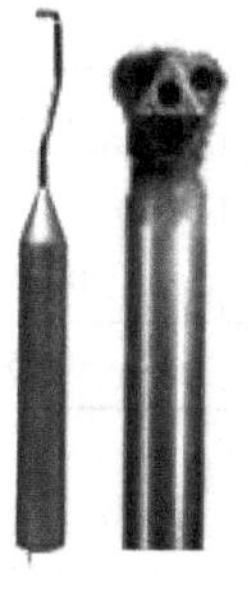

a)探针外形及测孔布置

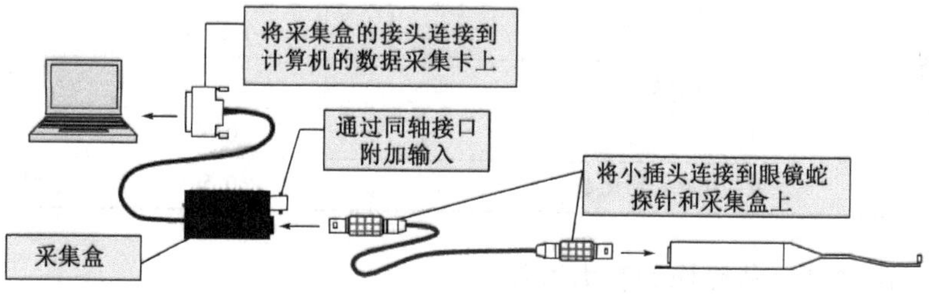

b)数据采集原理示意图

图 10.2.6 眼镜蛇探针外形及其数据采集原理示意图

②激光位移计。

德国米依公司的激光位移计,量程 200mm,动态精度 0.1mm,动态响应频率 1000Hz 以上,如图 10.2.7 所示。

③东华 DH5922N 动态测试系统。

数据采集系统采用东华 DH5922N 动态测试系统,如图 10.2.8 所示。该系统为 16 位 A/D 转换,可进行 16 通道动态应变、电荷、电压、ICP 传感器等同步采集,并配备了专门的测试与分析软件,该仪器可以完成本项目试验中激光位移计的同步采集。

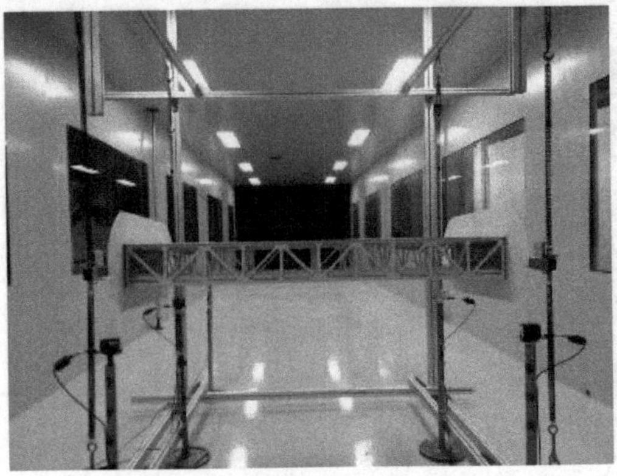

图 10.2.7　德国米依公司激光位移计

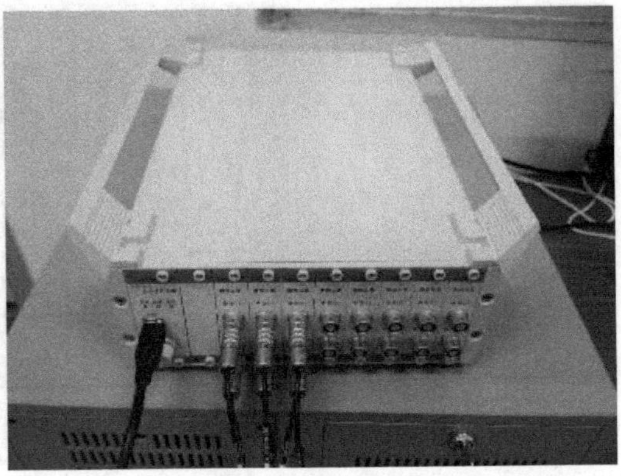

图 10.2.8　东华 DH5922N 动态测试系统

根据测振节段模型设计相似性要求,可以确定测振节段模型的试验参数如表 10.2.2 所示。由此可以进一步确定实桥结构主要参数与节段模型主要参数之间的一一对应关系,采用自由振动衰减法进行弹性悬挂主梁节段模型的频率与阻尼比的测试。

测振节段模型试验主要参数　　表 10.2.2

参数名称		单位	实桥值	相似比	模型值
几何尺度	长度 L	m	75	$\lambda_L = 1:50$	1.5
	宽度 B	m	28	$\lambda_B = 1:50$	0.56
	高度 H	m	7.5	$\lambda_H = 1:50$	0.15
等效质量	质量 m	kg/m	48336.8	$\lambda_m = 1:50^2$	19.3347
	质量惯性矩 J_m	$kg \cdot m^2/m$	6496250	$\lambda_J = 1:50^4$	1.0394
模态	正对称竖弯 f_h	Hz	0.1224	27.53	3.37
	竖弯风速比 m_h	m/s		$\lambda_v = 1:1.81$	
	正对称扭转 f_t	Hz	0.2904	26.31	7.64
	扭转风速比 m_t	m/s		$\lambda_v = 1:1.9$	
阻尼	竖弯阻尼比 ζ_h	%	0.5	$\lambda_\zeta = 0.604:1$	0.302
	扭转阻尼比 ζ_t	%	0.5	$\lambda_\zeta = 0.604:1$	0.302

10.2.2　节段模型测力试验

已有研究表明,大跨度桥梁的静风失稳可能在颤振前发生,而且大跨度桥梁的静风失稳模式会因桥型不同而表现出较大的差异。桥梁断面的静力三分力系数是风攻角的函数,对于全桥结构而言,主梁在静力三分力作用下会产生扭转变形,因此在静力三分力系数确定后,根据梁沿桥轴线方向的扭转变形就可以确定全桥的静风荷载分布。

节段模型测力试验一般分为成桥与施工两种状态进行。施工状态的测力试验在无钢护栏及防撞栏杆等后期附属构件的边主梁断面上进行。根据计算分析需要,通常测试施工及成桥状态下主梁断面在 $-12° \sim +12°$ 范围内 25 个风攻角下的静力三分力系数。节段模型的测力结果是计算静风荷载、进行静风稳定性分析及三维颤抖振有限元分析等的基础。

(1)节段模型测力风洞试验概况

刚性节段测力风洞试验的目的是测定主梁定常三分力系数,包括气动阻力系数、气动升力系数和绕桥轴线的升力矩系数。在测力试验中,主梁断面只需模拟其几何外形而不需要模拟测振试验中的质量和振动频率特性。采用缩尺模型进行试验(常规模型缩尺比为1∶50),可将直立的模型通过底座固定在六分量高精度天平上,直接测量特定风速和风向角下作用在模型上的三分力时程并计算各分量的平均值,进而得到不同来流风攻角下的三分力系数。也可以将节段模型水平架立,两端布置测力天平进行试验。刚性节段模型测力试验布置如图 10.2.9 所示。

图 10.2.9 刚性节段模型测力试验布置

为了保证试验的准确性,取两组不同试验风速进行测试,并将两组结果进行比对验证。分别针对施工状态和成桥状态的节段模型进行 -12° ~ +12°范围内 25 个攻角下的三分力测力试验。模型试验时攻角的变化通过自动控制的转盘进行调节。

(2)主梁断面静力三分力系数定义

在风攻角 α 的作用下,加劲梁断面上气动三分力坐标系的定义如图 10.2.10 所示。常用的坐标系有两个,即风轴坐标系和体轴坐标系。风轴坐标系由顺风向的阻力轴 F_D和与之垂直的升力轴 F_L组成,体轴坐标系基于结构断面自身轴系建立,其中竖向气动力为 F_V,垂直于桥轴线的横向气动力为 F_H,两种坐标系中的升力矩 M_T 是一致的,都是绕桥梁轴线方向建立的,如图 10.2.10 所示。

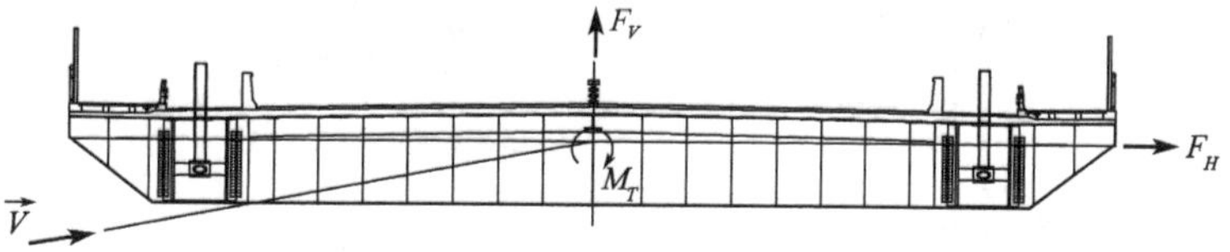

a)体轴坐标系

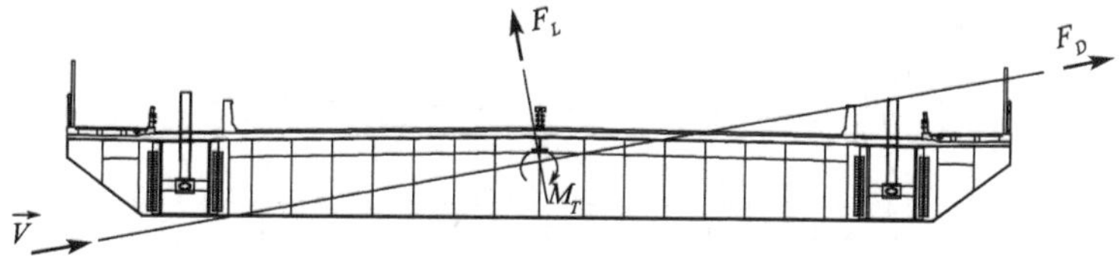

b)风轴坐标系

图 10.2.10 主梁断面三分力坐标系及风攻角示意

主梁断面体轴与风轴坐标系下的阻力系数、升力系数和升力矩系数分别为：

体轴坐标系：

$$C_H = \frac{F_H}{1/2\rho U_\infty^2 HL} \quad C_V = \frac{F_V}{1/2\rho U_\infty^2 BL} \quad C_M = \frac{M_T}{1/2\rho U_\infty^2 B^2 L} \tag{10.2.4}$$

风轴坐标系：

$$C_D = \frac{F_D}{1/2\rho U_\infty^2 HL} \quad C_L = \frac{F_L}{1/2\rho U_\infty^2 BL} \quad C_M = \frac{M_T}{1/2\rho U_\infty^2 B^2 L} \tag{10.2.5}$$

式中：U_∞——试验参考风速；

ρ——空气密度，$\rho = 1.225\text{kg/m}^3$；

L——测力节段模型长度。

阻力系数以主梁高度 H 为参考长度；升力系数、气动升力矩系数均以主梁断面的宽度 B 为参考长度。在实际桥梁结构风荷载计算时，一般采用桥梁断面体轴坐标系表达三分力系数。

风轴坐标系下气动力三分力系数的定义与体轴坐标系下气动力系数之间存在一个转化关系。依据图 10.2.10，容易得到主梁断面体轴坐标系下三分力系数与风轴坐标系下的三分力系数之间的转化关系为：

$$C_H = \frac{F_H}{1/2\rho U_\infty^2 HL} = C_D\cos\alpha - C_L\frac{B}{H}\sin\alpha \tag{10.2.6}$$

$$C_V = \frac{F_V}{1/2\rho U_\infty^2 BL} = C_D\frac{H}{B}\sin\alpha + C_L\cos\alpha \tag{10.2.7}$$

升力矩系数在风轴坐标系和体轴坐标系下的表达式相同。这里需要指出，测力试验时模型与天平是同时转动的，因此天平上测得的力总为体轴坐标系下的气动力，然后可按照式(10.2.6)和式(10.2.7)计算风轴坐标系下的气动力。

(3)三分力系数测试案例

①成桥状态。

采用两种来流试验风速(5m/s 和 8m/s)对某大跨桥梁断面进行测力试验，测试结果表明两种风速下计算得到的三分力系数基本相同。成桥状态主梁断面在体轴坐标系下的三分力系数测试结果如图 10.2.11 所示。

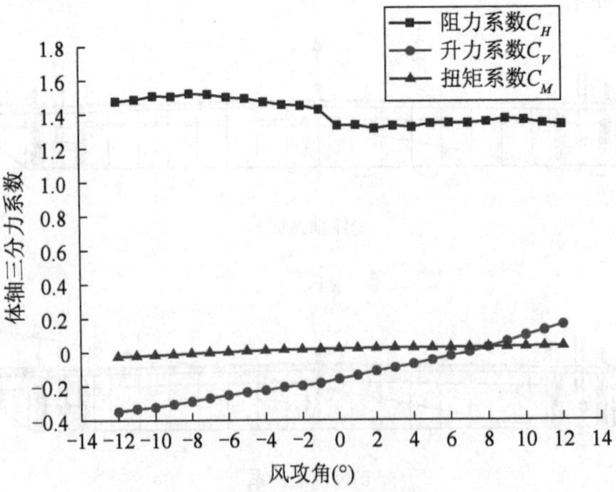

图 10.2.11　成桥状态主梁断面体轴坐标系下三分力系数

②施工状态。

施工状态主梁断面在体轴坐标系下的三分力系数测试结果如图 10.2.12 所示。

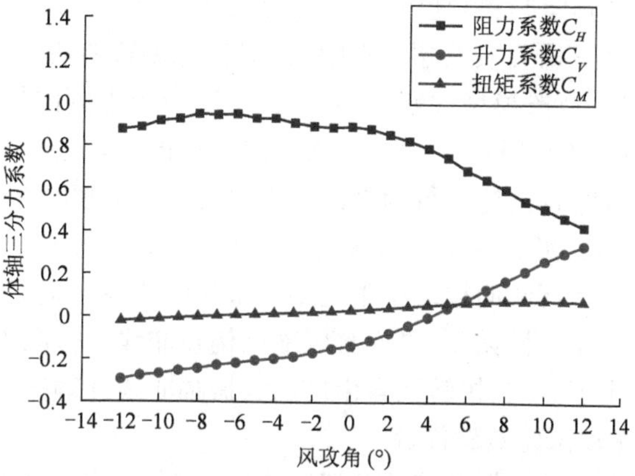

图 10.2.12　施工状态主梁断面体轴坐标系下三分力系数

10.2.3　节段模型大幅弯扭自由振动试验

(1)传统装置的弊端

目前风洞试验普遍采用的自由振动试验装置如图 10.2.13 所示，其具体构成为：节段模型 5 的两端通过端轴 4 固结在刚性吊臂 3 上，其中需保证节段模型旋转中心与吊臂中心重合，四根上弹簧 1 一端固定于上吊点，另一端固定于吊臂 3 的两端；同样地，下弹簧 2 一端固定于下吊点，另一端固定于吊臂 3 的两端，此外需保证四根上(或下)弹簧的参数一致。

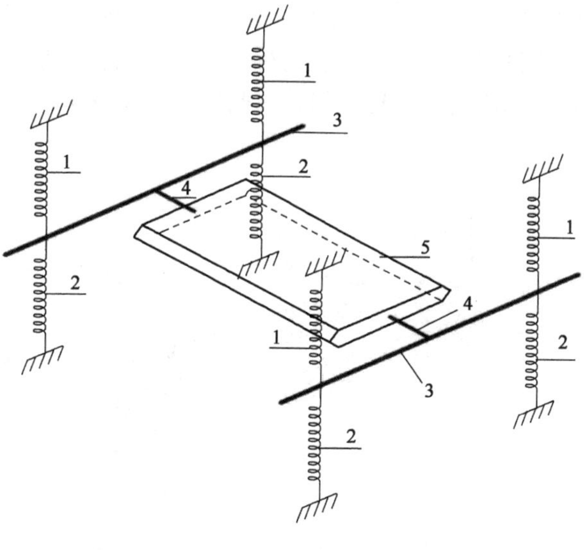

图 10.2.13　传统节段模型自由振动悬挂装置

节段模型竖向刚度由竖直悬挂弹簧刚度提供，扭转刚度由弹簧刚度和弹簧之间的吊点间距 r 确定。当扭转振幅较小时，弹簧侧向倾斜角度较小，基本满足线性几何刚度，此时可以忽略非线性行为。当节段模型进行大幅竖向扭转耦合振动，尤其是大幅扭转振动时，弹簧侧向倾斜十分明显(同等扭转振幅下,弹簧之间的吊点间距 r 越大,倾斜角度也越大),将不再满足弹簧线性几何刚度条件。此时系统竖向和扭转刚度不再保持常数,而是表现出显著的振幅依赖性,且扭转振幅越大,弹簧侧向倾斜角度越大。许福友详细推导了大幅扭转振动下传统装置扭转刚度折减率的理论公式,其研究表明扭转振幅 20°时传统装置的扭转刚度折减率高达 8.8%,显然这已不能忽略。另外,节段模型大幅振动时,弹簧还会产生侧向振动,该振动随振幅的增大而增大,蕴含着复杂的非线性行为。此外,该侧向振动的振幅还与模型持续振动的时间有关,产生难以量化的非线性阻尼,这一行为将进一步促使静风下短时自由衰减获得的装置机械特性(阻尼和频率)无法与后颤振大幅长时振动的机械特性保持一致。

大幅弯扭耦合振动下弹簧侧向振动衍生的难以量化的非线性阻尼会对后续非线性气动阻尼的量化产生不可接受的非线性误差,进而难以准确构建非线性自激力模型。因此,传统自由振动风洞试验装置不适用于竖向、扭转两自由度的大振幅非线性颤振的相关研究。

(2)新型大幅自由振动试验装置简介

图 10.2.14 为新型大幅自由振动试验装置示意图,该装置最先由大连理工大学许福友老师团队研发。该装置由节段模型 1、轻质刚性细绳 2、竖向拉伸弹簧 3、轻质轮毂 4 和侧向限位钢丝 5 组成。主梁节段模型两端通过端轴分别与轮毂圆心固定,并且轮毂圆心与节段模型形心保证在同一直线上。刚性细绳缠绕于轮毂槽内,并固定于轮毂顶部或底部,保证节段模型和轮毂在竖向扭转耦合振动过程中,刚性细绳与轮毂之间仅发生相对滚动,无滑动摩擦。侧向限位钢丝起到限制侧向振动的作用。该装置通过改变轮毂半径和弹簧刚度来改变扭转刚度,轮毂可用轻质刚性铝型材加工制作,以满足节段模型富余可调质量的要求。当节段模型做纯扭转振动时,可以发现该装置通过将刚性细绳限制在轮毂槽内做滚动运动从而巧妙地将扭转运动转化为上下弹簧的纯竖向伸缩变形。不论扭转振幅大小,均不会引起弹簧侧向倾斜和侧振,也就不会给系统引入非线性刚度和不可量化的非线性阻尼问题,显著提高了非线性气弹试验的精度。另外,该装置的机械阻尼比较小,仅 0.1% ~0.2% 左右,满足大跨桥梁低阻尼比的试验要求,同时也具有更广泛的阻尼比调控空间。因此该新型装置可用于桥梁大幅弯扭耦合振动风洞试验。

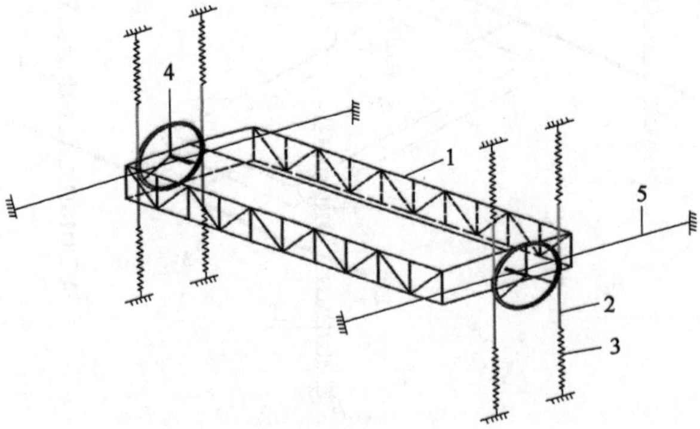

图 10.2.14　新型大幅自由振动悬挂装置

(3)新型大幅自由振动试验装置的改进

上述新型装置在使用过程中仍存在如下缺陷:提供竖向刚度的弹簧和提供扭转刚度的弹簧是同一套弹簧,二者是耦合在一起的,相互影响和制约。对于一座特定的桥梁,当试验前确定了试验的风速比和模型缩尺比之后，模型的竖向刚度 K_h 和扭转刚度 K_α 是唯一确定的。假设图 10.2.14 中的所有竖向弹簧的总刚度为 K，轮毂半径为 r，则 $K_h = K, K_\alpha = K \times r^2$，因此弹簧力臂距离 r（即轮毂半径）是唯一确定的，通过竖向弹簧的总刚度 K 和竖向弹簧的力臂距离 r 两个参量唯一调控模型的竖向刚度 K_h 和扭转刚度 K_α 两个目标参量，这意味着对于不同的桥梁测振试验，上述新型装置需要加工制作不同半径的轮毂，且当所需轮毂半径 r 很大时，轮毂质量可能过大导致最终无法达到模型弯扭频率比与实桥弯扭频率比一致的试验要求。另外，在研究中若需要通过调控 r 来调控结构参数（弯扭频率比）对非线性颤振的影响，也需要制作不同半径的轮毂。从控制变量的角度来看，不同的轮毂可能会引入其他不确定的变因。因此试验灵活性明显缺失，试验成本明显增加。

本书进一步改进了上述新型大幅自由振动装置，如图 10.2.15 所示。相对上述新型装置，改进的新型装置增加了轴承座和刚性吊臂两个部件。该改进的新型装置通过刚性轴在轴承座内可自由旋转，实现刚性节段模型在大幅竖向和扭转耦合振动的过程中，刚性吊臂仅做竖向运动而不做扭转运动，从而保证上弹簧仅发生竖向伸缩变形而不发生侧向倾斜，且仅提供竖向刚度而不提供扭转刚度，下弹簧仅发生竖向伸缩变形而不发生侧向倾斜，同时提供竖向刚度和扭转刚度。假设每根上弹簧的刚度为 k_1，每根下线性拉伸弹簧的刚度为 k_2，带凹槽的圆轮毂半径为 r，则该改进新型装置的竖向刚度为 $K_h = 4k_1 + 4k_2$，扭转刚度为 $K_\alpha = 4k_2 \cdot r^2$。可以发现，能够通过灵活调控三个变量 k_1、k_2 和 r 来控制两个目标值 K_h 和 K_α。在试验中只需选用一个适中半径 r 的圆轮毂，再调控 k_1 和 k_2 即可达到任意桥梁所需的 K_h 和 K_α 目标值。

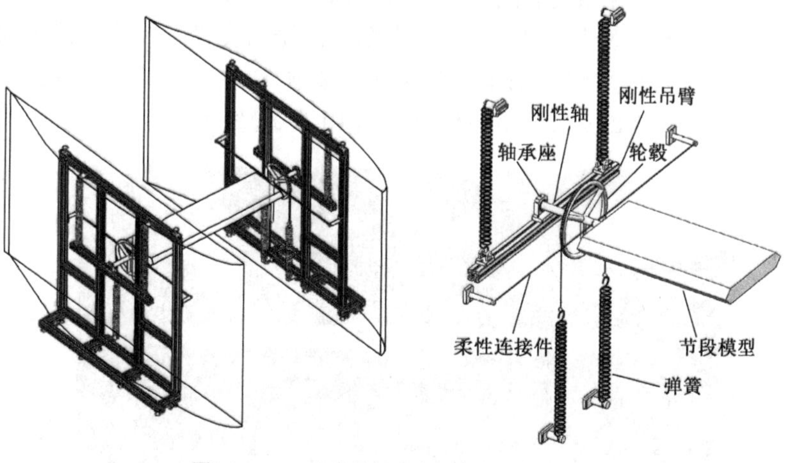

图 10.2.15　改进的新型大幅自由振动悬挂装置

综上所述，该改进的新型大幅自由振动装置利用轴承将传统装置中耦合的竖向刚度和扭转刚度解耦分离出来，并通过轻质刚性圆轮毂、轻质高强钢丝、线性拉伸弹簧单独配置扭转线性刚度。由于独立配置的扭转刚度可通过调控线性拉伸弹簧的刚度和轻质刚性轮毂的直径两个参数实现，因此，比上述新型装置具备更高的灵活性。后续章节将采用该新装置开展大振幅自由振动非线性气弹试验，并验证该装置在开展大振幅自由振动试验中的优势。

（4）试验案例

基于与 10.2.1 节相同的牂牁江特大桥工程背景，节段模型大振幅自由振动风洞试验在大连理工大学 DUT-1 边界层风洞中进行，如图 10.2.16 所示。该风洞是一座单回流闭口式边界层风洞，整体轮廓为43.8m×13.1m×6.18m（长×宽×高），试验段长18m，横断面宽3m，高2.5m，入口截面面积7.5m²，出口截面面积7.86m²；风速范围可由1～50m/s连续变化，空风洞来流紊流度<0.5%（占截面总面积75%以上），纵向和竖向平均气流偏角均小于0.5°，能够保证节段模型试验在较为理想的均匀流场下进行。

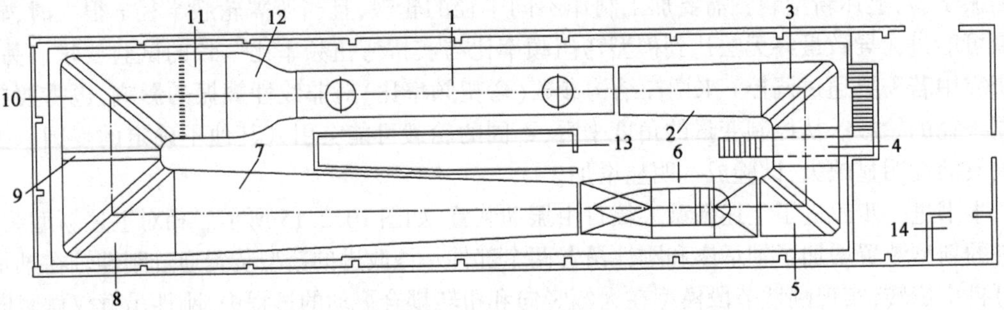

图10.2.16　风洞试验室布置图

1-试验段；2-第一扩散段；3-第一拐角；4-第二扩散段；5-第二拐角；6-动力段；7-第三扩散段；8-第三拐角；9-等直段；10-第四拐角；11-稳定段；12-收缩段；13-控制室；14-调速配电室

本次试验采用4个激光位移计（日本Keyence的IL-300）测量位移，量程为－14～＋14cm，信号采样频率为512Hz。另外，所有弹簧、轮毂和位移传感器均放置在风洞外部，以确保气动力仅作用于节段模型，保证来流的二维性，并避免弹簧、轮毂和位移传感器对均匀流场的干扰。

为增大试验中气动阻尼在系统总阻尼中的占比以降低气动阻尼的量化误差，需采用机械阻尼较小的自由振动装置。本节采用上述新型大幅自由振动装置以保证扭转振幅达到15°时机械阻尼比仍小于0.3%，后文将详细阐述机械阻尼随振幅的演变规律，以论证该装置的优势。风洞中采用新型悬挂装置安装的节段模型如图10.2.17所示。

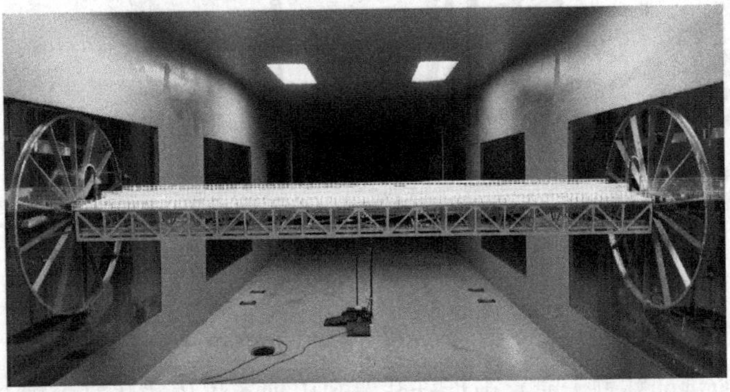

图10.2.17　新型大幅振动装置安装的节段模型布置图

10.3　全桥气动弹性模型试验

1954年，Farquharson对风毁的塔科马海峡桥进行了全桥模型试验，开创了用全桥气弹模型试验检验桥梁抗风性能的先河。随着桥梁结构风工程的迅速发展，特别是20世纪60年代以来，湍流对桥梁结构的影响逐渐受到关注，桥梁抖振、气动稳定性和桥梁结构的涡激振动等都受到湍流的影响。全桥气动弹性模型试验可更为充分地模拟大气边界层的湍流,更为直接地模拟桥梁结构在湍流风作用下的气动响应。在 20 世纪 70—80 年代,世界各地建立了许多风洞用于开展全桥模型试验。全桥气动弹性模型试验可以更为真实地反映桥梁结构在实际大气边界层中的气动稳定性和风致振动响应,对于特别重要的大跨桥梁一般都要进行全桥模型的风洞试验来检验。

10.3.1　全桥气弹模型试验相似理论

为了确保全桥气弹模型真实地反映实际桥梁结构在大气边界层中的振动响应,必须满足如下两个条件:

①模型试验的流场与实际桥位附近的流场相似;

②全桥气弹模型试验与实际桥梁结构的动力特性和外形相似。

(1)空气动力学试验相似准则介绍

两个同一类物理现象,如果在对应点上对应瞬时所有表征现象的相应物理量都保持各自的固定比例关系,则称两个现象相似。两个现象相似,则对应点的由一些特征物理量组合而成的无量纲参数是相同的,这些无量纲参数叫作相似准则。空气动力学中常见的相似准则有雷诺数、马赫数、斯托罗哈数、普朗特数、比热比、弗劳德数等。由于雷诺数和马赫数已在前面介绍过,此处不赘述。其他参数简介如下。

①斯托罗哈数(Strouhal number) St。

斯托罗哈数 St 是非定常运动惯性力与惯性力之比,即

$$St = \frac{\rho v/t}{\rho v^2/l} = \frac{l}{vt} \tag{10.3.1}$$

斯托罗哈数 St 是表征流动非定常性的相似准则,是非定常空气动力试验中要模拟的相似准则。在实际试验中可用特征频率 $f=1/t$ 来代替 t,则斯托罗哈数 St 为:

$$St = \frac{lf}{v} \tag{10.3.2}$$

当研究涡旋脱落、颤振等时,空气动力现象与周期性运动的频率有关,试验中需要模拟斯托罗哈数。

②普朗特数 Pr。

普朗特数 Pr 为衡量气体黏性和热传导相对大小的无量纲量,即

$$Pr = \mu c_p/\lambda \tag{10.3.3}$$

式中:μ——空气的黏性系数;

c_p——定压比热;

λ——空气热导率。

③比热比 γ。

比热比 γ 为定压比热与定容比热之比,即

$$\gamma = \frac{c_p}{c_v} \tag{10.3.4}$$

式中：c_p——定压比热；

c_v——定容比热。

一般风洞中空气的温度与大气中的温度接近，风洞中空气的 γ 等于大气中的 γ。一般风洞中空气的 Pr 数与大气中的 Pr 数也很接近，因此在风洞试验中 γ 和 Pr 这两个相似准则都是满足要求的。

④弗劳德数（Froude number）Fr。

弗劳德数 Fr 为惯性力与重力之比的平方根，即

$$Fr = \sqrt{\frac{\rho v^2/l}{\rho g}} = \frac{v}{\sqrt{gl}} \tag{10.3.5}$$

式中：v——空气速度；

g——重力加速度；

l——结构截面特征长度。

弗劳德数 Fr 是表征重力对流动影响的相似准则，弗劳德数相等就是重力作用相似。对于风洞中常见的静态测力试验和测压试验可不考虑弗劳德数，全桥模型试验则要考虑弗劳德数 Fr 的相似。

（2）大气流动的风洞模拟

风洞试验要确保模型所在流场与实际桥梁结构流场相似，则必须满足以下几个特性的相似：a. 平均风速随高度的变化；b. 湍流的强度与积分尺度随高度的变化；c. 顺风向、横风向及垂直方向的湍流谱与湍流互谱。在进行风洞流场模拟时，一般可采用尖塔 + 粗糙元来进行模拟，如图 10.3.1 所示。

图 10.3.1　尖塔 + 粗糙元流场模拟

①尖塔设计方法。

a. 选定要求的边界层厚度 δ；

b. 选定要求的平均风速轮廓线形状，从而确定其指数律的幂指数 α；

c. 根据下式求出塔高 h（图 10.3.2）：

$$h = 1.39\delta/(1 + \alpha/2) \tag{10.3.6}$$

d. 根据图 10.3.3 求出尖塔边界宽度，图中 H 为风洞试验段高度。

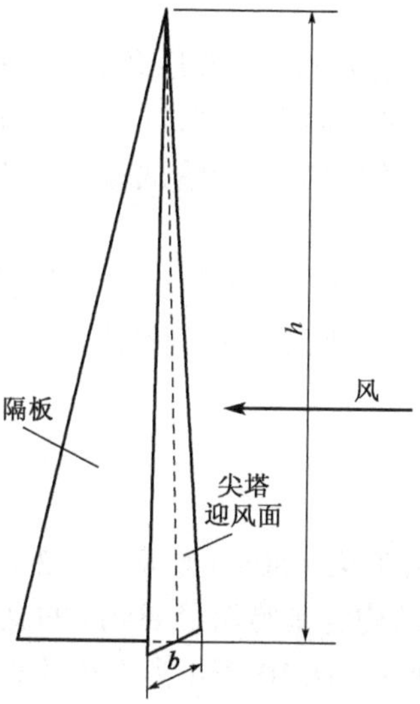

图 10.3.2 一种尖塔设计方案图

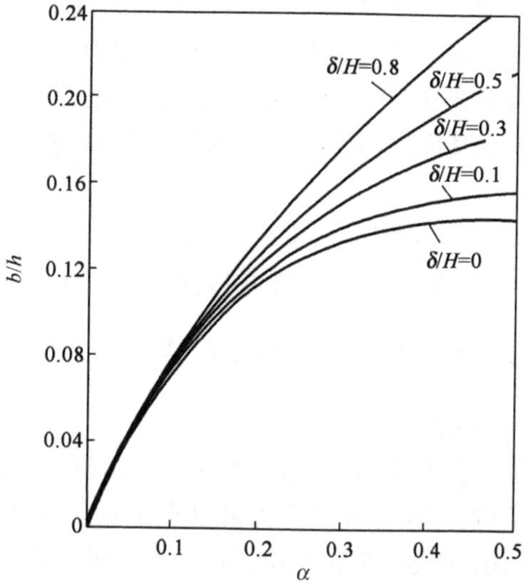

图 10.3.3 尖塔底边宽度确定曲线图

根据以上设计方案,可以在尖塔下游 $6h$ 的地方获得满足要求的平均风速轮廓线。

②粗糙元设计方法。

在尖塔的下游风洞底壁铺设粗糙元,其尺寸满足如下关系:

$$k/\delta = \exp\{2/3\ln(D/\delta) - 0.1161\left[(2/C_f) + 2.05\right]^{1/2}\} \tag{10.3.7}$$

式中:D——粗糙元的间距。

$$C_f = 0.136\left[\alpha/(1+\alpha)\right]^2 \tag{10.3.8}$$

以上设计方法适用于 $30 < \delta D^2/k^3 < 2000$ 的情况。

(3)全桥气弹模型设计的基本原则

在全桥气弹模型风洞试验中,不仅要模拟结构外形几何尺寸,还要模拟反映结构与气流相互作用的气动弹性效应。一般来说,气弹模型设计时的相似准则包括结构的长度、密度、弹性和阻尼相似及气流密度和黏性、速度和重力加速度等相似,这些物理量可用几个无量纲参数来表示,如 Froude 数、Reynolds 数、Strouhal 数、Cauchy 数、密度比、阻尼比等。对于桥梁结构,气弹模型应满足相似准则的无量纲参数为:

①重力参数(或弗劳德数,Froude Number):gb/U^2;

②黏性参数(或雷诺数,Reynolds Number):$\rho Ub/\mu$;

③刚度参数(或柯西数,Cauchy Number):$EA/(\rho U^2 b^2)$,$EI/(\rho U^2 b^4)$,$GJ/(\rho U^2 b^4)$;

④质量参数(或密度比):$m/(\rho b^2)$,$I_m/(\rho b^4)$;

⑤阻尼参数(或阻尼比):ζ。

其中,ρ 为空气密度;U 为风速;b 为结构特征尺寸;g 为重力加速度;μ 为空气动力黏性参数;EA、EI、GJ 为拉伸刚度、弯曲刚度和自由扭转刚度;m、I_m 为单位长度的质量和质量惯矩;ζ 为结构阻尼比。

在气动弹性模型设计中,刚度参数、质量参数的相似性条件需要严格满足,以保证模型的结构动力特性,模型的位移、内力等力学参量与原型相似。悬索桥重力刚度对结构行为的影响较大,气弹模型还需满足重力参数相似性的要求。

在常压下的大气边界层风洞中,满足黏性参数(雷诺数)的相似性条件几乎是不可能的。对于桥梁这类钝体结构而言,由于气流的分离点几乎是固定不变的,雷诺数条件的差异并不显著影响其模型与原型之间的流态相似,忽略雷诺数的影响不会给试验结果带来明显的误差。

经验表明:气动弹性模型的结构阻尼比通常都低于实桥值,为了使试验结果更接近要求值,试验中可对桥塔外模的缝隙进行处理,使主要模态的阻尼比基本达到要求。

10.3.2 悬索桥全桥模型试验实例

(1)项目概述

大桥全桥共5联,孔跨布置为4×40m预应力混凝土T梁+808m悬索桥+2×120m预应力混凝土T构+7×30m预应力混凝土T梁。主桥上部结构为单跨跨径808m的悬索桥,主缆矢跨比1:10,主梁采用钢箱梁,加劲梁宽39.6m,高3.08m。图10.3.4为大桥的总体布置图,图10.3.5为加劲梁断面图。

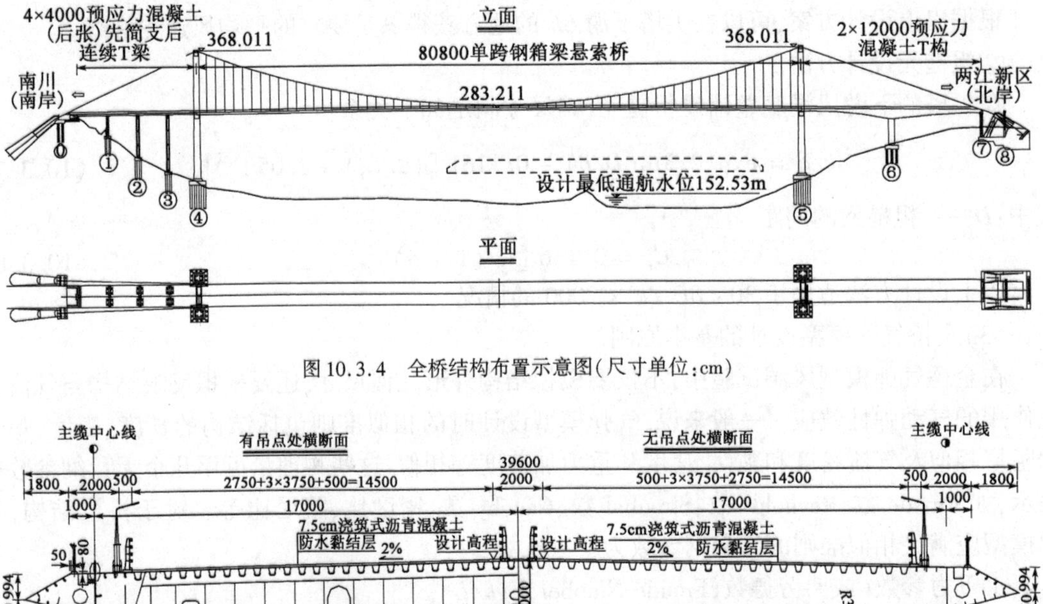

图10.3.4 全桥结构布置示意图(尺寸单位:cm)

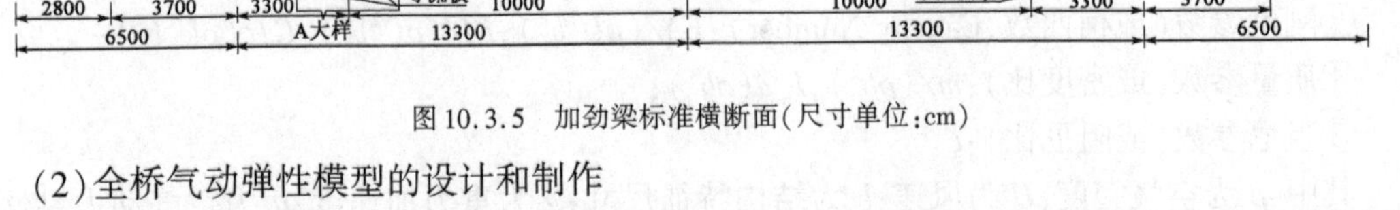

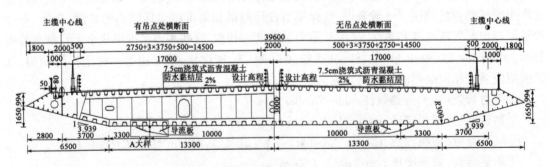

图10.3.5 加劲梁标准横断面(尺寸单位:cm)

(2)全桥气动弹性模型的设计和制作

为了满足风洞试验段尺寸(宽8.5m,高2.0m,长15.0m)要求,试验中采用1:160的几何缩尺比进行全桥气弹模型的设计与制作,由此可知全桥气弹模型与实桥的相似关系如表10.3.1所示。模型设计时采用刚性骨架加外衣与配重的设计方法,其中刚性骨架用于模拟结构刚度,外衣用于模拟结构的气动外形,配重用于模拟结构的质量特性。

全桥气动弹性模型相似比 表 10.3.1

参数	符号	单位	相似比	相似要求
长度	L	m	$\lambda_L = 1:160$	几何相似比
风速	U	m/s	$\lambda_U = (\lambda_L)^{0.5} = 1:12.65$	Froude 数
频率	f	Hz	$\lambda_f = \lambda_U/\lambda_L = 12.65:1$	Strouhal 数
时间	t	s	$\lambda_t = 1/\lambda_f = 1:12.65$	Strouhal 数
单位长度质量	m	kg/m	$\lambda_m = (\lambda_L)^2 = 1:160^2$	密度比
单位长度质量惯性矩	J_m	kg · m^2/m	$\lambda_m = (\lambda_L)^4 = 1:160^4$	密度比
弯曲刚度	EI	N · m^2	$\lambda_{EI} = (\lambda_L)^5 = 1:160^5$	Cauchy 数
扭转刚度	GJ_d	N · m^2	$\lambda_{GJ} = (\lambda_L)^5 = 1:160^5$	Cauchy 数
拉伸刚度	EA	N	$\lambda_{EA} = (\lambda_L)^3 = 1:160^3$	Cauchy 数
模态阻尼比	ζ	—	$\lambda_\zeta = 1$	阻尼比

①加劲梁设计。

加劲梁的竖向弯曲、横向弯曲及扭转刚度均需满足相似性要求，根据以往的设计经验，为满足后续加劲梁设计质量及质量惯性矩的要求，芯梁质量不宜过大，故芯梁采用容重较小的金属铝加工成槽形截面。经反复调整芯梁截面尺寸，并由 ANSYS 计算确认，最终的几何形状如图 10.3.6 所示。表 10.3.2 给出了槽形芯梁的刚度值，由表可知，芯梁截面较精确地满足了上述三个刚度的相似性要求。因振动模态不依赖于加劲梁的拉伸刚度，故设计中未加以严格模拟。

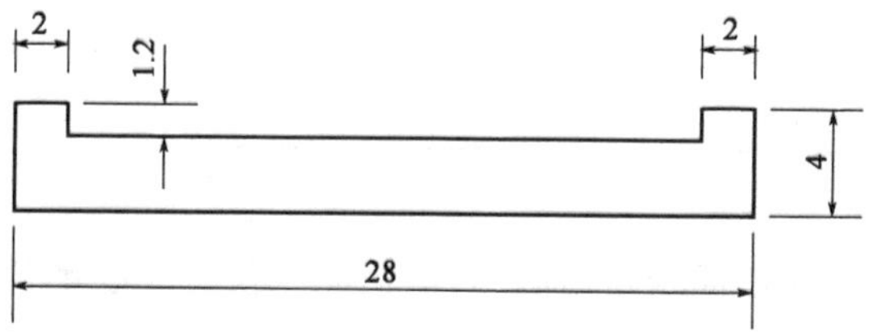

图 10.3.6 槽形芯梁(尺寸单位：mm)

实桥加劲梁与槽形芯梁等效截面惯性矩比较 表 10.3.2

参数	实桥值	模型目标值	模型设计值	误差
竖向弯曲刚度(N · m^2)	5.01×10^{11}	4.77	4.82	0.85%
侧向弯曲刚度(N · m^2)	4.29×10^{13}	409.07	408.92	-0.04%
扭转刚度(N · m^2)	5.55×10^{11}	5.29	5.25	-0.64%

芯梁全长为 5050mm，为了便于吊索与加劲梁节段有效连接，在芯梁两侧分布有鱼骨梁，如图 10.3.7 所示。加劲梁的气动外形由轻质 ABS 板制作而成，全桥加劲梁在其长度范围内共分 68 段，其中标准段(A 段)为 64 段，长度均为 75mm；合龙段(B 段和 C 段)共 2 段，长度均为 56.25mm；梁端节段(D 段和 E 段)共 2 段，长度分别为 63.75mm 和 73.75mm，各分段情况如图 10.3.8 所示。设计时，各梁段之间有 2mm 的空隙，以消除梁段外模对模型刚度的影响。铅配重对称布置于梁段边缘的指定位置，以使加劲梁质量及质量惯性矩同时满足相似性

要求。表10.3.3为模型制作完成后加劲梁标准节段质量和质量惯性矩的统计值，由表可知，通过配置配重块可使模型值达到设计目标值，因此加劲梁的设计方案满足要求。

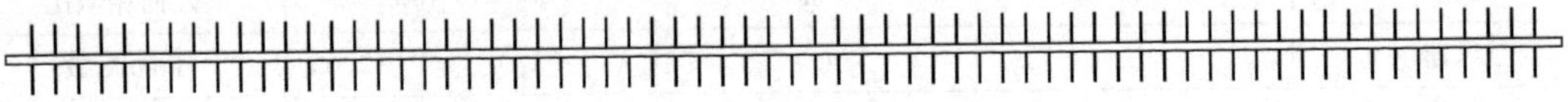

图10.3.7 芯梁及其两侧的鱼骨梁

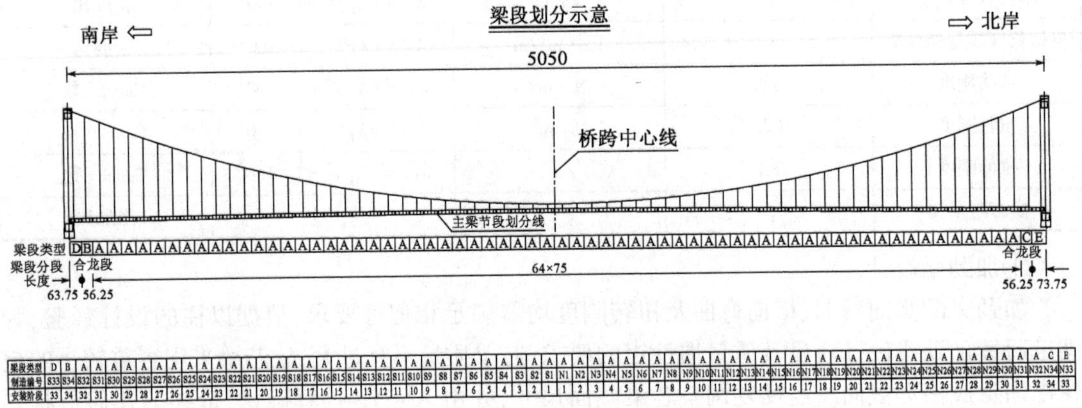

图10.3.8 加劲梁分段示意(尺寸单位:mm)

加劲梁节段质量和质量惯性矩统计值　　表10.3.3

节段参数	实桥值	模型目标值	芯梁	外衣	模型实际值	配重
质量(g)	2.88×10^{8}	70.37	22.72	39.63	62.35	8.02
质量惯性矩($g\cdot mm^2$)	3.50×10^{16}	333986.90	28769.96	193389.03	222158.99	111827.91

②主缆设计。

气弹模型中主缆按轴向拉伸刚度相似、质量相似以及所受准定常风荷载相似的原则进行设计。

根据刚度相似原则确定主缆钢丝直径，主缆材料采用钢丝。气弹模型的几何缩尺比 $n=160$，模型主缆钢丝的弹性模量 $E_m\approx1.83\times10^{11}$Pa，根据模型主缆拉伸刚度相似的要求，有

$$\frac{E_m A_m}{E_p A_p}=\frac{1}{n^3} \tag{10.3.9}$$

$$D_m=\sqrt{\frac{4A_m}{\pi}}=\sqrt{\frac{4A_p E_p}{\pi n^3 E_m}}\approx\sqrt{\frac{4\times0.2743003\times2.0\times10^{11}}{3.14\times160^3\times1.83\times10^{11}}}=0.00031(\mathrm{m})=0.31\mathrm{mm}$$

其中，下标m和p分别表示模型和实桥。由于市场上难以购买到0.31mm规格的钢丝，为保证全桥气弹模型在大风速下的试验安全性，在此偏安全地取主缆钢丝直径为0.4mm。

根据质量相似和准定常风荷载相似原则，确定主缆的配重质量和几何外形。考虑到主缆静风荷载与质量都要满足相似比的要求，因此采用质量较轻的铝柱来模拟。经过计算，确定在吊索与主缆的连接处以及两吊索之间主缆部分的中点处配置铝柱，铝柱长度为17.6mm，直径

为 9.6mm，数量 266 个。表 10.3.4 为单边主缆配重设计的质量和挡风面积核算，由表可知，目前的主缆配重方案满足要求。

单边主缆配重质量和挡风面积　　表 10.3.4

参数	实桥值	模型目标值	模型实际值	误差
质量(kg)	1876172.36	0.4580	0.4575	-0.1%
挡风面积(m^2)	575.69	0.0225	0.0225	0.0%

③吊索设计。

吊索是受拉构件，根据相似理论应按拉伸刚度相似的原则确定模型吊索直径。实桥吊索的弹性模量 $E_p = 2.0\times10^{11}$ Pa，模型几何缩尺比 $n = 160$，模型吊索采用钢丝，材料弹性模量 $E_m = 1.83\times10^{11}$ Pa，由此可以计算模型中吊索的钢丝直径：

$$D_m = \sqrt{\frac{4A_m}{\pi}} = \sqrt{\frac{4A_pE_p}{\pi n^3 E_m}} \approx \sqrt{\frac{4\times0.003337942\times2.0\times10^{11}}{3.14\times160^3\times1.83\times10^{11}}} = 0.000034(\mathrm{m}) = 0.034\mathrm{mm}$$

按刚度相似原则确定的模型吊索直径非常小，购买和安装这样小的钢丝都存在较大的困难。考虑到吊索在悬索桥结构中不是主要受力构件，其主要作用是把加劲梁恒载及活载传递给主缆，且吊索的质量和挡风面积跟主缆和加劲梁相比都很小，因此可以不按照拉伸刚度相似原则设计吊索钢丝直径，而选择直径 0.3mm 的软钢丝作为吊索材料。吊索是圆柱形截面，通常不会产生自激力，对全桥颤振性能的影响也较小。因此，模型吊索在质量和挡风面积上的误差可以忽略。

④桥塔和边界条件设计。

全桥气动弹性模型的桥塔由桥塔芯梁、桥塔外衣以及配重三部分组成。桥塔芯梁用 A3 钢制成，并设计为矩形截面，以满足塔柱顺桥向与横桥向两个弯曲刚度的相似要求。塔柱芯梁的设计方法与加劲梁芯梁的设计相似，即先利用有限元模型计算实桥桥塔的弯曲刚度，再以缩尺后的顺桥向抗弯刚度和横桥向抗弯刚度为目标，分段设计出桥塔芯梁的截面尺寸。桥塔外衣用 ABS 板制成，并严格满足气动外形的相似原则，外衣分段间距为 2mm。铅配重用于调节各段的质量，使之满足质量相似要求。南川岸桥塔模型的分段情况如图 10.3.9 所示。塔梁边界条件采用 A3 钢特制，约束效果与实际情况保持一致。

基于以上设计，经过精细加工，最后制作完成的太洪长江大桥全桥气动弹性模型如图 10.3.10 所示。

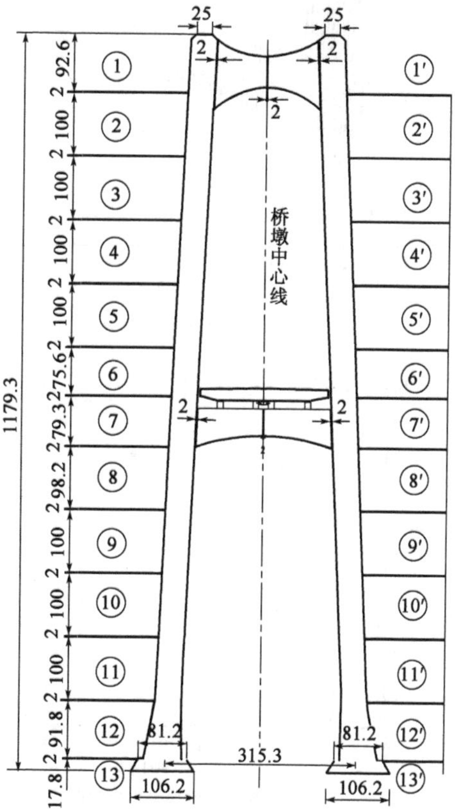

图 10.3.9　桥塔模型分段设计图(尺寸单位：mm)

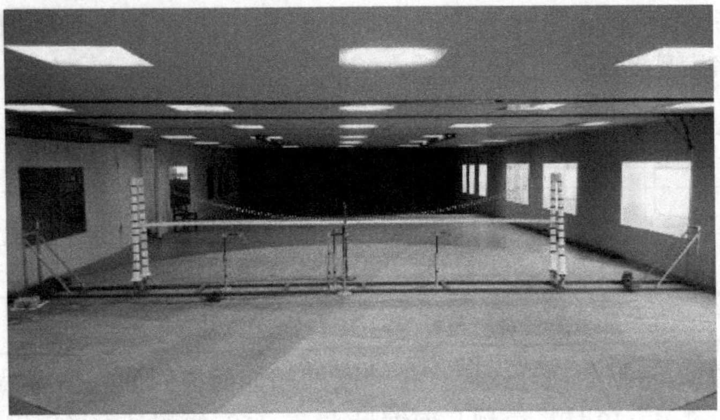

图 10.3.10　全桥气动弹性模型整体图(正式试验前)

(3)气弹模型动力特性检验

气弹模型在设计、加工和制作过程中都会存在一定的误差,为了保证制作加工的气弹模型能真实地反映实桥的动力特性,需要保证制作的气弹模型在动力特性上位于模型设计的理想目标值的误差范围内,为此通过人工激励的方法对桥梁模型进行动力特性测试。

①裸塔状态动力特性。

为保证全桥气弹模型动力特性的准确性,应先测试裸塔状态的动力特性。针对裸塔状态,采用激光位移计测量塔柱的顺桥向与横桥向两个方向的位移时程,典型顺桥向位移时程曲线如图 10.3.11 所示。由于本模型中两个塔柱的高度不一致,因此需要测试两个塔柱的动力特性。

南川岸桥塔(高塔)的顺桥向与横桥向的位移时程频谱分析如图 10.3.12 所示;两江新区岸桥塔(矮塔)的顺桥向与横桥向的位移时程频谱分析如图 10.3.13 所示。

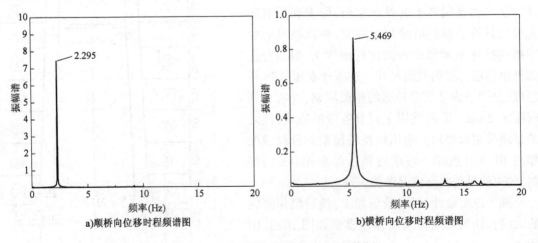

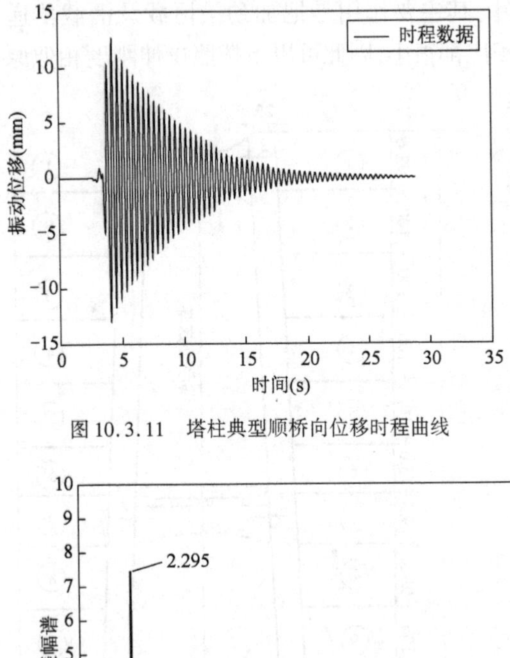

图 10.3.11　塔柱典型顺桥向位移时程曲线

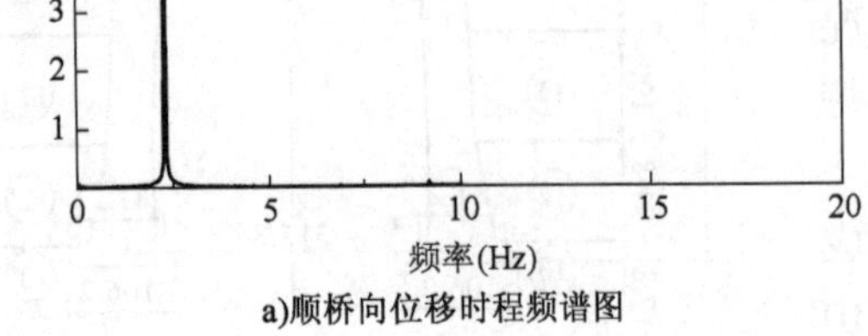

a)顺桥向位移时程频谱图

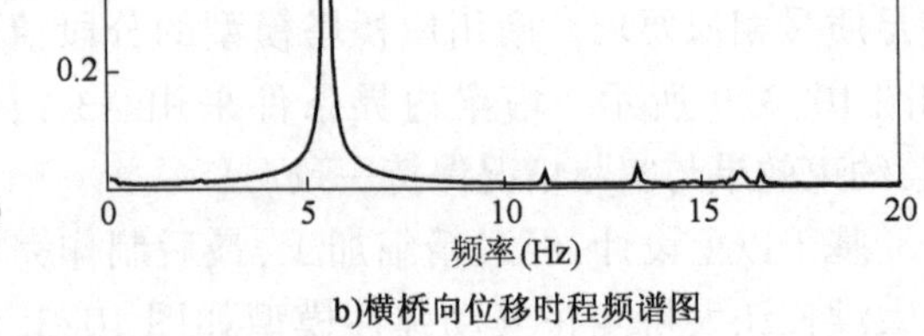

b)横桥向位移时程频谱图

图 10.3.12　南川岸桥塔(高塔)位移时程频谱分析

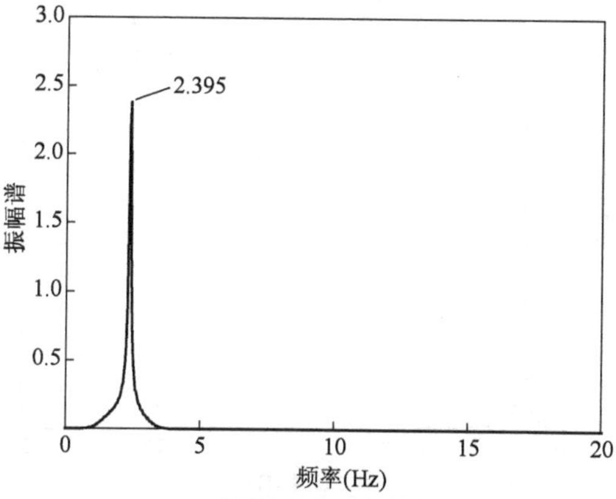

a)顺桥向位移时程频谱图

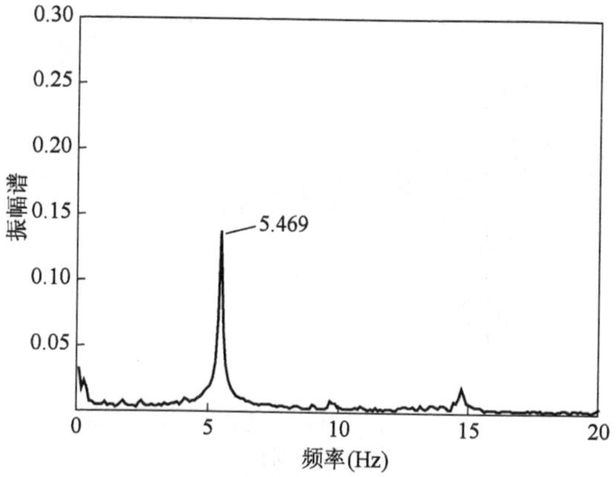

b)横桥向位移时程频谱图

图 10.3.13 两江新区岸桥塔(矮塔)位移时程频谱分析

将以上桥塔几阶模态动力特性的测试结果与目标值进行对比,结果如表 10.3.5 所示,其中桥塔的动力特性结果由有限元模型计算得到。由表 10.3.5 可知,南川岸桥塔的一阶顺桥向弯曲频率与一阶横桥向弯曲频率的误差在 1% 之内,而两江新区岸桥塔的一阶顺桥向弯曲频率与一阶横桥向弯曲频率的误差在 2% 左右,从上述对比可知,两桥塔模型的频率满足试验要求。

桥塔气动弹性模型频率实测值与目标值对比 表 10.3.5

振型	实桥频率(Hz)	模型目标频率(Hz)	模型实测频率(Hz)	误差
南川岸桥塔的一阶顺桥向弯曲	0.1807	2.2857	2.295	0.41%
南川岸桥塔的一阶横桥向弯曲	0.4296	5.4341	5.469	0.64%
两江新区岸桥塔的一阶顺桥向弯曲	0.1854	2.3451	2.395	2.08%
两江新区岸桥塔的一阶横桥向弯曲	0.4387	5.5492	5.469	-1.47%

②全桥气弹模型动力特性。

针对成桥状态的动力特性,采用激光位移计来测量加劲梁跨中竖向和横向位移时程以及 1/4 跨与 3/4 跨处的竖向、横向及扭转位移时程。测量加劲梁横向模态时,激光位移计固定在加劲梁横向上,测量竖弯模态时,激光位移计竖向固定在桥面板上。根据不同模态的特点采取不同的人工激振方式可激发出上述各阶模态,然后经过频谱分析可确定气弹模型各阶模态的频率和振型。图 10.3.14 为一阶正对称横向弯曲振型自由振动时程曲线及其频谱分析,由图可知,模型实测的一阶正对称横向弯曲频率为 1.468Hz,阻尼比约为 0.546%。图 10.3.15 为一阶正对称竖向弯曲振型自由振动时程曲线及其频谱分析,由图可知,模型实测的一阶正对称竖向弯曲频率为 2.168Hz,阻尼比约为 0.412%。图 10.3.16 为一阶正对称扭转振型自由振动时程曲线及其频谱分析,其中时程数据 1 和时程数据 2 分别为加劲梁跨中宽度方向迎风侧和背风侧的两个激光位移计时程数据,由图可知,两个位移计的位移时程数据相位差接近 180°,基于该数据分析出模型的一阶正对称扭转频率为 5.058Hz,阻尼比约为 1.185%。

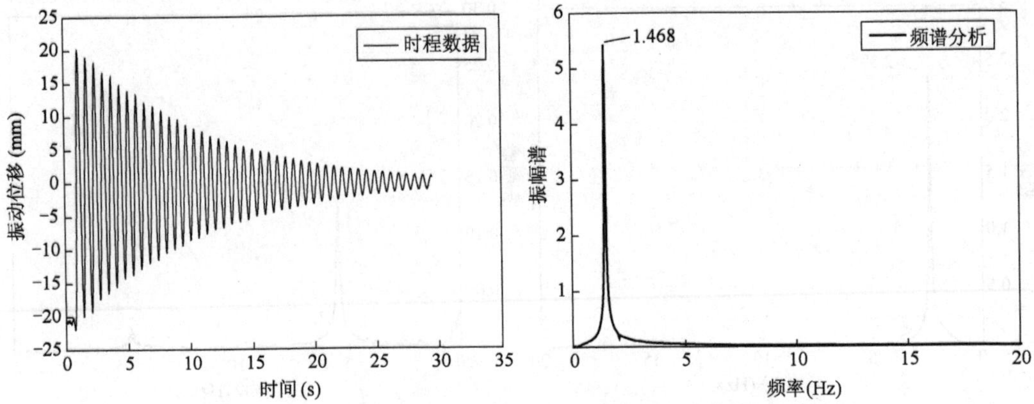

图 10.3.14　加劲梁一阶正对称横向弯曲自由振动时程及频谱分析

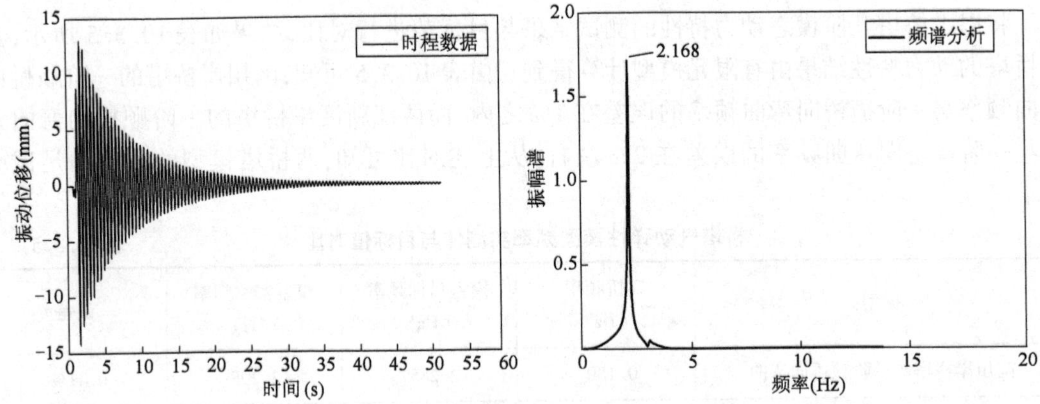

图 10.3.15　加劲梁一阶正对称竖向弯曲自由振动时程及频谱分析

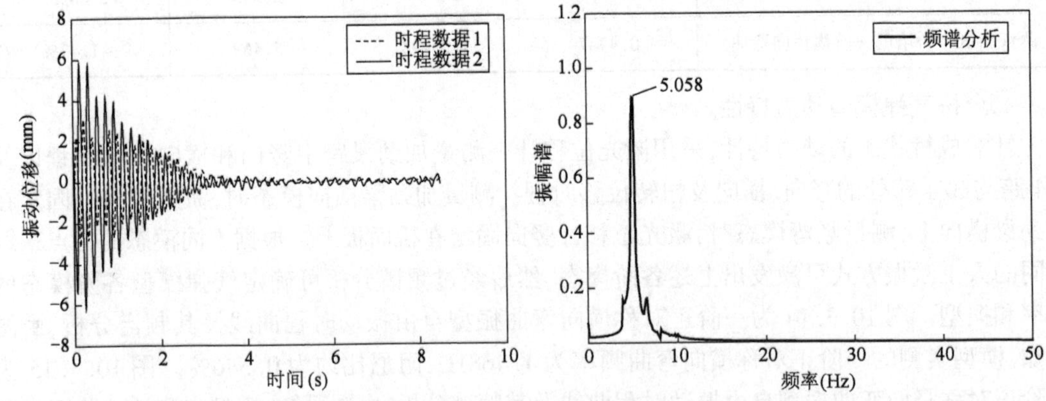

图 10.3.16　加劲梁一阶正对称扭转自由振动时程及频谱分析

对以上全桥气弹模型的动力特性与目标值进行对比的结果如表 10.3.6 所示，由表可知，加劲梁的六阶模态主要频率的误差总体较小，最大误差基本在 5% 左右，阻尼比在 0.4% ~ 1.5% 之间，由此可知，目前的全桥气弹模型的动力特性满足试验要求。

全桥气动弹性模型频率实测值与目标值对比 表 10.3.6

振型	实桥频率(Hz)	模型目标频率(Hz)	模型实测频率(Hz)	误差	阻尼比
一阶正对称横向弯曲	0.1098	1.3889	1.468	5.39%	0.546%
一阶正对称竖向弯曲	0.1809	2.2882	2.168	-5.55%	0.412%
一阶正对称扭转	0.3836	4.8522	5.058	4.07%	1.185%
一阶反对称横向弯曲	0.3449	4.3627	4.568	4.49%	0.692%
一阶反对称竖向弯曲	0.1544	1.9530	1.960	0.36%	1.486%
二阶正对称竖向弯曲	0.2437	3.0826	2.943	-4.74%	1.167%

10.3.3 斜拉桥气弹模型试验实例

(1)项目概述

古特大桥方案采用155m＋360m＋155m＝670m跨径布置的双塔混凝土梁斜拉桥，全桥整体采用半漂浮体系，如图10.3.17所示；主梁断面采用π形主梁，梁高2.6m，如图10.3.18所示。桥塔采用A形桥塔。南北两塔塔墩（北塔为塔座）以上结构相同，高度均为134.5m，南塔设52.5m高的塔墩。

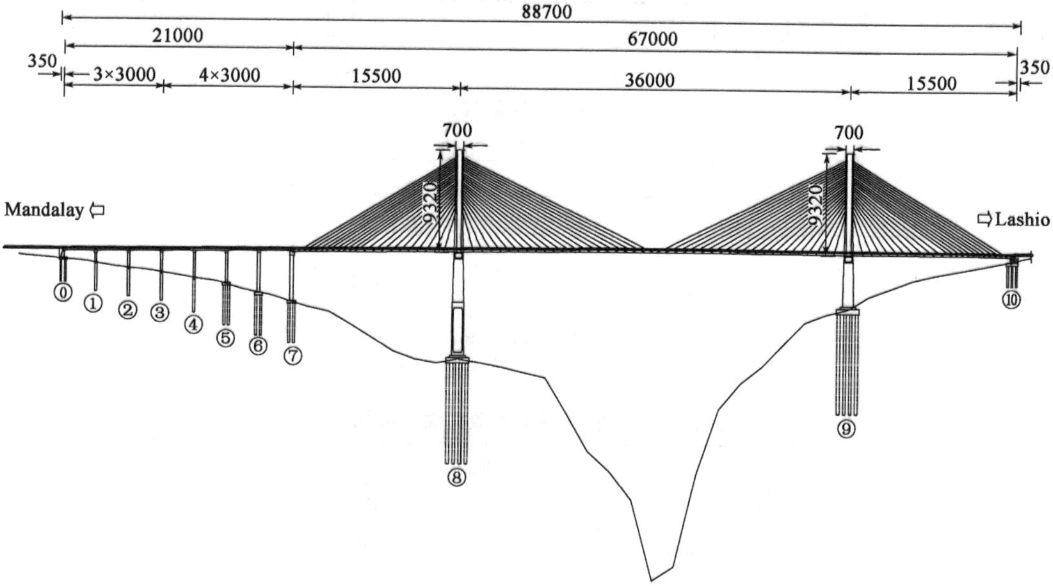

图10.3.17 古特大桥总体布置图（尺寸单位：cm）

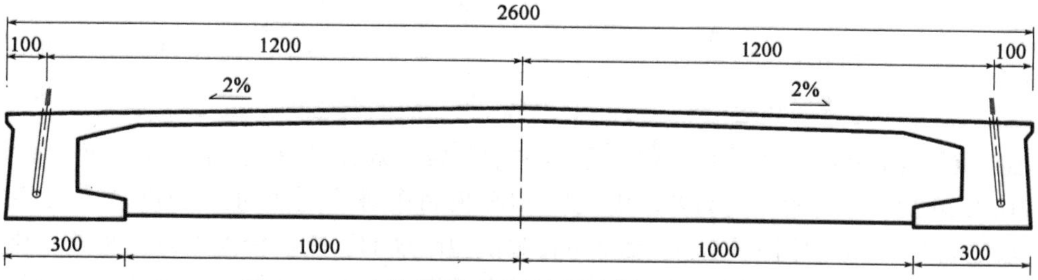

图10.3.18 古特大桥推荐方案主梁断面图（尺寸单位：cm）

(2)全桥气动弹性模型的设计和制作

①全桥气弹模型设计的基本原则。

根据最新提供的设计资料并考虑风洞试验段尺寸,试验中采用1∶100的几何缩尺比进行全桥气动弹性模型的设计与制作。全桥气动弹性模型与实桥的相似关系如表10.3.1所示。模型设计时采用刚性骨架加外衣与配重的设计方法,其中刚性骨架用于模拟结构刚度,外衣用于模拟结构的气动外形,配重用于模拟结构的质量特性。

a. 主梁设计。

主梁的竖向弯曲、横向弯曲及扭转刚度均需满足相似性要求,本例中芯梁采用优质钢加工成槽形截面。由设计资料可知,整个大桥的主梁截面多数为标准截面,但有部分主梁截面在边跨处有变化(在此分别称为主梁标准截面与边跨变化截面),故研究中芯梁采用两种不同的截面尺寸。经反复调整芯梁截面尺寸,并由ANSYS计算校核,最终确定的主梁标准截面和边跨变化截面芯梁的几何形状如图10.3.19所示。表10.3.7给出了槽形芯梁的刚度值,由表可知,芯梁截面较精确地满足了上述三个刚度的相似性要求。因振动模态不依赖于加劲梁的拉伸刚度,故设计中未加以严格模拟。

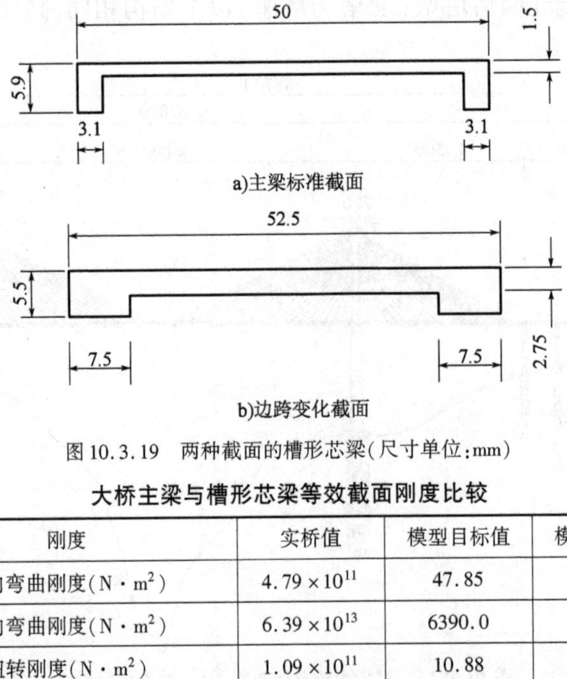

图10.3.19 两种截面的槽形芯梁(尺寸单位:mm)

大桥主梁与槽形芯梁等效截面刚度比较 表10.3.7

截面类型	刚度	实桥值	模型目标值	模型设计值	误差
主梁标准截面	竖向弯曲刚度($N \cdot m^2$)	4.79×10^{11}	47.85	47.78	0.16%
	侧向弯曲刚度($N \cdot m^2$)	6.39×10^{13}	6390.0	6307.4	1.29%
	扭转刚度($N \cdot m^2$)	1.09×10^{11}	10.88	10.92	-0.43%
边跨变化截面	竖向弯曲刚度($N \cdot m^2$)	7.63×10^{11}	76.33	75.47	1.12%
	侧向弯曲刚度($N \cdot m^2$)	1.14×10^{14}	11360.0	11388.13	-0.25%
	扭转刚度($N \cdot m^2$)	7.13×10^{11}	71.33	71.91	-0.80%

芯梁全长为6700mm,为了便于斜拉索与主梁节段有效连接,在芯梁两侧分布有鱼骨梁,如图10.3.20所示。主梁的气动外形由轻质ABS板制作而成,全桥主梁长度范围内共分44段,各段之间有2mm的空隙,以消除梁段外衣对模型刚度的影响。铅配重对称布置于梁段边缘的指定位置,以使主梁质量及质量惯性矩同时满足相似性要求。表10.3.8为模型制作完成

后主梁标准节段与边跨变化节段的质量和质量惯性矩的统计值，由表可知，通过配置配重块可使模型值达到设计目标值，因此主梁的设计方案满足要求。

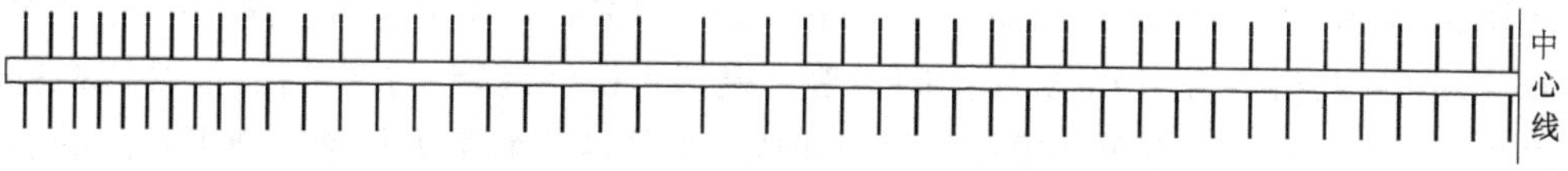

图 10.3.20 芯梁及其两侧的鱼骨梁

主梁节段质量和质量惯性矩统计值 表 10.3.8

截面类型	节段参数	实桥值	模型目标值	芯梁	外衣	模型实际值	配重
主梁标准截面（模型长162mm）	质量(g)	8.98×10^{8}	8.98×10^{2}	249.4	212.3	461.7	436.2
	质量惯性矩($g\cdot mm^2$)	9.30×10^{16}	9.30×10^{6}	749439.7	1619386.4	2368826.1	6931173.8
边跨变化截面（模型长157mm）	质量(g)	1.47×10^{9}	1.47×10^{3}	421.7	188.1	609.8	858.8
	质量惯性矩($g\cdot mm^2$)	1.56×10^{17}	1.56×10^{7}	1134348.8	1289387.8	2423736.6	13200263.5

b. 斜拉索设计。

在斜拉索设计过程中，须严格考虑质量及风作用力的相似。拉索由直径为 0.4mm 钢丝、小弹簧以及泡沫块构成。钢丝和小弹簧串联以模拟斜拉索的刚度，钢丝和小弹簧模拟斜拉索的质量，钢丝和泡沫块模拟斜拉索的迎风面积。

斜拉索刚度模拟中，先计算出实际每根斜拉索的拉伸刚度，根据相似比，计算出模型中每根斜拉索的拉伸刚度；然后设计制作小弹簧用以准确模拟每根斜拉索的刚度。

c. 桥塔和边界条件设计。

全桥气动弹性模型的桥塔由桥塔芯梁、桥塔外衣以及配重三部分组成。桥塔芯梁用 A3 钢制成，并设计为矩形截面，以满足塔柱顺桥向与横桥向两个弯曲刚度的相似性要求。塔柱芯梁的设计方法与主梁芯梁的设计相似，即先利用有限元模型计算实桥桥塔的弯曲刚度，再以顺桥向抗弯刚度和横桥向抗弯刚度为目标，分段设计出桥塔芯梁的截面尺寸。桥塔外衣用 ABS 板制成，并严格满足气动外形的相似原则，外衣分段间距为 2mm。铅配重用于调节各段的质量，使之满足质量相似性要求。

基于以上设计，经过精细加工，最后制作完成的古特大桥全桥气动弹性模型如图 10.3.21 所示。

图 10.3.21 全桥气动弹性模型整体图

②气动弹性模型动力特性检验。

采用有限元软件建立古特大桥成桥状态和最大单悬臂施工状态的有限元模型。建模时定义 X 为桥纵向，Y 为竖向，Z 为侧向。主梁采用单个 BEAM4 空间梁单元模拟，斜拉索采用 LINK10 单元模拟，桥塔采用 BEAM4 空间梁单元模拟。桥面铺装、防撞护栏、检修道栏杆等二期恒载通过 MASS21 质量点单元模拟。最终建成的成桥状态和最大单悬臂施工状态的有限元模型如图 10.3.22 所示。

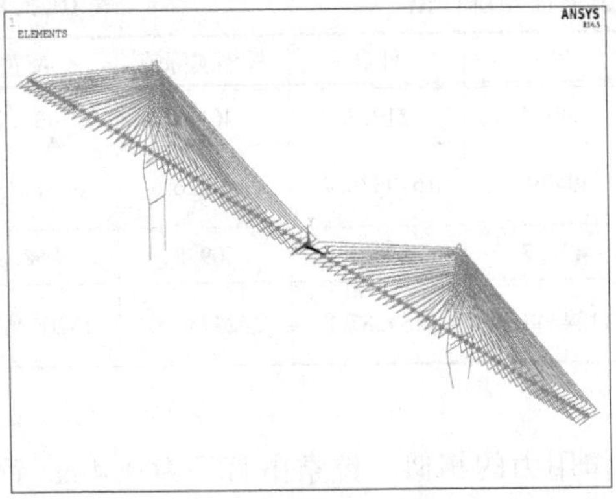

a)成桥状态

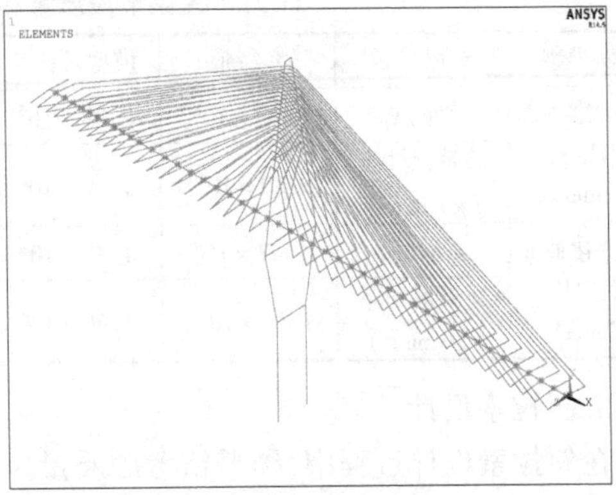

b)最大单悬臂施工状态

图 10.3.22　古特大桥成桥状态和最大单悬臂施工状态有限元模型

通过计算可得古特大桥成桥状态和最大单悬臂施工状态结构主要振型和频率特性，如表 10.3.9 所示。

古特大桥成桥状态和最大单悬臂施工状态结构主要振型和频率特性　　表 10.3.9

成桥状态		最大单悬臂状态	
主要频率(Hz)	振型描述	主要频率(Hz)	振型描述
0.2395	主梁一阶正对称竖弯	0.2650	主梁一阶侧弯
0.3669	塔梁对称侧弯	0.3882	主梁一阶反对称竖弯
0.6590	主梁一阶对称扭转	0.6629	主梁反对称扭转

气动弹性模型在设计、加工和制作过程中都会存在一定的误差，为了保证制作加工成的气动弹性模型能真实地反映实桥的动力特性，需要保证制作的气动弹性模型在动力特性上位于模型设计的理想目标值的误差范围内，为此通过人工激励的方法对桥梁模型进行了动力特性测试。

根据不同模态的特点采取不同的人工激振方式可激发出上述各阶模态，然后经过频谱分析可确定气动弹性模型各阶模态的频率和振型。典型的成桥状态主梁一阶正对称竖弯振型自由振动时程曲线及其频谱分析如图 10.3.23 所示。由图可知，模型实测的一阶正对称竖向弯曲频率为 2.41Hz，阻尼比约为 2.067%。

对以上全桥气动弹性模型的动力特性与目标值进行对比的结果如表 10.3.10 所示，由表可知，成桥状态主梁的主要频率实测值与目标值误差总体较小。经统计，各阶的阻尼比基本为 2%。同理，表 10.3.10 还给出了曼德勒侧最大单悬臂施工状态的主要频率，可知，模型的实测值与目标值误差均较小，而阻尼比也在 2% 左右。由此可知，目前的成桥状态与最大单悬臂施工状态的气动弹性模型的动力特性均满足试验要求。

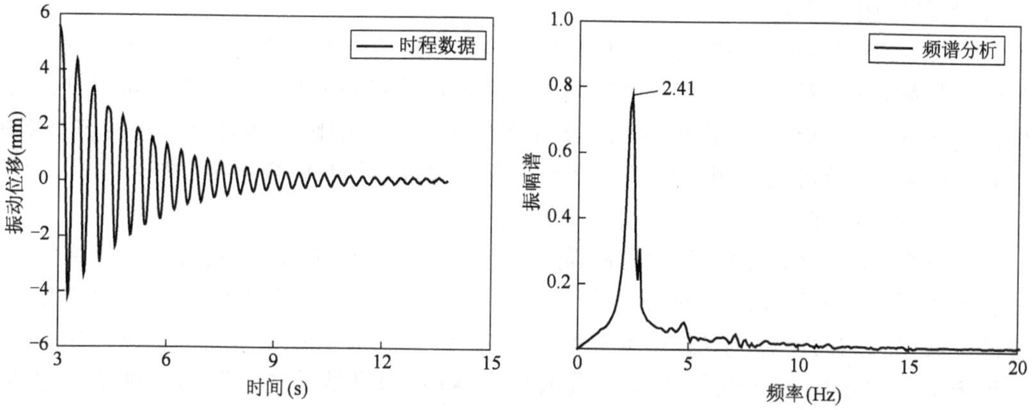

图 10.3.23　主梁一阶正对称竖向弯曲自由振动时程及频谱分析

气动弹性模型频率实测值与目标值对比　　表 10.3.10

桥梁状态	振型	实桥频率（Hz）	模型目标频率（Hz）	模型实测频率（Hz）	误差	阻尼比
成桥状态	一阶正对称横向弯曲	0.3669	3.669	3.49	-4.99%	约 2%
	一阶正对称竖向弯曲	0.2395	2.395	2.41	0.63%	
	一阶正对称扭转	0.6590	6.490	7.07	7.28%	
最大单悬臂施工状态（曼德勒侧）	一阶正对称横向弯曲	0.2650	2.650	2.51	-5.28%	约 2%
	一阶反对称竖向弯曲	0.3882	3.882	3.78	-2.63%	
	一阶反对称扭转	0.6629	6.629	6.40	-3.46%	

10.4　高层大跨建筑风洞试验

对于超过《建筑结构荷载规范》规定的建筑和结构，通常需要采用风洞试验方法来确定风荷载及风效应。

10.4.1　高层大跨建筑模型试验方法

(1)同步压力测试法

在建筑或结构的外表面布置压力测点，同步测试压力时程数据，通过空间上积分方法可求得整个建筑结构或部分建筑结构的总体合力及弯矩时程结果，结合结构模型，可计算结构的动力响应，并可考虑结构多个模态的影响。为保证该方法的精度，应在结构上布置足够多的测点。

在每个风向下，对各压力测点的时程数据 $p(t)$ 插值得到结构模型有限元各节点上的压力值 $p_i(t)$，并通过面积积分得到结构有限元节点上 X、Y、Z 三个方向上的风荷载：$F_{xi}=p_i(t)A_{xi}$，$F_{yi}=p_i(t)A_{yi}$，$F_{zi}=p_i(t)A_{zi}$。

(2)高频底座天平法

对于很多高层建筑,第一阶的摆动振型可认为是随建筑高度线性变化的,因此基底弯矩和扭矩可用来表示风荷载广义力,通过基底高频天平测量的基底力和力矩的时程可得到广义力时程,从而得到高层结构的位移和加速度等响应。由于模型为刚性,因此该方法较容易实现。测力天平必须具有足够高的测量频率,以保证能够测量高频的基底弯矩和扭转。

(3)气弹模型试验

对于细长、柔性和动力敏感结构,在强风作用下可能会产生气动耦合振动,气弹模型风洞试验主要用于模拟该类结构的振动,以直接获得结构的动力荷载及响应。气弹模型风洞试验需要模拟结构的质量、阻尼、刚度等特性,风洞试验所采用的风速也需要通过模型的相似比来确定。对于圆形或圆柱等雷诺数敏感类结构,测量结果还需要结合理论方法进行修正。

①质量模拟。

气弹模型试验的一个主要用途就是考察流固耦合作用在结构上产生的气动附加质量影响,因此在制作模型时,结构惯性力与气体惯性力之比应保持和原型相等。

②阻尼。

结构的阻尼对共振响应影响很大,结构原型和模型中都采用无量纲的阻尼比 ζ 来反映阻尼的影响,模型中采用与原型相同的阻尼比即可。

③刚度模拟。

结构刚度反映了结构抵抗外力作用下发生变形的能力,结构原型和模型的刚度之比常采用总体有效刚度的形式进行模拟。

④模型制作。

气弹试验的结构模型制作技术常有近似模型、等效模型和截断模型。对于主要质量和刚度都分布在外表面的结构,如烟囱、冷却塔等管状结构,模型的几何形状、质量和刚度布置都可以和原型近似,它可以模拟结构气动的所有特性。对于高层建筑等结构体系,需要采用等效模型来模拟,这种模型外表面与原型近似,内部采用等效结构体系模拟刚度,质量模拟有分布质量和集中质量两种形式,它只能模拟结构气动的部分行为。对于细长结构,如大跨桥梁、高塔等可处理成二维模型的结构,采用部分截断模型进行试验,支座可为刚性或弹簧,可研究模型的部分振动模态或气动导纳系数,来流场既可采用均匀流,也可采用边界层流。气动弹性模型试验技术又可分为单自由度气弹模型试验技术与多自由度气弹模型试验技术。单自由度气弹模型试验技术是通过模拟结构的一阶广义质量、阻尼系数、刚度和外加风荷载来考虑结构的一阶风致响应。多自由度气弹模型试验方法是迄今所知唯一能全面反映结构与风之间相互作用的试验方法,它可以考虑非理想模态、高阶振动、耦合等问题,但模型的制作和调试特别费时,而且不经济,其设计原理和方法也有待进一步研究。

10.4.2 工程实例

岳阳三荷机场位于岳阳经开区三荷乡,距市区约18km,项目总投资12.39亿元,建设标准按“4D”规划、“4C”建设,项目建设用地2273亩,跑道长2600m,航站楼建筑面积8030m²,如图10.4.1所示。

图 10.4.1 岳阳三荷机场

机场航站楼体型新颖，跨度较大，结构体型为索膜结构，其风荷载体型系数在我国《建筑荷载规范》中未作相关规定。为此对航站楼进行刚性模型风洞测压试验，测量了其表面的平均风压和脉动风压。试验结果可用于整体结构设计和围护结构设计。

(1)试验概况

①试验模型和测点布置。

航站楼风洞测压试验模型为一刚性模型(图 10.4.2)，模型包括航站楼和周边建筑等设施。需要进行测压的航站楼采用玻璃钢制作，周边建筑等设施采用 ABS 板制作，模型均具有足够的强度和刚度，在试验风速下不发生变形，并且不出现明显的振动现象，以保证压力测量的精度。考虑到实际建筑物的尺寸以及风洞截面的实际情况，选择模型的几何缩尺比为 1∶100。试验阻塞率控制在 5% 以内。模型与实物在外形上保持几何相似。试验时将航站楼放置在转盘中心，通过旋转转盘来模拟不同风向。

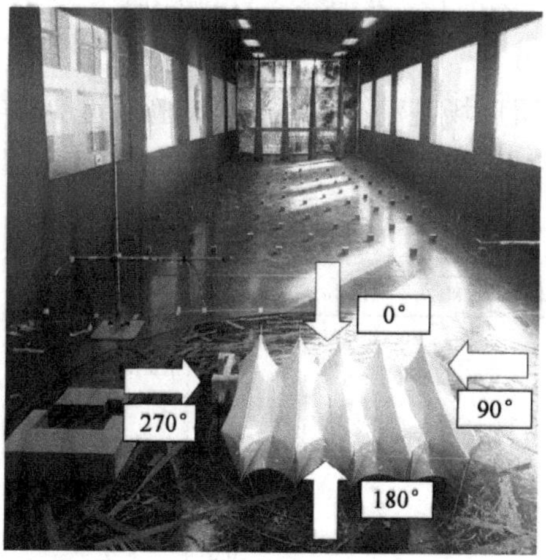

图 10.4.2 航站楼风洞测压试验模型

在航站楼的试验模型上总共布置了 506 个测点，其中入口悬挑部分布置双面测点 152 个，所有测点编号顺序为 1 ~ 506，其中 152 个双面测点的上表面点编号为 203 ~ 354，下表面点编号为 355 ~ 506，其对应的净压点编号为 507 ~ 658。测点布置在立面和屋顶平面上，测点布置详图见图 10.4.3。试验前经仔细检查，上述测压孔全部有效。

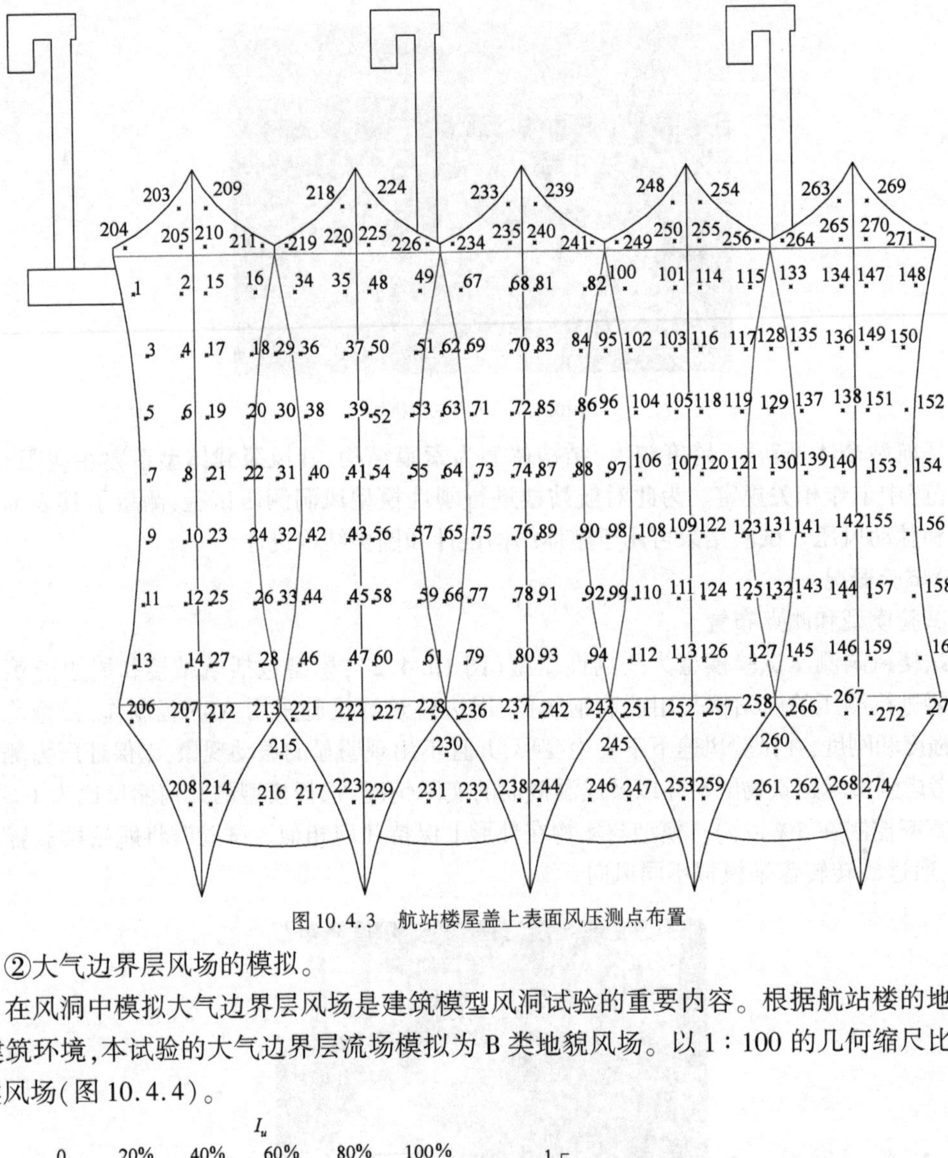

图 10.4.3　航站楼屋盖上表面风压测点布置

②大气边界层风场的模拟。

在风洞中模拟大气边界层风场是建筑模型风洞试验的重要内容。根据航站楼的地形条件及建筑环境，本试验的大气边界层流场模拟为 B 类地貌风场。以 1∶100 的几何缩尺比模拟了 B 类风场（图 10.4.4）。

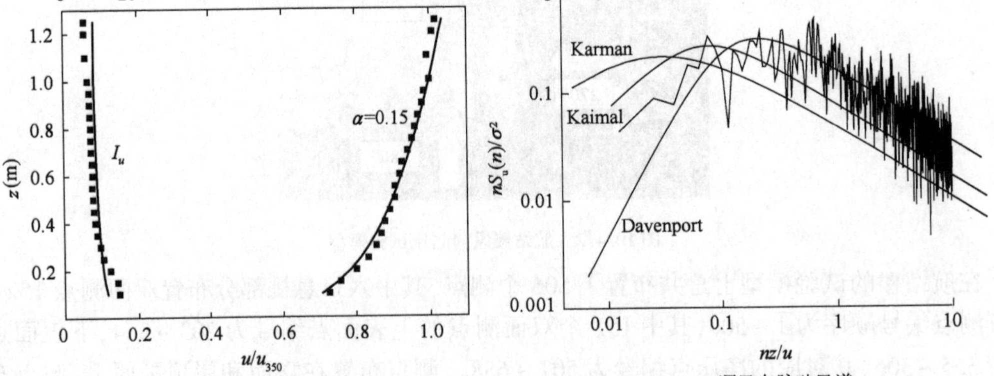

a)平均风速和湍流度剖面　　b)顺风向脉动风谱

图 10.4.4　试验模拟风场风剖面及脉动风谱

③试验工况。

定义来流风风向沿着航站楼空侧吹向陆侧轴线为0°,风向角按顺时针方向增加。岳阳三荷机场航站楼项目风洞试验的方位及风向角定义如图10.4.5所示。试验同步测量了航站楼表面平均风压和脉动风压,共24个风向,间隔为15°。

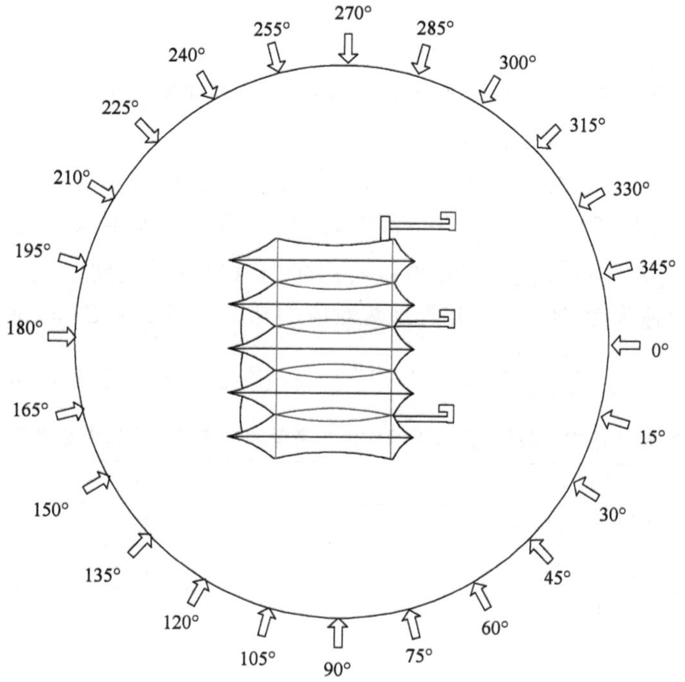

图10.4.5　风洞试验的风向角定义

④风洞中的参考点位置。

在风洞中选一个不受建筑模型影响且离风洞洞壁边界层足够远的位置作为试验参考点,在该处设置一根皮托管来测量参考点风压,用于计算各测点上与参考点高度有关但与试验风速无关的无量纲风压系数。试验中参考点选在高度为0.5m处,该高度在缩尺比为1∶100的情况下对应于实际高度50m。

基于各类地貌所对应的梯度风高度虽然各不相同,但它们的梯度风风速和梯度风风压都相等这个原则,在实际应用中为了方便,都取梯度风风压为参考风压。为此,必须把所有直接测得的风压系数换算成以与地貌无关的梯度风风压为参考风压的压力系数。按我国《建筑结构荷载规范》,大气边界层中的风速剖面以幂函数表示,即

$$U_Z = U_G \left(\frac{Z}{Z_G}\right)^{\alpha} \tag{10.4.1}$$

式中:Z_G——各类地貌所对应的梯度风高度(即大气边界层高度);

α——考虑地表粗糙度影响的无量纲幂指数,B类地貌下$\alpha=0.15$;

U_G——梯度风风速;

U_Z——离地面Z高度处的风速。

本例中给出的风压系数是以梯度风风压为参考风压的风压系数。这样,实际应用时,将各

点的风压系数统一与实际梯度风风压相乘即为该点对应的实际风压。

⑤试验风速、采样频率和样本长度。

风洞测压试验的风速为12m/s。测压信号采样频率为330Hz,每个测点采样样本总长度为10000个数据。试验中,对每个测点在每个风向角下都记录了10000个数据的风压时域信号。

⑥各测压点和分块上的风压值符号的约定。

风压值符号的约定为:压力方向指向建筑物为正,离开建筑物为负。

(2)梯度风高度的参考风速和参考风压

如前所述,本例给出的风压系数是以梯度风风压为参考风压的。按照我国《建筑结构荷载规范》,岳阳在B类地貌、50年重现期、10m高度处、10min平均的基本风压 $w_{0,50}=0.40\text{kN/m}^2$,相应的基本风速为$U_{10}=\sqrt{1600w_{0,50}}=25.30\text{m/s}$,;对应于100年重现期 $w_{0,100}=0.45\text{kN/m}^2$,相应的B类地貌基本风速为26.83m/s。B类地貌对应的梯度风高度为 $Z_G=350\text{m}$, $\alpha=0.15$,由此可得梯度风风速$U_G=U_{10}\left(\frac{Z_G}{10}\right)^{\alpha}$和梯度风风压 $P_G=\rho U_G^2/2$,结果列于表10.4.1中。

按《建筑结构荷载规范》所得的作为参考量的梯度风风速和梯度风风压 表10.4.1

重现期(年)	50	100
基本风压(kPa,B类)	0.40	0.45
基本风速 U_{10}(m/s)	25.30	26.83
风剖面指数	0.15	0.15
梯度风高度(m)	350	350
梯度风风速(m/s)	43.12	45.74
梯度风风压(kPa)	1.16	1.31

注:规范中统一取 $\rho/2\approx1/1600\text{t/m}^3$。

(3)风洞试验结果

①不同风向角下各测点的平均风压系数。

在空气动力学中,物体表面的压力通常用无量纲压力系数 C_{P_i}表示为:

$$C_{P_i}=\frac{P_i-P_\infty}{P_0-P_\infty}=\frac{P_i-P_\infty}{\frac{1}{2}\rho U^2} \tag{10.4.2}$$

式中: C_{P_i}——测点 i 处的压力系数;

P_i——作用在测点 i 处的压力;

P_0、P_∞、$\frac{1}{2}\rho U^2$——试验时参考高度处的总压、静压和动压。

总压等于静压与动压之和,总压和静压可由皮托管测得。

将 C_{P_i}换算到以梯度风风压为参考风压的风压系数 $C_{P,i}$:

$$C_{P,i}=\left(\frac{Z}{Z_G}\right)^{2\alpha}C_{P_i} \tag{10.4.3}$$

由于湍流场中的风压是个随机变量,因此为了获得平均风压系数,必须对所记录的数据进行统计分析，以获得各测点在36个风向角下对应的平均风压系数 $C_{P_{\mathrm{mean},i}}$（以梯度风风压为参考风压的系数）。图10.4.6绘出了航站楼部分测点的 $C_{P_{\mathrm{mean},i}}$ 随风向角变化的曲线。

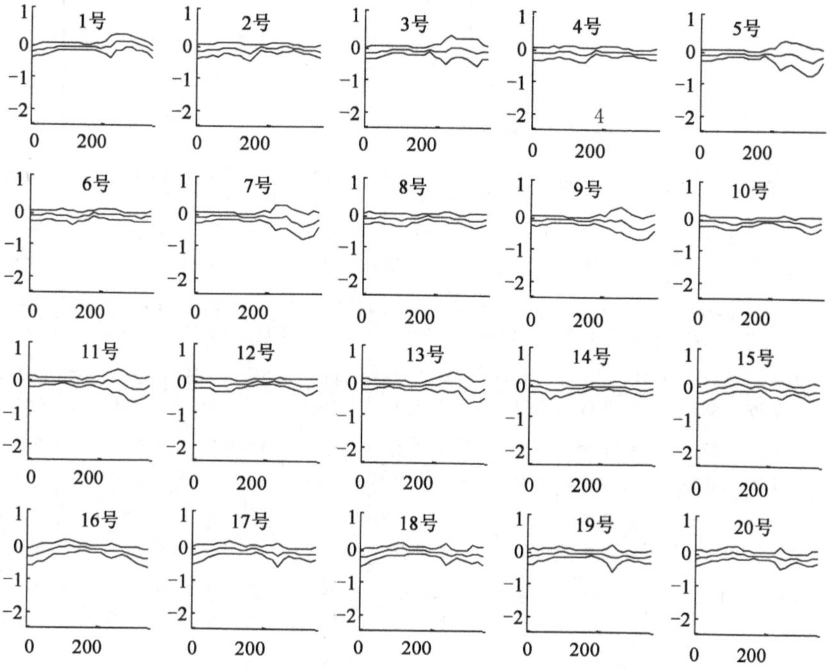

图10.4.6 航站楼测点的 $C_{P_{\mathrm{mean},i}}$、$C_{P_{\max,i}}$、$C_{P_{\min,i}}$（1～20号测点）

注：图中所有横坐标为时间（s）；纵坐标为无量纲压力系数。

②不同风向角下各测点的点体型系数。

在某些结构分析标准软件中，必须输入《建筑结构荷载规范》定义的体型系数。为了适应这一需要，这里将前述得到的平均风压系数，转换成各个测点的体型系数（以下称为点体型系数）。

该规范中规定的作用在建筑物表面上 z 高度处的风荷载标准值的计算公式为：

$$w_i = \beta_{zi}\mu_{si}\mu_{zi}w_{0R} \tag{10.4.4}$$

式中：β_{zi}——z 高度处测点 i 的风振系数（本试验未涉及）；

μ_{si}——测点 i 的风荷载点体型系数；

μ_{zi}——风压高度变化系数；

w_{0R}——基本风压，随重现期的不同取不同的值（下标 R 代表重现期，取为50年和100年），本建筑对应于50年和100年重现期的 w_{0R} 分别为0.40kPa和0.45kPa。

根据本试验测得的各测点的平均风压系数 $C_{P_{\mathrm{mean},i}}$，可容易地换算得到各测点的点体型系数 μ_{si}，即

$$\mu_{si} = C_{P_{\mathrm{mean},i}}\left(\frac{Z_G}{z}\right)^{2\alpha} \tag{10.4.5}$$

根据上述公式，得到了各测点在各个风向角下的点体型系数。图10.4.7绘出了航站楼各测点的点体型系数。

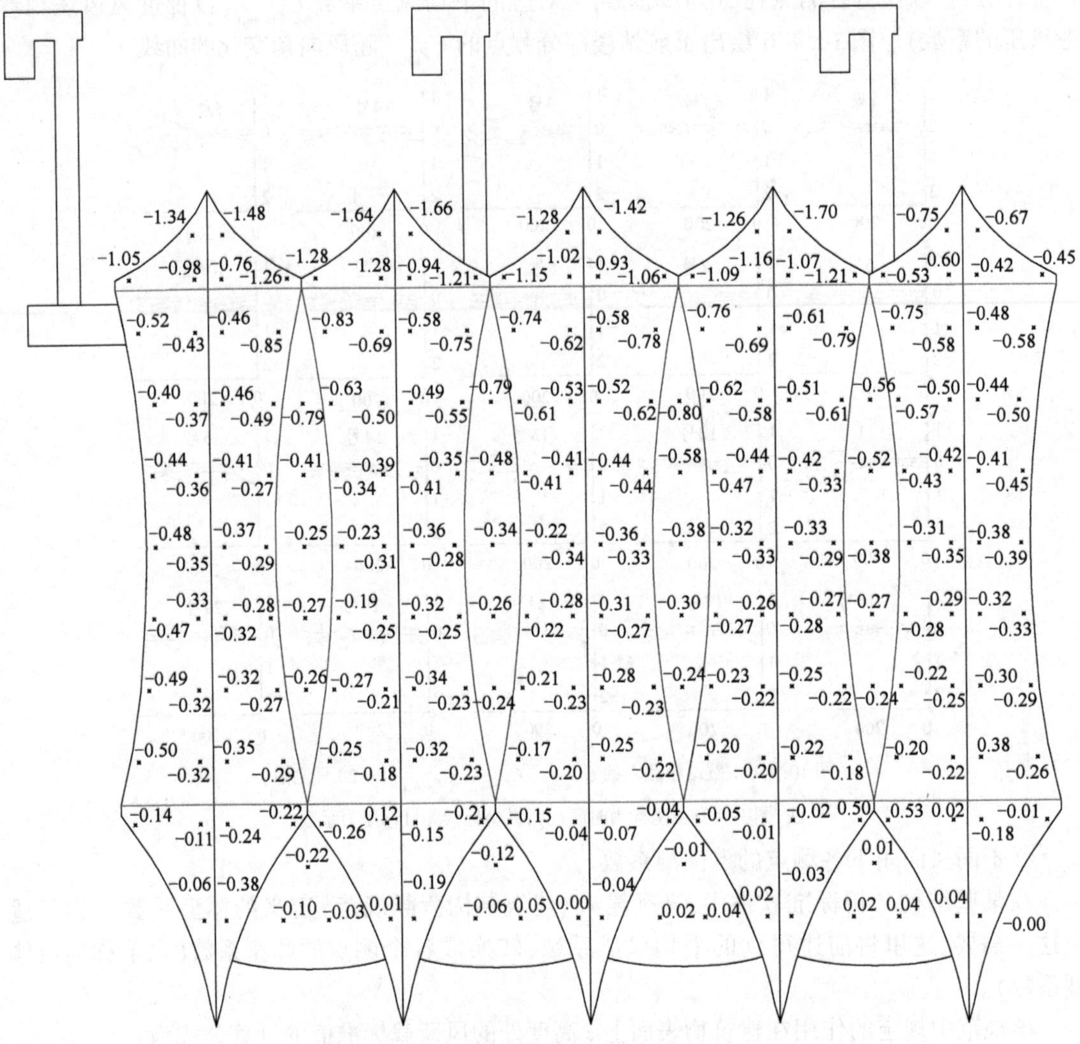

图 10.4.7　航站楼各测点的点体型系数(345°风向角)

③不同风向角下各分块的分块体型系数。

大量的试验数据(各测点的点体型系数或压力系数)的表达形式很复杂,不便于分析最不利风向及其对应的风荷载。为此,将航站楼表面划分为 104 个分块部分并给出每个分块的分块体型系数 $\mu_{s,b}$,即

$$\mu_{s,b} = \frac{\sum_{i=1}^{n} \mu_{si}\, \mu_{zi} A_i}{\mu_{z,b} A} \tag{10.4.6}$$

式中:μ_{si}——测点 i 的点体型系数;

μ_{zi}——测点 i 风压高度变化系数;

A_i——测点 i 对应的面积;

A——分块的总面积;

$\mu_{z,b}$——分块中心的风压高度变化系数。

图 10.4.8 给出了航站楼各分块部分在各个风向角下的分块体型系数 $\mu_{s,b}$。

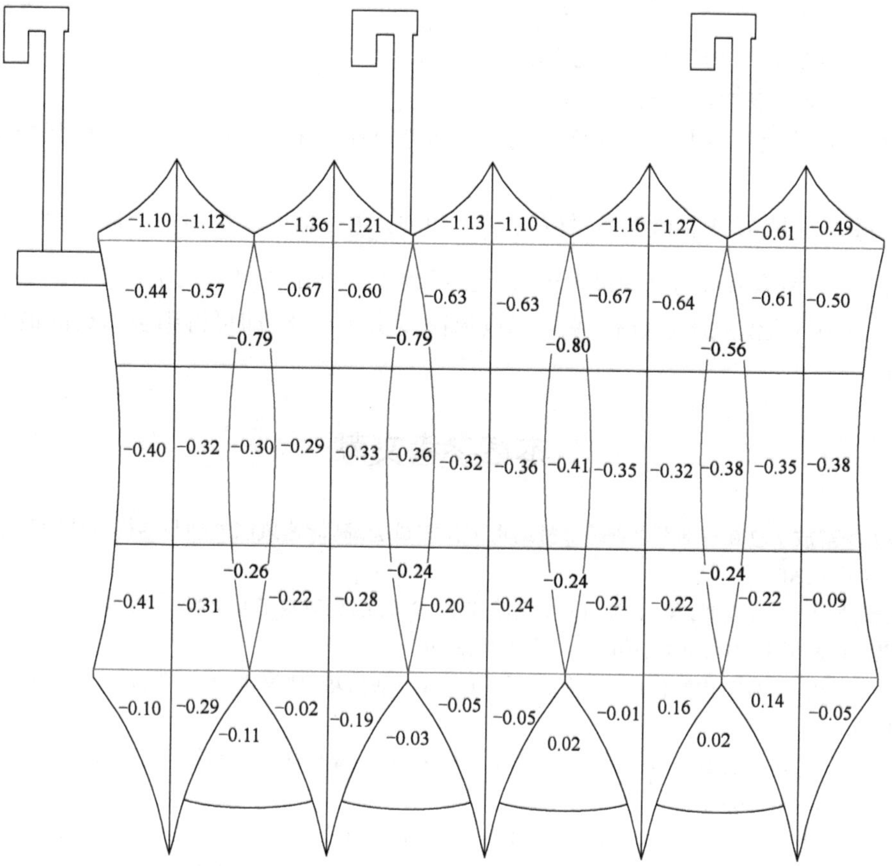

图 10.4.8 航站楼分块体型系数(345°风向角)

(4)用于整体结构设计的平均风压

在进行建筑结构设计时,常以 10min 平均风速下的风压值再考虑动力放大效应[我国《建筑结构荷载规范》(GB 5009—2012)中定义为风振系数]作为设计荷载。根据图 10.4.6 中试验所得的各风向角下的平均风压系数 $C_{P_{mean,i}}$ 以及表 10.4.14 中的参考风压,则 B 类地貌、10min 平均风速、50 年和 100 年重现期下建筑物表面上测点 i 处在各个风向角下的平均风压 $w_{mean,i}$为:

$$w_{mean,i} = C_{P_{mean,i}} P_G = C_{P_{mean,i}} \left(\frac{350}{10}\right)^{0.30} w_{0R} \tag{10.4.7}$$

或根据图 10.4.7 中的点体型系数,该点的风压高度变化系数及建筑所在地的基本风压,同样可得:

$$w_{mean,i} = \mu_{si}\mu_{zi}w_{0R} \tag{10.4.8}$$

同理,根据图 10.4.8 的分块体型系数,可以得到各个风向角下的分块平均风压。

(5)用于围护结构设计的风压

根据概率统计理论可知,各测点在某一风向来流的作用下,其风压系数的极大值 $C_{P\max}$ 和极小值 $C_{P_{min}}$ 可表示为:

$$C_{P_{\max}} = C_{P_{\mathrm{mean}}} + kC_{P_{\mathrm{rms}}} \tag{10.4.9}$$

$$C_{P_{\min}} = C_{P_{\mathrm{mean}}} - kC_{P_{\mathrm{rms}}} \tag{10.4.10}$$

式中：k——峰值因子，$k=2.5\sim4$，这里取 $k=3.5$；

$C_{P_{\mathrm{rms}}}$——风压系数的均方根。

图 10.4.6 绘出了各测点以梯度风风压为参考风压的 $C_{P_{\mathrm{mean}}}$、$C_{P_{\max}}$ 和 $C_{P_{\min}}$ 随风向角变化的曲线。

对于每个测点，在所有风向角对应的 $C_{P_{\max}}$ 和 $C_{P_{\min}}$ 中，总可以找到一个最大的 $C_{P_{\max}}$ 和一个最小的 $C_{P_{\min}}$，分别称为该测点的最大极值风压系数 $\tilde{C}_{P_{\max}}$ 和最小极值风压系数 $\tilde{C}_{P_{\min}}$。得到各测点的最大（最小）极值风压系数后，乘以梯度风高度参考风压，即可得到各测点的最大（最小）极值风压。

本章参考文献

[1] 中国人民解放军总装备部军事训练教材编辑工作委员会. 高低速风洞气动与结构设计[M]. 北京：国防工业出版社，2003.

[2] 王铁城，吴志成，肖人熙，等. 空气动力学实验技术[M]. 北京：航空工业出版社，1995.

[3] 贺德馨. 风洞天平[M]. 北京：国防工业出版社，2001.

[4] 希缪，斯坎伦. 风对结构的作用——风工程导论[M]. 刘尚培，项海帆，谢霁明，译. 上海：同济大学出版社，1992.

[5] 中国人民解放军总装备部军事训练教材编辑工作委员会. 高低速风洞测量与控制系统设计[M]. 北京：国防工业出版社，2001.

[6] DAVENPORT A G. The use of Taut Strip Models in the Predication of the Response of Long Span bridges to Turbulent Wind[C]// Proceedings of the Symposium on Flow Induced Vibrations, Paper A2. Karlsruhe, Springer, 1972.

[7] TANAKA H, DAVENPORT A G. Response of taut strip models to turbulent wind[J]. Journal of the engineering mechanics division, 1982, 108(1): 33-49.

[8] SCANLAN R H, TOMKO J J. Airfoil and bridge deck flutter derivatives[J]. Journal of engineering mechanics division, 1971, 97(6): 1717-1737.

[9] 陈政清，于向东. 大跨度桥梁颤振自激力的强迫振动法研究[J]. 土木工程学报，2002，35(5)：34-41.

[10] BARRE C, BARNAUD G. High Reynolds number simulation techniques and their application to shaped structures model test[J]. Journal of wind engineering and industrial aerodynamics, 1995, 57(2-3): 145-157.

[11] SCHEWE G, LARSEN S A. Reynolds number effects in the flow around a bluff bridge deck cross section[J]. Journal of wind engineering and industrial aerodynamics. 1998, 74-76: 829-838.

[12] LAROSE G L, LARSEN S V, LARSEN A, et al. Sectional model experiments at high Reynolds number for the deck of a 1018m span cable-stayed bridge[C]//Proceedings of the 11th International Conference on Wind Engineering. Lubbock TX, USA, 2003.

[13] KUBO Y, NOGAMI E, YAMAGUCHI E, et al. Study on Reynolds Number effect of a cable-stayed bridge girder[C]// Wind Engineering into the 21st century. Rotterdam, 1999.

[14] MATSUDA K, COOPER K R, TANAKA H, et al. An investigation of reynolds number effects on the steady and unsteady aerodynamic forces on a 1:10 scale bridge deck section model[J]. Journal of wind engineering

and industrial aerodynamics, 2001, 89(7-8): 619-632.
[15] 李加武,林志兴,项海帆. 典型桥梁断面静气动力系数雷诺数效应研究[C]//中国土木工程学会桥梁与结构工程分会风工程委员会,中国空气动力学会风工程与工业空气动力学专业委员会建筑与结构学组. 第十一届全国结构风工程学术会议论文集,2004:233-237.
[16] 同济大学土木工程防灾国家重点实验室. 苏通大桥抗风性能研究报告之一[R]. 2004.
[17] 同济大学土木工程防灾国家重点实验室. 苏通大桥抗风性能研究报告之四[R]. 2004.
[18] MATSUMOTO M, SHIRAISHI N, SHIRATO H, et al. Aerodynamic derivatives of coupled/hybrid flutter of fundamental structural sections[J]. Journal of wind engineering and industrial aerodynamics, 1993, 49(1-3): 575-584.
[19] LI Q C. Measuring flutter derivatives for bridge sectional models in water channel[J]. Journal of engineering mechanics, 1995, 121(1): 90-101.

第 11 章　计算流体动力学方法与应用

流体流动现象大量存在于自然界及各种工程领域中,所有这些过程都受质量守恒、动量守恒和能量守恒基本物理定律的支配。计算流体动力学(computational fluid dynamics,CFD)是流体力学的一个分支,它通过计算机模拟获得某种流体在特定条件下的有关信息,实现计算机模拟代替物理风洞试验的过程,为工程技术人员提供了实际工况模拟仿真的操作平台,已广泛应用于各个领域。随着数值计算理论的逐步完善和计算机资源的不断发展,CFD 方法被认为是一种具有极大潜力的研究手段。

本章首先介绍计算流体动力学的基本理论,后续以桥梁颤振和涡振为例,阐述计算流体动力学在工程中的应用。

11.1　计算流体动力学基本理论

11.1.1　基本控制方程

(1)质量守恒方程(连续性方程)

在流场中,流体通过控制面 A_1 流入控制体,同时也会通过另一部分控制面 A_2 流出控制体。在这期间,控制体内部的流体质量也会发生变化。按照质量守恒定律,流入的质量与流出的质量之差,应该等于控制体内部流体质量的增量,由此可导出流体流动连续性方程的积分形式为:

$$\frac{\partial}{\partial t}\iiint_V \rho \mathrm{d}x\mathrm{d}y\mathrm{d}z + \iint_A \rho v \cdot n\mathrm{d}A = 0 \tag{11.1.1}$$

式中:V——控制体;

A——控制面。

等式左边第一项表示控制体 V 内部质量的增量;第二项表示通过控制面流入控制体的净通量。

根据数学中的奥-高公式,在直角坐标系下可将其化为微分形式:

$$\frac{\partial \rho}{\partial t} + u\frac{\partial(\rho u)}{\partial x} + v\frac{\partial(\rho v)}{\partial y} + w\frac{\partial(\rho w)}{\partial z} = 0 \tag{11.1.2}$$

对于不可压缩均质流体,密度为常数,则有

$$\frac{\partial u}{\partial x} + \frac{\partial v}{\partial y} + \frac{\partial w}{\partial z} = 0 \tag{11.1.3}$$

(2)动量守恒方程(运动方程)

动量守恒是流体运动时应遵循的另一个普遍定律,描述为:对于一给定的流体系统,其动量的时间变化率等于作用于其上的外力总和。其数学表达式即为动量守恒方程,也称为运动方程,或 N-S 方程(Navier-Stokes 方程,纳维-斯托克斯方程)。其微分形式表达如下:

$$\begin{cases} \rho \dfrac{\mathrm{d}u}{\mathrm{d}t} = \rho F_{\mathrm{bx}} + \dfrac{\partial p_{xx}}{\partial x} + \dfrac{\partial p_{yx}}{\partial y} + \dfrac{\partial p_{zx}}{\partial z} \\ \rho \dfrac{\mathrm{d}v}{\mathrm{d}t} = \rho F_{\mathrm{by}} + \dfrac{\partial p_{xy}}{\partial x} + \dfrac{\partial p_{yy}}{\partial y} + \dfrac{\partial p_{zy}}{\partial z} \\ \rho \dfrac{\mathrm{d}w}{\mathrm{d}t} = \rho F_{\mathrm{bz}} + \dfrac{\partial p_{xz}}{\partial x} + \dfrac{\partial p_{yz}}{\partial y} + \dfrac{\partial p_{zz}}{\partial z} \end{cases} \tag{11.1.4}$$

式中:F_{bx}、F_{by}、F_{bz}——单位质量流体上的质量力在三个方向上的分量;

$p_{ij}(i,j=x,y,z)$——流体内应力张量的分量。

11.1.2 湍流模型

湍流是自然界广泛存在的流动现象。在土木工程领域中所遇到的流体运动雷诺数比较高,基本上都是湍流。湍流流动的核心特征是其在物理上近乎于无穷多的尺度和数学上强烈的非线性,这使得人们无论是通过理论分析、实验研究还是计算机模拟来彻底认识湍流都非常困难。由于湍流在土木工程中普遍存在,同时流场具有高雷诺数、非定常、不稳定、剧烈分离流动的特点,学者们一直致力于探求更高精度的计算方法和更实用、可靠的网格生成技术。但当前应用比较广泛的也是关键性的决策是,研究湍流机理,建立相应的模式,并进行适当的模拟。

湍流流动模型很多,但大致可以归纳为以下三类。

第一类是湍流输运系数模型,即将速度脉动的二阶关联量表示成平均速度梯度与湍流黏性系数的乘积,用笛卡儿张量表示为:

$$-\rho\,\overline{u_i'u_j'} = \mu_{\mathrm{t}}\left(\frac{\partial u_i}{\partial x_j} + \frac{\partial u_j}{\partial x_i}\right) - \frac{2}{3}\rho k\delta_{ij} \tag{11.1.5}$$

模型的任务就是给出计算湍流黏性系数 μ_{t} 的方法。根据建立模型所需要的微分方程的数目,可以分为零方程模型(代数方程模型)、单方程模型和双方程模型。

第二类是抛弃了湍流输运系数的概念,直接建立湍流应力和其他二阶关联量的输运方程。

第三类是大涡模拟。前两类是以湍流的统计结构为基础,对所有涡旋进行统计平均。大涡模拟把湍流分成大尺度湍流和小尺度湍流,通过求解三维经过修正的 N-S 方程,得到大涡旋的运动特性,而对小涡旋运动还采用上述的模型。

实际求解中,选用什么模型要根据具体问题的特点来决定。选择的一般原则是精度要高、应用简单、节省计算时间,同时应具有通用性。

FLUENT 提供的湍流模型包括:单方程(Spalart-Allmaras)模型、双方程模型(标准 k-ε 模型、重整化群 k-ε 模型、可实现 k-ε 模型)及雷诺应力模型和大涡模拟,如图 11.1.1 所示。

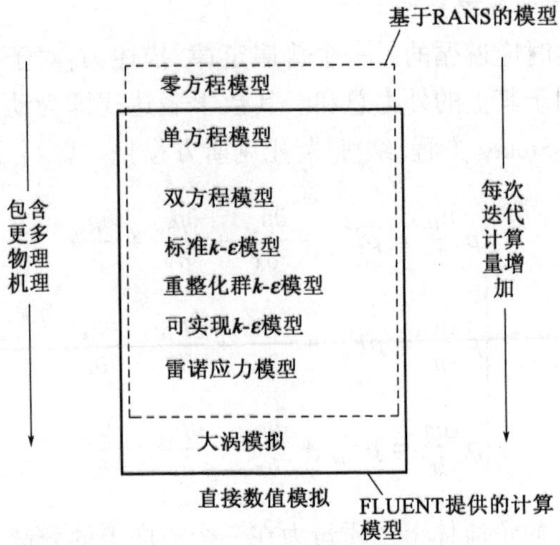

图 11.1.1　湍流模型详细分类

11.1.3　CFD 模型的数值求解方法概述

用数值方法求解 CFD 模型的基本思想是：把原来在空间与时间坐标中连续的物理量的场(如速度场、温度场、浓度场等)，用一系列有限个离散点(称为节点，node)上的值的集合来代替，通过一定的原则建立起这些离散点上变量值之间关系的代数方程(称为离散方程，discretization equation)，求解所建立起来的代数方程以获得所求解变量的近似解。在过去的几十年内已经发展了多种数值解法，其间的主要区别在于区域的离散方式、方程的离散方式及代数方程求解的方法这三个环节。在 CFD 求解计算中用得较多的数值方法有：有限差分法(finite difference method，FDM)、有限体积法(finite volume method，FVM)、有限元法(finite element method，FEM)及有限分析法(finite analytic method，FAM)。

由于在当前的流体计算中有限体积法应用较广泛，后面将对有限体积法做初步的介绍。有限体积法是一种分块近似的计算方法，其中比较重要的步骤是计算区域的离散和控制方程的离散。

所谓区域的离散化(domain discretization)，实质上就是用一组有限个离散的点代替原来的连续空间。一般的实施过程是：把所计算的区域划分成许多个互不重叠的子区域(sub-domain)，确定每个子区域中的节点位置及该节点所代表的控制体积。区域离散后，得到以下四种几何要素：

①节点(node)：需要求解的未知物理量的几何位置。

②控制体积(control volume)：应用控制方程或守恒定律的最小几何单位。

③界面(face)：它定义了与各节点相对应的控制体积的界面位置。

④网格线(grid line)：连接相邻两节点面形成的曲线簇。

一般把节点看成控制体积的代表。在离散过程中，将一个控制体积上的物理量定义并存储在该节点处。图 11.1.2 给出了一维问题的有限体积法计算网格，图 11.1.3 给出了二维问题的有限体积法计算网格。

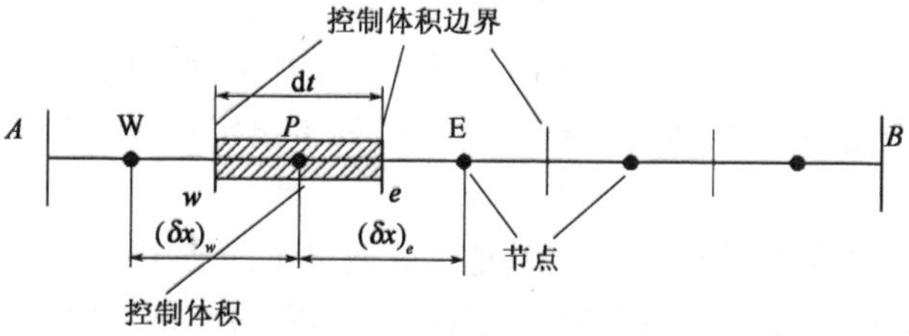

图 11.1.2 一维问题的有限体积法计算网格

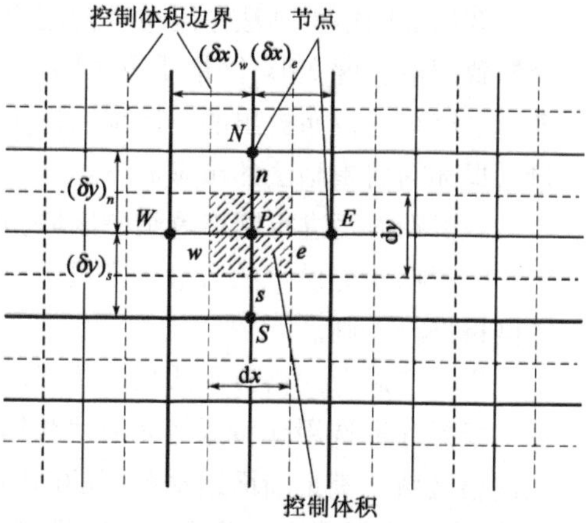

图 11.1.3 二维问题的有限体积法计算网格

11.2 颤振模拟

11.2.1 基于流固耦合数值模拟的桥断面颤振稳定性研究

颤振是大跨桥梁最危险的振动形式,一旦发生,将使整个桥梁发生毁灭性破坏。因此在设计阶段需要给予重点考虑,以避免颤振的发生。而精确地计算出颤振临界风速是进行颤振稳定性评价的基础,故实现准确、高效的大跨桥梁颤振临界风速计算方法,建立以颤振为主的经济、高效的大跨度桥梁抗风方法,具有重要意义。

本节基于计算流体动力学(CFD)和计算结构动力学技术(CSD),利用"紧贴桥断面的刚性网格区域+覆盖桥断面运动范围的动网格区域+远离桥断面的静止网格区域"的混合网格方案,借助 Newmark-β 算法进行结构振动计算,编写 UDF 程序,并对 UDF 底层架构进行优化设计,使其嵌入 FLUENT 软件时能够并行计算,建立大跨桥梁主梁断面二维颤振直接模拟方法,并用以研究大跨桥梁主梁断面的颤振稳定性,实现了准确、经济地计算大跨桥梁主梁断面的颤振临界风速,并验证了该方法对带栏杆、检修轨道等附属设施的几何复杂桥断面的适用性。

11.2.2 基于 FLUENT 动网格技术的混合网格优化划分策略

FLUENT 软件中动网格更新方式主要有三种,即弹簧近似光滑法(spring-based smoothing)、动态分层法(dynamic layering)、局部网格重画法(local remeshing)。其特点分别如下。

①弹簧近似光滑法的基本思想是把流场网格节点间的连接理想化成弹簧,网格移动前,节点处于平衡状态,网格移动后,根据胡克定律得到一个与位移成正比的力,经过调整,节点在新的位置重新获得平衡。为了保证计算精度,弹簧近似光滑法不适用于大变形的情况。当变形较大时,变形后的网格会产生大的倾斜变形,从而使网格质量变得很差,影响计算的精度。

②动态分层法的实质是根据紧邻运动边界网格层高度的变化,合并或分裂网格。边界发生运动时,若网格高度增大到设定值,则网格将会自动分裂;另外,当网格高度降低到一定程度时,边界的两层网格就会自动合并为一层。动态分层法只适用于与运动边界相邻的网格为六面体(二维中为四边形)网格的情况。

③局部网格重画法是因单独使用弹簧近似光滑法在面对网格运动区域发生较大变形时，会导致网格过度变形，网格质量急剧变差，造成计算不能收敛，甚至造成负体积网格从而使计算无法继续进行而提出的。局部网格重画法的主要思想是对整体网格进行调整以提高网格质量。局部网格重画法的步骤如下：

a. 识别需要进行网格重画的区域，并根据网格最大歪曲率和网格尺寸大小评估网格质量。

b. 根据预先设定的质量标准尺度，在遍历选定区域所有网格单元后对低于设定质量标准的网格进行重画。

需注意局部网格重画法只适用于四面体网格和三角形网格，其他形式网格不能使用。

颤振计算选用弹簧近似光滑法和局部网格重画法相结合的方法来实现动网格。基于"刚性网格区域＋满足断面运动范围的动网格区域＋远离断面的静止网格区域"的混合网格划分思路，为了确保精度又兼顾网格数量，提高计算效率，可在紧靠断面的位置设置一个"刚性网格区域"。此区域包括边界层和相应的加密网格，同时跟随着结构断面运动，目的是保证桥梁断面周围具有足够的网格精度，以捕捉涡旋的分离和再附。

11.2.3 颤振临界风速数值直接计算法

该计算方法的第一步是把桥梁主梁断面简化为扭转和竖弯两自由度弹簧质量-阻尼系统，对应的振动方程表示为：

$$m\ddot{h}(t) + c_h\dot{h}(t) + k_h h(t) = L(t) \tag{11.2.1}$$

$$I\ddot{\alpha}(t) + c_\alpha\dot{\alpha}(t) + k_\alpha \alpha(t) = M(t) \tag{11.2.2}$$

为了模拟桥梁节段模型在流场中的振动，采用动网格技术和能够并行计算的自编 UDF。对 UDF 进行优化设计，使其嵌入 FLUENT 软件时能够并行计算，这大幅提高了计算效率，从而可高效地应对几何复杂、网格数量多的桥梁断面颤振的数值模拟，直接计算法的整体流程如图 11.2.1 所示。

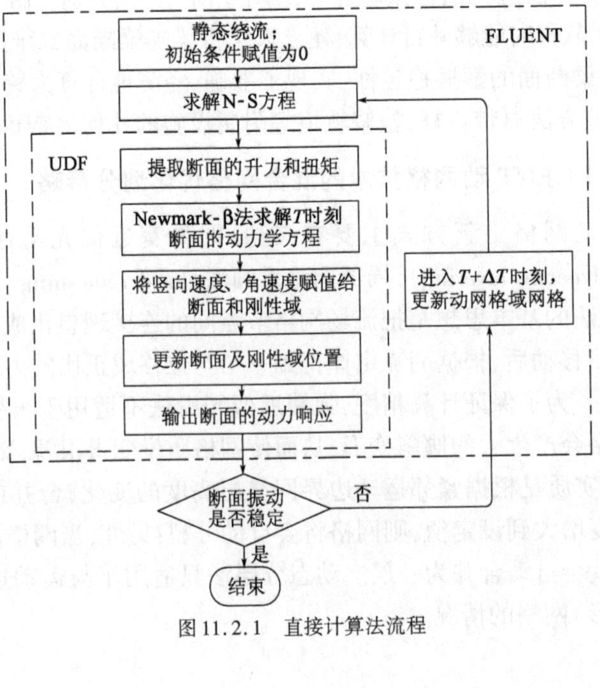

图 11.2.1　直接计算法流程

11.2.4　典型流线型断面算例验证

(1)典型流线型断面参数

本节利用参考文献[1]的风洞试验数据进行数值建模。为了检验本节所建立方法的计算准确性,进行了典型流线型断面颤振临界风速直接计算。典型流线型断面宽度 $B=40.392\text{cm}$,高度 $H=6\text{cm}$,断面的外形尺寸如图11.2.2所示。模型计算的动力特性参数如下:模型单位长度质量 $m=13.38\text{kg/m}$,单位长度质量惯性矩 $I_m=0.1505\text{kg}\cdot\text{m}^2/\text{m}$,模型竖向圆频率 $\omega_h=15.959\text{rad/s}$,模型扭转圆频率 $\omega_\alpha=33.112\text{rad/s}$,竖向与扭转阻尼比均取0.3%。

(2)计算域及网格划分

计算域选取:图11.2.3为典型流线型桥梁断面的计算域划分和边界条件设置。图中计算域左侧边界距离主梁断面 $10B$(B 为计算断面宽度),计算域上、下边界距离主梁断面 $10B$,断面的阻塞率为0.74%,符合阻塞率低于5%的要求;计算域右侧边界距离主梁断面 $20B$。

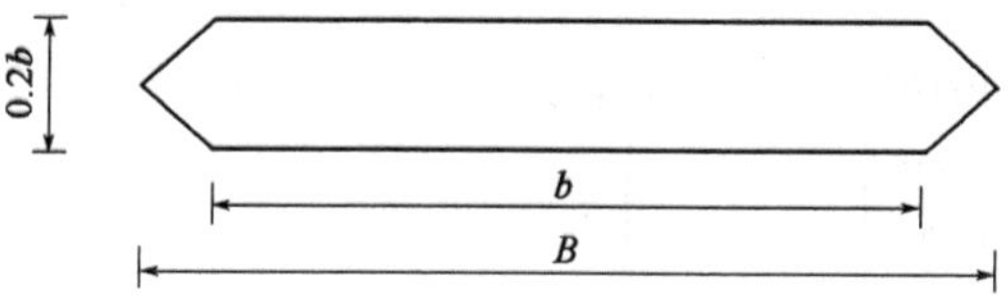

图11.2.2　典型流线型断面的尺寸

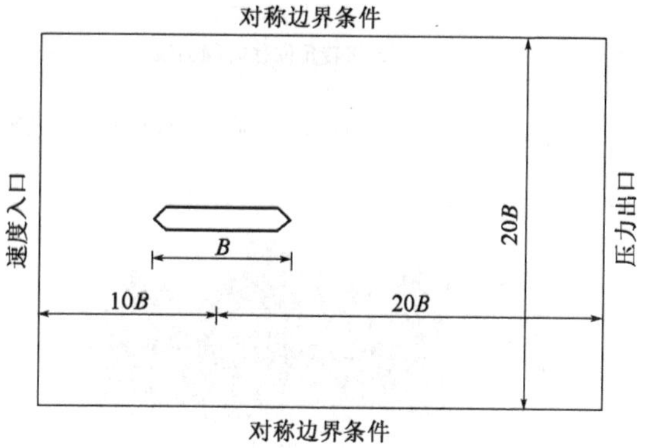

图11.2.3　典型流线型断面的边界条件和计算域设置

边界条件的设置:计算域左侧选用速度入口(velocity-inlet)边界条件,右侧选用压力出口(pressure-outlet)边界条件,上下侧选用对称(symmetry)边界条件,断面表面采用无滑移壁面(wall)边界条件。图11.2.4为流线型断面网格划分。

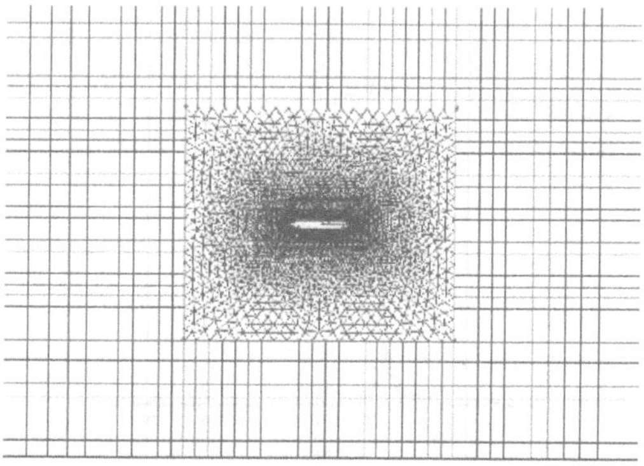

a)流线型断面计算域整体网格划分

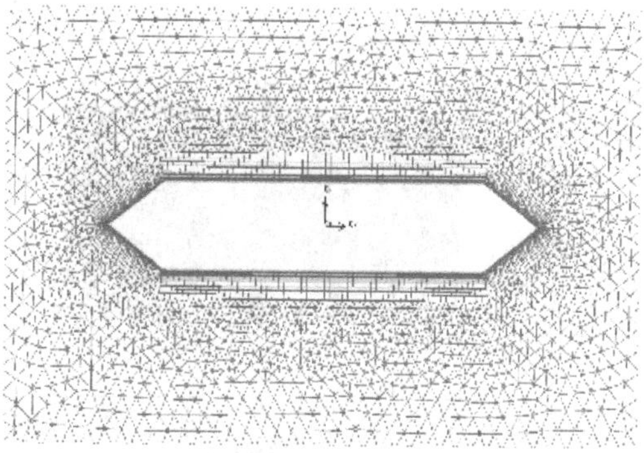

b)流线型断面局部网格划分

图11.2.4　流线型断面网格划分

(3)计算结果

湍流模型采用 Smagorinsky-Lilly 大涡模拟湍流模型,其中 Smagorinsky 常数 $C_s = 0.1$。考虑到计算精度与计算效率,经过时间无关性测试检验后,瞬态计算时间步长定为 0.001s。分别计算流线型断面在来流风速为 20m/s、20.5m/s、21m/s、21.5m/s 下的振动位移响应。各来流风速下的位移响应计算结果如图 11.2.5 ~ 图 11.2.8 所示。

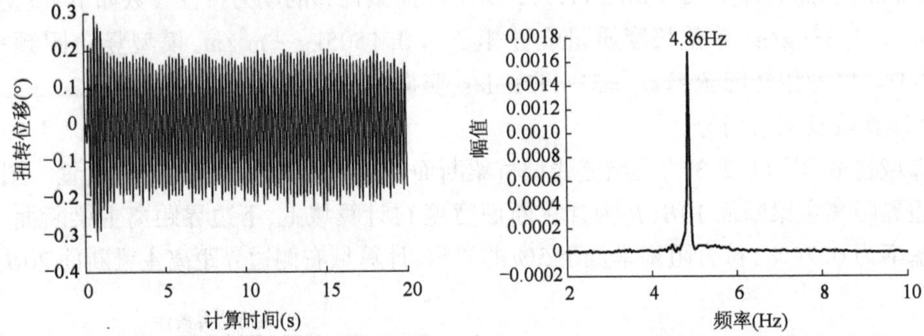

a)扭转角位移时程曲线　　b)扭转角位移时程曲线幅值谱

图 11.2.5　流线型断面 20m/s 风速下的扭转角位移时程曲线和幅值谱

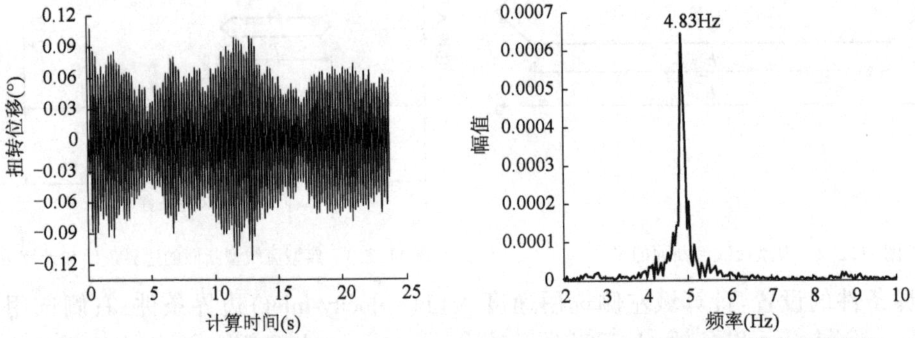

a)扭转角位移时程曲线　　b)扭转角位移时程曲线幅值谱

图 11.2.6　流线型断面 20.5m/s 风速下的扭转角位移时程曲线和幅值谱

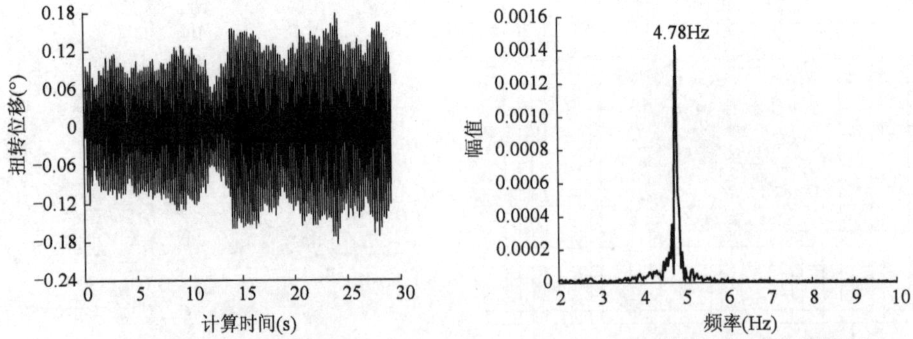

a)扭转角位移时程曲线　　b)扭转角位移时程曲线幅值谱

图 11.2.7　流线型断面 21m/s 风速下的扭转角位移时程曲线和幅值谱

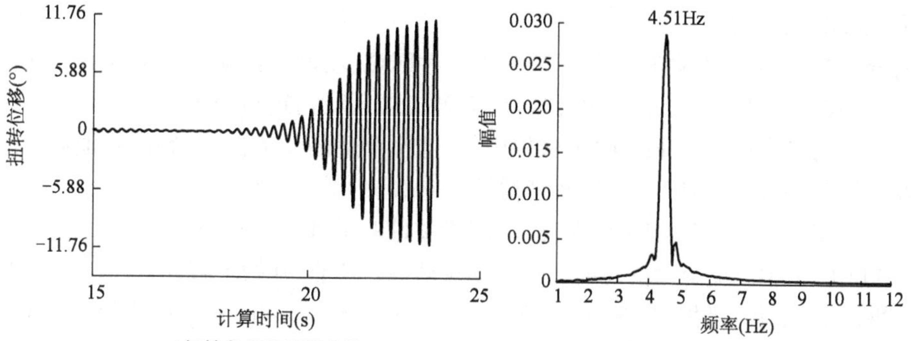

a)扭转角位移时程曲线 b)扭转角位移时程曲线幅值谱

图 11.2.8 流线型断面 21.5m/s 风速下的扭转角位移时程曲线和幅值谱

流线型断面的数值计算结果与文献[1]的试验结果及其数值计算结果的比较见表 11.2.1。从表中可以看出，本节数值模拟方法得到的颤振临界风速与风洞试验结果相差很小，证明了计算方法的可靠性。

数值计算值与文献试验值及其数值计算值的比较 表 11.2.1

研究方法	颤振临界风速(m/s)	颤振发散频率(Hz)
文献的试验值	22.71	3.99
文献的数值计算值	24.99	3.10
本节的数值计算值	21.00 ~ 21.50	4.78 ~ 4.51

11.3 主梁断面二维涡振数值模拟

空气流经钝体断面时会在其尾部产生交替脱落的涡旋。对于桥梁结构来说，这些在其断面尾部产生的涡旋对其涡激振动有着至关重要的影响。在以往的研究中，很多学者通过风洞试验方法对桥梁结构的涡振问题进行研究，并采用粒子图像测速、烟线流场显示技术等手段来分析桥梁结构模型周围的流场信息及结构尾部的涡旋脱落情况，但这些技术手段获取的试验结果因受众多因素的影响具有随机性，且在高风速流场作用下捕捉质量不高，故这些方法在应用过程中还存在较大的局限性。如今，随着计算机技术的高速发展，计算流体动力学(CFD)方法因其可视化等优点得到广泛应用。借助 CFD 的控制方程，可快速获取流场中的各种流体参数信息(如速度、涡量等)。但现阶段，数值模拟通常作为一种辅助手段，其计算结果也通常需要与风洞试验结果或其他可靠结果进行对比验证。

本节首先介绍涡振数值模拟的计算流程；然后，以一带挑臂型钢箱主梁为研究对象，研究主梁断面在不同风速下的涡振振幅；最后，将数值模拟的涡振振幅、涡振区间和涡振频率与风洞试验结果进行对比。

11.3.1 涡振数值模拟计算流程

当采用 CFD 数值模拟方法模拟主梁的涡振过程时，以二维主梁断面为例，其涡振计算的流程如下：

①编写主梁断面运动的 UDF 程序，其中主梁每一时间步的位移更新可由四阶 Runge-Kutta

法或 Newmark-β 法求解。

②划分二维主梁断面网格,网格一般分为刚性区域、动网格区域和外部区域。网格划分完后,对计算区域各边界指定合适的边界条件,对各流体区域指定对应名称。

③将上述网格模型导入 FLUENT 软件中,并选择合适的湍流模型,编译并加载 UDF 程序,设置计算初始条件、计算时间步长以及其他计算参数。

④在第一层网格 Y^+ 值、网格无关性、时间无关性验证通过之后,进行正式求解。

⑤在 FLUENT 中设置合适的总时长并勾选自动保存功能,开始求解计算。在 UDF 程序的作用下,主梁断面的气动力被提取,并通过四阶 Runge-Kutta 法或 Newmark-β 法求解出主梁断面的位移、速度和加速度响应。通过动网格宏 DEFINE_CG_MOTION 命令,更新主梁断面位置和计算网格。

⑥观察主梁位移结果,评估主梁振幅大小并且判断其是否达到稳定。如果振幅较大,说明主梁断面在该级风速下发生了涡振现象。

⑦进行下一步风速计算,以检验主梁涡振风速区间。

⑧条件允许时,将计算的主梁涡振区间和涡振振幅与风洞试验结果或其他可靠结果进行对比。

11.3.2 涡振数值模拟工程实例

某大跨度斜拉桥为独塔钢箱梁斜拉桥,主跨为 160m。大桥主梁断面采用带挑臂的钢箱梁形式,标准段主梁断面宽 37m,高 3.282m,如图 11.3.1 所示。

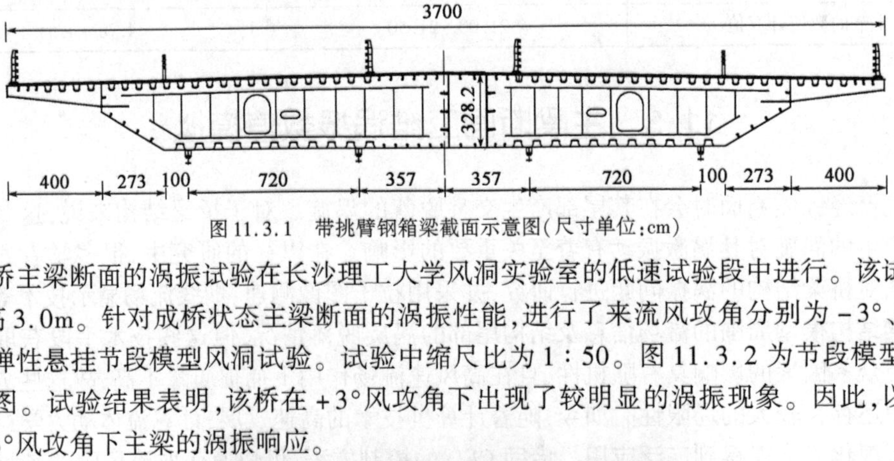

图 11.3.1 带挑臂钢箱梁截面示意图(尺寸单位:cm)

该桥主梁断面的涡振试验在长沙理工大学风洞实验室的低速试验段中进行。该试验段宽 4.0m,高 3.0m。针对成桥状态主梁断面的涡振性能,进行了来流风攻角分别为 -3°、0°、+3° 下二维弹性悬挂节段模型风洞试验。试验中缩尺比为 1:50。图 11.3.2 为节段模型涡振试验布置图。试验结果表明,该桥在 +3°风攻角下出现了较明显的涡振现象。因此,以下主要计算 +3°风攻角下主梁的涡振响应。

图 11.3.2 成桥状态主梁节段模型涡振试验布置图

11.3.3 计算模型网格划分与参数设置

参考风洞试验设置，在数值模拟中，对栏杆、检修轨道等附属设施也进行 1 : 50 的缩尺。二维主梁断面数值模拟的模型如图 11.3.3 所示。

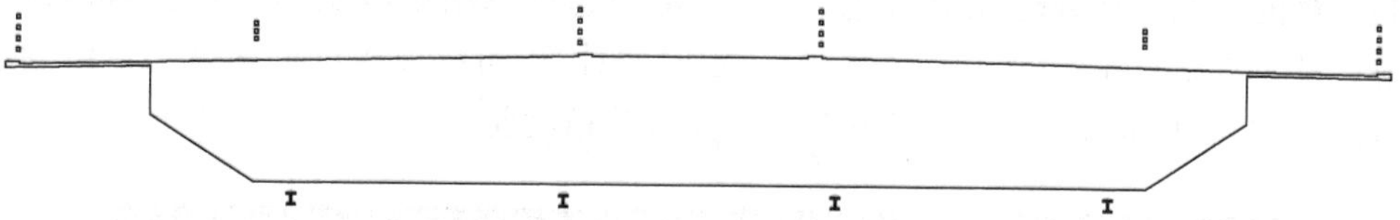

图 11.3.3 二维主梁断面

采用 GAMBIT 软件对主梁断面进行二维建模和网格划分，参考已有研究经验并为满足阻塞率的要求，选择 $28D \times 17B$ 的矩形计算域。计算域分为刚性区域、动网格区域和外部区域。刚性区域尺寸为 $1.12D \times 1.25B$，主梁至刚性区域左边缘、右边缘、上边缘和下边缘的距离分别为 $0.05B$、$0.1B$、$0.125D$ 和 $0.125D$、动网格区域尺寸为 $3B \times 10D$。为使尾流流场充分发展，尾流区尺寸为 $9.5B \times 10D$。具体区域划分如图 11.3.4 所示。

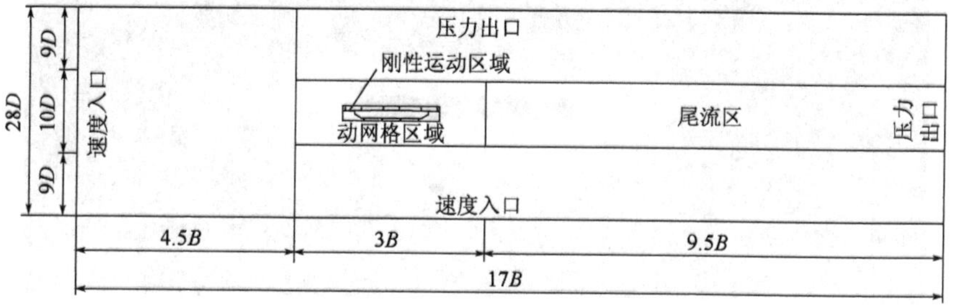

图 11.3.4 计算域分块及边界条件

在保证数值模拟计算精度的前提下，尽可能地减少网格数量，以缩短大量计算时间。因为在二维刚性节段模型风洞试验中，主梁的变形可以忽略不计，故主梁断面及周围一定区域可设定为无网格重构的刚性区域（模拟中此处网格将随主梁做同步刚性运动），同时为减少网格数量和保证网格初始质量，在该区域采用四边形网格进行划分。因刚性区域振动引发的位移会传递至动网格区域，故动网格区域的网格需不断地重构更新才能保证网格不因发生畸变而导致计算中断。为此，在动网格区域采用三角形网格，同时采用弹簧近似光滑法和局部网格重画法两种方法对动网格区域网格更新重构。由于尾流区面积较大，为有效地减少网格数量，对该区域全部采用四边形网格划分，而对主梁断面及附属设施设置边界层网格，以便更好地模拟主梁断面周围的流场情况。为验证流体域网格的无关性，对整个流体域共划分生成三套网格，分别为 18 万、26 万和 36 万，通过试算发现，26 万和 36 万的网格都能较好地与试验结果相吻合，考虑到后续多工况的计算效率，最终选用 26 万的网格作为最终计算网格。此时，第一层网格为 0.016mm，主梁及附属设施周围设置 15 层边界层网格。具体网格划分情况如图 11.3.5 所示。

计算域设置入口边界条件为速度入口，因节段模型风洞试验结果表明该桥在 $+3°$ 风攻角下发生较为明显的竖弯涡振，为此将左边界和下边界均设置为入口边界条件，相应的右边界和上边界均设置为压力出口，主梁断面及附属结构模型表面则设置为无滑移的壁面边界条件。具体边界条件设置见图 11.3.4。采用 SST *k-w* 湍流模型(shear stress transport *k-w* model，简称 SST *k-w* 模型)进行计算，并将湍流强度和湍流黏性比分别设置为 0.5% 和 5。利用大型工作站并行计算以提高计算效率。求解过程利用速度-压力耦合进行求解，同时以二阶迎风格式控制计算的离散。计算时先进行稳态求解，待稳态计算结果收敛稳定后，再进行瞬态计算求解。计算时间步长为 0.005s。经过一定时间计算，可提取主梁壁面处无量纲参数 Y^+ 值。由图 11.3.6 可知，Y^+ 值基本都小于 1，满足计算精度要求。

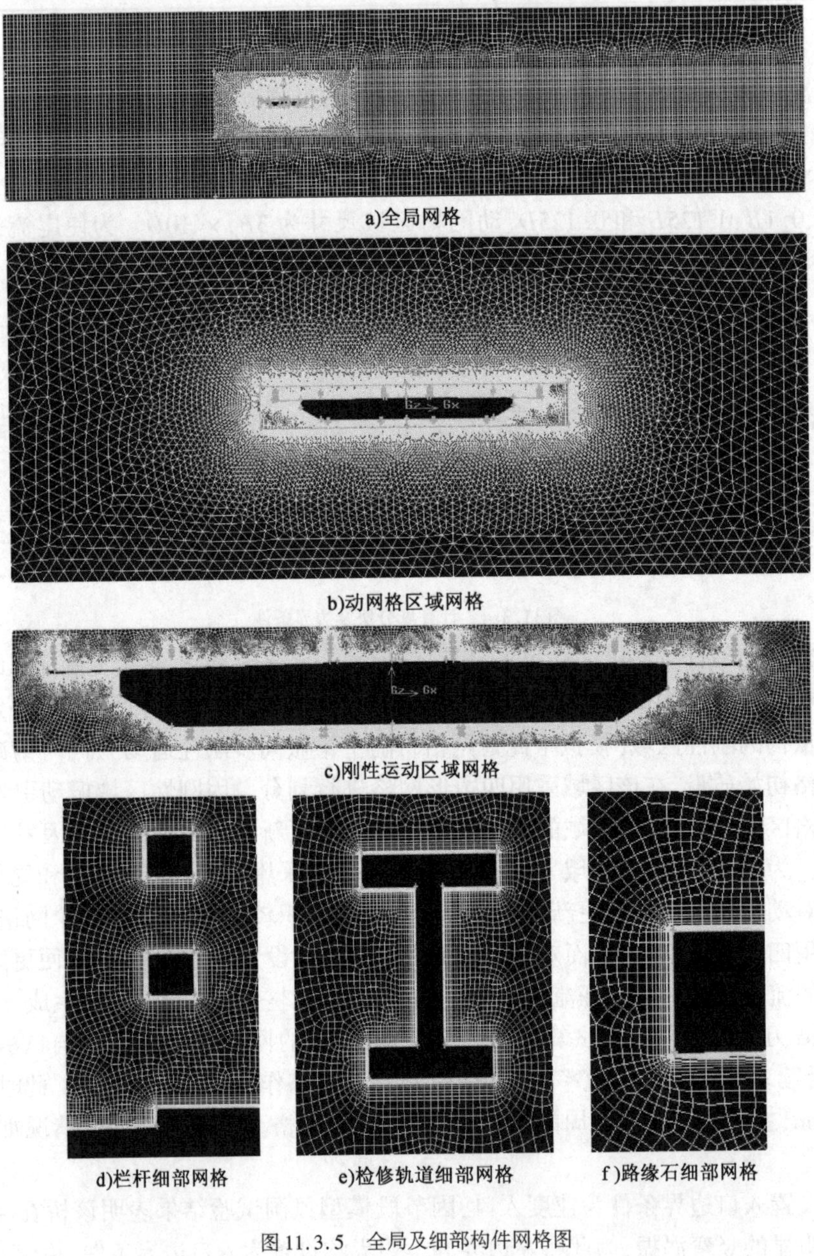

a)全局网格

b)动网格区域网格

c)刚性运动区域网格

d)栏杆细部网格　e)检修轨道细部网格　f)路缘石细部网格

图 11.3.5　全局及细部构件网格图

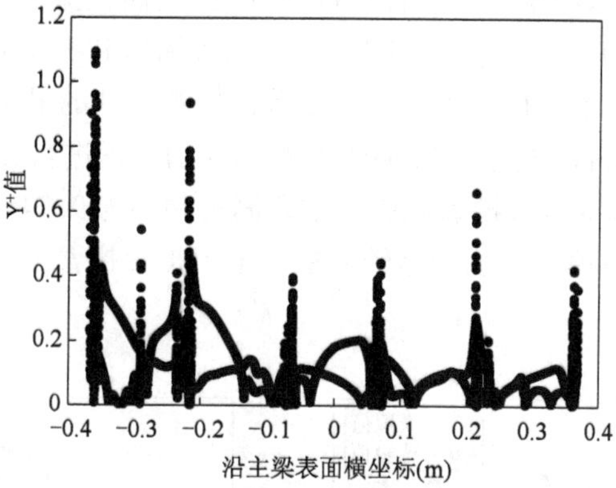

图 11.3.6 主梁断面壁面 Y^+ 值分布图

11.3.4 主梁断面数值模拟结果验证

采用上述设置，对 +3°来流风攻角下的主梁位移响应进行了数值模拟研究，其中节段模型设计参数如表 11.3.1 所示。+3°风攻角下该主梁断面涡振振幅随风速的变化如图 11.3.7 所示。由图可知，数值模拟得到的主梁断面涡振幅值随风速的变化曲线与通过节段模型试验得到的变化曲线基本一致，且二者测得的涡振锁定区间基本相同，大致位于 5.5 ~ 7.5m/s 之间。但同时也应注意到，两者在相同风速下的涡振幅值存在一定的差别，这可能是由于数值模拟的精度有限，也有可能是由风洞试验中模型制作不够精准、节段模型有一定的展向长度等原因造成的。总体而言，数值模拟计算得到的涡振结果与二维节段模型试验测得的涡振结果基本一致，说明数值模拟结果较为可靠。

带挑臂型钢箱主梁节段模型设计参数 表 11.3.1

	尺寸参数			振动参数		
参数	模型宽度 B (m)	模型高度 D (m)	模型长度 L (m)	每延米质量 (kg/m)	固有频率 F (Hz)	阻尼比 (%)
取值	0.74	0.066	1.54	11.5896	9.678	0.3

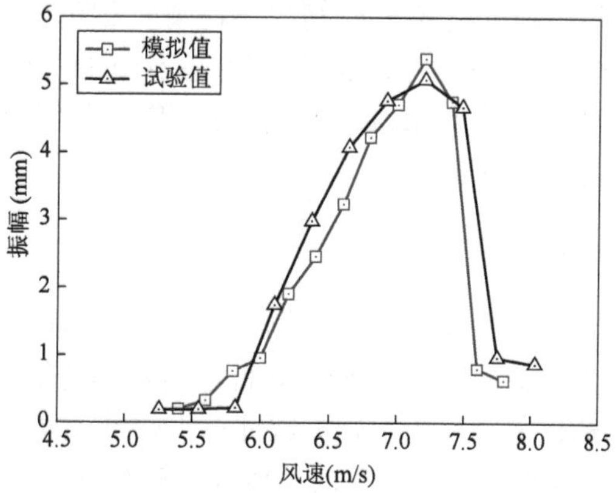

图 11.3.7 涡激振动位移峰值随来流风速变化的结果

为进一步验证数值模拟结果，对数值模拟得到的最大涡振振幅与试验得到的最大响应时程进行对比，如图11.3.8所示，从图中可以看出，二者幅值和振动频率均存在不同程度的差别，试验测得的+3°风攻角下的最大幅值略小于数值模拟得到的最大幅值，二者对应的均方差分别为1.770mm和1.905mm，相差约7.63%。对其振动时程进行频谱分析得到，数值模拟的涡振频率为9.498Hz，而二维节段模型试验的主梁固有频率为9.745Hz，两者相差约为2.6%。由此可见，本节采用的数值模拟方法能够较为准确地模拟带挑臂钢箱主梁的涡振过程，数值模拟结果准确可信。

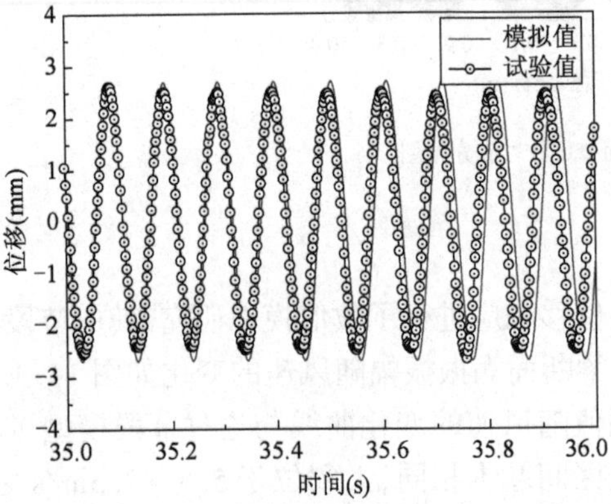

a)位移时程对比

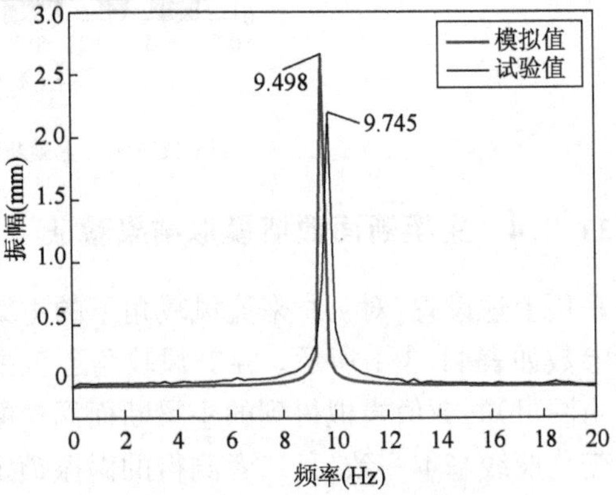

b)位移响应频谱对比

图11.3.8　带挑臂型钢箱主梁涡振最大幅值处的涡激响应对比

11.4　三维桥塔涡激振动

随着科学和经济的不断发展，桥塔的高度不断增加。从施工方便的角度考虑，混凝土不再是桥塔采用的唯一材料，轻质、低阻尼比钢材在桥塔中的使用越来越广泛。大跨度缆索承重桥梁施工阶段钢桥塔的涡激振动必将成为施工阶段桥塔风致振动的重要控制指标之一。虽然涡激振动不会直接破坏钢桥塔，但它会加速钢桥塔局部疲劳损伤，进而埋下严重的施工和运营安全隐患。裸塔状态下的钢桥塔缺少缆索支承，桥塔结构刚度及阻尼都要明显低于成桥状态，对风比较敏感，易受横风向作用产生涡振，过大的振幅将危及施工人员、施工机械的安全以及施工作业的舒适性，甚至导致桥塔结构的破坏。因此，关于钢桥塔的涡激振动研究无论是对于理论发展还是工程实践都具有非常重要的意义。

11.4.1　主要研究内容

本节的研究对象为江苏省南京市江北新区浦仪公路西段跨江大桥钢桥塔，对气动弹性模型钢桥塔进行了风洞试验研究以及基于ANSYS软件平台对钢桥塔进行了双向流固耦合数值模拟分析。首先，利用ANSYS大型有限元分析软件在工作站上建立钢桥塔的三维有限元模型，进行结构动力特性分析，得到实桥的顺桥向及横桥向频率；其次，利用建立的与风洞试验钢桥塔模型等比例的物理模型，进行模态分析，使其结构动力特性与风洞试验模型的结构动力特性保持一致,并提取顺桥向及横桥向的弯曲振型坐标值,通过 MATLAB 软件进行函数拟合得到对应的振型函数;最后,通过编写自定义程序代码 UDF 程序对 ANSYS-FLUENT 进行二次开发,得到了一种三维钢桥塔涡激振动流固耦合的数值模拟方法。本节中的自定义程序代码 UDF 还实现了 FLUENT 并行计算,提高了计算效率,并且可以对类似的高耸结构的气动弹性模型进行涡激振动数值模拟分析,对其结构安全性具有重要的评估意义。

11.4.2　基于振型叠加法的流固耦合计算方法

钢桥塔具有多阶频率和振型,在双向流固耦合计算过程中,其动态响应计算应是多阶振型和频率进行叠加计算,但风的动力特性决定了高耸结构的振动贡献主要在低阶振动。

振动方程如下:

$$\frac{\partial^2 x}{\partial t^2} + 2\zeta\omega\frac{\partial x}{\partial t} + \omega^2 x = \frac{f(t)}{M} \tag{11.4.1}$$

式中:x、ζ、ω、M、$f(t)$——广义位移、阻尼比、固有圆频率、广义质量和广义力。

$$f(t) = \int_0^H\int_0^B p(x,z,t)\varphi(z)\,\mathrm{d}x\mathrm{d}z = \sum_{i=1}^{n} p_i(t)A_i\varphi \tag{11.4.2}$$

式中:H、B——桥塔的高和宽;

$p(x,z,t)$——高度为 z、宽度方向位置为 x 处的风压;

$\varphi(z)$——振型函数;

n——各个网格;

$p_i(t)$——各个网格的风压时程;

A_i——各个网格的面积;

φ——各个网格位置对应的振型函数量值。

振型广义质量:

$$M = \int_0^H m(z)\varphi^2(z)\,\mathrm{d}z \tag{11.4.3}$$

式中:$m(z)$——结构 z 高度处单位长度的质量。

振型函数近似为线性振型,表达式为:

$$\varphi(z) = z/H \tag{11.4.4}$$

结构的风振位移响应为:

$$u(z,t) = \varphi(z)x(t) \tag{11.4.5}$$

通过编写自定义程序代码 UDF 程序对 ANSYS-FLUENT 进行二次开发,得到一种三维钢桥塔涡激振动流固耦合的数值分析方法。具体求解过程如下:

通过求解式(11.4.2)和式(11.4.3),得到模态广义力,将其代入式(11.4.1)得到模态广义位移,最后通过式(11.4.4)和式(11.4.5)模态坐标变换可得整个弹性桥塔各个位置的实际振动水平位移 $u(z,t)$。整个流固耦合求解思路如图 11.4.1 所示。

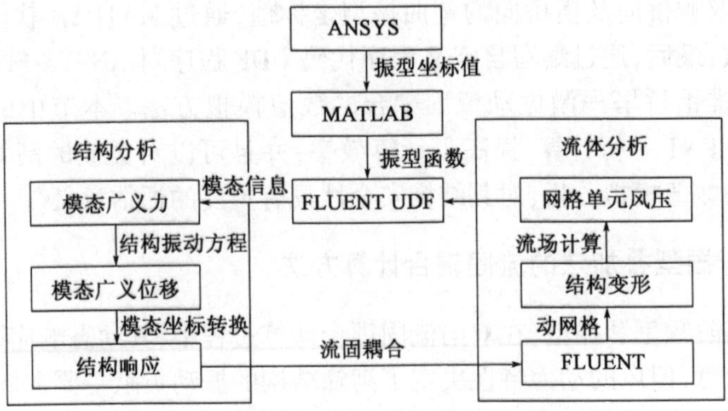

图 11.4.1　基于振型叠加法的流固耦合求解思路

11.4.3　网格划分及边界条件设置

根据浦仪公路西段跨江大桥初步设计所拟定的桥型及结构方案，确定该大桥为双塔双索面分离式钢箱梁斜拉桥，跨径布置为 50m + 180m + 500m + 180m + 50m = 960m。桥塔为中央独柱形钢塔，主塔高为 166.0m。塔柱采用切角矩形断面，切角尺寸为 0.8m × 0.8m，底部断面为 16.0m（横桥向）× 9.5m（顺桥向），横桥侧塔柱竖向外轮廓斜率为 11.87 : 100，塔身通过圆弧段过渡到塔顶，塔顶断面为 6.0m（横桥向）× 6.4m（顺桥向）。

数值计算模型采用与风洞试验模型一致的缩尺比，取为 1 : 75。数值计算模型桥塔高度为 2213.3mm，底部断面为 213.5mm（横桥向）× 126.7mm（顺桥向），塔顶断面为 80mm（横桥向）× 86.7mm（顺桥向）。其中钢桥塔正立面、底部断面图及风向角示意图如图 11.4.2 所示。数值模拟过程中采用矩形计算域，计算域长 $X = 61B$，宽 $Y = 40B$，高 $Z = 1.5H$（其中 B 指的是钢桥塔的特征长度，取值为 $B = 126.7$mm；H 为钢桥塔的高度，取值为 $H = 2213.3$mm），模型置于沿 X 轴向 1/3 处，沿 Y 轴向中心对称处，满足阻塞率小于 3% 的计算精度要求。计算域划分如图 11.4.3 所示。数值模拟总网格数量 450 万。计算在长沙理工大学高性能计算机群上进行，申请 24 个 CPU 进行并行计算，每个工况耗时约 650CPUs。计算域全局网格划分（三维）及计算域全局网格划分（二维）、刚性边界层网格区域及钢桥塔断面局部网格划分详图分别如图 11.4.4 和图 11.4.5 所示。

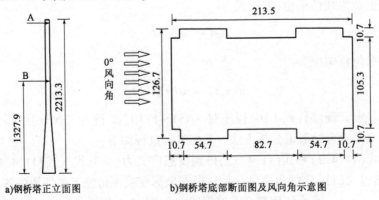

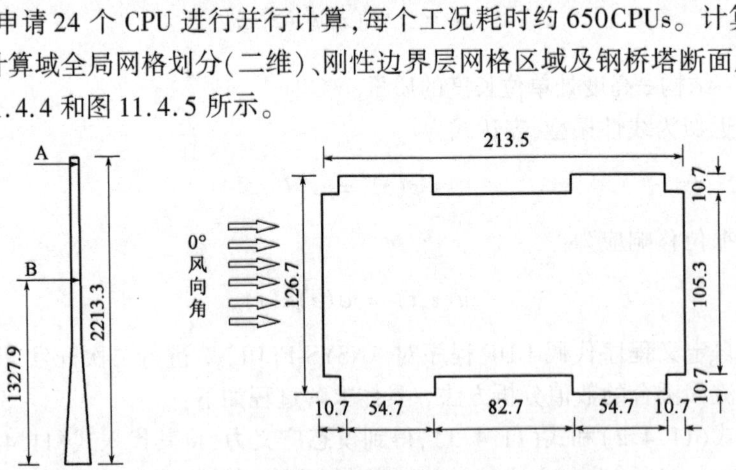

图 11.4.2　钢桥塔正立面图、底部断面图及风向角示意图（尺寸单位：mm）

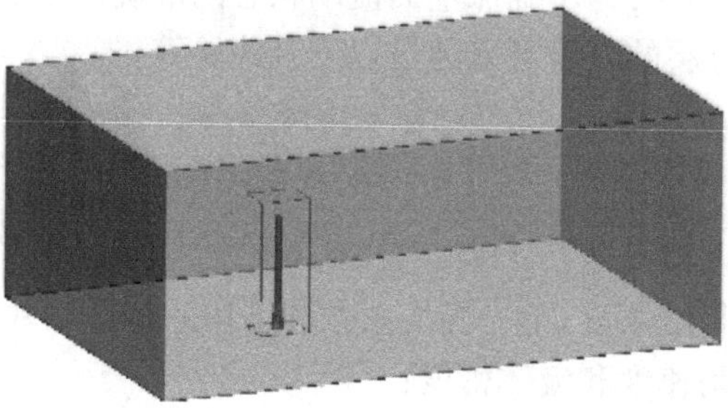

图 11.4.3 钢桥塔三维计算域示意图

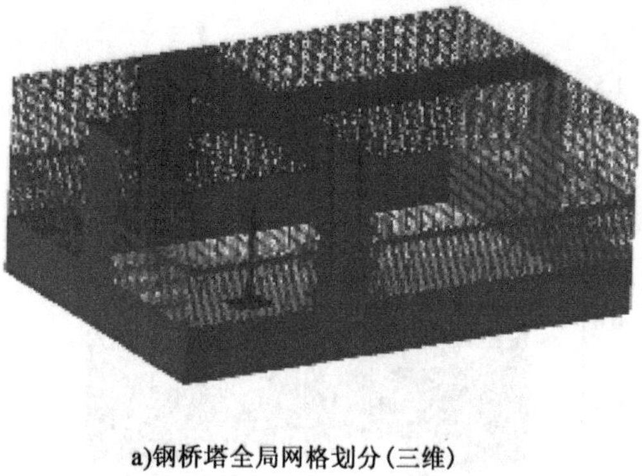

a)钢桥塔全局网格划分(三维)

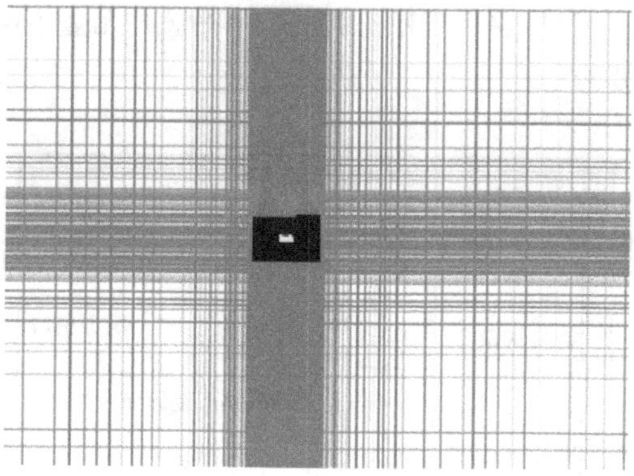

b)钢桥塔全局网格划分(二维)

图 11.4.4 钢桥塔计算区域整体网格划分图

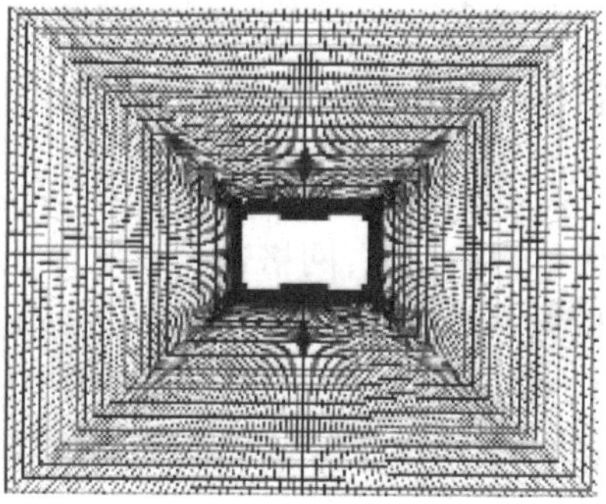

a)刚性边界层网格区域划分详图

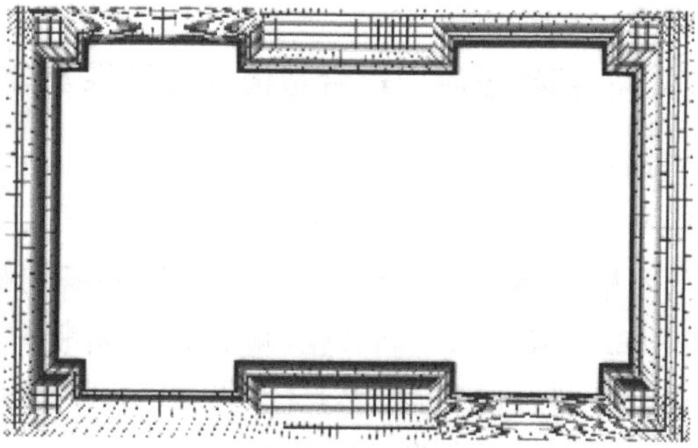

b)钢桥塔断面局部网格划分详图

图 11.4.5 钢桥塔局部网格划分图

湍流模型采用大涡模拟 LES(large eddy simulation)模型。如图 11.4.6 所示,入口边界条件选择为速度入口(velocity-inlet);出口边界条件选择为压力出口(pressure-outlet);计算域的侧面及顶面均选择为对称(symmetry)边界条件;钢桥塔模型表面及地面均选择为无滑移的壁面(wall)边界条件。为了提高计算的稳定性及精度,采用速度-压力求解,离散控制方程采用二阶迎风离散格式,并采用 SIMPLE 算法进行稳态求解,迭代计算收敛残差降至 10^{-4} 以下,待收敛后再进行瞬态计算。

验证了网格无关性的同时，为了确保壁面流动状态的准确模拟，要求壁面 Y^+ 值在 1 附近。在划分网格前，第一层边界层的高度可以通过以下公式验算：

$$\Delta y = \alpha \left[\frac{Y^+ \left(L^{0.125} \mu^{0.875} \right)}{\left(0.199 V^{0.875} \rho^{0.875} \right)} \right] \tag{11.4.6}$$

式中：Δy——边界层首层网格高度；

Y^+、μ、L——所期望的无量纲高度、动力黏性系数和结构的特征尺寸；

V、ρ——流场中的平均速度和流体密度；

α——描述网格密度的量，对应于细网格、中等网格和粗糙网格的取值是有所不同的，而本节数值模拟取值为 1。

经过 2000 步稳态计算，桥塔壁面无量纲刚度 Y^+ 值如图 11.4.7 所示，Y^+ 在 1 附近，满足计算要求。

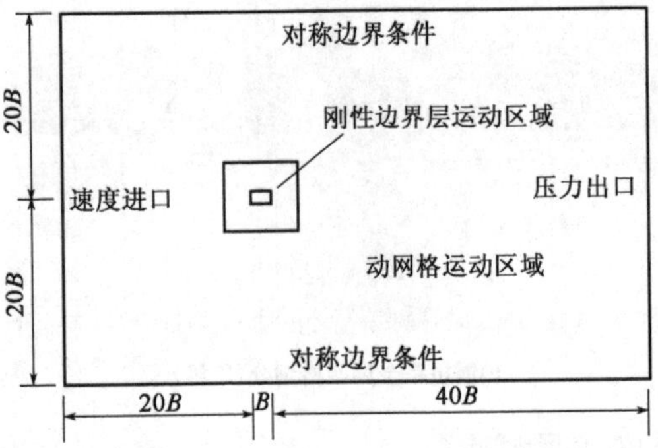

图 11.4.6 计算区域网格分块及边界条件

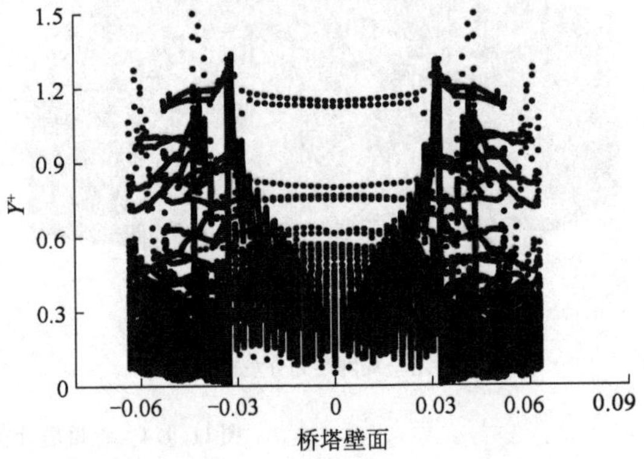

图 11.4.7 桥塔断面壁面 Y^+ 分布图

11.4.4 钢桥塔流固耦合数值模拟结果及分析

(1) 钢桥塔的模态分析

利用 Workbench 的 Modal 进行模态分析，采用六面体网格划分，网格边长设定为 0.005m，划分好的网格数量为 4.5 万。最终得到钢桥塔的顺桥向一阶频率和横桥向一阶频率分别为 2.221Hz 和 2.655Hz，与风洞试验（顺桥向一阶频率 2.231Hz，横桥向一阶频率 2.711Hz）的自振频率误差分别为 0.5% 和 2.1%。图 11.4.8 ~ 图 11.4.11 给出了数值模拟中钢桥塔顺桥向和横桥向的频率及相应的振型曲线。

从 Workbench 的 Modal 模块里提取顺桥向及横桥向的振型坐标值，然后利用数学分析软件 MATLAB 进行多项式振型函数拟合。为了保证拟合精度，本次拟合采用五次多项式不含常数项拟合（钢桥塔坐立在地表上，底端属于固定约束，不产生位移，因此拟合振型函数时，把常数项去除）。

(2) 钢桥塔涡激振动响应结果及分析

本节主要对均匀流场横桥向来流风（0°风向角）的涡激振动响应进行了流固耦合数值模拟研究，共对 10 个来流风速进行了计算，分别为 1.5m/s、2.0m/s、2.5m/s、3.0m/s、3.5m/s、4.0m/s、4.5m/s、5.0m/s、5.5m/s、6.0m/s。

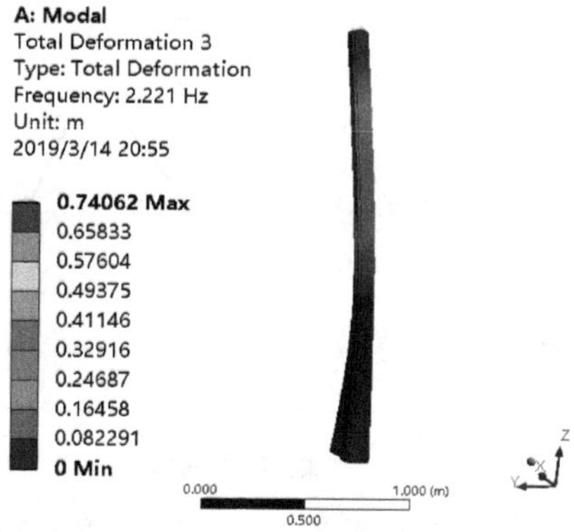

图 11.4.8　钢桥塔顺桥向一阶频率图

注:扫右侧二维码可查看彩色图。

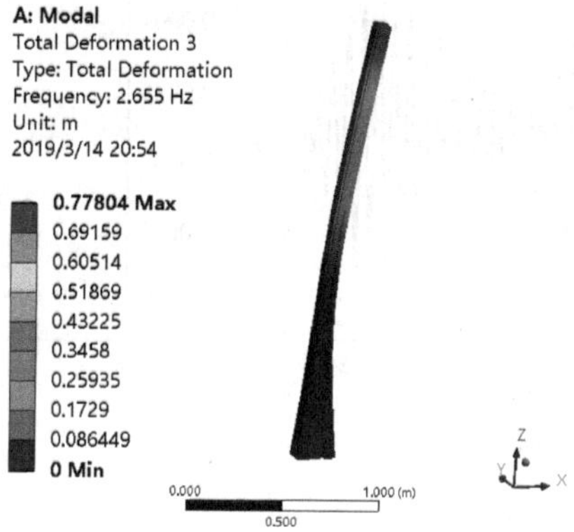

图 11.4.9　钢桥塔横桥向一阶频率图

注:扫右侧二维码可查看彩色图。

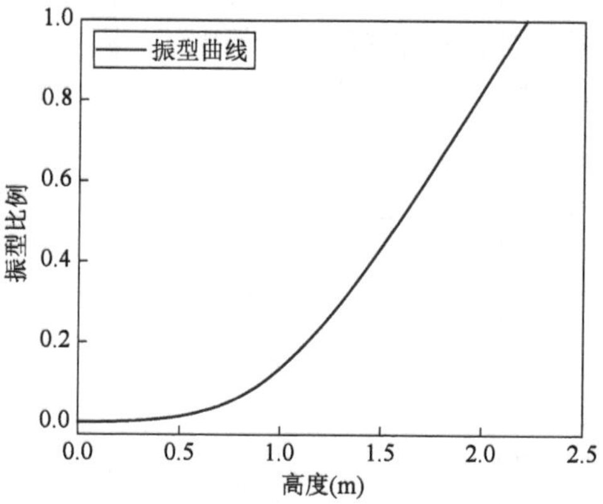

图 11.4.10　钢桥塔顺桥向一阶振型曲线图

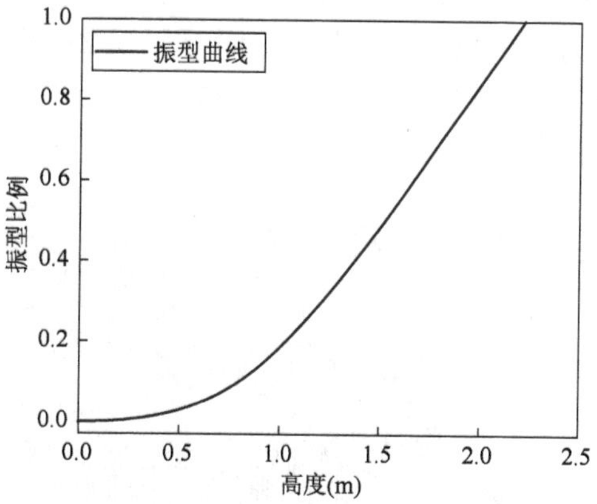

图 11.4.11　钢桥塔横桥向一阶振型曲线图

图 11.4.12 是振动钢桥塔的涡旋脱落频率 f_s 与固有频率 f_n 之比随来流风速的变化曲线,结果表明:当来流风速在 2 ~ 4m/s 区间段时,两个频率比约为 1,出现了"锁定现象"。如图 11.4.13 所示,当来流风速为 1.5m/s 时,此时处于非锁定区域。从位移时程曲线中可以明显地看到"拍现象",FFT 频谱分析中出现了两个频率:$f_s = 2.02$和 $f_n = 2.25$。

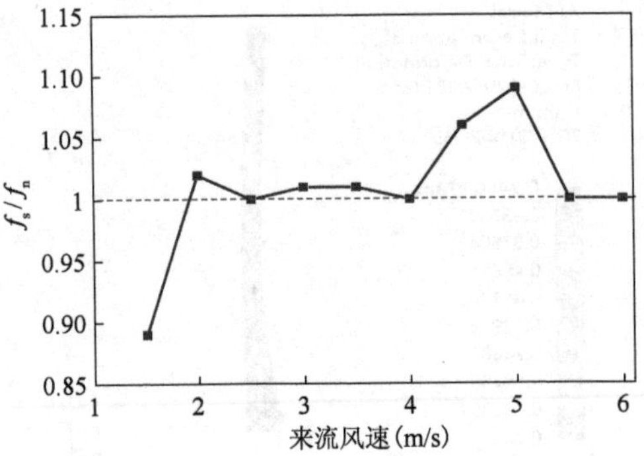

图 11.4.12　振动钢桥塔 f_s/f_n 随来流风速变化结果图

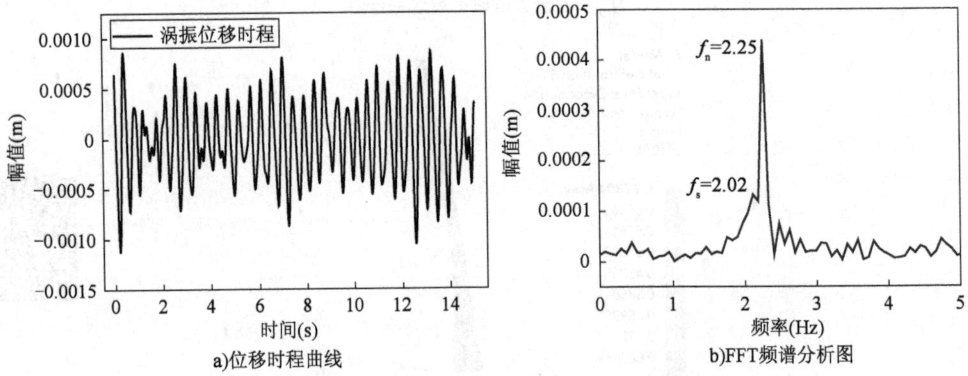

图 11.4.13　非锁定区域，来流风速 $U = 1.5$m/s 时的涡激振动结果

图 11.4.14 ~ 图 11.4.18 为来流风速达到涡激振动风速区间段时的涡振位移时程曲线。结合各来流风速涡激振动相应的 FFT 频谱分析图，可得到位移频谱图只有一个峰值，近似为钢桥塔的一阶固有频率 $f_n = 2.23$，说明钢桥塔涡旋脱落频率被锁定在固有频率附近，振动桥塔出现了"锁定"现象，此区间段的桥塔振动位移远远大于非锁定区域内的振动位移。

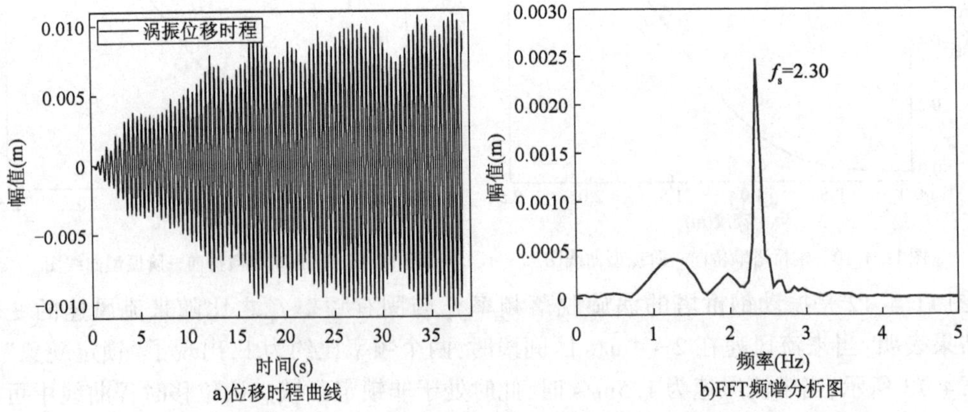

图 11.4.14　锁定区域，来流风速 $U = 2.0$m/s 时的涡激振动结果

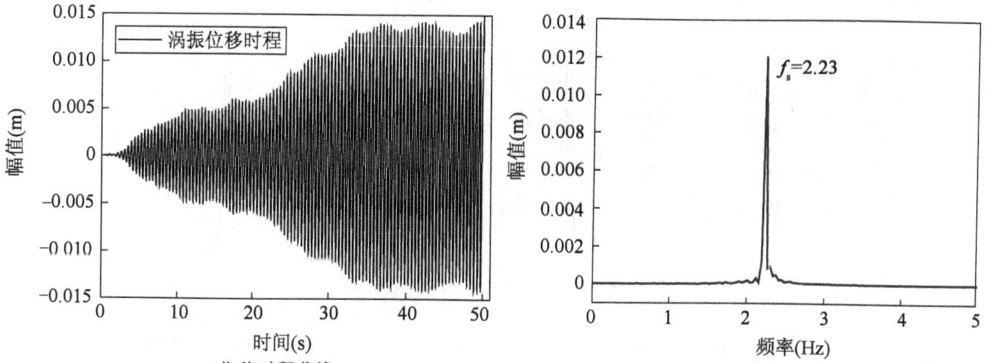

a)位移时程曲线　　b)FFT频谱分析图

图 11.4.15　锁定区域，来流风速 $U = 2.5\mathrm{m/s}$ 时的涡激振动结果

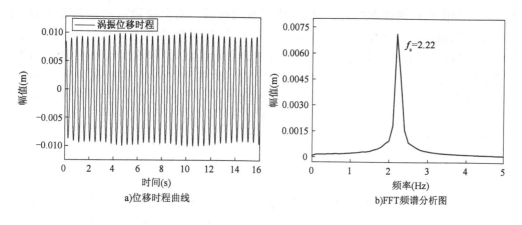

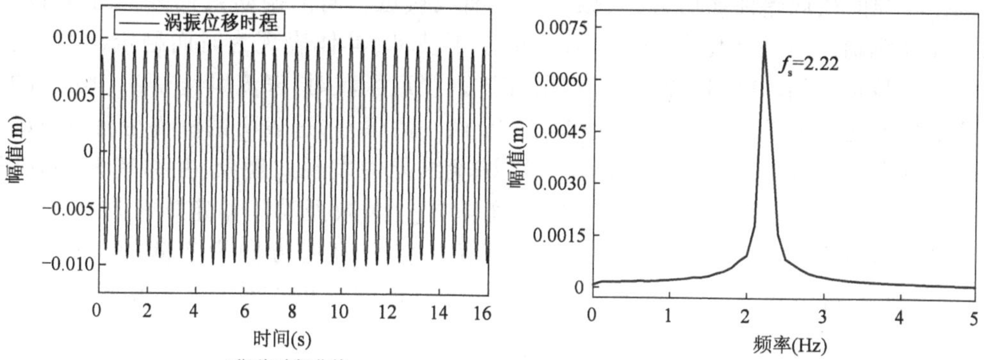

a)位移时程曲线　　b)FFT频谱分析图

图 11.4.16　锁定区域，来流风速 $U = 3.0\mathrm{m/s}$ 时的涡激振动结果

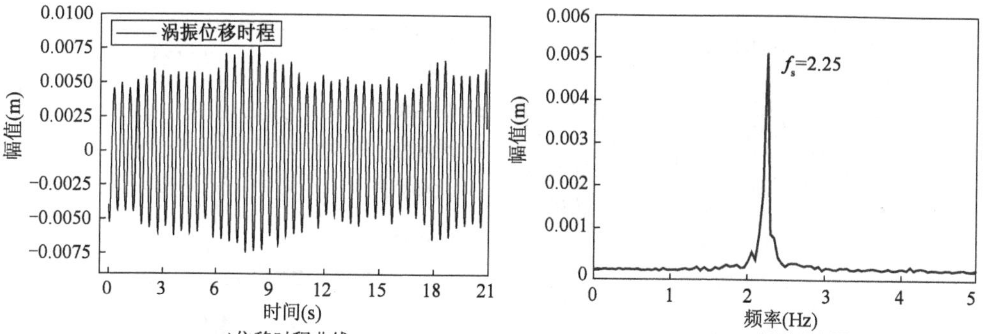

a)位移时程曲线　　b)FFT频谱分析图

图 11.4.17　锁定区域，来流风速 $U = 3.5\mathrm{m/s}$ 时的涡激振动结果

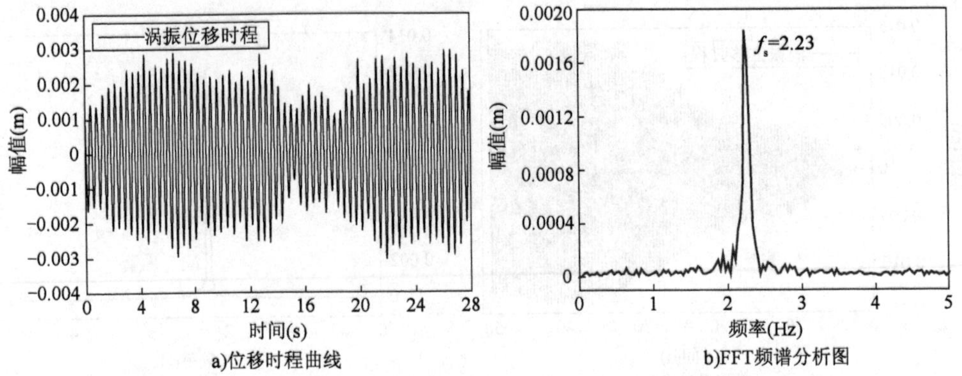

图 11.4.18　锁定区域,来流风速 $U = 4.0\mathrm{m/s}$ 时的涡激振动结果

然而,图 11.4.14 ~ 图 11.14.18 涡激振动位移时程图及相应的频谱分析图表明:在整个涡激振动风速区间段内,其风致振动幅值具有较大的随机性;随着流场设计风速的加大,涡振位移时程曲线规律性地增强,其振动位移曲线接近"简谐振动",而并非理想的"简谐振动",振动幅值随时间变化有着不同程度的上下波动,具体表现为时而稳定、时而跳动的"葫芦波"。同时,从图 11.4.12 可以发现,在进入锁定区域时,来流风速在 2 ~ 4m/s 的区间段内两个频率比并不是完全等于 1,而是有一个微小的偏差,这表明钢桥塔在涡激振动过程中出现了频率漂移现象。王磊从超高层模型试验结果中发现此现象,并称其为"间歇性不稳定共振"。瞬时风压频率和位移频率的动态差异是涡激振动不稳定现象产生的直接原因。本节研究对象为钢桥塔,柔性大,而且钢桥塔沿着高度方向为变截面,塔身具有凹槽,更加增强了瞬时风压频率的不确定性,因此出现明显的"间歇性不稳定涡激振动"现象。

图 11.4.19 和图 11.4.20 为来流风速在锁定区域以上的涡振位移时程曲线。可以明显看出:涡激振动位移时程呈较明显的随机特性,但是可以分辨出"拍现象",频谱分析表明有两个频率,而由于出现频率漂移现象,两个频率在每个工况都并非完全与涡旋脱落频率 f_s 和结构的一阶固有频率相等,而是发生了微小的偏移。

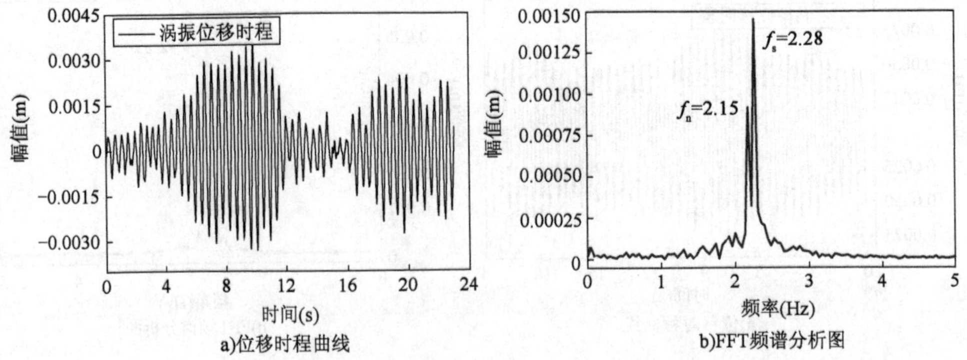

图 11.4.19　非锁定区域,来流风速 $U = 4.5\mathrm{m/s}$ 时的涡激振动结果

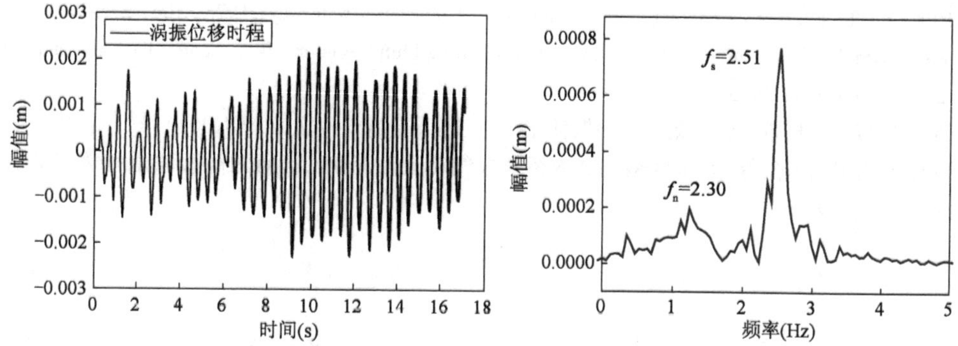

a)位移时程曲线　　b)FFT频谱分析图

图11.4.20　非锁定区域,来流风速 $U=5.0$m/s 时的涡激振动结果

11.4.5　涡激振动幅值风洞试验与数值模拟结果对比

以风洞中风致振动响应试验的钢桥塔模型为参考,对其进行涡激振动双向流固耦合数值模拟分析。由于每个工况计算耗时将近30天,因此,本节仅对0°风向角(横桥向)来流风进行数值模拟。如图11.4.21所示,不同风速下风洞试验钢桥塔涡激振动变化趋势和CFD数值模拟的趋势一致。但是从涡激振动位移峰值分析上得出,数值模拟分析出的结果总体上较风洞试验的小,特别是在来流风速为3~3.5m/s区间段时,试验结果值和数值模拟值相差比较大。风洞试验中存在模型制作不精良、监测数据出现纰漏等情况,导致试验值及数值模拟值相差较大。但是总体上数值模拟的结果和风洞试验的结果相对吻合。

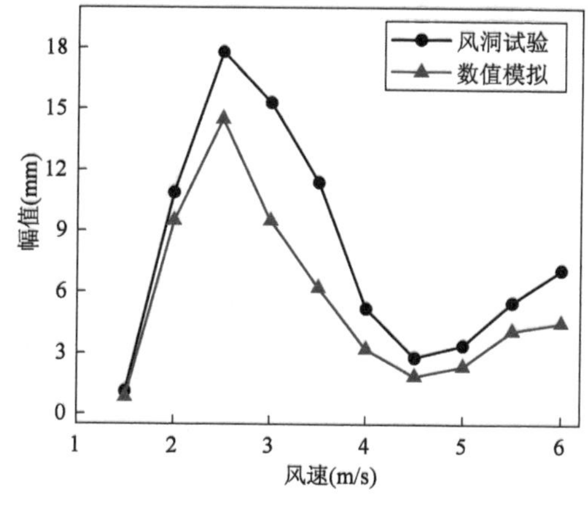

图11.4.21　涡激振动位移峰值随来流风速变化的结果

本章参考文献

[1] 刘小兵,陈政清,刘志文. 桥梁断面颤振稳定性的直接计算法[J]. 振动与冲击,2013,32(1):78-82.

[2] 戴永宁. 南京长江第三大桥钢索塔技术[M]. 北京:人民交通出版社,2005.

[3] BEARMAN P W. Vortex shedding from oscillating bluff bodies[J]. Annual review of fluid mechanics, 1984, 16: 195-222.

[4] SARPKAYA T. Fluid force on oscillating cylinders[J]. Journal of waterway, 1978, 104: 275-290.
[5] GOPALKRISHNAN R. Vortex-induced forces on oscillating bluff cylinders[R]. Cambridge: Massachusetts Institute of Technology, 1993.
[6] 林伟.大跨度斜拉桥带挑臂钢箱主梁涡振性能研究[D].长沙:长沙理工大学,2020.
[7] 董国朝,许育升,韩艳,等.大跨度钢桁悬索桥颤振气动优化措施试验研究[J].铁道科学与工程学报,2021,18(4):949-956.